校企合作优秀教材

工业机器人技术系列教材

协作机器人集成应用

主　审　张　进

主　编　杨建军　李东和　杨　跞

副主编　王世宇　吕野楠　段兴盛　张　众

编　委　许小刚　付　强　杨　亮　南国藤

李伟岭

东北大学出版社

·沈　阳·

图书在版编目（CIP）数据

协作机器人集成应用 / 杨建军，李东和，杨跞主编
. — 沈阳 ：东北大学出版社，2022.9
ISBN 978-7-5517-3115-7

Ⅰ. ①协… Ⅱ. ①杨… ②李… ③杨… Ⅲ. ①机器人
—系统集成 Ⅳ. ①TP242

中国版本图书馆 CIP 数据核字(2022)第 164882 号

出 版 者：东北大学出版社
地址：沈阳市和平区文化路三号巷 11 号
邮编：110819
电话：024-83680176(总编室) 83687331(营销部)
传真：024-83680176(总编室) 83680180(营销部)
网址：http://www.neupress.com
E-mail: neuph@neupress.com
印 刷 者：沈阳市第二市政建设工程公司印刷厂
发 行 者：东北大学出版社
幅面尺寸：185 mm×260 mm
印 张：24.5
字 数：536 千字
出版时间：2022 年 9 月第 1 版
印刷时间：2022 年 9 月第 1 次印刷
策划编辑：牛连功
责任编辑：周 朦
责任校对：杨世剑
封面设计：潘正一
责任出版：唐敏志

ISBN 978-7-5517-3115-7 定 价：68.00 元

前言

机器人作为集各种高新技术于一体的高科技产品，得到了世界各国政府及研究人员的高度重视，在人们的日常生活中也得到了广泛的应用，从而推动了机器人的发展。从2009年开始，机器人在全球经济发展滞缓的环境下，一枝独秀，一直处于高速发展状态。协作机器人相较于传统工业机器人，也具有更加安全、简单的工作优势，具备较强的发展潜力。协作机器人的安全性和操作简洁性、灵活性不断提高，其优势得到了充分发挥，在越来越多的领域（包括焊接、无人零售、装配、物流、医疗、教育等）得到应用。新松机器人自动化股份有限公司（以下简称新松公司）成立于2000年，隶属于中国科学院，是一家以机器人技术为核心的高科技上市公司。新松公司成功地研制了具有自主知识产权的工业机器人、协作机器人、移动机器人、特种机器人、医疗服务机器人五大系列百余种产品，面向智能工厂、智能装备、智能物流、半导体装备、智能交通，形成十大产业方向，致力于打造数字化物联新模式。其产品累计出口40多个国家和地区，为全球3000余家国际企业提供产业升级服务。

编写本书的最初目的是让国内的读者能够拥有一本完全由国人编写的原汁原味的机器人技术参考书。本书是对“中国机器人之父”——蒋新松院士及其团队的技术的传承和二十多年来新松公司大量工程实践经验与前沿技术研发的深度沉淀，是新松公司近八年在智能工厂、3C半导体、汽车制造、教育创新、医疗健康、食品药品、服饰纺织及现代服务业等领域提供的智能解决方案的经验与智慧的结晶。本书力求改变以往机器人类图书偏重理论的倾向，以新松多可协作机器人平台为依托，提供机器人教学、实践的一揽子解决方案。本书以新松多可协作机器人为对象，讲解了机器人工程应用领域的热点内容，涵盖了协作机器人本体、基本操作、控制系统、仿真系统、行业应用、视觉应用和力控应用等知识。通过学习本书，读者不但能够认识协作机器人、了解协作机器人的应用场景，而且能够了解如何通过协作机器人来解决实际工程问题。

本书分为9个章节，具体内容安排如下。

第1章为协作机器人概述，主要介绍协作机器人行业的发展及协作机器人的硬件构成、特性、安全性能、应用与发展历程。通过本章的学习，读者可以对协作机器人形成直观的认识，对于协作机器人的研究内容有一定的理解。

第2章主要讲解协作机器人的基本操作，以新松多可协作机器人为例，详细介绍了协作机器人软件编程系统，以及协作机器人操作中的重要概念。编程系统主要涉及程序页面、编程系统布局、功能块及参数配置的介绍、变量操作及程序运行等内容；在此基础上，对于GCR5机器人的奇异位形、坐标系定义及坐标系标定原理进行了讲解。通过本章的学习，读者可以理解协作机器人的编程系统，能够独立对协作机器人进行编程。

第3章主要讲解协作机器人使用，内容主要涉及GCR5协作机器人系统、协作机器人本体、控制器、示教器及基本参数。通过本章的学习，读者可以理解如何使用协作机器人的硬件，以及如何部署和操控协作机器人进行基本的运动。

第4章主要讲解机器人的ROS系统，内容主要涉及ROS系统的架构、MoveIt运动规划器的使用方法、ROS-I软件包、机器人配置文件及新松多可机械臂ROS平台。通过本章的学习，读者可以理解ROS系统的基本功能及使用方法，能够通过ROS提供的规划器实现机器人的运动控制。

第5章主要讲解协作机器人离线仿真软件RoboDK，内容主要涉及RoboDK的安装、工具和工件的预处理，以及程序编辑与后处理。通过本章的学习，读者可以理解RoboDK在协作机器人应用开发中的作用，通过RoboDK实现机器人程序的编辑及仿真运行，进而加深对于协作机器人操控的理解。

第6章主要讲解协作机器人离线仿真软件HiPeRMOS，内容主要涉及HiPeRMOS的安装、软件界面及工作管理。通过本章的学习，读者可以了解HiPeRMOS的使用方法。

第7章主要讲解新松多可协作机器人在各行业的典型应用，内容主要涉及协作机器人智能制造应用、人机交互应用、医疗行业应用及教育行业应用。通过本章的学习，读者可以对协作机器人的应用场景及协作机器人卓越的工作能力有更加深刻的了解。

第8章主要介绍协作机器人的视觉应用，主要讲解视觉的基本原理、视觉系统的组成、视觉编程及视觉技术的应用，内容囊括了2D和3D视觉。通过本章的学习，读者可以理解协作机器人视觉系统，并对协作机器人视觉应用及基本操作有一定的了解。

第9章主要介绍协作机器人的力控应用，内容主要涉及机器人力控应用的场景、力传感器及力控制任务编程。通过本章的学习，读者可以掌握协作机器人力交互应用的构建方法，能够通过新松多可协作机器人处理力交互任务。

本书面向的读者是职高、中专、大专及大学本科的学生，因此，需要读者具备一定的线性代数基础和计算机操作基础。配套的理论知识在本书的姊妹篇《协作机器人原理》中有着更加详细的讲解，读者可根据自身情况扩展学习。

本书的宗旨是用翔实的应用案例及完备的知识体系，让读者在学习之后能够独立地使用机器人解决学习、工作中所遇到的实际工程问题。同时，通过本书可以实现推广机器人技术软件在工程实践中应用的目的。

本书由辽宁交通高等专科学校杨建军、李东和、吕野楠、段兴盛、付强、南国藤、张众，以及新松公司杨跞、王世宇、杨亮、许小刚、李伟岭共同编著而成。

衷心感谢本书的读者和对编写本书提供技术支持的同事、同行。能够将编者所掌握的机器人应用技术传授给对机器人技术有着热情的读者是创作本书的初衷。限于编者水平，本书中难免有不够完善的地方，希望读者能够提供宝贵意见，让我们共同进步。倘若读者能够从本书中有所裨益，实属编者之幸。

编　者

2022 年 3 月

目　录

第1章　协作机器人概述

1.1　协作机器人行业概况

协作机器人作为机器人领域的新型产品，它的设计理念与传统工业机器人的设计理念不同，其最终目的是让机器人走进人们的生活，因此，它的安全特性是设计过程中需要考虑的重要因素。同时，协作机器人融入了更多的智能技术，如视觉、力觉和触觉等感知传感器技术，并被赋予人的部分属性，使它更加安全、更加友好，能够作为人类的合作伙伴，并与人类一起协作完成某项工作。而传统工业机器人没有协作机器人的这些属性，它属于高端机器设备，是按照预先编好的程序完成某项作业的，且只能进行独立作业，在工作过程中，必须与人进行物理隔离。受技术水平的限制，现在很多工厂的工作并不能完全由传统工业机器人来完成，很多柔性灵活且具有不确定性的工作必须由人工来完成。因此，需要一款更加智能、安全的机器人作为伙伴助手来协助人工完成整个作业。

协作机器人概念于1996年被首次提出，经过近30年的研究发展，机器人硬件和传感器技术水平都有了较大的提升，许多品牌机器人制造商开始对协作机器人投入研发，并推出各自的产品。

2013年以后，随着外资厂商优傲（Universal Robots）等进入中国市场，协作机器人逐渐在国内兴起。随后出现了一批优秀的国产厂商，它们积极布局协作机器人市场，逐渐成为外资厂商的有力竞争者。

2016年，国际标准化组织（International Organization for Standardization，ISO）针对协作机器人发布了最新的工业标准——*Robots and robotic devices-collaborative robots*（ISO/TS 15066：2016），作为ISO 10218-1：2011和ISO 10218-2：2011的补充文档，进一步地明确了协作机器人的设计细节及系统安全技术规范，所有协作机器人产品必须通过此标准认证，才能在市场上发售。由此，协作机器人在标准化生产道路上步入正轨，开启了协作机器人的发展元年。

从近几年的市场表现来看，协作机器人技术已获得市场充分验证。从应用角度来看，协作机器人可以横跨工业场景与商业服务场景，一方面可以实现降本增效，另一方面能够与人进行安全协作，在易用性上能大幅降低使用者的门槛。

根据高工产业研究院（GGII）发布的《2021 年协作机器人产业发展蓝皮书》中的数据可知，2020 年中国协作机器人销量为 9900 台，同比增长 20.73%，远超全球平均水平。即使受到新型冠状病毒肺炎疫情的影响，全球协作机器人市场整体增速有所放缓，但中国市场依然保持了强劲的增长趋势。2015—2025 年中国协作机器人销量及预测如图 1.1 所示。

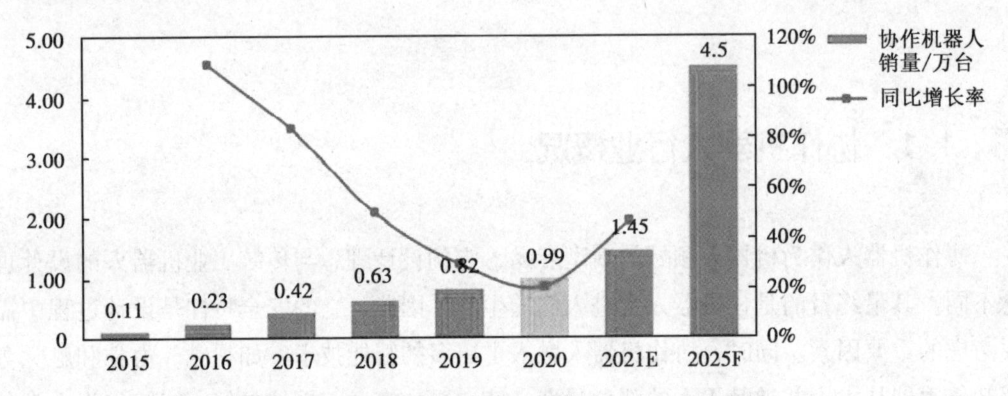

图 1.1　2015—2025 年中国协作机器人销量及预测

数据来源：高工产业研究院（GGII）

协作机器人市场增长率处于持续上升的态势，特别是中国市场经过多年的培育，已逐渐成为全球协作机器人的重要增长引擎之一。目前，国内协作机器人“赛道”上已出现多家具有全球竞争力的品牌，它们的产品已在多个下游细分领域被广泛地应用，同时在海外市场占有一席之地。如图 1.2 所示，目前国内协作机器人市场接近 70%的份额由内资厂商占据。

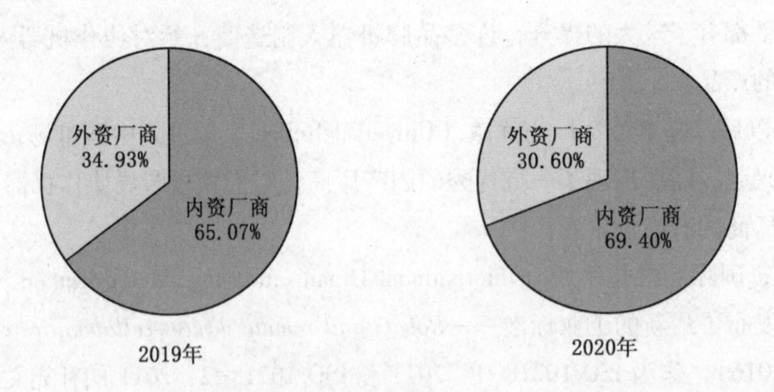

图 1.2　2019—2020 年中国协作机器人市场份额（以销量计）

数据来源：高工产业研究院（GGII）

1.2 协作机器人的定义和特点

1.2.1 协作机器人的定义

目前，绝大多数企业自动化需求普遍有两种：一种是直接用机器人替换人，这种需求适用于单一、简单、重复性的工作；另一种是需要机器人与人共享工作空间，发挥各自的优势，共同完成一项工作。图1.3所示为新松公司GCR5-910协作机器人，该机器人负责处理简单、重复、高强度和高精度的工作，而人负责处理不确定的、需要不断做判断的复杂工作，这样对于机器人的智能化和安全特性提出了很大挑战。在此需求牵引下，新松多可协作机器人应运而生。

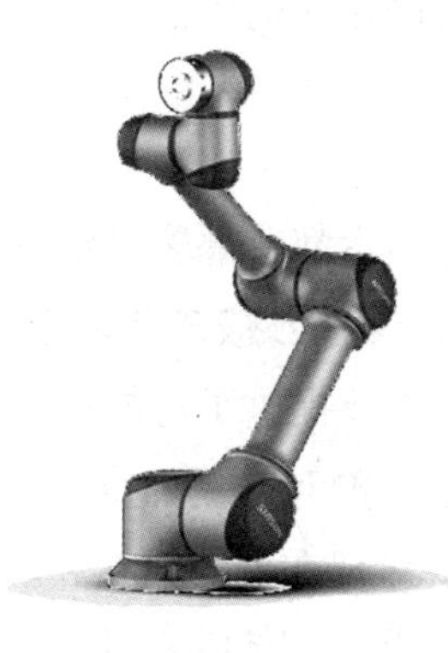

图1.3 新松公司GCR5-910协作机器人

协作机器人（collaborative robot）简称cobot或co-robot，是规划与人在同一作业空间中有近距离互动的机器人。协作机器人能和人类近距离接触，在生产生活中充当不同的角色，如在办公室环境下它可以是与人一起工作的自主机器人，在工厂中它可以充当没有防护罩的工业机器人。

国际工业机器人安全标准（ISO 10218-2：2011）中对协作机器人的定义是被设计成可以在协作区域内与人直接进行交互的机器人，其中协作区域（collaborative workspace）是指机器人与人可以同时工作的区域。协作机器人标准（ISO/TS 15066：2016）中进一步地对协同操作（collaborative operation）进行了定义：特殊设计的机器人系统与操作人员在协同作业空间内进行的工作。根据国家标准规定，协作机器人是有规定的协作空间内能够与人进行直接交互的机器人。简单地理解，就是协作机器人可以与人一起协同作业，在工作过程中发挥各自不同的优势。

人的优势是善于处理随机的目的不确定的工作，而机器人的优势是可以完成准确性和重复性比较高的工作。人机协作的最终目的是将人和机器人的优势结合起来，共同完成一项复杂的工作。到2010年为止，大部分的工业机器人被设计成自动作业或在有限的导引下作业，因此，不用考虑其与人近距离互动，也不用考虑其动作对于周围人的安全保护，而这些都是设计协作机器人时需要考虑的机能。

大部分协作机器人都被设计成很少或根本不需要操作人员编程就能执行自己的任务。操作人员通过手动移动机械臂走过需要的轨迹，记录相应的点和夹具操作来“教导”协作机器人。通过这种方式，协作机器人可以快速配置并协助操作人员完成组装操作或自动完成重复任务，解放操作人员去做其他事情。对于操作人员而言，机器人是一个助理，而不是替换者。

部分知名的协作机器人厂商也对协作机器人有自己的见解。例如，KUKA（库卡公司）将 LBR iiwa 机器人定义为可与人并肩作业的“智能型工业助手”；新松公司对协作机器人的定义是一种易于安装和使用的能够与操作人员合作生产的轻型机器人；ABB 公司则将协作型机器人 YuMi 定义为能够满足电子消费品行业对柔性和灵活制造的需求，可应用于小件装配作业的能与人协同作业的机器人。

1.2.2 协作机器人的特点

协作机器人具有安全特性、拖拽示教、部署灵活及简单易用四个特点。

（1）安全特性是指协作机器人具有力感知和碰撞检测的功能，同时把人的属性赋予机器人，为机器人与人进行协同作业提供了可能。

（2）拖拽示教能够使人和机器人的互动更加直接、方便。

（3）协作机器人的灵活性主要体现在安装方式和轻量化设计两个方面。

① 在安装方式上，由于协作机器人质量轻、体积小，可以根据工作场景采用置地式、倒挂式、悬臂式等不同的安装方式，并且协作机器人内部结构紧凑、传动稳定，在不同的安装方式下，均能满足工作精度要求。② 协作机器人的轻量化设计主要体现在结构紧凑和材质轻便两个方面。例如，LBR iiwa 协作机器人使用铝合金作为机械的主要构成材料，不仅减轻了本体的重量，而且提升了机械臂的强度；YuMi 协作机器人的机械结构采用了镁合金材料，镁合金材料在密度上远小于钢铁材料，在强度上表现也比较出色，可以满足协作机器人工作环境的应用要求。2017 年，新松公司开发的一款工业用协作机器人，采用巴斯夫新型合成材料，这种材料相较于金属材料密度更小，还具有耐腐蚀、抗磨损的特点，使得协作机器人在轻量化方面更具优势。

（4）由于协作机器人采用轻量化设计（5 kg 负载机器人的总重大约在 20 kg），因此，它具有体形小巧、结构紧凑的特点，拆卸和安装都十分简单，特别适合部署在较小的空间。协作机器人控制系统的 LINUX 架构为开源设计，能够进行二次开发，将生态配件嵌入示教器界面，做到即插即用，再加上对操作界面进行图像化设计，使人机交互变得更加简单、易用。

据公开资料显示，全球共有近 20 家企业投入协作机器人的研发和生产中，国外生产协作机器人的知名厂商有优傲、KUKA、ABB 及 FANUC 等，国内协作机器人厂商有新松、遨博、艾利特及节卡等。其中，新松公司是国内机器人行业的领头羊，该公司生产的协作机器人代表了行业内的最高技术水平。如图 1.4 所示，该机器人是 2015 年新松公司自主研发的双臂协作机器人（型号为 DSCR3）。该双臂协作机器人的 2 只手臂分别有 7 个自由度，负载为 3 kg，能够模拟人的 2 只手臂进行协同作业，特别适合在 3C 电子行业中应用。如图 1.5 所示，该机器人是新松公司自主研发的单臂协作机器人，有 7 个自由度，负载为 5 kg。它比传统的工业机器人多了 1 个关节，其运动的灵活性更高、柔性更强，更适用于在狭小的空间中进行作业。

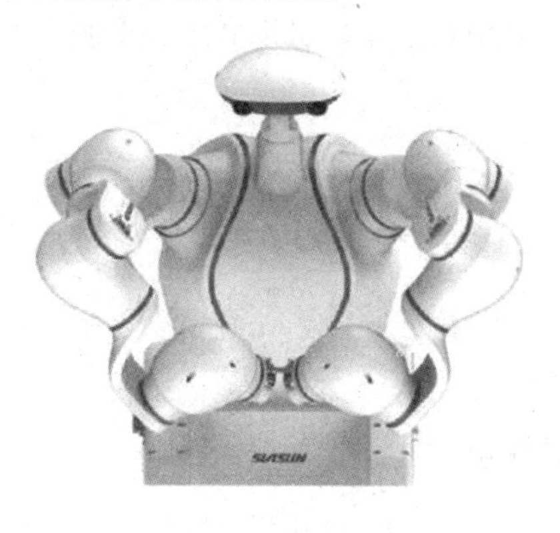

图 1.4　新松公司的双臂协作机器人

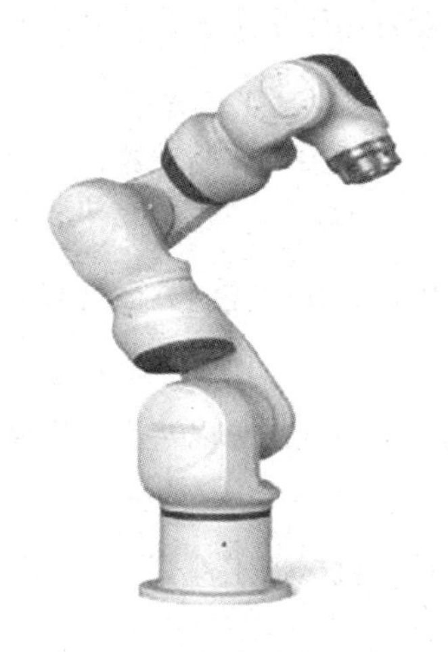

图 1.5　新松公司的 5 kg 单臂协作机器人

1.3 协作机器人核心零部件

1.3.1 关节模组介绍

协作机器人技术已经相对成熟，如何快速生产协作机器人的问题是现在研究的一个重点。协作机器人的关节功能相对独立，可以做成一个独立模块，只需要提供电源和控制信号。

1. 关节模组一般部件

（1）减速器。

谐波减速器是最常用的减速器。此外，还有 RV 减速器、行星齿轮减速器等。

（2）电机。

常用的电机是无框力矩电机。

（3）编码器。

编码器分为绝对式编码器和相对式编码器。绝对式编码器常用于采集关节角度，放置在关节输出端；相对式编码器常用于采集关节速度，放置在电机末端。

（4）驱动器和控制器。

协作机器人关节模组一般采用驱控一体驱动器，可以实现驱动和控制的功能。

（5）力传感器。

部分关节模组会采用力传感器，在力控制方面会有一定的优势。

（6）抱闸。

关节模组需要有抱闸功能，采用抱闸可以实现紧急制动。

（7）其他机械部件。

其他机械部件为螺丝、轴承、机械加工件等。

2. 通信协议

关节通信是很重要的功能，常用的通信协议有三种，分别为 EtherCAT、CANopen、串口通信，其中 EtherCAT 通信效率最高。

1.3.2 国内厂商的关节模组

如上所述，近年来，随着协作机器人产业的蓬勃发展，国内相关领域的公司也如雨后春笋般发展起来。下面以典型的协作机器人关节模组厂商为例，对关节模组进行详细介绍。深圳市泰科智能伺服技术有限公司（以下简称泰科智能公司）始创于 2008 年，积累了十多年的电机、伺服驱动核心技术开发、生产和应用经验，具有伺服驱动器核心技术自主知识产权。自 2016 年开始，该公司依托在低压伺服系统方面强大的技术基础，开始研发协作机器人的关节模组。2019 年，该公司已经开发完成了一系列机器人电机、伺服驱动器、抱闸、增量/绝对式编码器、RJS/RJS Ⅱ/RJU/SHD 系列机器人关节模组，以及 TA6/TB6 系列六轴协作机器人等产品，并将其广泛地应用于工厂自动化、汽车、3C、医疗、电力、航天、科研、教育等领域。

1. RJS 系列关节模组

RJS 系列关节模组集高性能伺服驱动器、直流无框力矩电机、高分辨率双编码器、谐波减速器、机械抱闸、力传感器于一体，高效率地发挥关节模组性能。RJS 系列关节模组如图 1. 6 所示。

图 1. 6　RJS 系列关节模组

RJS 系列关节模组的型号和主要参数具体如下。

（1） RJS-14。

直径：90 mm；

重量：1. 75 kg；

平均转矩：11 Nm；

额定转速：30 rad/min。

（2） RJS-17。

直径：90 mm；

重量：2. 37 kg；

平均转矩：39 Nm；

额定转速：30 rad/min。

（3） RJS-20。

直径：100 mm；

重量：2. 92 kg；

平均转矩：49 Nm；

额定转速：30 rad/min。

（4）RJS-25。

直径：119 mm；

重量：4.96 kg；

平均转矩：108 Nm；

额定转速：20 rad/min。

（5）RJS-32。

直径：156 mm；

重量：8.6 kg；

平均转矩：216 Nm；

额定转速：12.5 rad/min。

（6）RJS-40。

直径：184 mm；

重量：15 kg；

平均转矩：450 Nm；

额定转速：12.5 rad/min。

2. RJS Ⅱ系列关节模组

RJSⅡ系列关节模组是泰科智能公司为解决协作机器人针对工业、医疗、军工、航空航天等应用及有效负载需求而推出的第二代 RJS 系列关节模组。RJSⅡ系列关节模组如图 1.7 所示。

图 1.7　RJS Ⅱ系列关节模组

RJSⅡ系列关节模组的型号和主要参数具体如下。

（1）RJSⅡ-14S。

直径：66 mm；

重量：1.04 kg；

平均负载转矩：10.5 Nm；

额定转速：29. 7 rad/min。

（2） RJSⅡ-14。

直径：76 mm；

重量：1. 65 kg；

平均负载转矩：13. 5 Nm；

额定转速：29. 7 rad/min。

（3） RJSⅡ-17。

直径：90 mm；

重量：3. 4 kg；

平均负载转矩：49 Nm；

额定转速：30 rad/min。

（4） RJSⅡ-25。

直径：116 mm；

重量：4. 5 kg；

平均负载转矩：133 Nm；

额定转速：24. 8 rad/min。

（5） RJSⅡ-32。

直径：152 mm；

重量：7. 8 kg；

平均负载转矩：267 Nm；

额定转速：12. 4 rad/min。

3. RJU 系列关节模组

RJU 系列关节模组是一款全新的，有别于 RJS 系列、RJSⅡ系列、SHD 系列等传统外形的机器人关节模组，是一款能给机器人提供更多设计空间和应用领域的关节模组，客户可根据自身产品方向来自由定位。RJU 系列关节模组如图 1. 8 所示。

图 1. 8　RJU 系列关节模组

RJU 系列关节模组的型号和主要参数具体如下。

（1）RJUZ-14。

直径：70 mm；

重量：1.14 kg；

平均负载转矩：34 Nm；

额定转速：29.7 rad/min。

（2）RJUZ-17。

直径：80 mm；

重量：1.75 kg；

平均负载转矩：66 Nm；

额定转速：29.7 rad/min。

（3）RJUZ-20。

直径：92 mm；

重量：1.96 kg；

平均负载转矩：102 Nm；

额定转速：29.7 rad/min。

（4）RJUZ-25。

直径：110 mm；

重量：3.2 kg；

平均负载转矩：194 Nm；

额定转速：19.8 rad/min。

4. SHD 系列关节模组

SHD 系列关节模组如图 1.9 所示，其主要特性如下。

① 模块化设计强劲输出：采用中空设计来解决导线问题，在较小的体积下实现高功率密度强劲输出。

② 外接驱动焕然新生：智能执行器采用外接式自主研发驱动器，能更高效率地发挥电机性能，是智能柔性执行器更好的选择。

③ 绝对式编码器：高精度绝对式编码器，精准控制运动轨迹，多圈绝对式编码器分辨率标配 16 单圈和 16 多圈。

SHD 系列关节模组的型号和主要参数具体如下。

（1）SHD-14。

直径：70 mm；

重量：1.07 kg；

图 1.9　SHD 系列关节模组

平均负载转矩：11 Nm；

额定转速：29.7 rad/min。

（2）SHD-17。

直径：80 mm；

重量：1.458 kg；

平均负载转矩：39 Nm；

额定转速：19.8 rad/min。

（3）SHD-20。

直径：90 mm；

重量：2.2 kg；

平均负载转矩：49 Nm；

额定转速：29 rad/min。

1.3.3　国外厂商的关节模组

作为业界领先的协作机器人电机供应商，RGM 系列机器人关节模组是美国科尔摩根公司专为负载 10 kg 以下协作机器人而设计的。该系列关节模组高度集成了无框直驱力矩电机、低压直流驱动器、谐波减速机、制动器和双反馈装置。该系列关节模组尺寸小，符合协作机器人紧凑、灵活的设计特点。融合了科尔摩根公司丰富的机器人领域经验，RGM 系列关节模组通过高度集成的一体化设计，降低客户对机械选型、设计、组装多个环节的人员和时间投入，实现机器人产品快速上市，让协作机器人开发变得安全、快速、便捷。RGM 系列关节模组如图 1.10 所示。

RGM 系列关节模组的型号和主要参数如表 1.1 所列。

图 1.10　RGM 系列关节模组

表 1.1　RGM 系列关节模组的型号和主要参数

型号	重量 /kg	直径 /mm	高度 /mm	长度 /mm	峰值转矩 /Nm	额定转矩 /Nm	最大速度 /(rad · min^{-1})
RGM14	1.5	79	95	120	34	19	35
RGM17	2.0	90	105	123	66	38	30
RGM20	2.8	102	117	127	102	56	25
RGM25	3.4	127	145	131	194	125	25

1.4　协作机器人组成

相较于传统工业机器人，协作机器人通常使用轻量一体化关节设计，将伺服驱动器、电机高度集成于机器人的各个关节处。示教器也针对协作应用进行了大幅优化，强化了人机协作的特性，简化操作，提升了操作的便捷性，为协作机器人的快速部署提供了保障。

1.4.1　机器人本体

1. 新松 RJM 关节模组

新松 RJM 关节模组采用模块化的设计理念，将伺服电机、谐波减速器、双编码器、伺服驱动器、制动器、温度计等集成在关节模块中，真正地实现了智能化、模块化、集成化，可广泛地应用于机器人、机械臂、智能 AGV。

（1）智能化。每一个智能模块提供开放的通信接口和协议，组网采用 CANopen 协议，多个模块通过菊花链方式串联，易于扩展，开放了机器人专用模式和特殊功能。

（2）模块化。目前公司可提供五种关节，用户可根据力矩和速度任意选择，后续可接受客户的定制模块。

（3）集成化。每一个智能模块集成电机的传动、伺服驱动、制动模块、温度模块、网络模块、力控模块及各种保护模块等。

2. 新松 RJM 关节模组的特点

① 采用专业设计的新型无框架直驱大转矩电机。

② 双反馈系统，包含电机换相用增量编码器、减速机输出端用单圈绝对式编码器，解决了速度和功率限制，使得碰撞能量不足以造成严重的人身伤害。

③ 实现快速搭建机械臂产品，帮助那些有梦想、有追求的机器人企业快速研发出自己的协作机器人，融合了新松公司丰富的机器人领域的经验，让协作机器人核心的功能部件更加专业化。

新松 RJM 关节模组如图 1.11 所示，其型号及参数如表 1.2 所列。

图 1.11　新松 RJM 关节模组

表 1.2　新松 RJM 关节模组的型号及参数

型号	重量 /kg	直径 /mm	高度 /mm	长度 /mm	峰值转矩 /Nm	额定转矩 /Nm	额定速度 /[(°)·s^{-1}]
RJM12	1.2	63	68	95	18	12	360
RJM14	1.5	75	105	80	42	28	180
RJM17	2.0	90	116	95	84	56	180
RJM25	3.8	116	123	142	225	150	180
RJM32	6.9	150	161	185	495	330	120

下面以六轴协作机器人为例，对关节模组进行详细介绍。六轴协作机器人内置有 6 个关节模块，该关节模块是一款集电机、减速器、刹车（可选）、传感器、控制器、总线通信为一体的智能模块。同时每个关节表示 1 个自由度。如图 1.12 所示，六轴协作机器人关节包括底座（关节 1）、肩部（关节 2）、肘部（关节 3）、腕部 1（关节 4）、

腕部 2（关节 5）和腕部 3（关节 6）。同时机器人内置碰撞模块，使机械臂具有高灵活性、高安全性、高定位精度等众多优点。

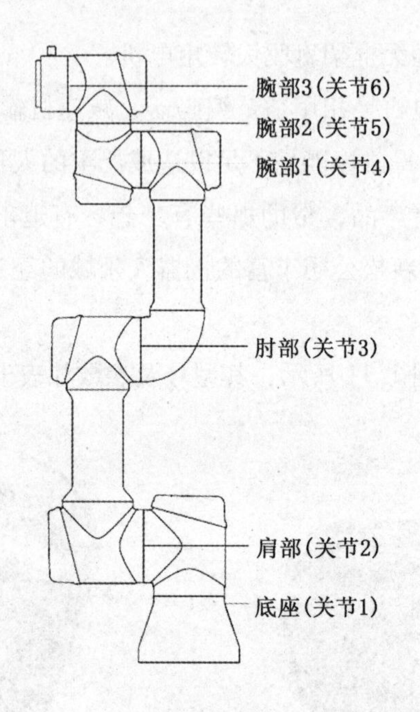

图 1.12　六轴协作机器人关节分布示意图

六轴协作机器人可用于自动装配、喷漆、搬运、焊接及后处理等工作，使用一直线轴重新定位，可以做出同人类动作一样灵活的动作，并且该机器人可以执行操作人员的指令。

① 关节 1：是连接底座的位置，也是承重和核心位置，承载着整个机器人的重量和机器人左右水平的大幅度摆动。

② 关节 2：控制机器人前后摆动、伸缩的一个重要关节。

③ 关节 3：是控制机器人前后摆动的关节，摆动幅度比关节 2 要小很多，这也是六轴协作机器人臂展长的根据。

④ 关节 4：是控制上臂部分 175°自由旋转的关节，相当于人的小臂。

⑤ 关节 5：该关节很重要，当差不多调好机器人的位置后，下一步必须精准定位到产品上，此时就要用到关节 5，相当于人的手腕部分。

⑥ 关节 6：当将关节 5 定位到产品上之后，需要一些微小的改动，这时需要用到关节 6。关节 6 相当于可以水平旋转 360°的一个转盘，可以更准确地定位到产品上。

1.4.2　控制器

1. 控制器硬件

协作机器人控制器采用工业总线组成控制局域网，通过柜体中的主控制器实现对于机器人控制任务的调度和控制指令的发布；通过机器人的运动控制则由总线上的从站驱动器来实现。协作机器人控制器硬件结构图如图 1.13 所示。

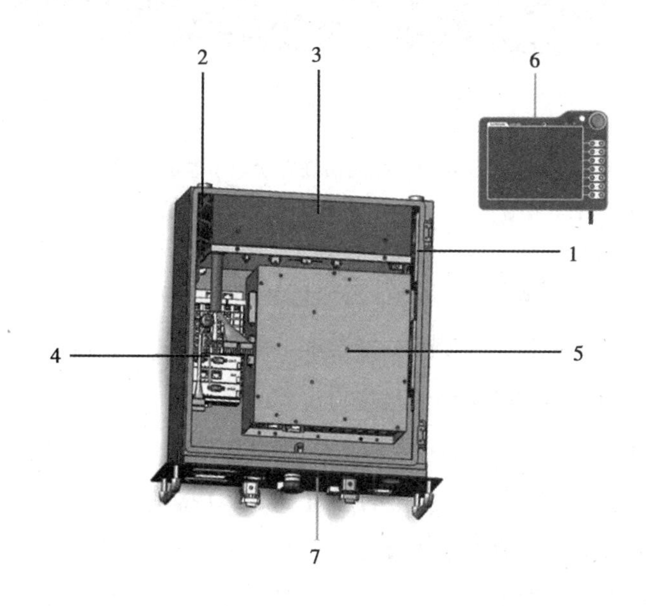

图 1.13　协作机器人控制器硬件结构图

1—风扇；2—制动板卡；3—电源；4—外设接口模块；
5—主控制器；6—示教器；7—外部接口

控制器包含机器人控制系统所有部件的配电装置和通信接口。控制器内部主要包含电源模块、外设接口模块、主控制器、制动系统等四大部分。电源分为控制供电和动力供电两大部分；外设接口模块提供控制系统的外部通信、I/O 等功能；主控制器提供机器人系统的算法实现、运动控制、人机交互等功能。

制动系统负责机器人控制系统的所有功能，具体包括：① 系统操作界面，人机交互功能；② 程序的生成、修正、存档及维护；③ 机器人运动控制；④ 机器人轨迹规划及算法实现；⑤ 机器人动力电控制；⑥ 机器人运动状态监控；⑦ 电子安全回路的部件；⑧ 与外围设备（如其他控制系统、主导计算机、网络设备等）进行通信。

2. 控制器硬件接口

控制器硬件接口示意图如图 1.14 所示。

（1）功能拓展接口 1。

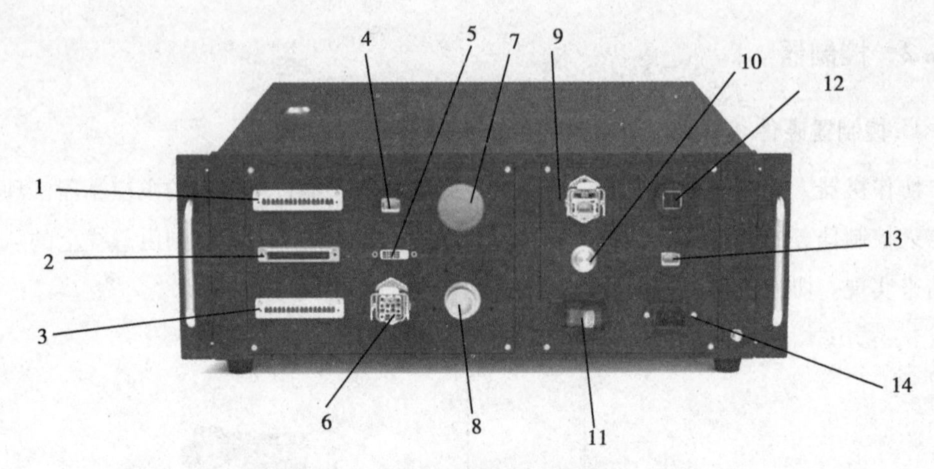

图 1.14　控制器硬件接口示意图

1—功能拓展接口 1；2—I/O 拓展接口；3—功能拓展接口 2；4—RJ45-1 接口；5—DVI-D 接口；
6—机器人接口；7—急停按钮；8—示教器接口；9—RJ45-2 接口；10—上电按钮；
11—系统开关；12—USB 接口；13—RJ45-3 接口；14—220 V AC 接口

功能拓展接口 1 是机器人提供的外部系统上电、系统上电反馈、急停输入、急停输出反馈、机器人自动运行的确认等信号接口。

（2）I/O 拓展接口。

I/O 拓展接口是控制器为外部提供的普通 DI，DO 接口。

（3）功能拓展接口 2（安全输入及反馈）。

功能拓展接口 2 是机器人提供的外部安全输入及安全输出反馈等信号接口。

（4）RJ45-1 接口。

RJ45-1 接口为机器人提供的 EtherCAT 从站拓展接口，用于外接其他 EtherCAT 从站设备。

（5）DVI-D 接口。

DVI-D 接口为机器人提供的外部拓展显示接口，方便技术人员现场调试。

（6）本体接口。

本体接口为控制器与机器人的连接接口。

（7）急停按钮。

急停按钮用于控制机器人的紧急停止。

（8）示教器接口。

示教器接口为控制器提供的与示教器连接的接口，与机器人示教器匹配。

3. DUCO Mind 智能应用控制器

新松公司开发的 DUCO Mind 智能应用控制器，包括功能模块、用户界面及应用包，主要负责机器人本体控制、视觉传感器与力觉传感器的控制、末端夹具的控制。DUCO

Mind 智能应用控制器示意图如图 1.15 所示。

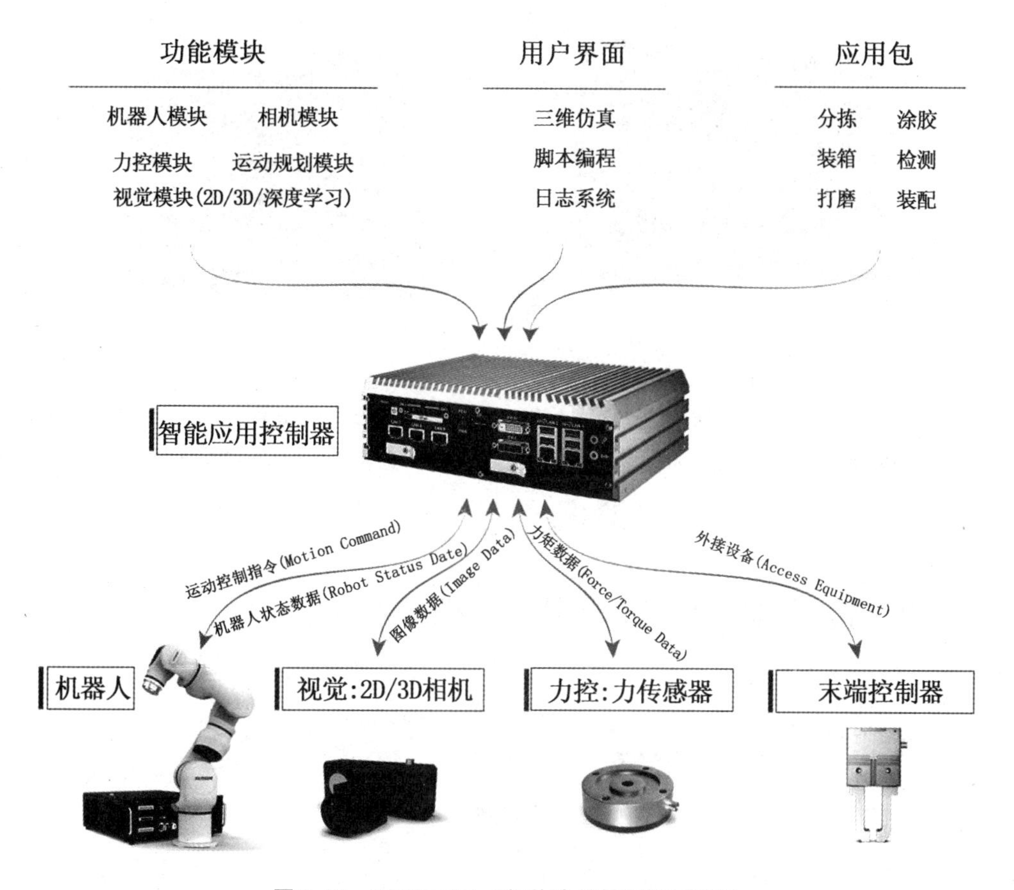

图 1.15　DUCO Mind 智能应用控制器示意图

DUCO Mind 智能应用控制器的智能软件包括图形显示、机器人、相机、标定、深度学习、2D/3D 视觉、碰撞检测及脚本编写。

1.4.3　示教器

协作机器人的示教器与传统工业机器人的示教器有着较大区别。为了使操作更加灵活，同时降低操作的学习成本，协作机器人用触摸屏取代了传统的实体按键。示教器是用于机器人系统的手持编程器，具有机器人系统操作和编程所需的各种操作和显示功能。协作机器人示教器的硬件按钮功能如图 1.16 所示。

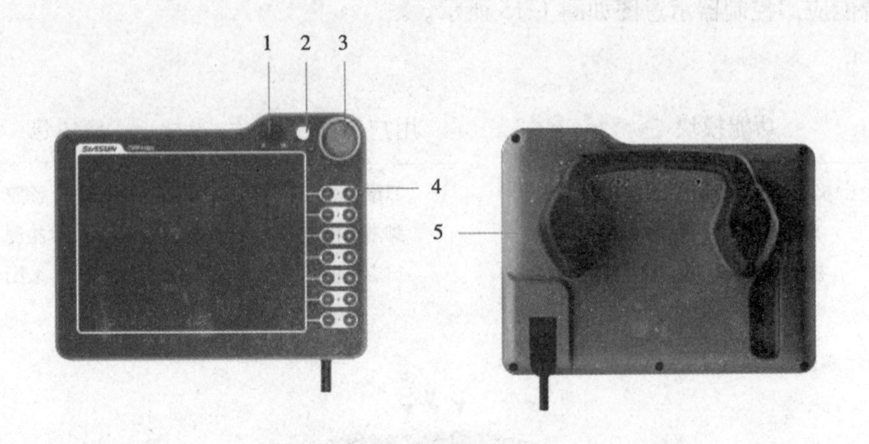

图 1.16　协作机器人示教器的硬件按钮功能示意图

1—模式切换（自动 A/手动 M）；2—电源开关；3—急停按钮；4—关节移动按键；5—使能开关

1.5　协作机器人的工作特性与安全性能

1.5.1　协作机器人的工作特性

1. 与人协作，充分发挥人与机器人的优势

与发展了几十年的传统工业机器人相比，协作机器人最大的突破在于它可以直接与人并肩合作，而无须使用安全围栏进行隔离。这种方式不仅减少了人和机器人之间的距离，大大减少了工位所占的面积，更重要的是可以充分结合人与机器的优势，彼此取长补短，让机器人辅助人类去完成那些高重复性、高精度的工作，而人则解决灵活性高、需要不断优化的工作。在装配高精度的轻型零部件时，人机协作便突显出将人与机器的优点结合在一起的优势。

2. 安全性高

安全性高是协作机器人的基本特征之一，其在设计之初就以给人机互动提供安全保障为宗旨。因此，为了实现人机协作的安全性，协作机器人一般采用轻量化设计，其体型轻巧，并应用内骨骼设计方式。协作机器人具有力反馈和碰撞检测功能，可以确保机器人运行在安全速度下碰到人或障碍物能够自动停止，防止机器人对人和设备造成大的伤害。这种独有的特性是传统工业机器人所不具备的，因此，协作机器人相对于传统工业机器人更安全。

3. 部署简单、灵活易用

协作机器人一般支持拖动示教、配备直观的用户编程界面，集成操作简单、易掌握的软件系统及模块化的示教器等。其在大部分的场所开箱后，普通的操作人员通过一定的训练就可以完成许多部署工作，因此，部署简单。此外，体型轻巧的协作机器人可以安装在桌面上，也可以安装在设备上，十分灵活。

4. 支持柔性生产模式

协作机器人冲破了安全围栏的限制，可以不受固定地理位置的约束，而是随着实际需求，只需简单编程和训练，就能够在不同地点快速适应新的生产任务，因此，能够较好地支持柔性生产模式。即使协作机器人出现故障，也能迅速由新的机器人来补充或替代。

1.5.2　协作机器人系统的安全标准

1. 安全评估参考标准

协作机器人系统的安全评估参考标准见表 1.3。

表 1.3　协作机器人系统的安全评估参考标准

序号	参考标准	标准描述	责任方
1	《工业环境用机器人　安全要求　第 1 部分：机器人》（GB 11291.1—2011/ISO 10218-1：2006	关于工业机器人的安全部分	机器人厂商
2	《机械安全　控制系统安全相关部件　第 1 部分：设计通则》（GB/T 16855.1—2018/ISO 13849-1：2015）	关于控制系统的安全部分	
3	《机器人与机器人装备　工业机器人的安全要求　第 2 部分：机器人系统与集成》（GB 11291.2—2013/ISO 10218-2：2011）	关于工业机器人集成的安全部分	系统集成商
4	《机器人与机器人装备　协作机器人》（GB/T 36008—2018/ISO/TS 15066：2016）	协作机器人技术规范	
5	《机械安全　设计通则　风险评估与风险减小》（GB/T 15706—2012/ISO 12100：2010）	关于机械安全、设计通则、风险评估与风险减小	
	《机械安全　风险评估　实施指南和方法举例》（GB/T 16856—2015）	关于机械安全、风险评估、实施指南和方法举例	

2. 协作机器人系统设计

参照标准《机器人与机器人装备　协作机器人》（GB/T 36008—2018/ISO/TS 15066：2016）可知，协作机器人的操作特性与传统工业机器人的操作特性截然不同。在协作机器人的操作中，操作人员可以近距离工作在机器人旁边，且在协同工作空间（如图 1.17 所示）中，二者之间会发生物理接触。但是协作机器人系统设计也需要保护性措施，以时刻保护操作人员的安全。因此，风险评估是必要的，需要对整个系统进行风险识别、风险评估及采取相应的措施降低风险。

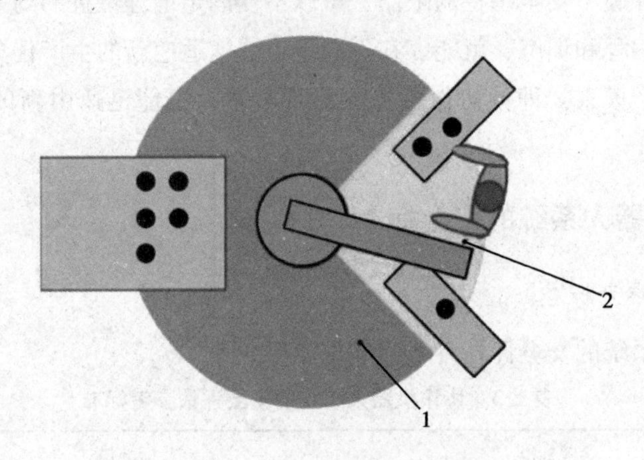

图 1.17　协同工作空间示意图

1—操作空间；2—协同工作空间

3. 协作机器人应用设计

协作机器人系统设计过程需要考虑的关键环节就是消除危险和降低风险，在布局设计中需要考虑以下因素：

（1）建立协同工作空间的物理限制；

（2）协同工作空间、通道（物料、障碍物等）和间隙（夹具、设备、支撑物）；

（3）设备的人体工学和人机界面；

（4）使用权限（操作技能、授权）；

（5）转换（时间限制、启动和停止、协作模式和非协作模式转换）。

4. 协作机器人系统安全要求

安全适用的受监控停止操作的真值表如图 1.18 所示。机器人系统只有在操作人员不在协同工作空间内时，机器人才被允许进入协同工作空间作业；若操作人员不在协同工作空间内时，机器人也可以进行非协作模式作业（速度不小于 250 mm/s）。

（1）非协作模式。

机器人的运行速度不小于 250 mm/s 时，被认定为非协作模式，此时需要采用一定的安全措施，降低安全风险。

（2）安全措施。

通过增加安全扫描仪或安全光栅，设置安全区域进行协作模式和非协作模式的转换，且转换要可视化（指示灯），如安全扫描仪可以设置红区（暂停）和黄区（降速）。

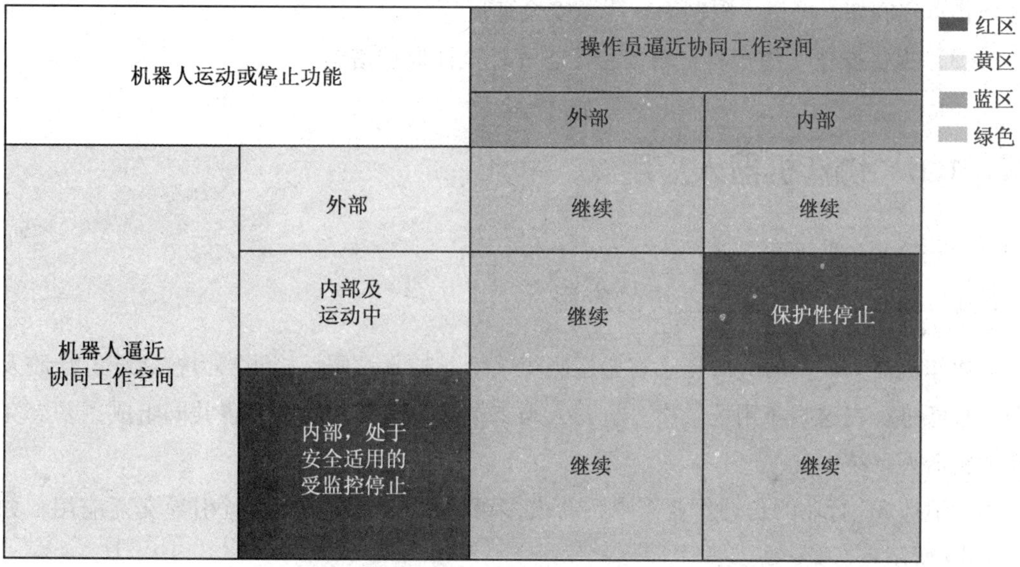

机器人运动或停止功能		操作员逼近协同工作空间	
		外部	内部
机器人逼近协同工作空间	外部	继续	继续
	内部及运动中	继续	保护性停止
	内部，处于安全适用的受监控停止	继续	继续

红区　黄区　蓝区　绿色

图1.18　安全适用的受监控停止操作的真值表

5. 风险识别和风险评估

协作机器人系统设计过程需要对整个系统做风险分析和风险评估。特别要考虑系统中机器人与操作人员之间潜在的预期接触和非预期接触，用户需要参与整个风险评估过程，集成商负责协调相关人员。

风险识别标准参照《机器人与机器人装备　协作机器人》（GB/T 36008—2018/ISO/TS 15066：2016）。

（1）机器人的相关危险。

机器人安全特性、机器人准静态接触、操作人员的工作位置。

（2）机器人系统的相关危险。

机器人末端执行器、工装夹具设计、判断接触为暂态或准静态、操作人员哪些身体部位可能受伤。

（3）应用场景的相关危险。

工作过程中可能产生的外在伤害，如焊渣飞溅、部件迸出等。

6. 危险消除和风险减小

将危险源和风险点逐项列出，然后通过采取一定措施消除危险和降低风险。

（1）从设计角度上消除危险或降低风险。

（2）通过防护措施防止操作人员接触危险，或者在接触危险之前，确保危险降至安全状态。例如，停机、限制力、降至安全速度等。

（3）提供操作使用资料、培训和标志等补充性保护措施。

1.6 协作机器人应用

1.6.1 新松协作机器人支持的应用

协作机器人典型的应用场景有搬运码垛、螺丝拧紧、质量检测、力控装配、涂胶及抛光打磨等。在这些应用场景中，机器人与末端装夹工具和外围设备共同组成了一套完整的机器人系统。

为适应 3C 行业的自动作业需求，新松多可协作机器人支持视觉引导交互应用，如图 1.19 所示。

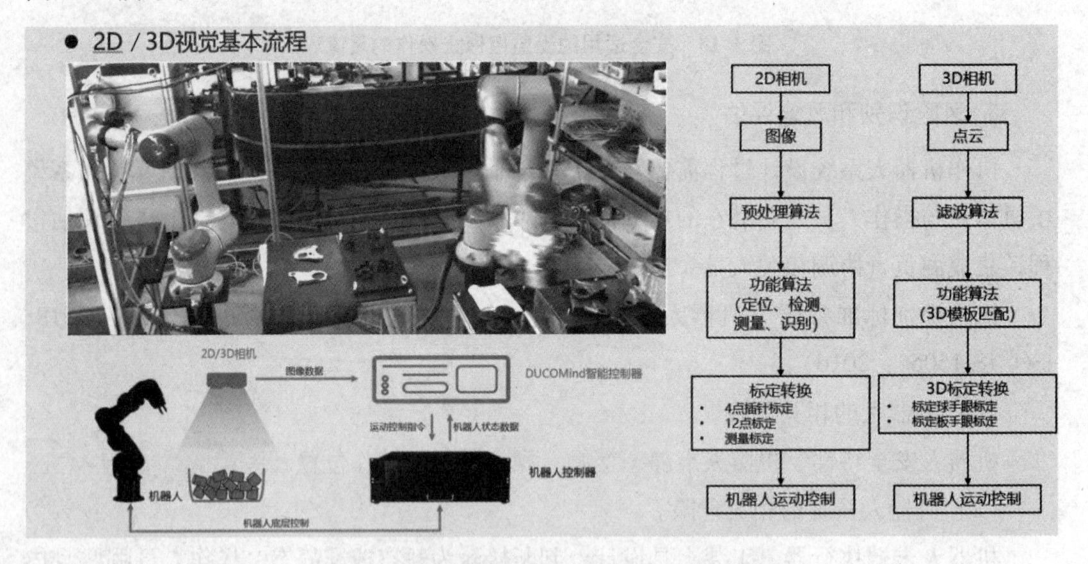

图 1.19 新松多可协作机器人视觉应用流程图

新松多可协作机器人支持 2D 视觉工件抓取，如图 1.20 所示。

新松多可协作机器人支持 2D 视觉引导，并结合末端力反馈实现内存条的插拔应用，如图 1.21 所示。

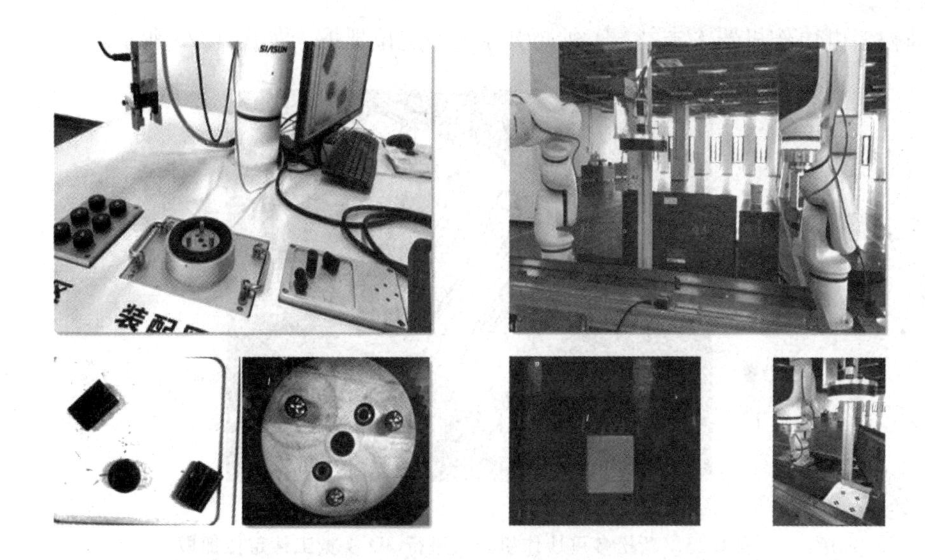

图 1.20　新松多可协作机器人进行 2D 视觉工件抓取

图 1.21　新松多可协作机器人进行 2D 视觉内存条插拔

新松多可协作机器人支持 2D 视觉引导 PCB 抓取，如图 1.22 所示。

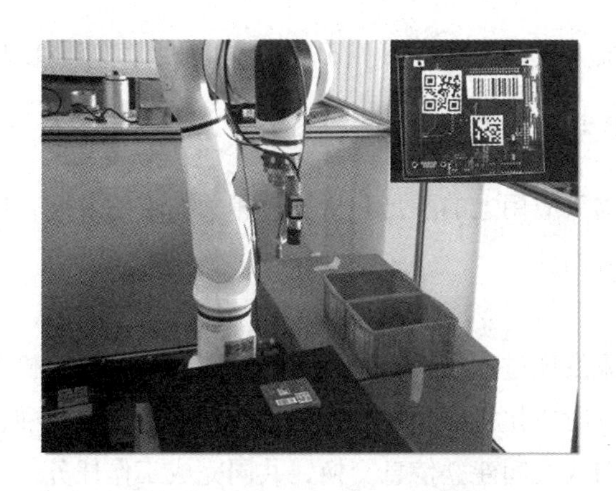

图 1.22　新松多可协作机器人进行 2D 视觉 PCB 抓取

新松多可协作机器人支持 3D 视觉引导工件定位抓取，如图 1. 23 所示。

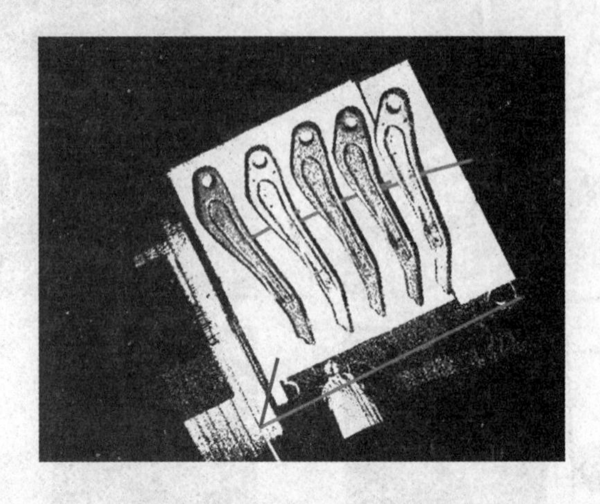

图 1. 23　新松多可协作机器人进行 3D 视觉工件定位抓取

新松多可协作机器人支持深度学习与 3D 视觉混杂物品分拣，如图 1. 24 所示。

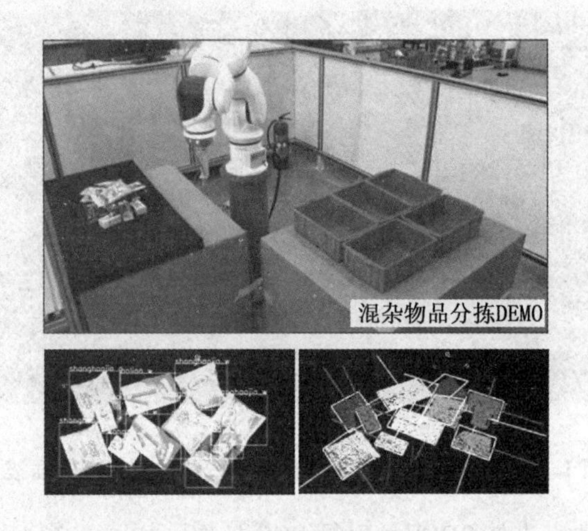

图 1. 24　新松多可协作机器人进行深度学习与 3D 视觉混杂物品分拣

新松多可协作机器人支持深度学习与 3D 视觉堆码垛，如图 1. 25 所示。

1. 6. 2　机器人技术发展和应用趋势

根据目前协作机器人应用上的不足和机器人相关技术的发展，协作机器人未来发展主要集中于以下三个方面。

（1）智能化。

协作机器人在未来发展过程中，将融入多种感知技术，提升机器人环境信息识别和自主决策的智能化。同时协作机器人将与计算机控制技术和互联网技术进行融合，使处在不同区域的协作机器人之间建立信息交换，共同完成工作任务。

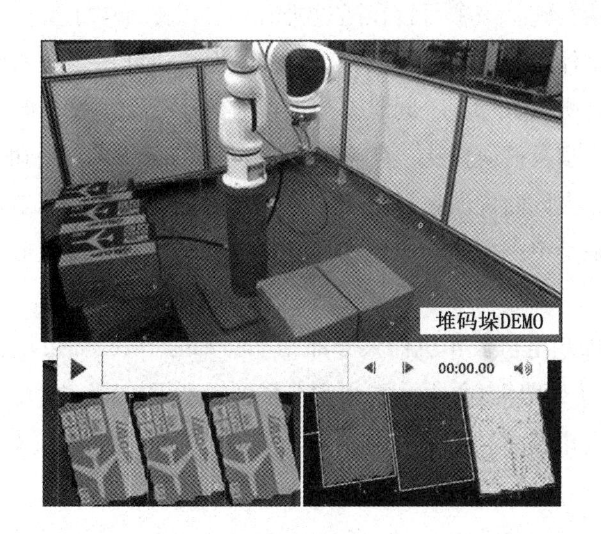

图 1.25　新松多可协作机器人进行深度学习与 3D 视觉堆码垛

（2）多元化。

模块化设计进一步优化，内部轴承和电机设计中增加机械臂内部通风散热和热传导机构等散热设计。同时碳纤维复合材料、3D 打印材料等新型材料的使用，使得协作机器人在未来社会服务中可以发挥更多的作用，推动机器人在各个领域应用的技术发展，为协作机器人的多元化应用提供了更多思路。

（3）便捷化。

外力引导编程是协作机器人编程的一大优势，但是由于不能很好地控制、引导编程轨迹的流畅性和稳定性，使得这一优势无法很好地运用到实际工作中。随着计算机技术和智能算法在协作机器人中的应用，可以实现对编程轨迹的自动优化。同时协作机器人在产业应用上还可以扩展外部视觉引导、智能柔性手爪等，提高抓取准确率和装配准确性，使得协作机器人的入门要求降低，使用更加便捷。

随着其他传感器、互联网、大数据、深度学习等技术的不断发展，将进一步地提高协作机器人的安全性和智能性，进而推动协作机器人在更多领域的应用。

1.7　协作机器人的发展历程

1996 年，协作机器人的概念由美国西北大学的两位教授 J.Edward Colgate 和 Michael Peshkin 首次提出，并申请了专利。而这一概念的提出，是基于 1995 年通用汽车基金会（General Motors Foundation）赞助的一个项目，该项目试图找到一种方法使机器人变得足够安全，以便可以和操作人员协同工作。

2005 年，协作机器人迎来了发展契机。在同年 3 月，由欧盟第六框架计划资助的中小型企业项目开始实施。该项目旨在通过机器人技术提升中小型企业劳动力水平，提高竞争力，减少离岸外包，由德国顶级自动化技术应用研究所之一的弗劳恩霍夫协会制造技术与自动化研究所负责承担，同时参与该项目的还有德国航空航天中心、瑞典隆德大学工程系、其他大学及科研机构、IT 公司、软件开发商和咨询公司。

同年，协作机器人厂商优傲在丹麦成立，公司创立的初衷是其创始人在南丹麦大学一起做研究时，发现了中小企业对机器人的新需求（与当时丹麦政府主导的一项机器人计划有关）。

2006 年，日本安川电机公司机器人分部（Motoman）从欧洲市场引进了一种双臂机器人，其 SDA 系列（如图 1.26 所示）和 SIA 系列轻型机械臂与现在的主流协作机器人在结构及外观上非常相像。只是当时 Motoman 更倾向的是机器换人及多机器人协作，而非人机协作。

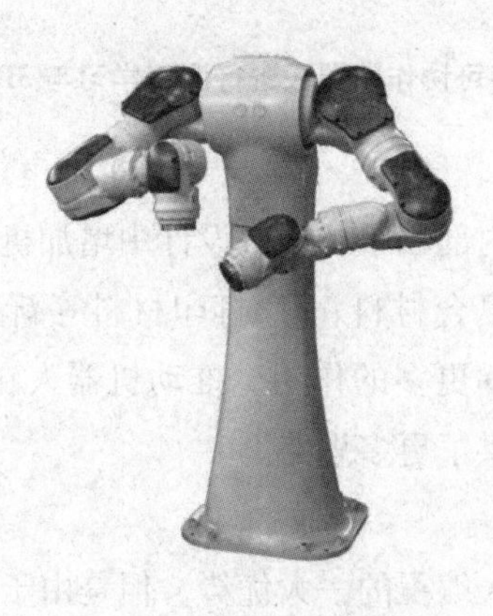

图 1.26　安川公司 SDA 系列

2008 年，Rodney Brooks 创立了 Heartland Robotics（2012 年更名为 Rethink Robotics），其最初的目的也是帮助美国本土的中小型企业提高生产效率。因此，协作机器人最初的市场是中小企业。

直到 2009 年，优傲公司推出了一款机器人——UR 5，这标志着全球首款协作机器人诞生。其实在该款机器人之前，绝大多数协作机器人都是在传统机器人的基础上改造的，而该款机器人是第一个从产品设计伊始就以协作机器人的要求进行开发的机器人。优傲公司的协作机器人系列如图 1.27 所示。

2012 年，Rethink Robotics 推出了双臂协作机器人 Baxter，但并不是很成功。自此之后，协作机器人市场的大门被打开，不仅以“四大家族”为首的传统工业机器人企业纷纷将目标指向了这一新领域，KUKA 公司的 LBR iiwa（图 1.28）、ABB 公司的 YuMi（图 1.29）、FANUC 公司的 CR-35iA（图 1.30）及安川公司的 HC10（图 1.31）也相继被推出，而且市场上也出现了越来越多的新创立的协作机器人公司。协作机器人的概念也被人们所认识和接受，并逐渐发展成为全球关注的焦点。

图 1. 27　优傲公司的 URS 系列

图 1. 28　KUKA 公司 LBR iiwa 系列

图 1. 29　ABB 公司 YuMi 系列

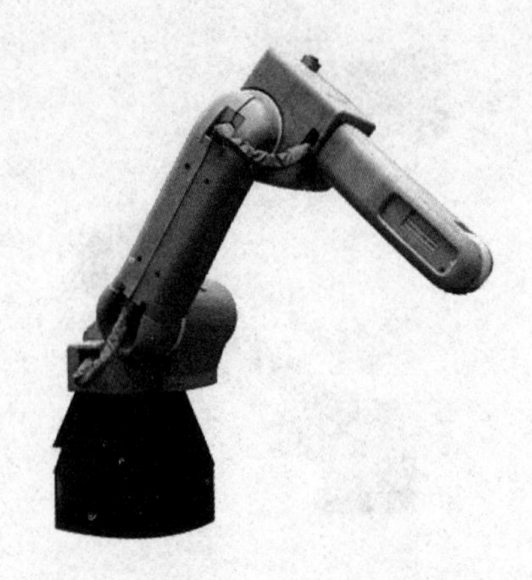

图 1.30　FANUC 公司 CR-35iA 系列

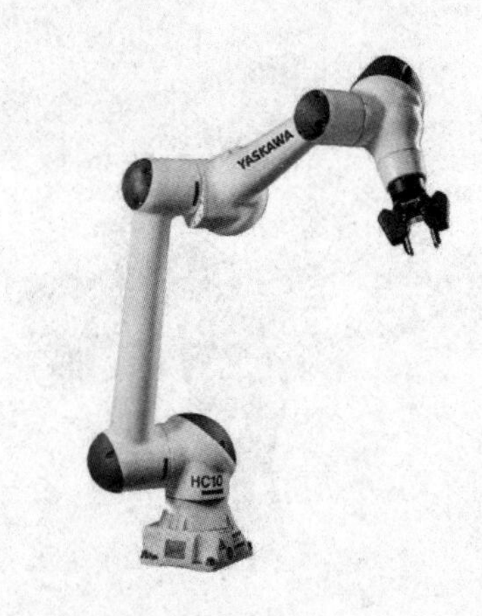

图 1.31　安川公司 HC10 系列

2015 年，新松公司第一代协作机器人产品 SCR5 发布。该产品为负载 5 kg 的七轴协作机器人，打破了国外协作机器人在国内的垄断地位。新松公司 SCR5 协作机器人如图 1.32 所示。

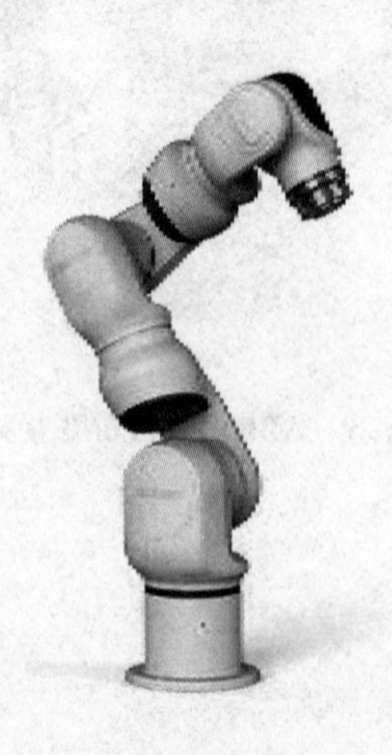

图 1.32　新松公司 SCR5 协作机器人

2016年，新松首台双臂协作机器人DSCR5发布，如图1.33所示。后续，新松公司又陆续发布了各种型号的协作机器人，几乎每年都有新产品发布。目前，新松已经拥有了一个协作机器人家族族谱，涵盖SCR系列、GCR系列、DSCR双臂系列、复合机器人等产品，产品性能已经达到国际领先、国内一流的水准。新松多可协作机器人被设计成可以在协作区域内与人直接进行交互的机器人，具有投资回报周期短、满足人机协作生产需求（碰撞保护）、操作简单（牵引示教，简易编程）、适应柔性化生产（对原有自动化布局改动很小，占地空间小）的特点，被广泛应用于汽车、3C、食品与饮料、航空航天、金属加工、医药等行业。

图1.33　新松公司DSCR5协作机器人

第 2 章　机器人基本操作

2.1　程序列表页

程序列表页用来管理当前激活工程内的所有程序。图 2.1 所示为程序列表页面，该页面中显示了程序根目录下的所有程序及文件夹。

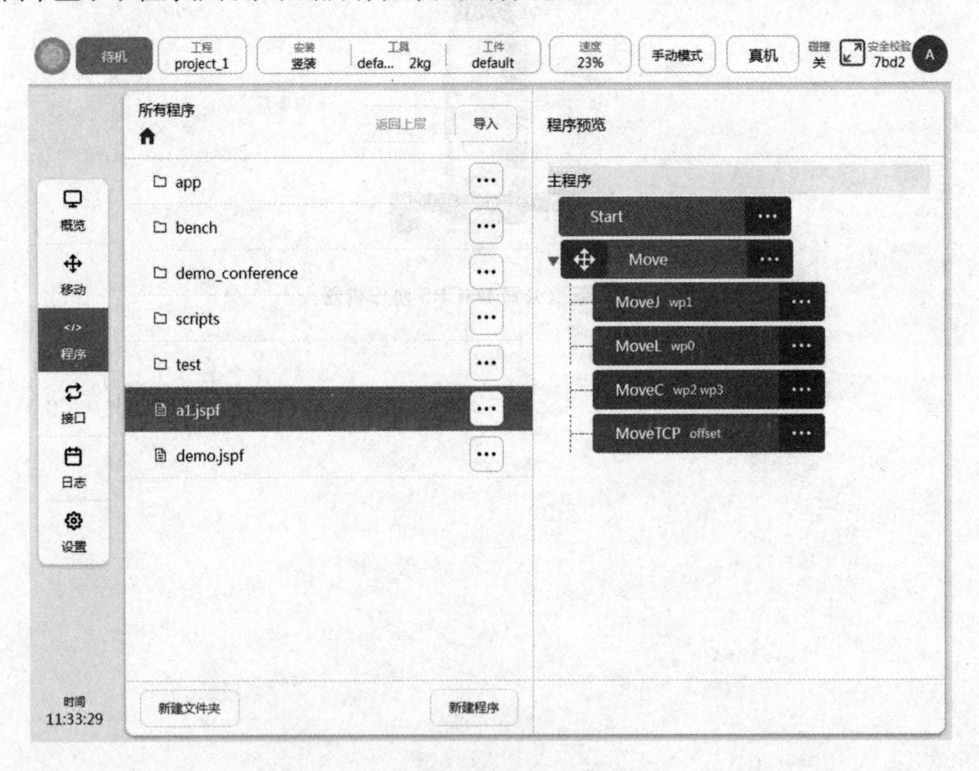

图 2.1　程序列表页面

选中文件夹，点击该文件夹右边的“•••”按钮；点击“进入程序”，可切换到该文件目录，查看该文件夹下的所有程序及文件夹。

选中程序，右侧“程序预览”区可以显示该程序的内容；点击“进入程序”，可打开该程序。

左上方可显示当前所在的目录，如图 2.2 所示。点击“返回上层”按钮可返回上层目录，点击路径可切换目录，点击“⌂”图标可切换到根目录。

图 2.2　程序目录

2.1.1　新建程序

点击“新建程序”按钮，可弹出键盘，在输入栏中输入程序名，点击“OK”键，即在当前文件夹下创建一个新程序，如图 2.3 所示。

2.1.2　新建文件夹

点击“新建文件夹”按钮，可弹出键盘，输入文件夹名，点击“OK”键，即在当前文件夹下创建一个新文件夹。

2.1.3　程序文件操作

点击列表项右边的“…”按钮，可弹出菜单。对于程序文件来说，可执行如下操作。

1. 进入程序

点击程序名可打开程序，如图 2.4 所示。

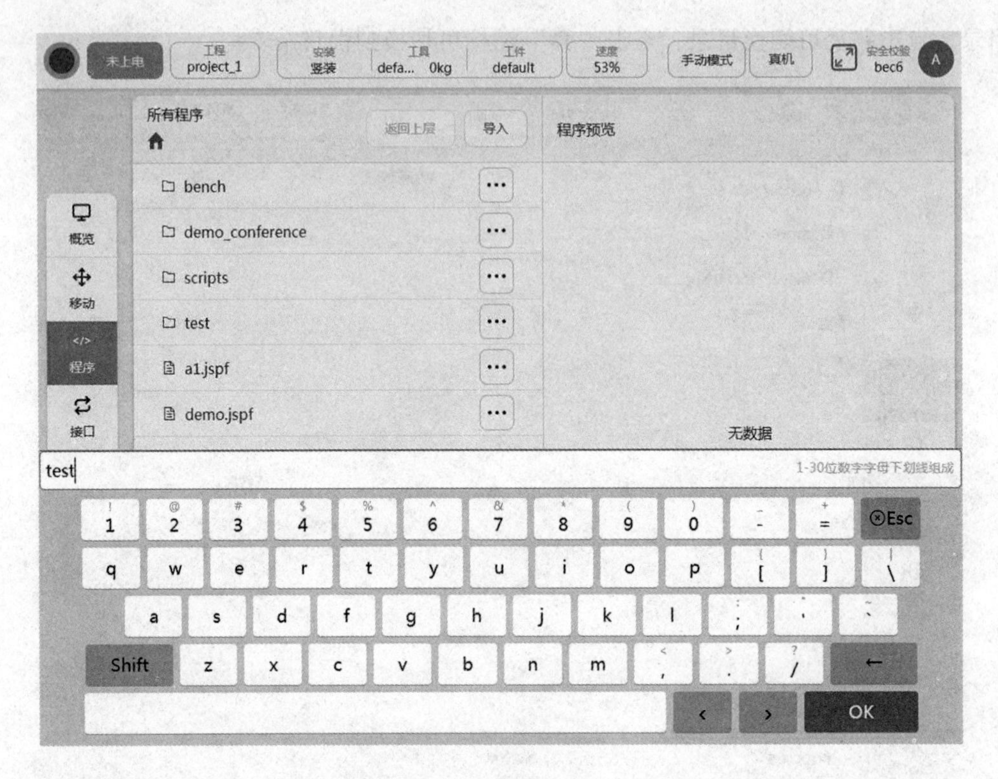

图 2.3 新建程序

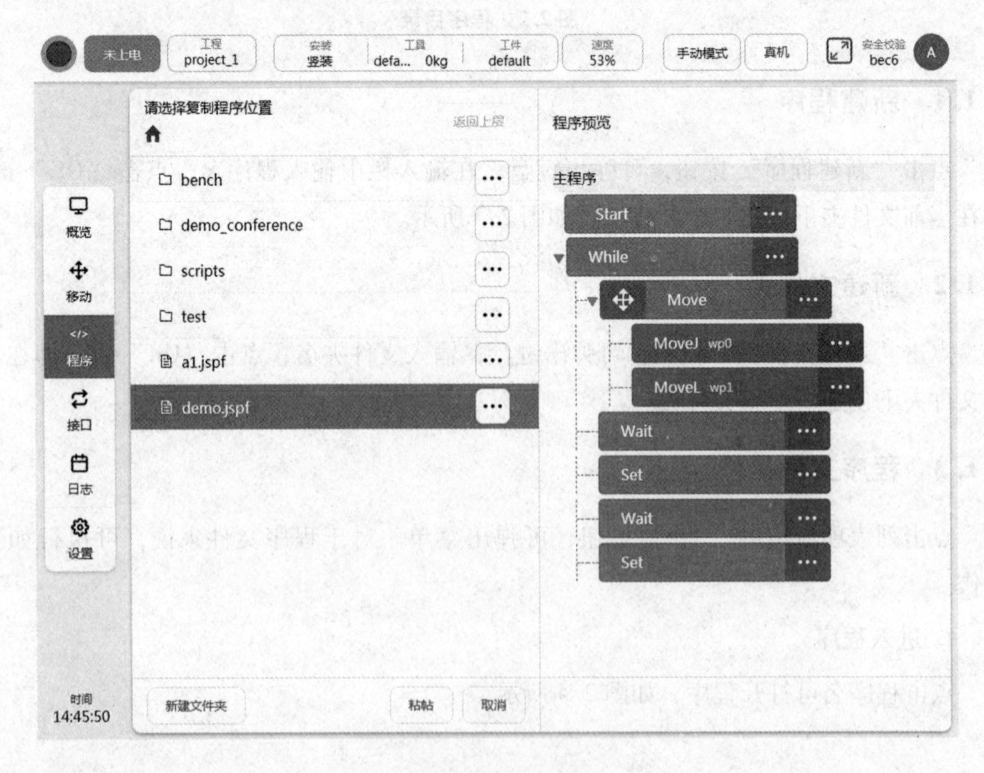

图 2.4 打开程序

2. 复制程序

选中程序文件，点击“复制”按钮，将复制该程序，程序列表页面如图 2.5 所示。此时，可选择粘贴的位置，然后点击“粘贴”按钮，即可将该程序复制到当前文件夹中；若点击“取消”按钮，则取消复制。复制程序时，若当前文件夹有同名程序，将自动在复制的程序名后面加“_copy××”后缀。

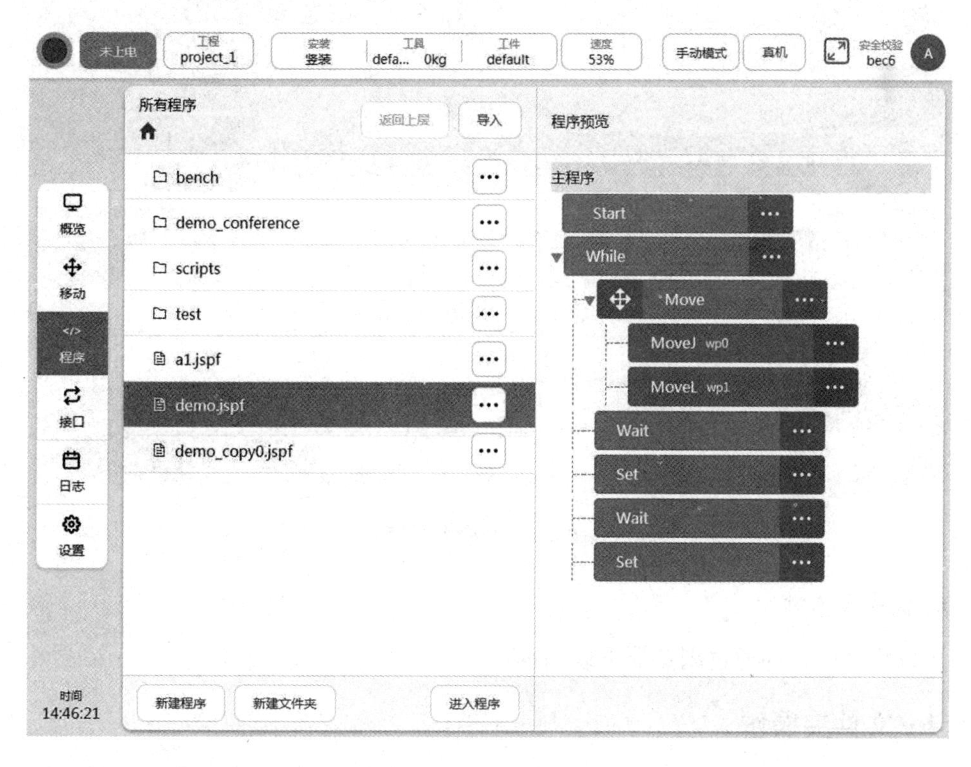

图 2.5　复制程序

3. 重命名程序

点击“重命名”按钮，可弹出键盘，在输入栏中输入新的名称后，点击“OK”键即可修改，如图 2.6 所示。

注意：已经打开的程序或正在运行的程序不能重命名。

4. 删除程序

点击“删除”按钮，可弹出“确定”对话框，点击“确定”按钮即可删除该程序。

注意：已经打开的程序或正在运行的程序不能删除。

5. 导出程序

可以将程序文件导出到 U 盘上，具体内容详见“2.1.5　程序的导入导出”部分。

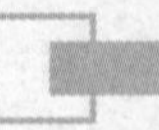

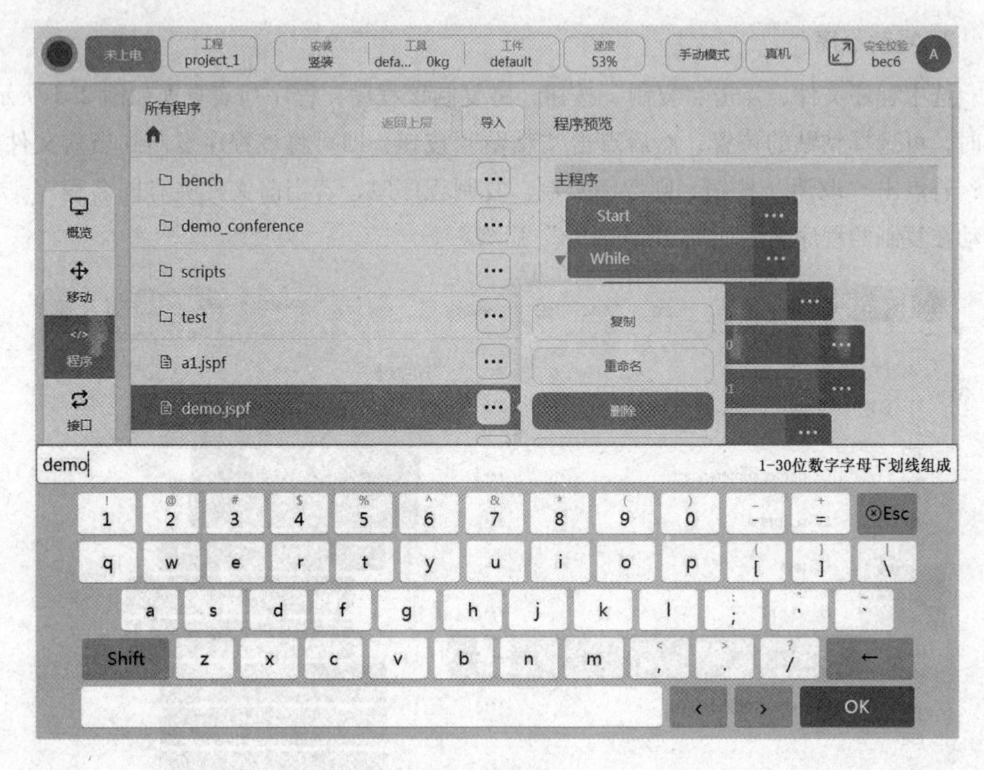

图 2.6　重命名程序

6. 保存至本地

可以将程序文件通过浏览器下载到本地。

2.1.4　文件夹操作

点击文件夹项右边的“···”按钮，在弹出的菜单中可执行如下操作：进入程序、重命名、删除。

1. 进入程序

点击文件夹名可切换到该文件夹，查看该文件夹下的所有程序及子文件夹。

2. 重命名

可进行文件夹的重命名。

注意：若该文件夹下有已打开的程序或正在运行的程序，则不能重命名。

3. 删除

可删除文件夹下的所有内容。

注意：若该文件夹下有已打开的程序或正在运行的程序，则不能删除。

2.1.5　程序的导入与导出

机器人系统支持从外部设备导入程序或导出程序到外部设备。外部设备是指接入控

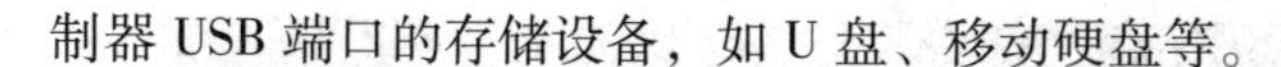

制器 USB 端口的存储设备，如 U 盘、移动硬盘等。

1. 程序导入

首先点击“导入”按钮，弹出如图 2.7 所示窗口，该窗口中显示当前控制器上挂载的 USB 存储设备，需选择一个存储设备。

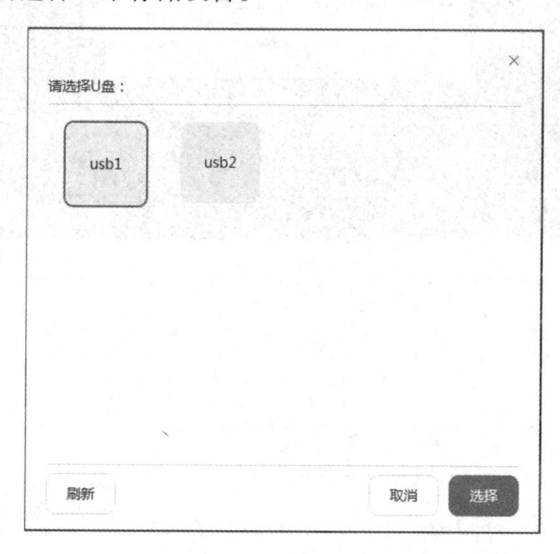

图 2.7　选择挂载设备

然后，弹出的页面上将显示该存储设备中的文件夹及符合条件的程序文件（后缀名为“.jspf”），从中选中一个程序文件，点击“选择”按钮，则将该程序文件导入控制器中，如图 2.8 所示。若检查到导入的程序文件与控制器中原有的程序文件刚好重名，则弹出提示窗口，可将该程序文件重命名后再导入控制器中，如图 2.9 所示。

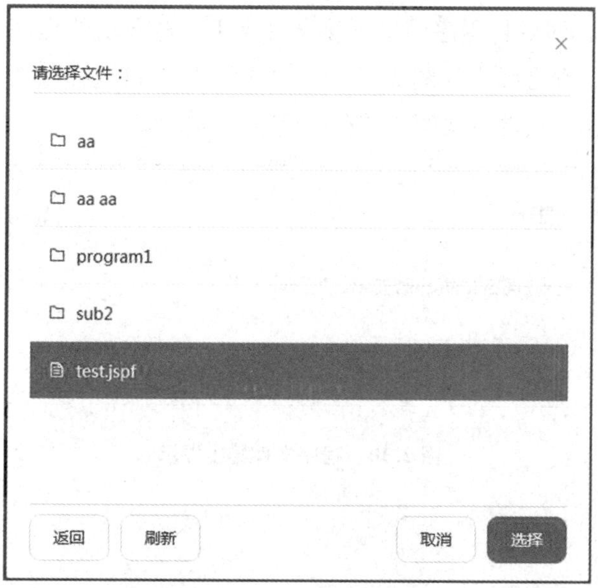

图 2.8　程序文件导入

图 2.9　程序文件重命名提示

2. 程序导出

在程序列表页中选中一个程序，在其交互操作菜单中选择“导出”按钮，则将执行导出操作。与导入操作类似，此时弹出窗口显示当前控制器上挂载的 USB 存储设备。选中需要的存储设备后，可以查看该设备的程序文件及文件夹，选择要导出的文件夹，点击“确定”按钮，即可将程序导出到该文件夹下。若导出的程序文件与该存储设备中的文件刚好重名，则会弹出如图 2.10 所示窗口。用户可选择取消导出，或者修改导出文件名后重新导出，或者直接覆盖该存储设备中的文件。

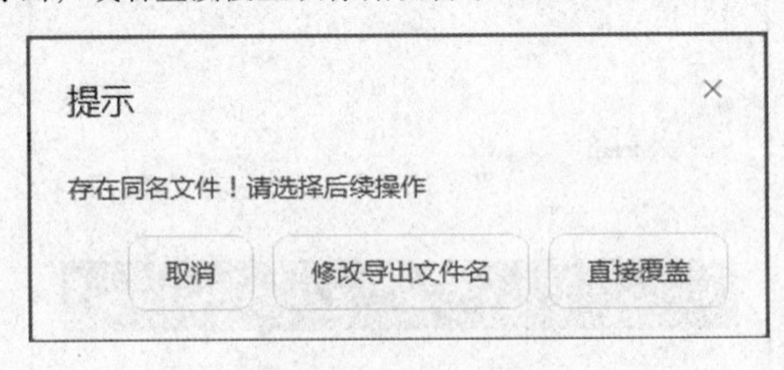

图 2.10　程序文件导出提示

2.2　编程

2.2.1　整体布局

在程序列表页新建程序或打开程序后，可进入编程页面，如图2.11所示。

编程页面左侧为编程区，可进行程序树的编辑。右侧可分为四个部分：①“添加”标签页是功能块列表区，显示了可用的图形化编程功能块；②“变量”标签页是变量区，可创建程序变量，程序运行时，监控程序变量与系统变量的值；③“参数”标签页是参数配置区，可查看及编辑程序树中选中的功能块参数；④“运行”标签页是程序运行区，可进行程序的启停，显示机器人的3D模型。

图2.11　编程页面布局

编程页面左侧上方显示当前程序名，程序名后面的“*”表示该程序有改动。点击程序名上方的“<”按钮或“+”按钮可以进入程序列表页（且不会关闭打开的程序），点击“☑”按钮可以折叠或展开已打开的程序列表。

如图2.12所示的已打开的程序列表，其显示当前系统中有3个已打开的程序，点击程序右侧的“…”按钮可以打开该程序的交互对话框，此时可以进行关闭该程序或切换至该程序操作，以双击列表项的方式也可以切换程序。

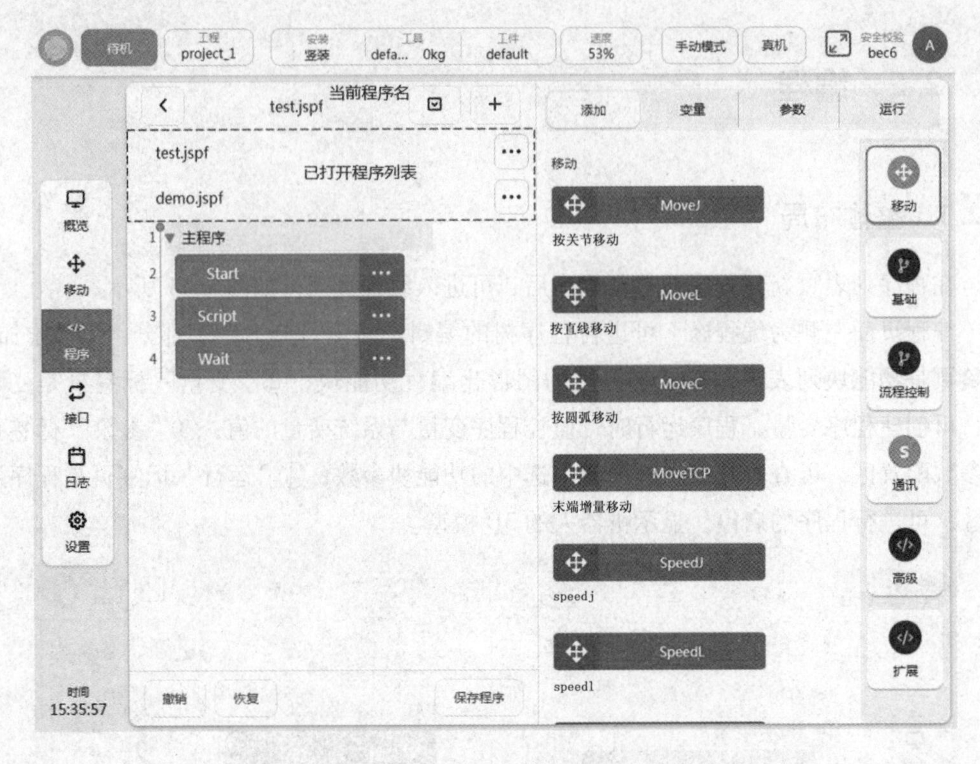

图 2.12　程序列表

关闭程序时，若程序有改动，会弹出对话框提示是否保存程序或放弃修改程序。

2.2.2　编程操作

编程采用拖动添加和双击添加的方式。拖动添加方式：可以选中功能块列表区的功能块，直接将其拖到编程区，程序树对应的位置将显示蓝色横线，表示该功能块将插入此处；此时松开选中的功能块即添加完成。双击添加方式：选中程序树中的任一功能块，然后双击功能块列表区中的功能块，此时列表区中的功能块将添加到程序树选中功能块的下方。（注意：移动设备端不支持双击操作，支持直接拖动程序树中的功能块到其他位置。）

双击程序树中的某个功能块，即可自动切换到参数配置区（或者选中某个功能块，手动切换到参数配置区），配置该功能块的参数。功能块参数配置页面如图 2.13 所示。

如图 2.14 所示，程序树中的功能块有三种状态：红色正体代表该功能块未配置有效的参数；红色斜体加“ * ”代表该功能块的参数发生改动，但未保存到程序树中；白色正体代表该功能块参数有效、无改动。

点击程序树功能块右边“···”按钮，可弹出如图 2.15 所示的对话框。该对话框中包括以下操作。

① 复制：复制该功能块。

② 粘贴：可以将复制的功能块粘贴到选中功能块的下方。

图 2.13　功能块参数配置页面

（a）红色正体　　（b）红色斜体加“ * ”　　（c）白色正体

图 2.14　功能块状态

图 2.15　程序树操作

③ 不启用：可以选择是否启用该功能块。选择不启用时，该功能块灰显，程序不会执行该功能块。

④ 删除：可以删除该功能块。

⑤ 选中此行为运行起始行：可以选中该功能块为运行起始行，此时该功能块的前

方将会有图标“ ”，此时运行程序，程序将从该功能块处往下执行。

在程序编辑过程中，可随时通过“撤销”和“恢复”按钮来撤销修改或恢复修改。注意：撤销修改最多支持撤销 10 次。

程序树一旦发生了改动，则当前程序名后面会显示“ * ”，表示该程序有改动，此时可以通过“保存程序”按钮将程序保存到控制器中。

2.3 功能块及参数配置

功能块列表区显示当前可用的图形化编程功能块，这些功能块根据机器人编程常用的场景封装而来。本系统提供的功能块及其配置参数具体如下。

2.3.1 移动功能块

在拖动 MoveJ，MoveL 等运动类功能块到程序树中时，若没有 Move 节点，系统将自动创建一个 Move 功能块，如图 2.16 所示。这个功能块可以用来批量设置其子节点的运动参数和坐标系，其含有如下参数：① 末端速度，单位为 mm/s；② 末端加速度，单位为 mm/s^2；③ 关节角速度，单位为（°）/s；④ 关节角加速度，单位为（°）/s^2；⑤ 参考坐标系，包括工具坐标系、工件坐标系，可手动更改。

图 2.16　Move 功能块

在生成 Move 功能块时，默认获取 Move 的所有父节点，并判断是否已设置参考坐标系，若未设置参考坐标系将使用系统当前设置的坐标系。例如，传送带功能块有设置的参考坐标系，即标定的传送带坐标系，所以拖动 Move 类功能块到传送带子节点时，生成的 Move 功能块默认使用传送带的坐标系。

Move 功能块设置的笛卡儿空间运动参数只针对 MoveL，MoveC，MoveTCP 功能块，对其他子功能块无影响；设置的关节运动参数只针对 MoveJ 功能块，对其他子功能块无影响。

Move 功能块设置的参考坐标系只针对 MoveJ，MoveL，MoveC 功能块，对其他子功能块无影响。

具体的控制机器人运动的功能块有如下类型。

1. MoveJ 功能块

MoveJ 功能块可使机器人按照关节运动的方式移动，可以选择移动到目标关节或目标姿态，如图 2. 17 所示。该功能块可设参数具体如下。

图 2. 17　MoveJ 功能块

① 启用 OP：可以在轨迹执行过程中设置通用数字输出口状态。

② 目标姿态：可以通过示教的方式设置，或者设置为变量，示教设置后可手动更改。

③ 使用父节点坐标系：选择目标位置姿态时可设此参数；勾选时，MoveJ 功能块使

用父节点 Move 功能块设置的参考坐标系；一般默认勾选。

④ 参考坐标系：选择目标位置姿态时可设此参数；不勾选“使用父节点坐标系”时，可单独为 MoveJ 功能块设置参考坐标系。

⑤ 使用父节点参数：勾选时，MoveJ 功能块使用父节点 Move 功能块设置的关节角速度、关节角加速度参数；不勾选时，需要单独为 MoveJ 功能块设置关节角速度、关节角加速度；一般默认勾选。

⑥ 关节角速度：单位为（°）/s。

⑦ 关节角加速度：单位为（°）/s^2。

⑧ 融合半径：单位为 mm，0 表示不融合。

若启用 OP 参数，则需要做如图 2.18 所示配置。OP 参数可以在轨迹开始后触发和轨迹结束前触发；触发类型可选择不触发或时间触发；可设置触发延时；输出端口可以选择端口及端口状态。

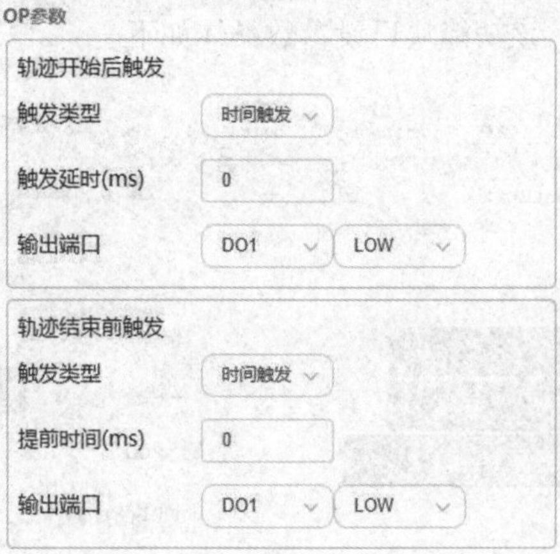

OP参数
轨迹开始后触发
触发类型 时间触发
触发延时(ms) 0
输出端口 DO1 LOW
轨迹结束前触发
触发类型 时间触发
提前时间(ms) 0
输出端口 DO1 LOW

图 2.18　MoveJ 功能块 OP 参数

2. MoveL 功能块

MoveL 功能块可使机器人按照直线移动到目标姿态，如图 2.19 所示。该功能块可设参数具体如下。

① 启用 OP：可以在轨迹执行过程中设置通用数字输出口状态。

② 目标姿态：可以通过示教的方式设置，或者设置为变量，示教设置后可手动更改。

③ 使用父节点坐标系：勾选时，MoveL 功能块使用父节点 Move 功能块设置的参考坐标系；一般默认勾选。

④ 参考坐标系：不勾选“使用父节点坐标系”时，可单独为 MoveL 功能块设置参考坐标系。

⑤ 使用父节点参数：勾选时，MoveL 功能块使用父节点 Move 功能块设置的末端速

图 2.19　MoveL 功能块

度、末端加速度参数；不勾选时，需要单独为 MoveL 功能块设置末端速度、末端加速度；一般默认勾选。

⑥ 末端速度：单位为 mm/s。

⑦ 末端加速度：单位为 mm/s^2。

⑧ 融合半径：单位为 mm，0 表示不融合。

若启用 OP 参数，则需要做如图 2.20 所示配置。OP 参数可以在轨迹开始后触发和轨迹结束前触发；触发类型可选择不触发、时间触发、距离触发；可设置触发延时或提前距离；输出端口可选择端口及端口状态。

OP参数

轨迹开始后触发

触发类型　时间触发

触发延时(ms)　0

输出端口　DO1　LOW

轨迹结束前触发

触发类型　距离触发

提前距离(mm)　0

输出端口　DO1　LOW

图 2.20　MoveL 功能块 OP 参数

3. MoveC 功能块

MoveC 功能块可使机器人按照圆弧或整圆轨迹移动，如图 2. 21 所示。该功能块可设参数具体如下。

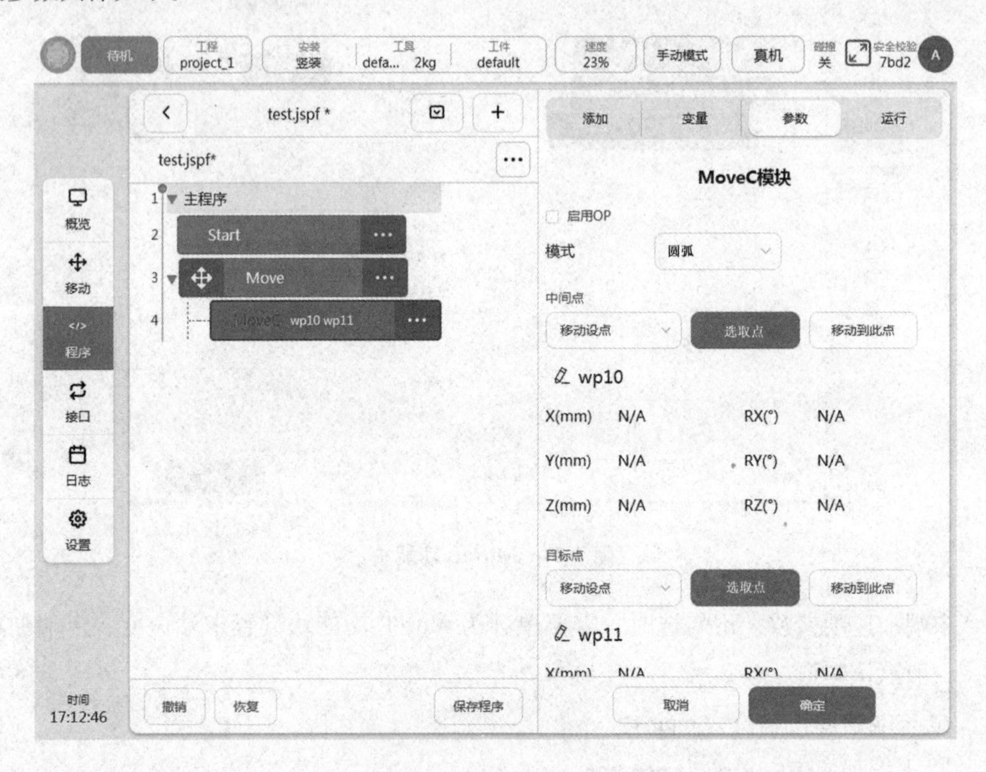

图 2. 21　MoveC 功能块

① 启用 OP：可以在轨迹执行过程中设置通用数字输出口状态。

② 模式：圆弧或整圆。

③ 中间点姿态/中间点 1：可以通过示教的方式设置，或者设置为变量，示教设置后可手动更改。

④ 目标点姿态/中间点 2：可以通过示教的方式设置，或者设置为变量，示教设置后可手动更改。

⑤ 使用父节点坐标系：勾选时，MoveC 功能块使用父节点 Move 功能块设置的参考坐标系；一般默认勾选。

⑥ 参考坐标系：不勾选“使用父节点坐标系”时，可单独为 MoreC 功能块设置参考坐标系。

⑦ 使用父节点参数：勾选时，MoreC 功能块使用父节点 Move 功能块设置的末端速度、末端加速度参数；不勾选时，需要单独为 MoveC 功能块设置末端速度、末端加速度；一般默认勾选。

⑧ 末端速度：单位为 mm/s。

⑨ 末端加速度：单位为 mm/s^2。

⑩ 融合半径：单位为 mm，0 表示不融合。

⑪ 姿态控制模式：若选择“无约束姿态控制”，机器人不保证末端的姿态；若选择“有约束姿态控制”，机器人末端始终指向圆心。

MoveC 功能块的 OP 参数配置同 MoveL 功能块的 OP 参数配置。

图 2.22　MoveTCP 功能块

4. MoveTCP 功能块

MoveTCP 功能块机器人沿工具坐标系移动，如图 2.22 所示。该功能块可以直接输入各个方向的偏移量，或者使用变量；可以示教两个点位，以这两个点位之间的偏移量作为移动的偏移值。该功能块的其他可设参数如下。

① 启用 OP：可以在轨迹执行过程中设置通用数字输出口状态。

② 使用父节点参数：勾选时，MoveTCP 功能块使用父节点 Move 功能块设置的末端速度、末端加速度参数；不勾选时，需要单独为 MoveTCP 功能块设置末端速度、末端加速度；一般默认勾选。

③ 末端速度：单位为 mm/s。

④ 末端加速度：单位为 mm/s^2。

MoveTCP 功能块的 OP 参数配置同 MoveL 功能块的 OP 参数配置。

5. SpeedJ 功能块

SpeedJ 功能块可以控制机器人的每个关节按照给定的速度一直运动，直到遇到 SpeedStop 功能块，如图 2.23 所示。该功能块需要设置各个关节的速度，可以选择一直运动，或者运动指定时间，可以使用 joint_list 类型变量设置各个关节速度。

图 2.23　SpeedJ 功能块

6. SpeedL 功能块

SpeedL 功能块可以控制机器人末端按照给定的速度一直运动，直到遇到 SpeedStop 功能块，如图 2.24 所示。该功能块需要设置各个轴向的速度及末端加速度，可以选择一直运动，或者运动指定时间，可以使用 pose 类型变量设置各个轴向速度。

7. SpeedStop 功能块

SpeedStop 功能块用于停止 SpeedJ 和 SpeedL 运动。

8. Spline 功能块

Spline 功能块即样条运动功能块，用于控制机器人末端按照样条曲线运动，如图 2.25 所示。该功能块可设参数如下。

① 启用 OP：可以在轨迹执行过程中设置通用数字输出口状态。

② 样条路点：添加、编辑、删除路点，根据路点生成样条曲线。

③ 参考坐标系：示教点位时，默认为当前的工具和工件坐标系，可手动更改。

图 2.24　SpeedL 功能块

图 2.25　Spline 功能块

④ 末端速度：单位为 mm/s。

⑤ 末端加速度：单位为 mm/s^2。

Spline 功能块的 OP 参数配置同 MoveL 功能块的 OP 参数配置。

9. MotionConfig 功能块

MotionConfig 功能块用于打开或关闭运动相关配置，如图 2.26 所示。该功能块可选配置如下。

速度优化：打开速度优化后，机械臂将在满足系统约束的前提下，以尽可能高的速度跟踪路径。

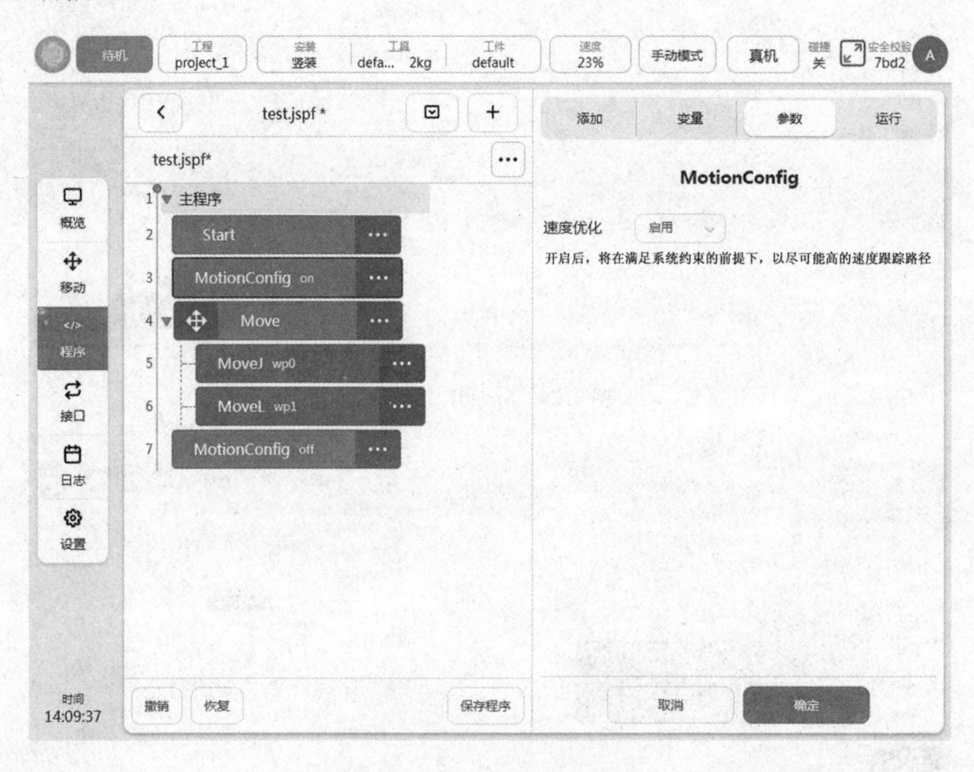

图 2.26 MotionConfig 功能块

2.3.2 基础功能块

1. Set 功能块

Set 功能块即设置功能块，如图 2.27 所示。该功能块可设定控制柜数字输出端口和机械臂末端数字输出端口为高电平或低电平；可为程序变量或系统变量赋值。为变量赋值时，将弹出表达式键盘，需按照表达式的语法填写赋值内容。例如，为字符串变量赋值“Hello”，则应使用键盘输入“Hello”（注意：双引号不能省略）。

图 2.27　Set 功能块

2. Wait 功能块

Wait 功能块即等待功能块，如图 2.28 所示。该功能块可选择等待一段时间、等待 DI 信号和表达式，程序执行到该功能块时，会一直等待，直到满足设定的条件为止。

3. Script 功能块

Script 功能块即脚本功能块，如图 2.29 所示。该功能块可以选择表达式、脚本或脚本文件。其中，表达式可以使用表达式编辑器创建一行脚本；脚本文件可以从文件中选择创建一个脚本文件。

在选择脚本编写整段代码时，可以使用系统自带的快捷输入框和外部键盘输入。点击键盘图标，弹出系统快捷输入框。快捷输入框有三个标签，分别为快捷输入、通用键盘、脚本函数。快捷输入框最下方为一些常用的控制按键，其功能分别为光标左移、光标右移、光标上移、光标下移、输入空格、删除、换行，如图 2.30 所示。

快捷输入主要针对一些常用的功能进行，主要功能如下。

① 点位：点击“关节”，可输入当前机械臂的关节值，单位为 rad；点击“位姿”，可输入当前机械臂工具在设定工件上的位置姿态，单位为 min，rad。

② 功能：可以输入 While 循环、条件分支、函数定义、单行注释等，如图 2.31 所示。

③ IO/寄存器/Modbus/变量：可以选择是读取还是写入，系统会自动转换为相应的

图 2.28　Wait 功能块

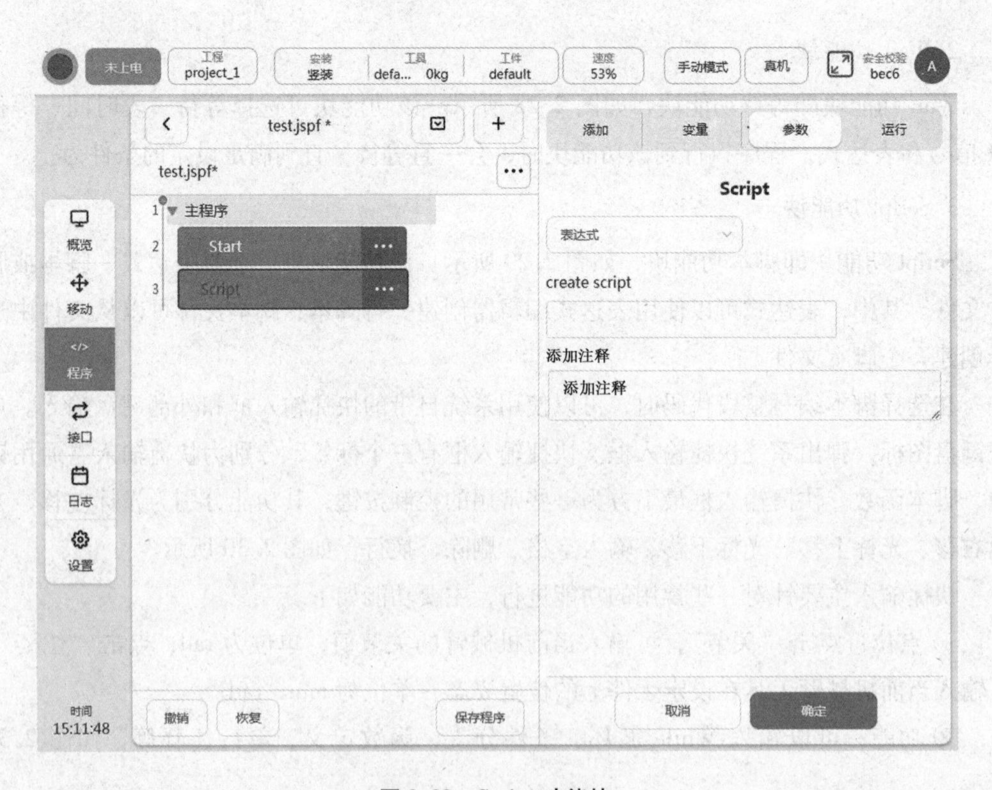

图 2.29　Script 功能块

图 2.30　常用控制按键

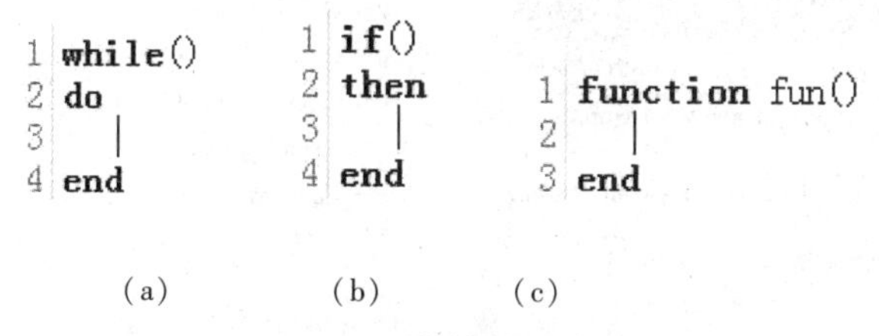

(a)　(b)　(c)

图 2.31　快捷输入功能

脚本函数。如选择“读”时，选择通用输入 DI1，系统自动输入对应的脚本函数“get_standard_digital_in(1)”。

④ 运算符：可以输入一些常用的运算符，见图 2.32。

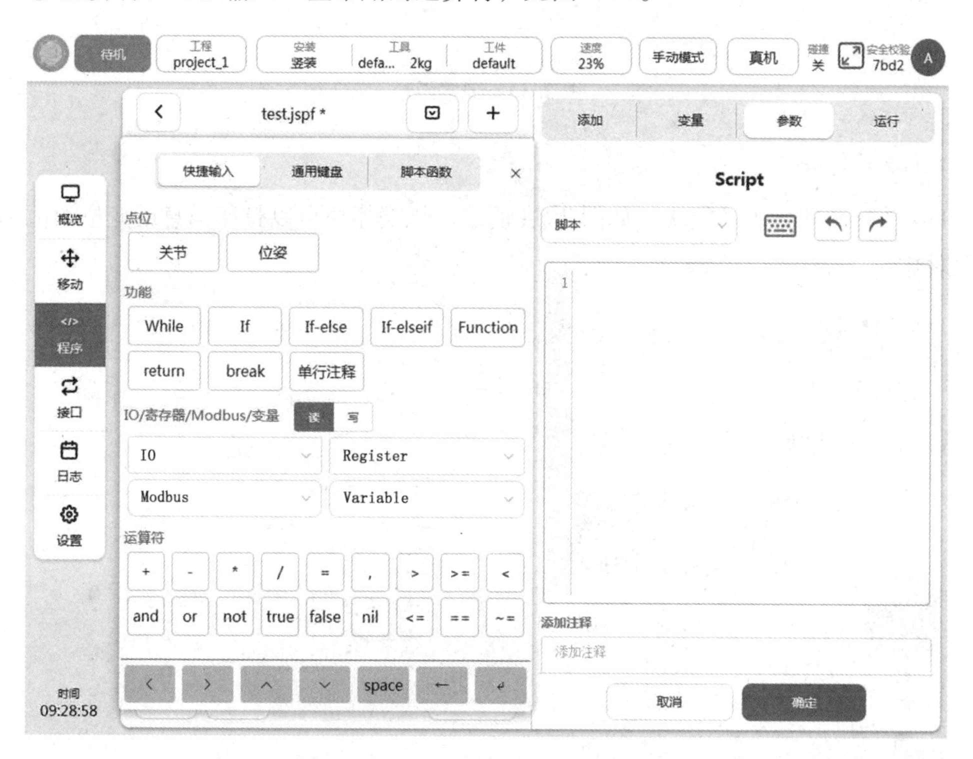

图 2.32　常用运算符

通用键盘与实体键盘类似，可以输入大小写字母、数字、符号。

可以从列表中选择“脚本函数”，选中后会显示该脚本函数的说明及示例，双击或点击图 2.33 所示页面左上方的“添加”按钮，可以将该脚本输入脚本区。脚本函数支持脚本的搜索。

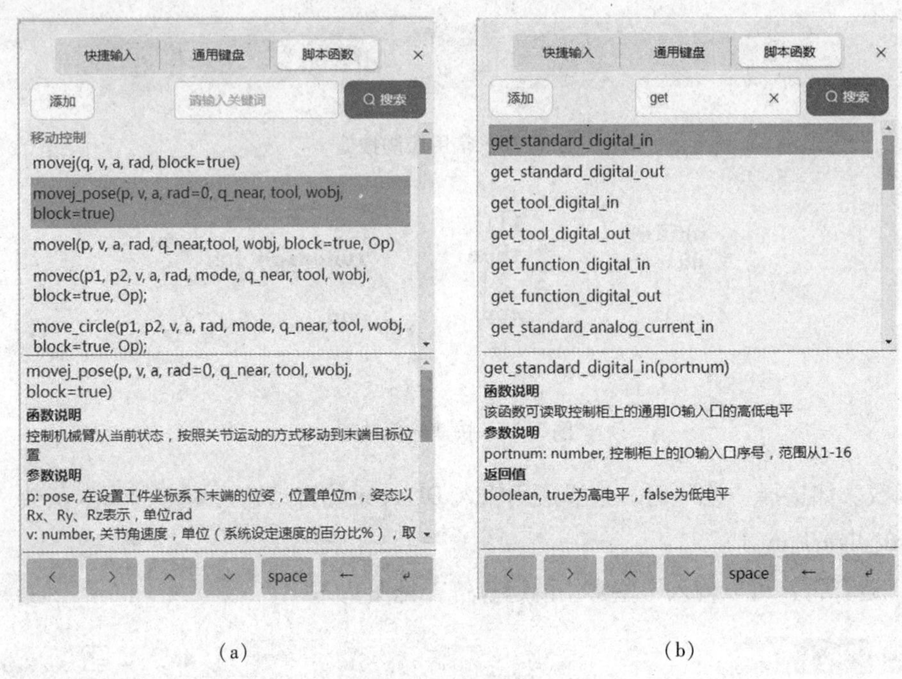

(a)　　　　　　　　　　　　(b)

图 2.33　脚本函数

4. Log 功能块

Log 功能块即日志功能块，如图 2.34 所示。该功能块可以打印消息或变量的值到日志文件中。

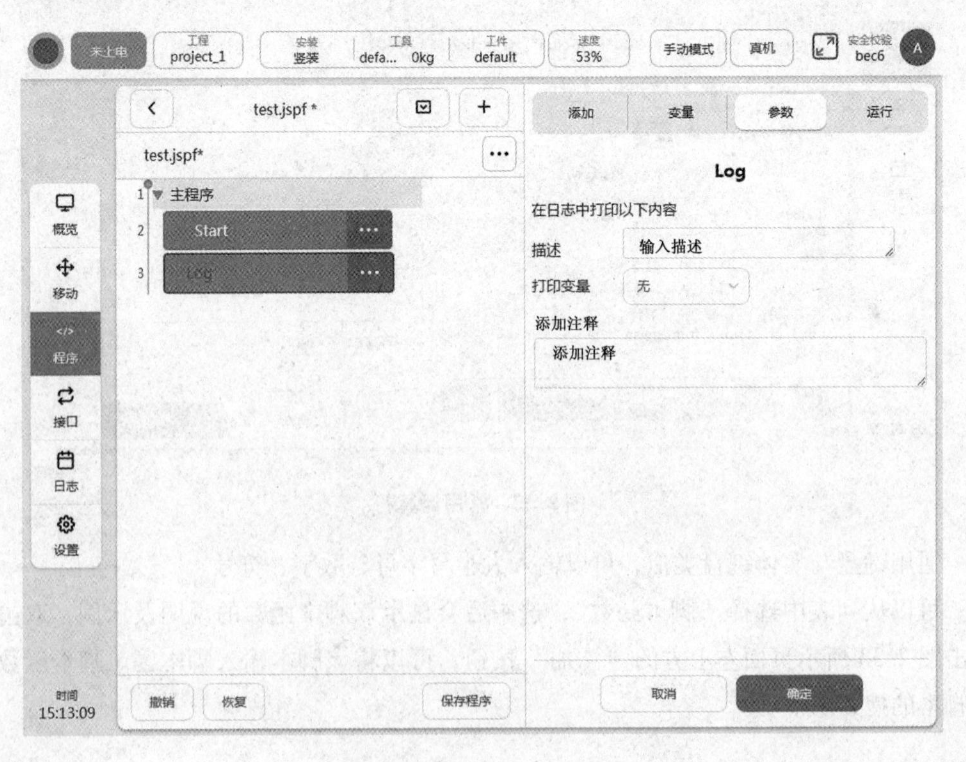

图 2.34　Log 功能块

5. Message 功能块

Message 功能块即消息弹窗功能块，如图 2.35 所示。该功能块可设定一条消息，程序运行到此功能块时可弹出一个对话框，用于显示该消息及暂停运行的程序，用户可选择停止或继续运行该程序。

图 2.35 Message 功能块

6. Comment 功能块

Comment 功能块即注释功能块，如图 2.36 所示。该功能块可以向程序树中添加一个注释。程序运行时，该功能块不会执行任何操作。

7. Group 功能块

Group 功能块即组功能块，如图 2.37 所示。该功能块用于对程序进行整理。可以将某些功能块放在一个 Group 下面，方便程序的组织和阅读，且对程序的执行无影响。

8. CoordOffset 功能块

CoordOffset 功能块即坐标系偏移功能块，如图 2.38 所示，该功能块可以基于工件坐标系设置一个偏移量，后续的 Move 类功能块的参考工件坐标系上都将添加这个偏移量。此偏移量在程序运行过程中生效，程序停止时，坐标系偏移取消。

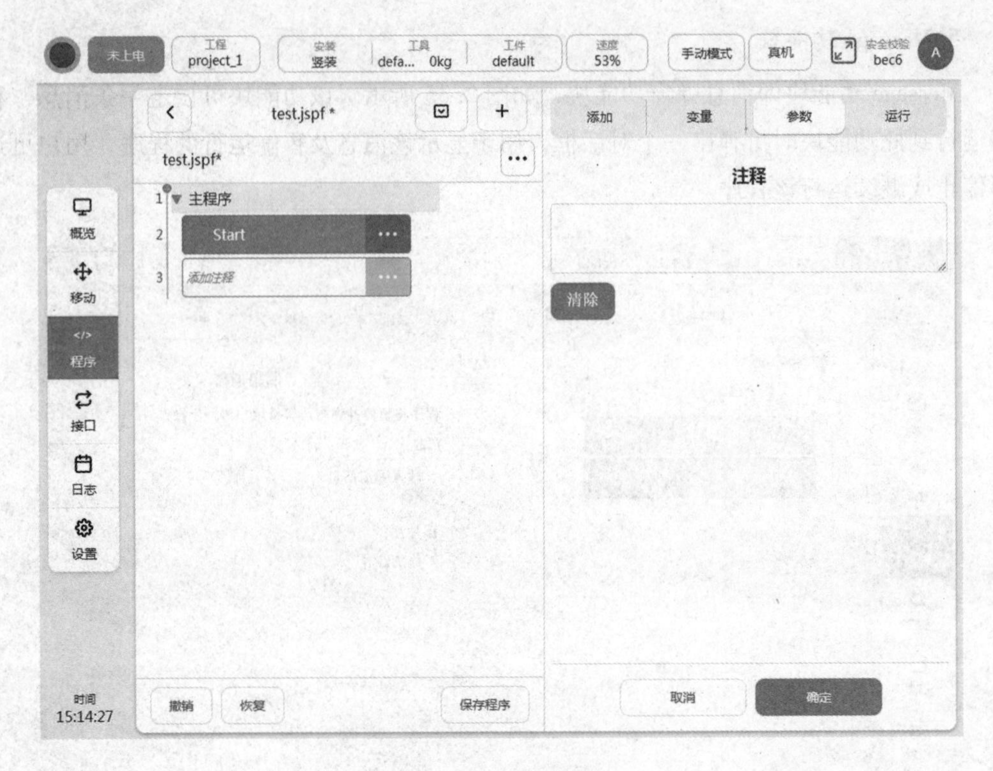

图 2.36　Comment 功能块

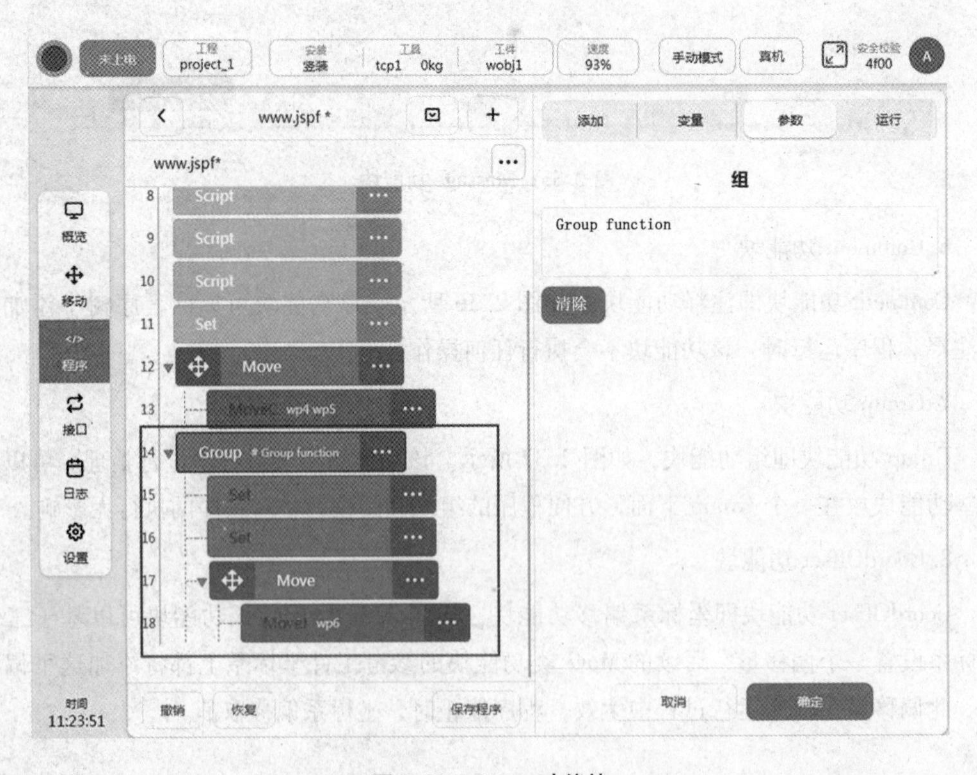

图 2.37　Group 功能块

图 2.38　CoordOffset 功能块

9. SetLoad 功能块

SetLoad 功能块即设置抓取负载功能块，如图 2.39 所示。该功能块可以在程序运行过程中设置机器人当前的负载（质量、质心）。

图 2.39　SetLoad 功能块

2.3.3 流程控制功能块

1. While 功能块

While 功能块即循环功能块，如图 2.40 所示。该功能块是循环执行其内部的功能块，可以设定一直循环；指定循环次数；指定循环条件，只要循环条件为真，就循环运行。

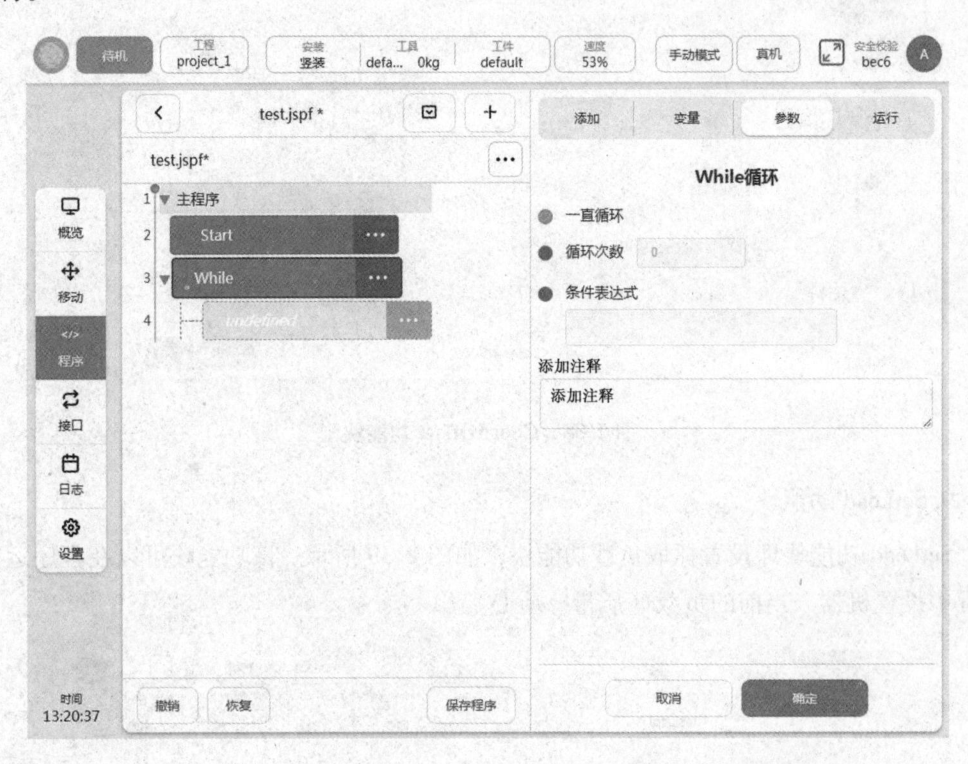

图 2.40 While 功能块

2. If 功能块

If 功能块即条件语句功能块，如图 2.41 所示。该功能块可以设定数字输入端口条件或条件表达式，满足该条件则执行 If 内的功能块，可以添加后续的 elsif 或 else 功能块。

3. Goto 功能块和 Label

Goto 功能块和 Label 配合使用，可以将程序的控制点转移到 Label 处。

Goto 功能块如图 2.42 所示。图中的示例程序表示，程序运行到第 6 行时将跳转到第 3 行的 label1 处再向下执行。

图 2.41　If 功能块

图 2.42　Goto 功能块

2.3.4 通信功能块

1. SocketOpen 功能块

SocketOpen 功能块即建立 Socket 功能块，如图 2.43 所示。在该功能块参数页面中，需要设置连接的名称，配置目标 Server 的 IP 地址及端口号，选择是否将返回值绑定到变量。

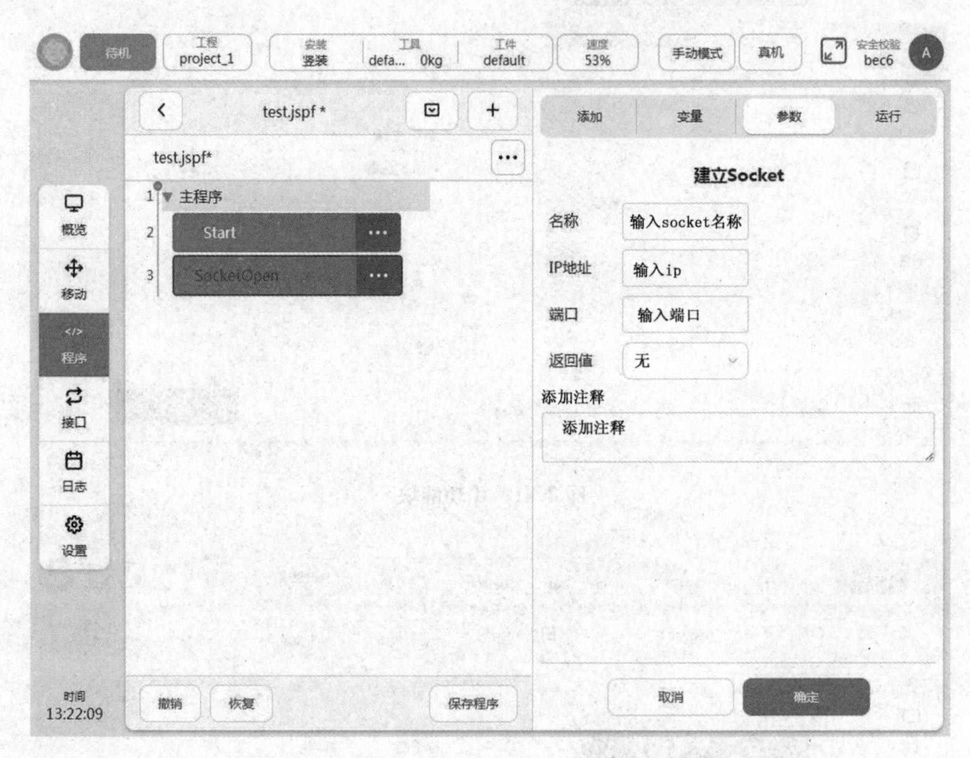

图 2.43 SocketOpen 功能块

2. SocketClose 功能块

SocketClose 功能块即关闭 Socket 连接功能块，如图 2.44 所示。在该功块参数页面中，需要选择关闭连接的名称。

3. SocketSend 功能块

SocketSend 功能块即 Socket 发送功能块，如图 2.45 所示。该功能块可以向已建立的 Socket 连接发送数据，发送类型可以选择发送字符串或浮点数数组，发送数据可以选择变量或直接输入，可以将返回值绑定到变量以获取发送状态。

4. SocketRecv 功能块

SocketRecv 功能块即 Socket 接收功能块，如图 2.46 所示。该功能块可以从已建立的 Socket 连接中接收数据，接收数据类型可选字符串、字符串数组、浮点数数组，接收

图 2.44　SocketClose 功能块

图 2.45　SocketSend 功能块

信息可以配置接收变量。

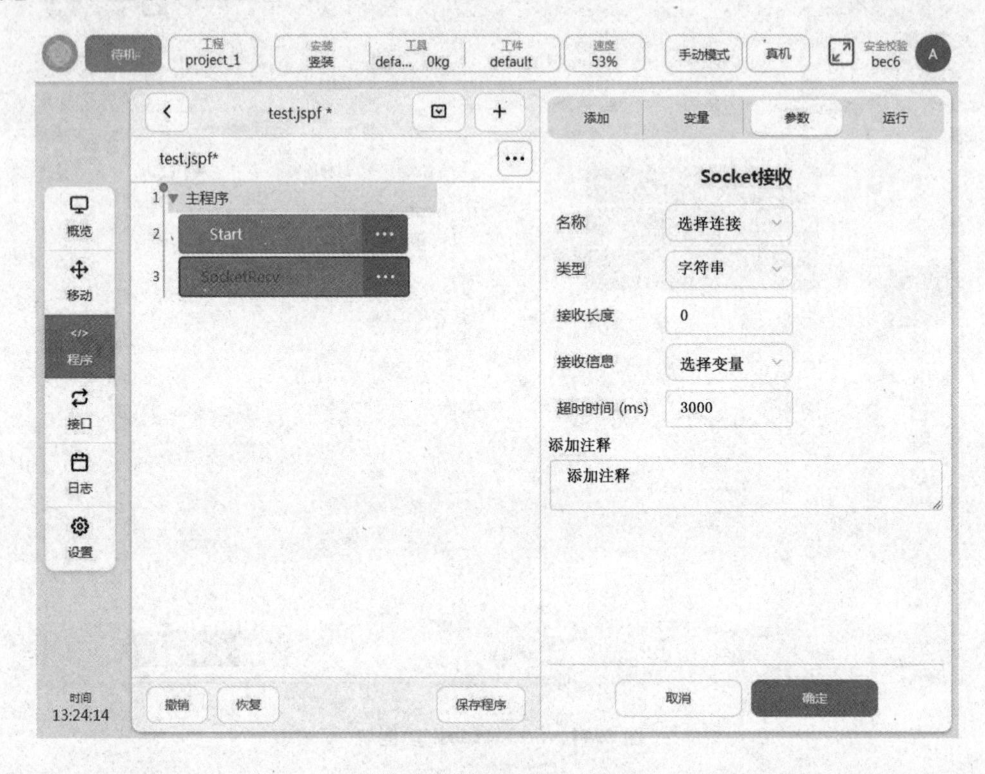

图 2.46 SocketRecv 功能块

接收字符串类型时，需要给定接收长度，然后程序会接收该长度的数据并按照字符串来处理，并将其保存到“接收信息”配置的变量。

接收字符串数组类型时，程序会将收到的字符串解析成数值，所有数值在“（）”内，数值之间使用“,”隔开。例如，从 Socket 中收到了一串字符串“（12，1.23）”，该功能块会将其转换为 num_list 类型，值为 {12，1.23}，并将其保存到“接收信息”配置的变量。

接收浮点数数组类型时，需要给定接收长度，然后程序会将收到的数据转换为一组单精度浮点数（按照 IEEE 754 标准转换），并将其保存到“接收信息”配置的变量。

该功能块可以配置接收超时的时间，若在超时时间内未收到符合规则的数据，则执行下一条语句。

5. CommSend 功能块

CommSend 功能块即发送数据功能块，如图 2.47 所示。当机器人的 485 端口或 CAN 端口设置了配方时，使用该功能块可以为配方中的数据设置值，并发送数据。该功能块可以设置返回变量获取配方数据发送的状态。

6. CommRecv 功能块

CommRecv 功能块即接收数据功能块，如图 2.48 所示。当机器人的 485 端口或 CAN 端口设置了配方时，使用该功能块可以接收数据，并按照配方处理后，将得到的 g_list

图 2.47　CommSend 功能块

图 2.48　CommRecv 功能块

数据赋值到接收变量上。

2.3.5 高级功能块

1. Subprogram 功能块

Subprogram 功能块即子程序功能块，如图 2.49 所示。该功能块可以将其他程序嵌入当前程序中，嵌入方式如下：直接从程序列表中选择嵌入的子程序，若不勾选“内嵌该子程序”选项，则每次在程序运行过程中从文件中加载子程序，即子程序文件的改动会影响主程序；若勾选“内嵌该子程序”选项，则将子程序直接复制到主程序中，此后子程序文件的改动对其无影响，如图 2.50 所示。

图 2.49 Subprogram 功能块

若将程序变量设定为字符串变量，则程序在运行时，依据变量值作为子程序名来动态加载对应的子程序。

对于内嵌子程序来说，会将子程序中的程序变量也复制到主程序中，若主程序中存在同名变量，可能会对主程序有一定的影响。因此，使用时，请仔细检查该变量的行为，确保不会影响程序本来的执行逻辑。

使用字符串变量引用子程序时，不得勾选“内嵌该子程序”选项。

2. Replay 功能块

Replay 功能块即轨迹复现功能块，如图 2.51 所示。该功能块可以创建一条机器人

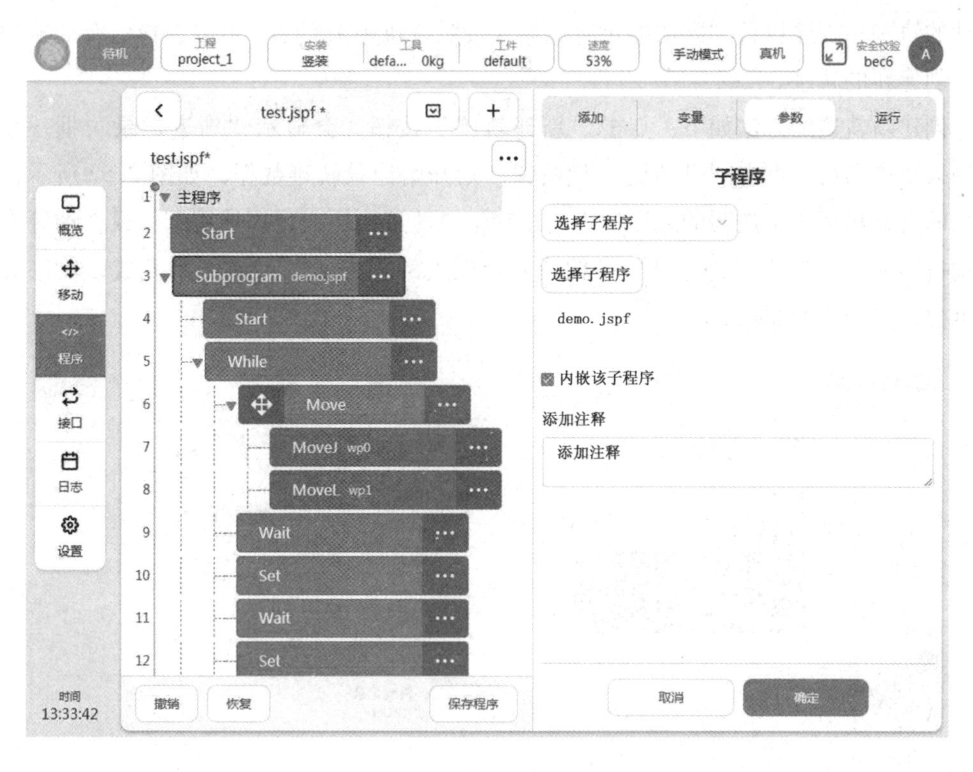

图 2.50　内嵌子程序功能

图 2.51　Replay 功能块

运动的轨迹，程序执行到此功能块时机器人按照该轨迹来运动；可以选择已有的轨迹文件或创建新的轨迹。

创建新轨迹的方法如下：点击“新建轨迹”按钮，会显示“轨迹记录”框，在其中输入轨迹名后，点击“开始记录”按钮，则开始记录轨迹数据，如图 2.52 所示，此时页面会显示一个半透明的悬浮框表明正在记录轨迹，用户可以使用牵引或点动等方式移动机器人；点击“停止记录”按钮或悬浮框上的“停止”按钮，则完成该轨迹文件的创建，如图 2.53 所示。

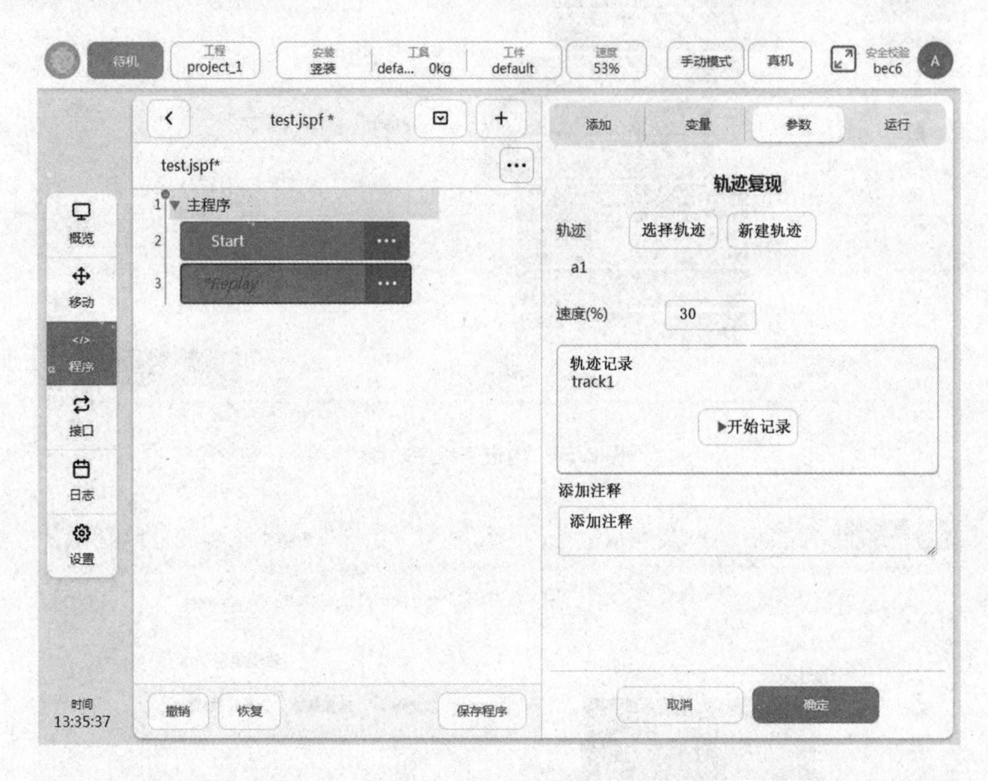

图 2.52　记录轨迹

3. Pallet 功能块

Pallet 功能块即码垛/卸垛功能块，如图 2.54 所示。该功能块可以通过一些简单的参数设置，自动载入一组码垛/卸垛标准程序模板，并在此基础上进行适配性改动。

按照如下步骤使用码垛/卸垛功能块。

（1）确定使用码垛或卸垛：码垛是将工件移动到托盘上，卸垛是从托盘上移走工件。

（2）可以指定名称，每次添加 Pallet 时会生成一个默认的名称。

（3）选择工件在托盘上的摆放模式，可选择直线或网格模式。

（4）标定托盘使用的参考坐标系。标定方式：基于托盘上摆放的第一个工件来标定，P1 点为示教到工件上的一点，P2 点为示教到行方向（参考坐标系 X 轴方向），P3

图 2.53　停止记录轨迹

图 2.54　Pallet 功能块

点为示教到列方向；点击“标定”按钮完成坐标系的标定，在此参数框上方将显示参考坐标系的值。托盘参考坐标系设置如图 2. 55 所示。

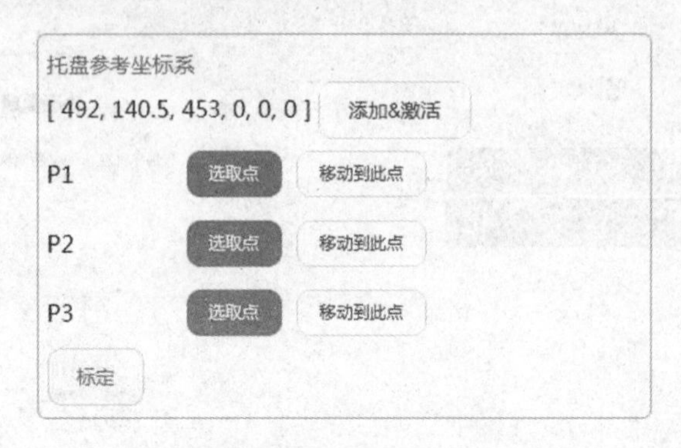

图 2. 55　托盘参考坐标系设置

点击图 2. 55 中的“添加 & 激活”按钮，将弹出如图 2. 56 所示对话框，在其中输入该坐标系的名称，将该坐标系添加到系统中，并设为当前坐标系。

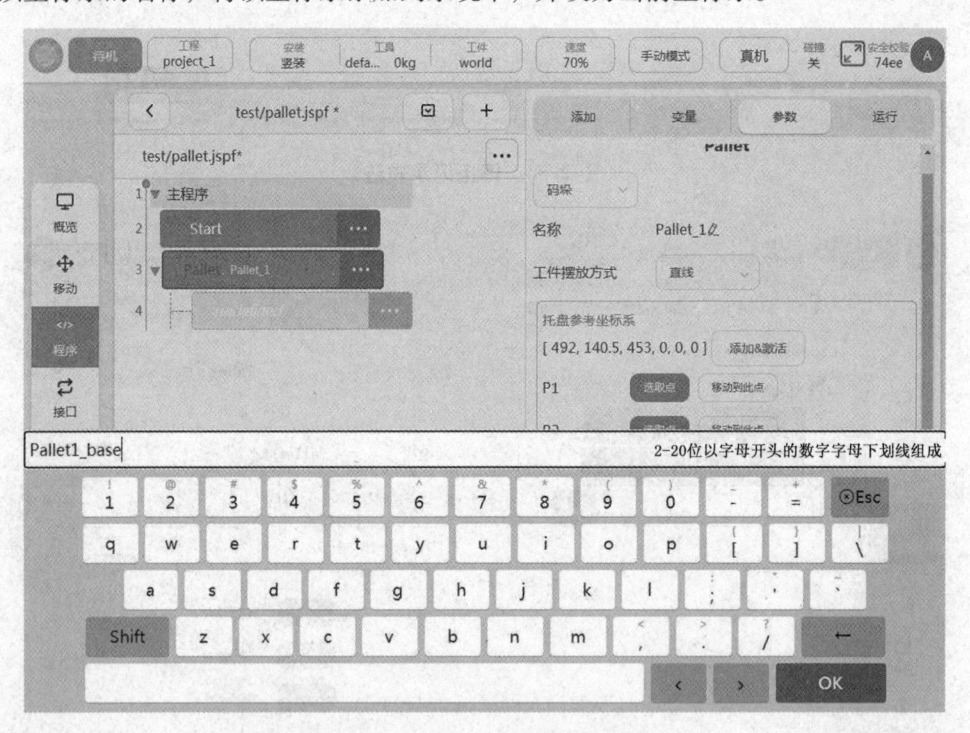

图 2. 56　“添加 & 激活”坐标系

（5）设置工件摆放参数时，需要设置工件的高度、工件在行及列方向上的摆放数量、工件在行及列方向上的间距。

（6）设置工件的计数变量时，需在程序变量区新建一个类型为 number 的变量。

（7）设置摆放层数。

（8）定义在各个工件上执行动作的点位，可分为三个，即接近点位、动作点位、退出点位。在托盘摆放的第一个工件处示教这三个点位。接近点位为机器人运行到托盘上方计划摆放/抓取工件的位置；动作点位为机器人摆放/抓取工件的位置；退出点位为机器人在完成摆放/抓取工件离开托盘时的位置。注意：这三个点位的示教务必在托盘的参考坐标系下进行。

（9）示教完成后，点击“生成脚本”按钮，将自动在程序中添加一系列功能块，如图 2.57 所示。其中，Group 功能块下可以添加相应的执行动作，如夹爪开合等。

图 2.57　生成脚本

（10）程序设置为一直循环方式，码垛/卸垛程序会在每次执行时，根据设置的参数计算偏移量，确定下一次码垛/卸垛的位置姿态。在变量区，根据所设置的工件计数变量可查看当前码垛/卸垛工件的个数。

4. CollisionDetect 功能块

CollisionDetect 功能块即碰撞检测等级功能块，如图 2.58 所示。该功能块可以实现在程序运行过程中，对碰撞检测灵敏度的设置。该功能块设置的参数仅影响机器人本次开机时的状态，不会断电保存。若需要永久设置碰撞检测灵敏度，需在“设置”—“其他设置”—“碰撞设置”中进行设置，并保存该工程。

5. 线程功能块

线程功能块与机器人主程序并行执行，通过变量与主程序交互，如图 2.59 所示。在参数配置区可设置该线程是否一直循环。在一个程序中最多允许创建 10 个线程。线

图 2.58　CollisionDetect 功能块

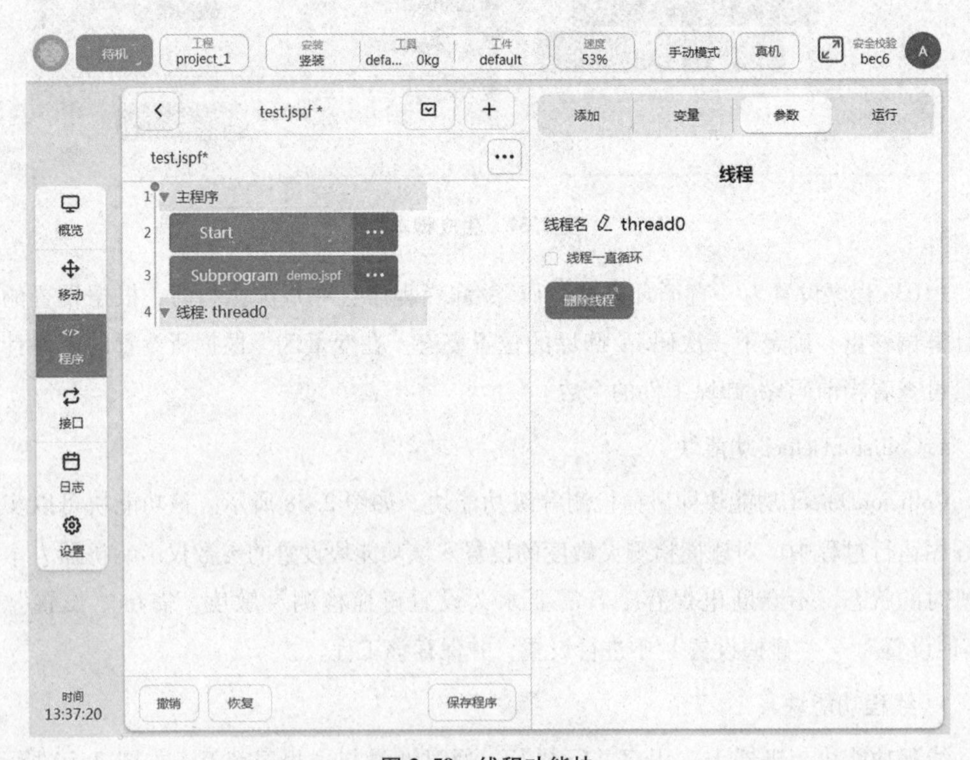

图 2.59　线程功能块

程中不允许存在机器人的运动指令。

2.4　变量区

在变量页面中可以创建程序变量，监控程序变量和系统变量的值。程序变量与系统变量不同，系统变量是作用于整个工程的，而程序变量只存在于本程序内。

2.4.1　添加变量

在变量页面中点击“添加变量”按钮，可弹出如图 2.60 所示对话框，在此对话框中输入变量名、选择类型、给定初始值，然后点击“确定”按钮即可创建变量。

图 2.60　添加变量

如图 2.61 所示，程序变量有以下六种类型。

① boolean：布尔型，只能为 false 或 true。

② number：数字类型。

③ string：字符串类型。

④ num_list：数组类型。

⑤ pose：表示机器人笛卡儿位置的数据类型。

⑥ joint_list：表示机器人关节位置的数据类型。

2.4.2　变量监控

程序运行过程中，变量页面可以显示程序变量和系统变量的当前值。变量监控如图 2.62 所示。joint_list 和 pose 类型的变量在监控期间，类型均显示为 num_list，并且显示的数据单位为 m/rad。

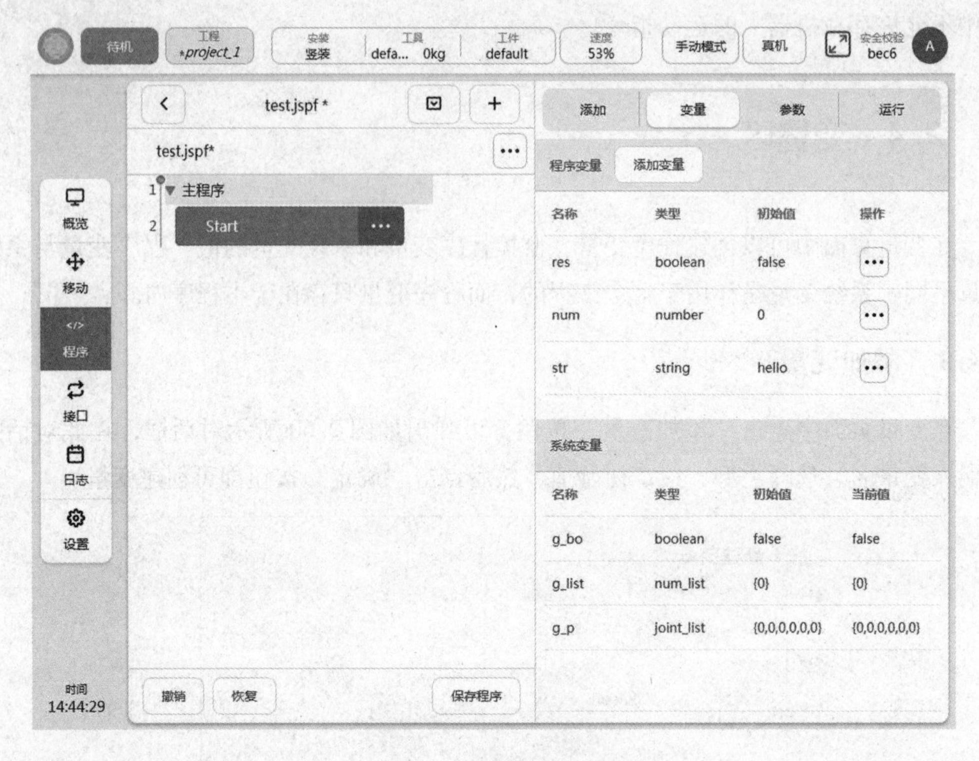

图 2.61　程序变量类型

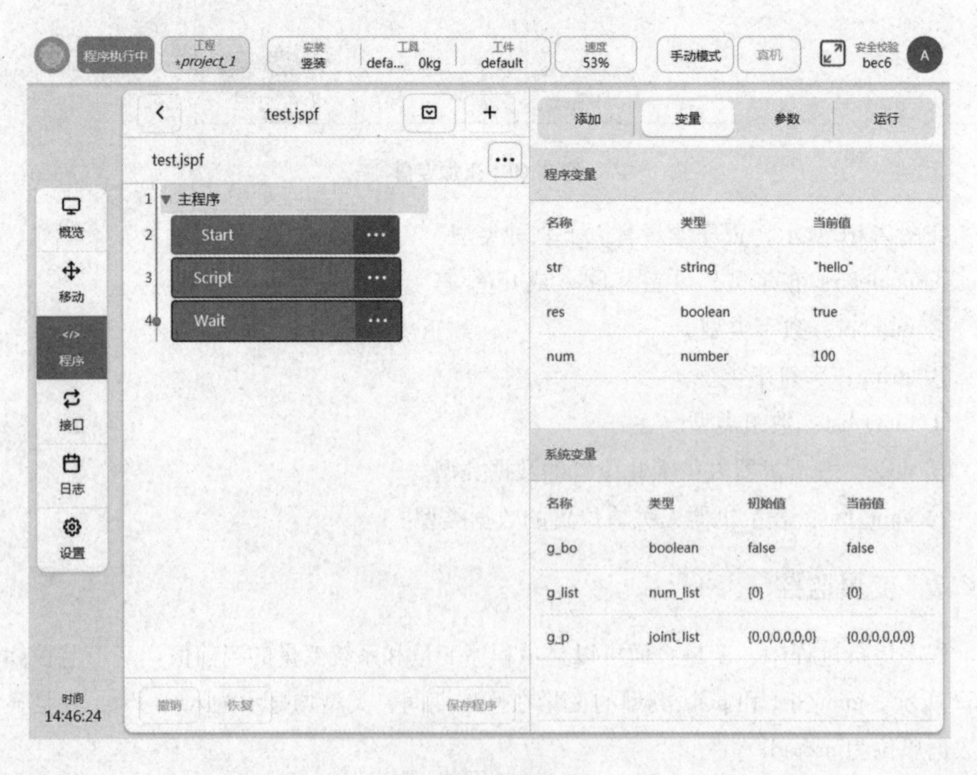

图 2.62　变量监控

2.5　运行

点击“运行”标签可以进入运行页面，如图 2.63 所示。该页面可以控制程序的启停，显示机器人的 3D 模型。在该页面中，点击“▶”按钮运行程序，点击“⏩”按钮单步运行程序。在程序运行过程中，可以随时暂停或停止程序。

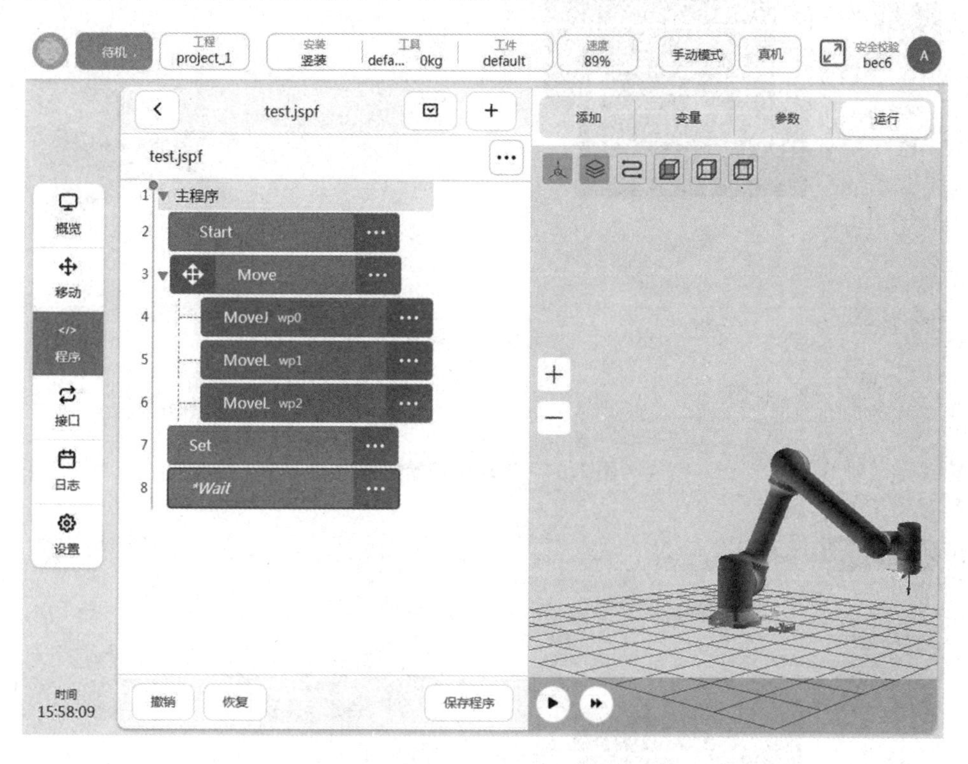

图 2.63　运行页面

2.5.1　运行程序

运行程序时，会检查程序起始点位和当前机器人所处点位是否一致。若二者所处点位不一致，先要移动到起始点位（初始位置），如图 2.64 所示，3D 模型上会显示处于起始点位的机器人（灰色显示），点击“按住移动”按钮，机器人会移动到起始点位。

移动到起始点位后，点击“▶”按钮，程序开始运行。如图 2.65 所示，运行页面右下方可以显示程序的运行时间，3D 模型上可以观察机器人的实时姿态，运行页面左侧的程序树可以显示当前正在执行的功能块。点击运行页面下方的控制按钮可以进行程序的暂停、恢复、停止操作。

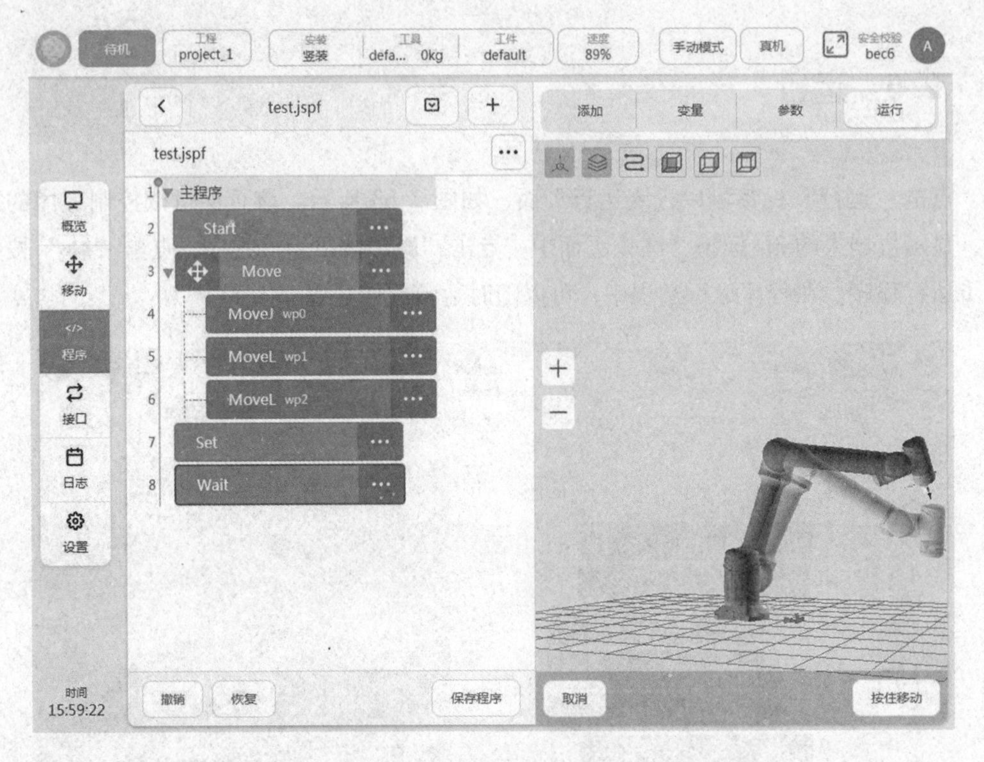

图 2.64　移动到初始位置

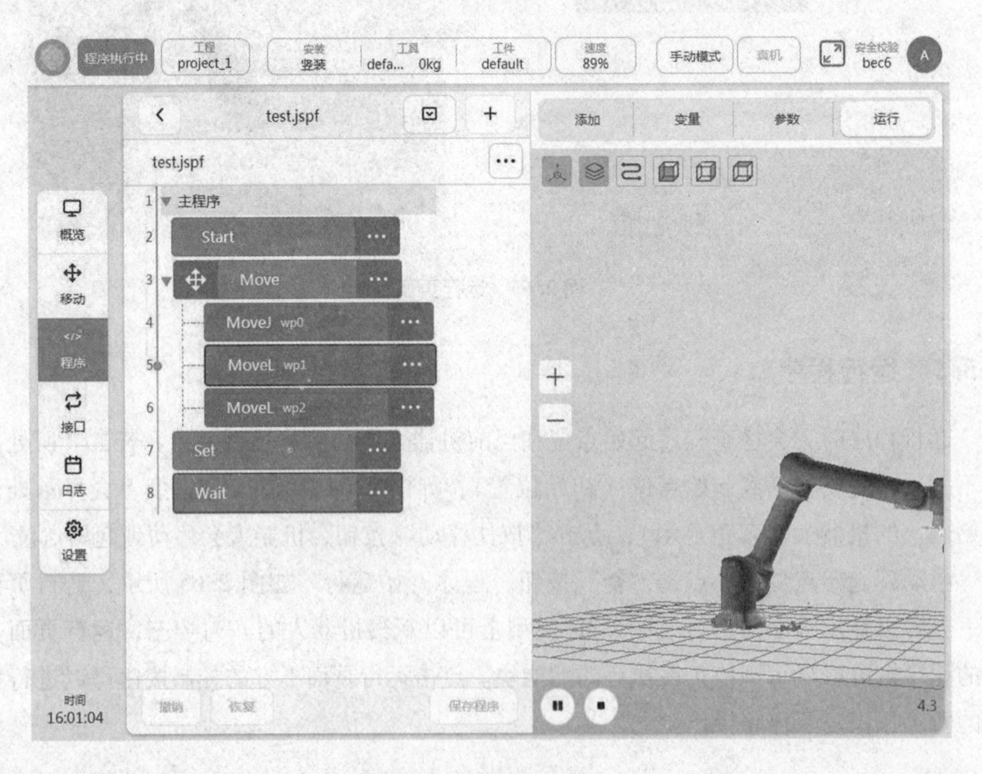

图 2.65　开始运行程序

2.5.2　单步运行程序

如图2.66所示，点击“▶▶”按钮可以单步运行程序。单步运行时，首先会检查程序的起始点位，移动机器人到程序的起始点位后，每点击一次“▶▶”按钮，程序会向下执行一个功能块。然后点击“▶”按钮，程序将退出单步运行模式，进入连续运行模式。在单步运行过程中，可以暂停、恢复程序。点击“◀◀”按钮，将执行后退操作，此时机器人将后退移动到上一个点位，后退仅针对运动类功能块。点击“■”按钮，程序停止运行，退出单步运行状态。

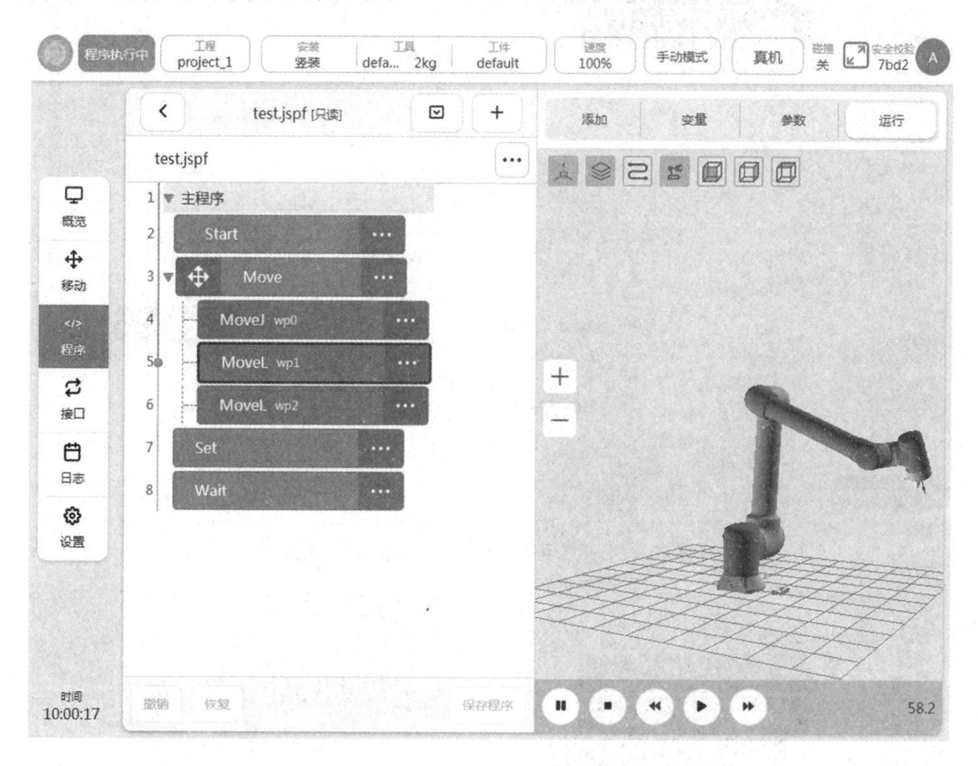

图2.66　单步运行程序

2.5.3　断点

机器人系统支持断点调试功能，程序在执行到断点位置处，会停止并进入单步运行模式。

可以在程序树和脚本编辑区打上断点。点击程序树行号左侧区域、脚本行号左侧区域即可打上断点，再次点击断点则可以取消断点，如图2.67所示。点击图2.67所示页面下方的“取消断点”按钮，可以取消系统设置的所有断点。

当程序运行到断点处，程序将停止并进入单步运行模式，进行断点调试，如图2.68所示。点击“▶▶”按钮，程序将单步运行（运行到Script功能块时，程序将单步执行）；点击“▶”按钮，程序将继续运行，直到碰到下一个断点或程序结束。

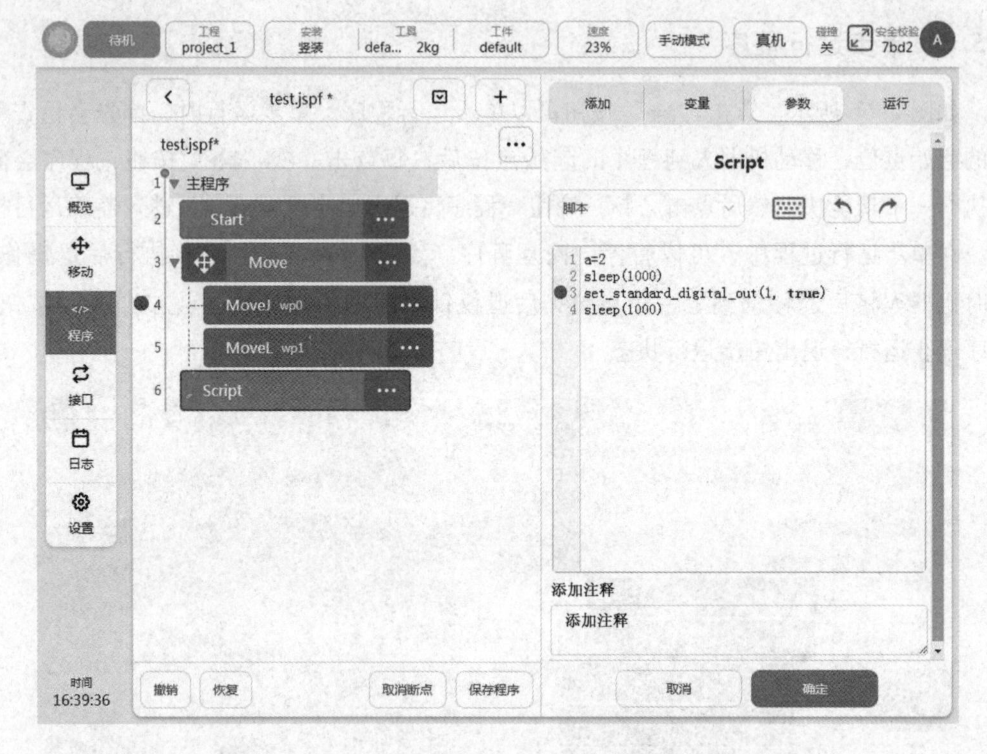

图 2.67　打上断点

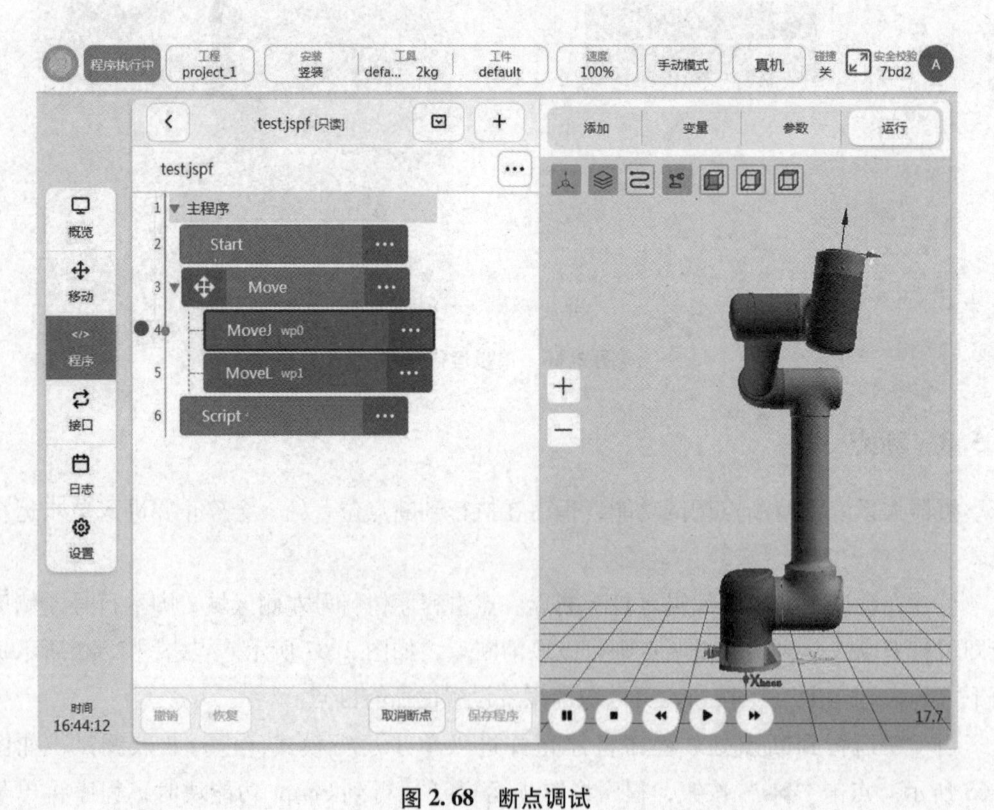

图 2.68　断点调试

手动模式下，在程序运行过程中可以随时打断点或取消断点。

2.6　机器人的奇异点

机器人在奇异点附近进行运动规划（如直线、圆弧等，不包括关节运动）时，会自动降速，所以示教时应避开奇异点或以关节运动方式通过奇异点。针对 GCR 系列构型，存在肩部奇异点、肘部奇异点及腕部奇异点。

2.6.1　肩部奇异

当腕关节中心 O6 处于关节 1 轴线 J1 上时，会造成肩部奇异，导致关节 1 无解。当 O6 位于很接近 J1 的位置时，也会受到奇异的影响，此时移动末端可能导致关节 1 超速。肩部奇异参考位姿如图 2.69 所示。

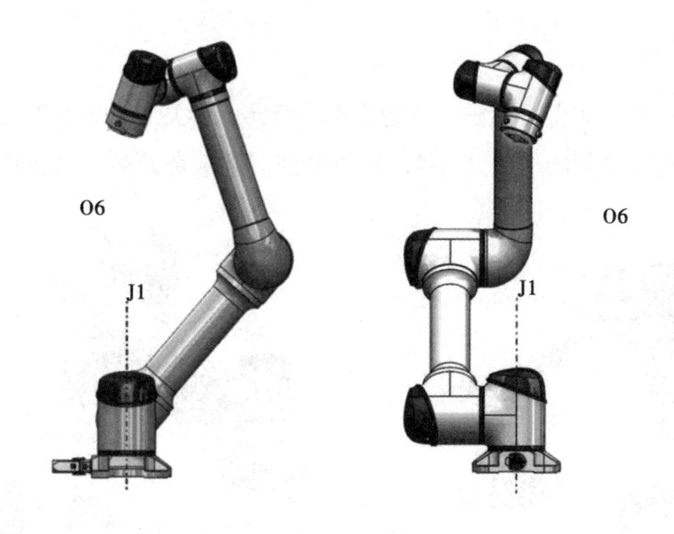

图 2.69　肩部奇异参考位姿

2.6.2　肘部奇异

当关节 2，3，4 的轴线 J2，J3，J4 共面时，关节 2 无解。简单地讲，当关节 3 临近 0°且处于临近奇异位姿时，移动末端可能造成关节 2，3，4 超速。肘部奇异参考位姿如图 2.70 所示。

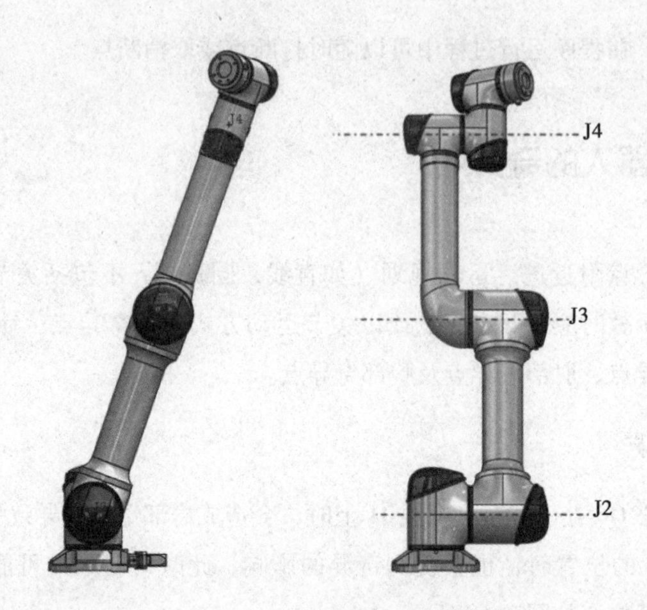

图 2.70　肘部奇异参考位姿

2.6.3　腕部奇异

当关节 5 为 0°时，关节 6 无解，则造成腕部奇异。当关节 5 临近 0°且处于临近腕部奇异姿态时，移动末端可能造成关节 4，5，6 超速。腕部奇异参考位姿如图 2.71 所示。

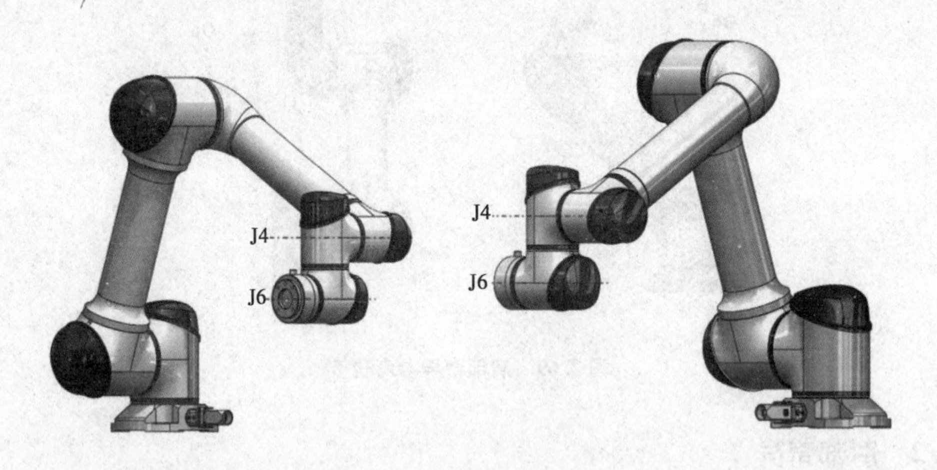

图 2.71　腕部奇异参考位姿

机器人运行到达或接近上述奇异点时，基于笛卡儿坐标的规划运动无法正确逆解为各轴的关节运动，将无法正确进行运动规划，可采用关节运动或 MoveJ 运动指令。

注意：应避免在奇异点附近使用直线、圆弧，以及沿 X，Y，Z，RX，RY，RZ 方向移动末端等指令，避免机器人存在失速风险；对于存在奇异风险的轨迹，必须经过充分安全评估后再运行。

2.7　工具坐标系

协作机器人使用过程中，经常在机器人末端法兰面以安装不同工具的方式来满足实际生产需求。为了准确控制工具运动的位置与姿态，需要对工具所在坐标系进行标定。

所以，人们为协作机器人的坐标系标定提供了三种方法：直接输入法、四点法和六点法。

四点法适用于只改变工具坐标系原点（TCP）的位置，仅进行了默认工具坐标系平移的场合。即当新的工具相对于默认的坐标系只是 TCP 位置（即 X，Y，Z 方向）发生变换，而姿态（即 W，P，R 方向）没变时，可通过四点法建立工具坐标系。

在实际使用中，六点法适用于工具坐标系原点（TCP）的位置和姿态均已改变，即不仅进行了默认工具坐标系平移而且进行了旋转的场合，此时需要采用六点法建立新的工具坐标系。

六点法标定工具坐标系的步骤具体如下。

（1）在机器人动作范围内找一个非常精确的固定点作为参考点。

（2）在工具上确定一个参考点（最好是工具中心点 TCP）。

（3）用手动操纵机器人的方法移动 TCP，以四种不同的工具姿态与固定点刚好碰上。

前三个点为任意姿态；位置点 4 是工具参考点，应垂直于固定点；位置点 5 是工具参考点，从固定点朝将要设定的 TCP 的 X 方向移动；位置点 6 是工具参考点，从固定点朝将要设定的 TCP 的 Z 方向移动，如图 2.72 所示。（姿态取点时，有 X，Y 方向的取点方法，也有 X，Z 方向的取点方法，具体选择哪种方法视机器人而定。）

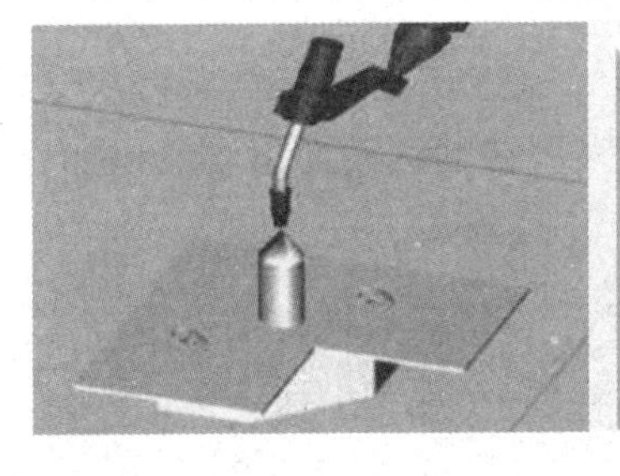

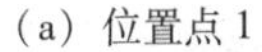

（a）位置点 1

（b）位置点 2

（c）位置点 3

(d) 位置点4

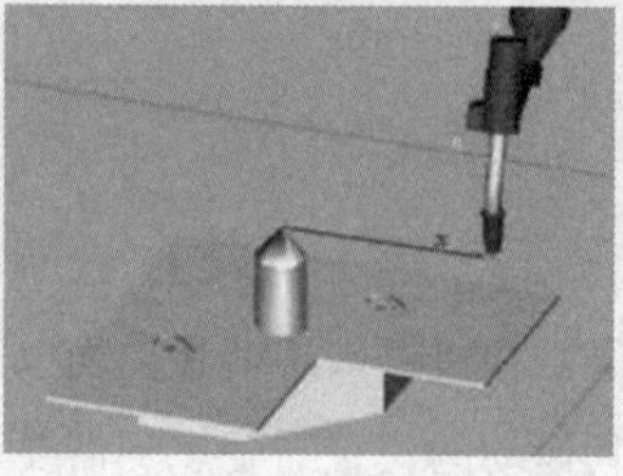

(e) 位置点5

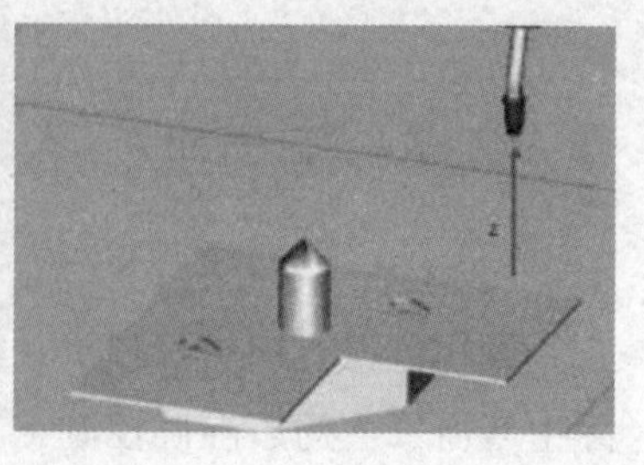

(f) 位置点6

图2.72　六点法标定工具坐标系方法示意图

2.7.1　工具坐标系定义

默认的工具坐标系是以法兰中心点为原点，*X*，*Y*，*Z* 方向固定的一个坐标系。其他任何安装在末端法兰上的工具，TCP 点的位置相对于法兰中心点都是固定的。以这个 TCP 为原点建立工具坐标系，其实就可以看作相对于末端的平移和旋转。

2.7.2　工具中心点

工具中心点的英文名称为“tool central point”，简写为 TCP。初始状态的工具中心点是工具坐标系（tool coordinate system）的原点。当以手动或编程的方式让机器人去接近空间的某一点时，其本质是让工具中心点去接近该点。因此，可以说机器人的轨迹运动，就是工具中心点的运动。

同一个机器人可以因为挂载不同的工具，而有不同的工具中心点；但是同一时刻，机器人只能处理一个工具中心点。比如，使用不同尺寸的焊枪，其枪口的位置肯定是不同的；但一次只能用一把焊枪，不能同时使用两把。

工具中心点有两种基本类型：移动式工具中心点（moving TCP）和静态工具中心点(stationary TCP)。

移动式工具中心点比较常见，它的特点是会随着机器人手臂的运动而运动。比如，焊接机器人的焊枪、搬运机器人的夹具等。

静态工具中心点是以机器人本体以外的某个点作为中心点，机器人携带工件围绕该点做轨迹运动。比如，在某些涂胶工艺中，胶枪喷嘴是固定的，机器人抓取玻璃围绕胶枪喷嘴做轨迹运动，该胶枪喷嘴就是静态工具中心点。

调试机器人时，首先要设置工具数据（tool data)，其内容包括设置工具中心点、工具的重量和重心。机器人在出厂时有一个默认的工具数据，且定义 TCP 在机器人第六轴法兰盘的中心处（以六轴机器人为例)。在实际生产时，要根据安装工具的不同，定义不同的工具数据。

2.7.3　工具坐标系建立原理

对于协作机器人来说，基坐标系 B 与末端法兰面所在坐标系 E 之间的关系在制作机器人的时候已经设定好，每次机械臂运动时，每一个关节的旋转扭角在变化，进而计算出各个关节的坐标系变换值。

假定基坐标系 B 与末端法兰面所在坐标系 E 之间的变换矩阵为

$$ {}_{E}^{B}\boldsymbol{T}=\begin{bmatrix} {}_{E}^{B}\boldsymbol{R} & {}_{E}^{B}\boldsymbol{P} \\ 0 & 1 \end{bmatrix} \tag{2.1} $$

工具坐标系 T 与末端坐标系 E 的变换矩阵为

$$ {}_{T}^{E}\boldsymbol{T}=\begin{bmatrix} {}_{T}^{E}\boldsymbol{R} & {}_{T}^{E}\boldsymbol{P} \\ 0 & 1 \end{bmatrix} \tag{2.2} $$

则上述三种坐标系有如下关系：

$$ {}_{T}^{B}\boldsymbol{T}={}_{E}^{B}\boldsymbol{T}\cdot{}_{T}^{E}\boldsymbol{T} \tag{2.3} $$

六点法标定中各坐标系位置示意图如图 2.73 所示。

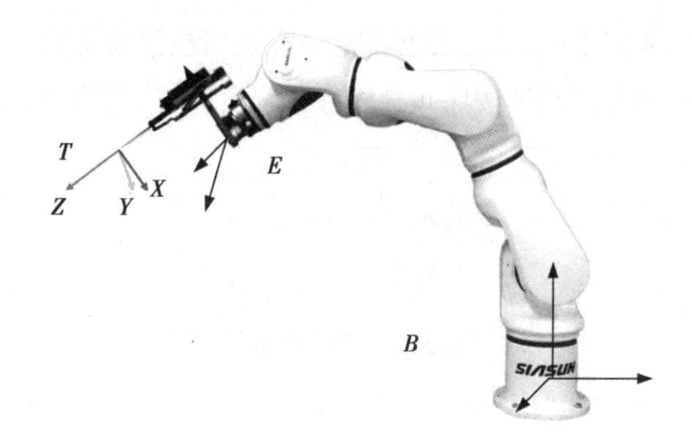

图 2.73　六点法标定中各坐标系位置示意图

由于工具与机器人末端法兰面的位置关系固定不变，其标定过程是标定机器人工具所在坐标系 T 与机器人末端坐标系 E 的关系。${}_{T}^{E}\boldsymbol{T}$ 的含义是工具坐标系相对于机器人末端坐标系的位置关系。该标定过程可以分为两个部分：工具中心点位置（TCP）标定即求解${}_{T}^{E}\boldsymbol{P}$；工具坐标系姿态（TRF）标定，即求解${}_{T}^{E}\boldsymbol{T}$。

1. TCP 标定

机器人工具枪尖围绕一个固定点多次变换姿态旋转，每次旋转记录为${}_{E}^{B}\boldsymbol{T}$，则有

$$ {}_{T}^{T}\boldsymbol{T}_{i}={}_{E}^{B}\boldsymbol{T}_{i}\cdot{}_{T}^{E}\boldsymbol{T} \tag{2.4} $$

标定过程中，${}_{T}^{B}\boldsymbol{P}$ 始终不变。机器人末端位置

$$ {}_T^B\boldsymbol{R}_i \cdot {}_T^E\boldsymbol{P} + {}_E^B\boldsymbol{P}_i = {}_T^B\boldsymbol{P}_i \tag{2.5} $$

因此，有

$$ {}_T^B\boldsymbol{R}_i \cdot {}_T^E\boldsymbol{P}_i + {}_E^B\boldsymbol{P}_i = {}_T^B\boldsymbol{R}_{i+1} \cdot {}_T^E\boldsymbol{P}_{i+1} + {}_E^B\boldsymbol{P}_{i+1} \tag{2.6} $$

式中，${}_T^B\boldsymbol{R}_i \cdot {}_E^B\boldsymbol{P}_i$ 为已知，则求解 ${}_T^E\boldsymbol{P}$ 的问题即为求解线性方程组。

固定 TCP 不变，采集四个点，命名为位置点 1～位置点 4，这样可以构建方程组：

$$ \begin{cases} ({}_E^B\boldsymbol{R}_1 - {}_E^B\boldsymbol{R}_2)\,{}_T^E\boldsymbol{P} = {}_E^B\boldsymbol{P}_2 - {}_E^B\boldsymbol{P}_1 \\ ({}_E^B\boldsymbol{R}_1 - {}_E^B\boldsymbol{P}_3)\,{}_T^E\boldsymbol{P} = {}_E^B\boldsymbol{P}_3 - {}_E^B\boldsymbol{P}_1 \\ ({}_E^B\boldsymbol{R}_1 - {}_E^B\boldsymbol{P}_4)\,{}_T^E\boldsymbol{P} = {}_E^B\boldsymbol{P}_4 - {}_E^B\boldsymbol{P}_1 \end{cases} \Rightarrow \begin{bmatrix} ({}_E^B\boldsymbol{R}_1 - {}_E^B\boldsymbol{R}_2) \\ ({}_E^B\boldsymbol{R}_1 - {}_E^B\boldsymbol{R}_3) \\ ({}_E^B\boldsymbol{R}_1 - {}_E^B\boldsymbol{R}_4) \end{bmatrix} {}_T^E\boldsymbol{P} = \begin{bmatrix} {}_E^B\boldsymbol{P}_2 - {}_E^B\boldsymbol{P}_1 \\ {}_E^B\boldsymbol{P}_3 - {}_E^B\boldsymbol{P}_1 \\ {}_E^B\boldsymbol{P}_4 - {}_E^B\boldsymbol{P}_1 \end{bmatrix} \tag{2.7} $$

该方程组为不相容方程组，因此，需要求解最小二乘解：

$$ {}_T^E\boldsymbol{P} = \begin{bmatrix} ({}_E^B\boldsymbol{R}_1 - {}_E^B\boldsymbol{R}_2) \\ ({}_E^B\boldsymbol{R}_1 - {}_E^B\boldsymbol{R}_3) \\ ({}_E^B\boldsymbol{R}_1 - {}_E^B\boldsymbol{R}_4) \end{bmatrix} \begin{bmatrix} {}_E^B\boldsymbol{P}_2 - {}_E^B\boldsymbol{P}_1 \\ {}_E^B\boldsymbol{P}_3 - {}_E^B\boldsymbol{P}_1 \\ {}_E^B\boldsymbol{P}_4 - {}_E^B\boldsymbol{P}_1 \end{bmatrix} \tag{2.8} $$

2. TRF 标定

机器人工具枪尖保持姿态不变进行平移运动，每次旋转记录为 ${}_E^B\boldsymbol{T}$。

取 TCP 标定中的第四个采集点为基准点，在该点按照基坐标系 X 方向移动一段距离，记为位置点 5；在位置点 4 按照基坐标系 Z 方向移动一段距离，记为位置点 6。

位置点 4～位置点 6 的姿态相等。因此，有

$$ \begin{cases} {}_T^B\boldsymbol{R}_4 \cdot {}_T^E\boldsymbol{P} + {}_E^B\boldsymbol{P}_4 = {}_T^B\boldsymbol{P}_4 \\ {}_T^B\boldsymbol{R}_5 \cdot {}_T^E\boldsymbol{P} + {}_E^B\boldsymbol{P}_5 = {}_T^B\boldsymbol{P}_5 \\ {}_T^B\boldsymbol{R}_6 \cdot {}_T^E\boldsymbol{P} + {}_E^B\boldsymbol{P}_6 = {}_T^B\boldsymbol{P}_6 \end{cases} \tag{2.9} $$

式中，${}_T^E\boldsymbol{P}$ 为常数，${}_T^B\boldsymbol{R}_4 = {}_T^B\boldsymbol{R}_5 = {}_T^B\boldsymbol{R}_6$。故有

$$ \begin{cases} {}_E^B\boldsymbol{P}_5 - {}_E^B\boldsymbol{P}_4 = {}_T^B\boldsymbol{P}_5 - {}_T^B\boldsymbol{P}_4 \\ {}_E^B\boldsymbol{P}_6 - {}_E^B\boldsymbol{P}_4 = {}_T^B\boldsymbol{P}_6 - {}_T^B\boldsymbol{P}_4 \end{cases} \tag{2.10} $$

因为位置点 4 与位置点 5 之间的向量关系是工具坐标系沿 $+X$ 方向的向量，位置点 4 与位置点 6 之间的向量关系就是工具坐标系沿 $+Z$ 方向的向量，因此，工具坐标系的 X 轴与 Z 轴方向向量为

$$ \begin{cases} \boldsymbol{X} = {}_E^B\boldsymbol{P}_5 - {}_E^B\boldsymbol{P}_4 \\ \boldsymbol{Z} = {}_E^B\boldsymbol{P}_6 - {}_E^B\boldsymbol{P}_4 \end{cases} \tag{2.11} $$

对向量 $\boldsymbol{X}$ 和 $\boldsymbol{Z}$ 单位化，得到向量 $\boldsymbol{X}'$ 和向量 $\boldsymbol{Z}'$，根据 $\boldsymbol{R}$ 矩阵的单位正交特性可得

$$ \boldsymbol{Y}' = \boldsymbol{Z}' \times \boldsymbol{X}' \tag{2.12} $$

则

$$ {}_{T}^{B}\boldsymbol{R} = [\boldsymbol{X}' \quad \boldsymbol{Y}' \quad \boldsymbol{Z}'] \tag{2.13} $$

因此，工具姿态标定结果为

$$ {}_{T}^{E}\boldsymbol{R} = ({}_{E}^{B}\boldsymbol{R})^{-1} \cdot {}_{T}^{B}\boldsymbol{R} \tag{2.14} $$

2.8　工件坐标系

工件坐标系 {*U*} 即用户自定义坐标系。机器人可以和不同的工作台或夹具配合工作，在每个工作台上建立一个用户坐标系。

2.8.1　工件坐标系定义

工件通常固定于工作台上。以类长方体工件为例，选择该工件的一个顶点为原点，工件坐标系的 Z 轴通常选定为垂直于工作台的平面，X，Y 两轴分别沿工件的两条边建立。工件坐标系示意图如图 2.74 所示。

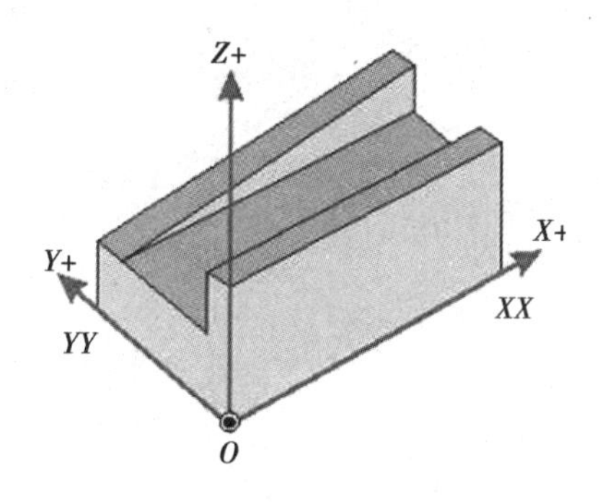

图 2.74　工件坐标系示意图

2.8.2　工件坐标系建立原理

首先，示教机器人工具到达工具坐标系原点 O，记录位姿 $\boldsymbol{P}_O$，在工件坐标系 X 轴上示教一点 $\boldsymbol{P}_X$，因此，工件坐标系 X 轴的单位向量为

$$ \boldsymbol{n} = \frac{\boldsymbol{P}_X - \boldsymbol{P}_O}{\|\boldsymbol{P}_X - \boldsymbol{P}_O\|} \tag{2.15} $$

类似地，在工件坐标系 Y 轴上示教一点 $\boldsymbol{P}_Y$，因此，工件坐标系 Y 轴的单位向量为

$$ \boldsymbol{o} = \frac{\boldsymbol{P}_Y - \boldsymbol{P}_O}{\|\boldsymbol{P}_Y - \boldsymbol{P}_O\|} \tag{2.16} $$

则 Z 轴的单位向量为

$$a=n\times o \tag{2.17}$$

因此，工件坐标系的标定结果为

$$_{T}^{B}T=\left[\begin{matrix} n & o & a & P_X \end{matrix}\right] \tag{2.18}$$

第 3 章　协作机器人使用

3.1　机器人系统概述

协作机器人系统主要由机器人本体、机器人控制器、连接线缆、软件和其他选配件与附件等部分组成。机器人系统及机器人示意图如图 3.1 所示。

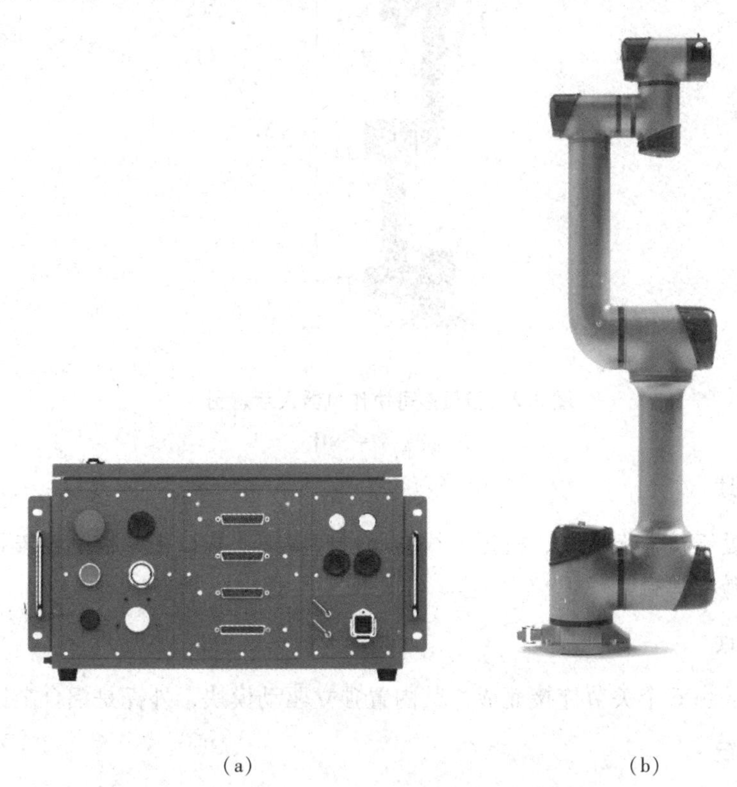

（a）　　　　（b）

图 3.1　机器人系统及机器人示意图

3.2 机器人本体

3.2.1 机器人本体概述

协作机器人由6个模块化设计的关节构成，臂长为1085 mm，工作半径为917 mm，具备牵引示教、碰撞检测等功能。协作机器人可任意方向安装。

协作机器人每个关节配有位置传感器以检测关节运行位置，并配有可靠的制动器用于及时停止机器人动作。

如图3.2所示，协作机器人主要由以下元件组成。

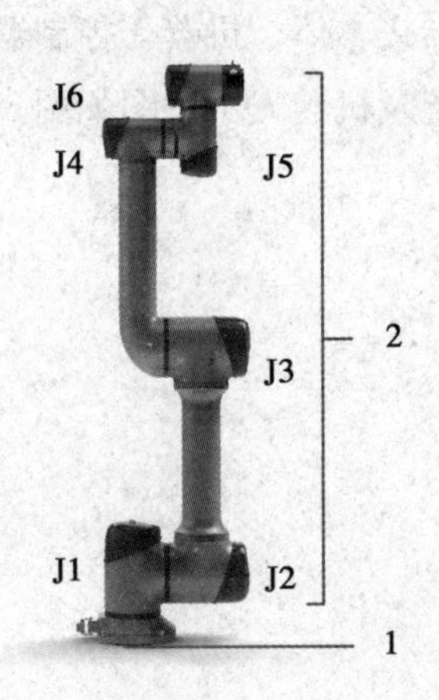

图3.2 新松多可协作机器人示意图

1—底座；2—本体

1. 底座模块

底座模块处于机器人底端，机器人线缆通过底座模块接口板与控制器连接，为机器人进行供电及数据传输。

2. 关节模块

每个机器人由6个关节连接而成，其内置独立驱动模块，外壳是铝合金铸件。

3. 电气系统

电气系统由为各关节电机进行供电和控制的所有电气元器件组成，包括驱动器、连接器、线缆等。

3.2.2 底座输入面板概述

如图3.3所示，底座输入面板位于机器人底端，含一个通信供电接口，用于连接盘间线缆，为机器人进行供电和数据传输。

图 3.3　底座输入面板示意图

3.2.3　腕部法兰概述

机器人末端为腕部法兰［符合《工业机器人　机械接口　第1部分：板类》（GB/T 14468.1—2006/ISO 9409-1：2004）］，法兰上有安装用螺孔和销孔，可以用于安装末端工具。法兰上的拓展 I/O 接口、通信接口，可以用于连接末端工具。腕部法兰示意图如图 3.4 所示。

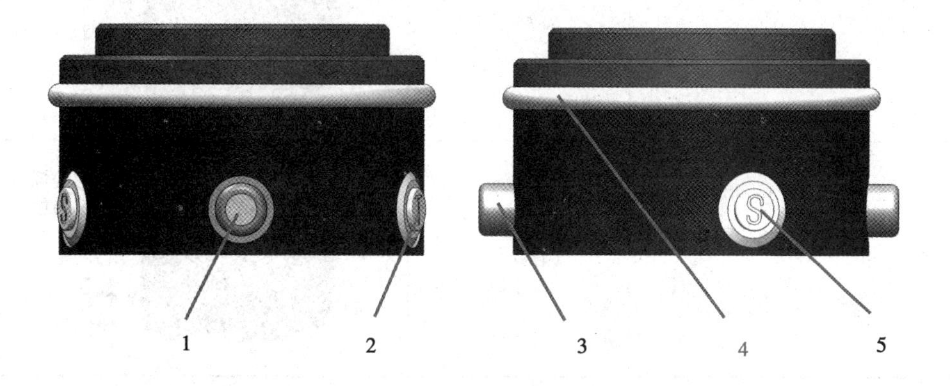

图 3.4　腕部法兰示意图

1—工具通信接口；2—牵引示教按键（字母“T”标识按钮）；3—工具 I/O 接口；4—灯带；5—预留按键（字母“S”标识按钮）

灯带定义如表 3.1 所列。

表 3.1　灯带定义

状态定义	颜色定义	示意图
① 机器人上电； ② 待机	恒蓝色	 蓝色
错误状态	闪烁红色	 闪烁红色
① 程序运行； ② 机器人回零； ③ 手动移动到某一点； ④ 碰撞开启后，发生碰撞停机	恒绿色	 绿色
牵引示教	闪烁绿色	 闪烁绿色
机器人上电	闪烁白色	闪烁白色

3.3　控制系统

控制系统由控制器和 UI 界面（选配）组成。控制器示意图如图 3.5 所示。控制器负责机器人控制系统的所有功能，具体如下：

（1）系统操作界面，人机交互功能；

（2）程序的生成、修正、存档及维护；

（3）机器人运动控制；

（4）机器人轨迹规划及算法实现；

（5）机器人动力电控制；

（6）机器人运动状态监控；

（7）电子安全回路的部件；

（8）与外围设备（其他控制系统、主导计算机、网络）进行通信。

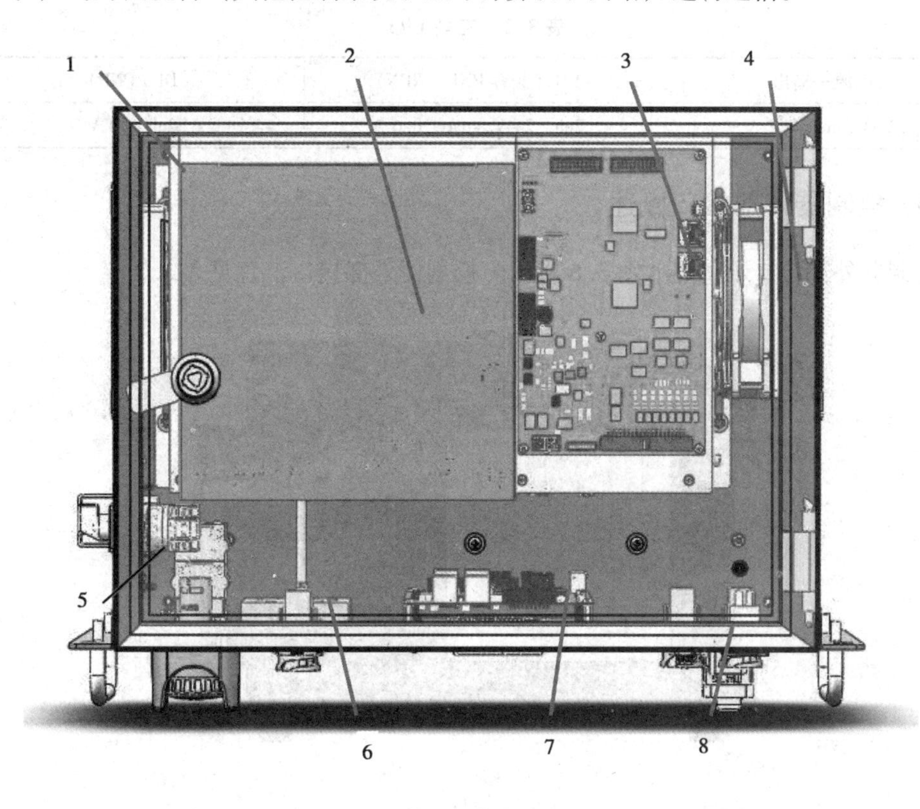

图3.5　控制器示意图

1—封装电源；2—主控制器；3—安全控制器；4—风扇；5—交流进线；6—左侧接口面板；7—中间接口面板；8—右侧接口面板

3.4　控制器

3.4.1　控制器概述

控制器包括机器人控制系统所有部件的配电装置和通信接口。控制器内部主要包含主控制器、安全控制器、电源模块、从站板、外设接口模块等几大部分。其中，主控制器提供机器人系统的算法实现、运动控制、人机交互等功能，外设接口模块提供控制系统的外部通信、I/O 等功能。

主控制器的硬件配置主要包括以下组件：带接口的主板；中央处理器及主储存器；硬盘；可选的设备组件。

3.4.2 工具 I/O 介绍

工具 I/O 如表 3.2 所列。

表 3.2 工具 I/O

电源—输出	DO（兼容 PNP，NPN）	DI（PNP）
24 V，max 1.2 A	2ch，24 V，max. 0.6 A	2ch，24 V

3.4.3 控制器外部接口概述

控制器外部接口示意图如图 3.6 所示。控制器外部接口汇总见表 3.3。

（a）

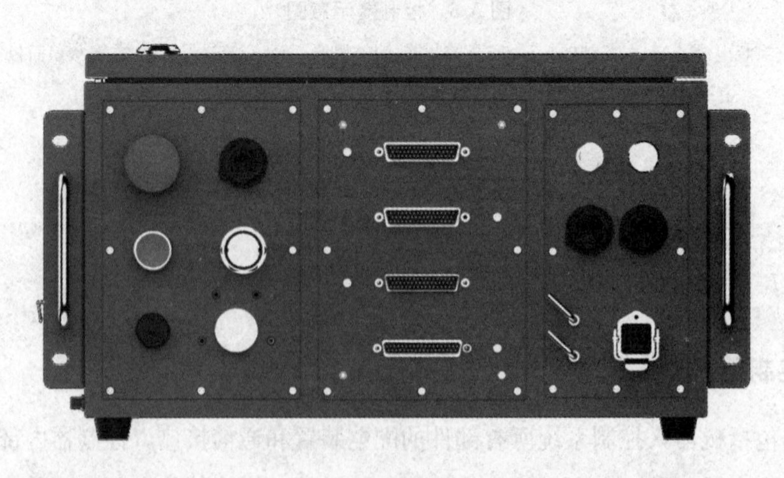

（b）

图 3.6 控制器外部接口示意图

表3.3 控制器外部接口汇总

系统开关	AC 输入	急停按钮	示教器屏蔽	功能拓展接口 2
RJ45-1	USB 接口	示教器接口	功能拓展接口 1	数字输出
数字输入	安全 I/O	远程开关	上电按钮	RJ45-2
RJ45-3	天线 1	天线 2	机器臂接口	

1. 系统开关

系统开关用于控制控制器电源的通断，实现整个系统的通电或断电。

2. 急停按钮

急停按钮用于机器人的紧急停止。

3. 示教器屏蔽

示教器屏蔽用于支持示教器的热插拔功能。

4. 功能拓展接口 2

功能拓展接口 2 用于机器人远程进行手动/自动模式切换、三位置使能开关、外部急停功能或拔示教器后的急停短接功能。

5. AC 输入

AC 输入接口是机器人整体供电接口。机器人额定供电输入为200~240 V AC，47~63 Hz，16 A。

6. RJ45-1

RJ45-1 接口是机器人提供的 Modbus TCP/Profi NET 接口，用于与其他控制器和机器人通信，实现对机器人的控制。

7. USB 接口

控制器提供单路 USB 3.0 接口，用于连接外部设备，如键盘、鼠标等。

8. 示教器接口

示教器接口是控制器提供的与示教器连接的接口，可以匹配机器人示教器。

9. 功能拓展接口 1

功能拓展接口 1 是机器人提供的 4 路模拟量电压输入接口、4 路模拟量电流输入接口、1 路外部 CAN 通信接口、一路外部 RS-485 通信接口，以及 INC 编码器差分信号接口。

10. 数字输入（PNP 型）

数字输入（PNP 型）接口是控制器为外部提供的 DI 接口，包括 16 路普通数字量输入接口、8 路功能数字量输入接口。

11. 数字输出（PNP 型）

数字输出（PNP 型）接口是控制器为外部提供的 DO 接口，包括 16 路普通数字量输出接口、8 路功能数字量输出接口。

12. 安全 I/O

安全 I/O 接口是控制器提供的外部急停及安全输入/输出接口。

13. 远程开关

利用远程开关进行“ON/OFF”控制，可在不使用示教器或控制器面板上的上电按钮的情况下开启或关闭系统。

14. RJ45-2

RJ45-2 接口是机器人提供的 EtherCAT 从站拓展接口，用于外接其他的 EtherCAT 从站设备。

15. 上电按钮

上电按钮是机器人提供的外部上电及强制下电接口。

16. RJ45-3

RJ45-3 接口是机器人为外部预留的接口，用于其他特定用途。

17. 天线 1、天线 2

天线 1、天线 2 接口为机器人提供无线网络。

18. 机器臂接口

机器臂接口是控制器与机器人的连接接口。

3.4.4 控制器电源接入

控制器采用 220 V 电源供电时，最大瞬时功率为 1800 W，选用国标 10 A 电源插头作为控制器电源线插头。控制器标准电源线长度为 5 m，另提供其他标准长度电源线用于选购。同时，为满足不同国家、地区的供电标准（100～125 V AC 等），可以联系经销商选配其他国家、地区标准的控制器电源线。

3.5 示教器/PAD（选配）

可选配相应的示教器（图 3.7）及 PAD（图 3.8）用于机器人系统操作和编程过程中所需的按键、显示功能。具体选型应根据供应商提供的可选配置及推荐配置型号为准。

示教器各按钮功能见图 3.7。

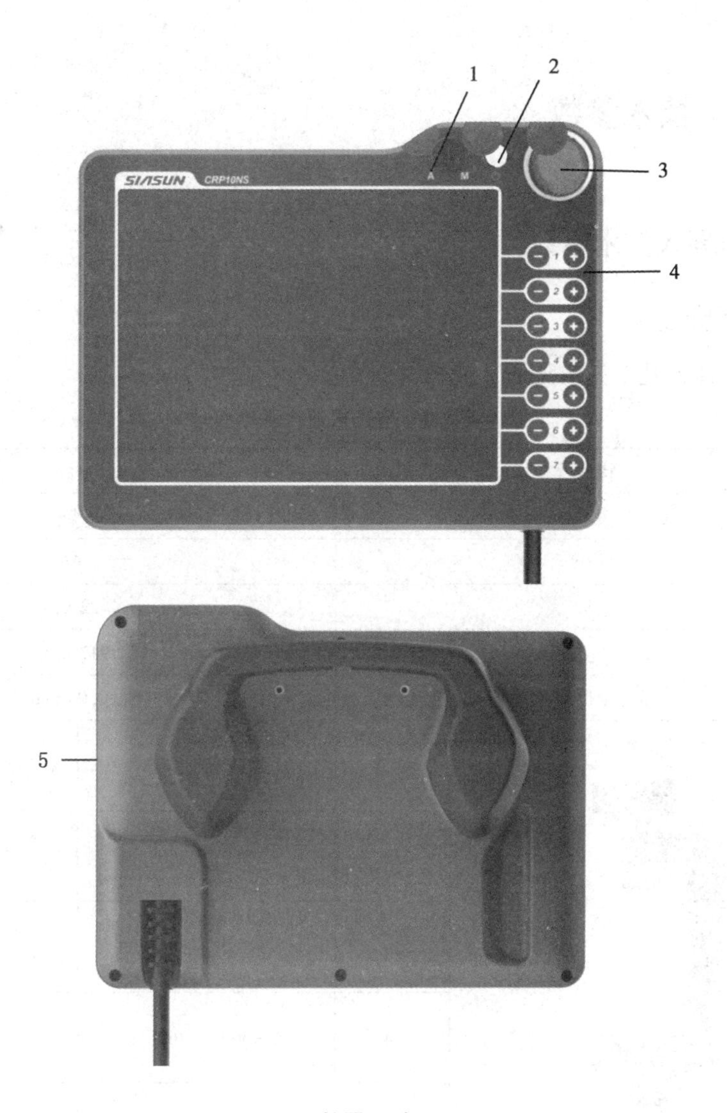

图 3.7　示教器（选配）

1—模式切换（自动 A/手动 M）；2—系统上电按钮；

3—急停按钮；4—关节移动按键；5—使能开关

图 3.8　PAD（选配）

3.6 技术参数

3.6.1 机器人技术参数

1. 基本参数

协作机器人基本参数见表 3.4。

表 3.4 协作机器人基本参数

<table>
<tr><th colspan="2">特性</th><th colspan="2">参数</th></tr>
<tr><td colspan="2">有效负载</td><td colspan="2">5 kg</td></tr>
<tr><td colspan="2">自由度</td><td colspan="2">6</td></tr>
<tr><td colspan="2">重量</td><td colspan="2">22 kg</td></tr>
<tr><td colspan="2">工作空间</td><td colspan="2">917 mm</td></tr>
<tr><td colspan="2">重复定位精度</td><td colspan="2">±0.03 mm</td></tr>
<tr><td rowspan="7"></td><td>关节</td><td>运动范围</td><td>最大速度/[(°)·s^{-1}]</td></tr>
<tr><td>J6</td><td>-360°~360°</td><td>225</td></tr>
<tr><td>J5</td><td>-360°~360°</td><td>225</td></tr>
<tr><td>J4</td><td>-360°~360°</td><td>225</td></tr>
<tr><td>J3</td><td>-160°~160°</td><td>225</td></tr>
<tr><td>J2</td><td>-360°~360°</td><td>225</td></tr>
<tr><td>J1</td><td>-360°~360°</td><td>225</td></tr>
<tr><td colspan="2">机器人外形尺寸</td><td colspan="2">1100 mm×330 mm×200 mm</td></tr>
<tr><td colspan="2">机器人运输尺寸</td><td colspan="2">698 mm×588 mm×450 mm</td></tr>
<tr><td colspan="2">控制柜尺寸</td><td colspan="2">500 mm×388 mm×275 mm</td></tr>
<tr><td colspan="2">运输尺寸</td><td colspan="2">608 mm×508 mm×516mm</td></tr>
<tr><td colspan="2">安装方式</td><td colspan="2">置地式、倒挂式、悬臂式</td></tr>
<tr><td colspan="2">环境温度</td><td colspan="2">-10~45 ℃</td></tr>
</table>

表3.4(续)

特性	参数
存储温度	-40~55 ℃
IP 等级	IP 54
运行时间	35000 h
噪声	不大于 75 dB（A）

2. 工作空间

协作机器人工作空间的形状和尺寸如图 3.9 所示。

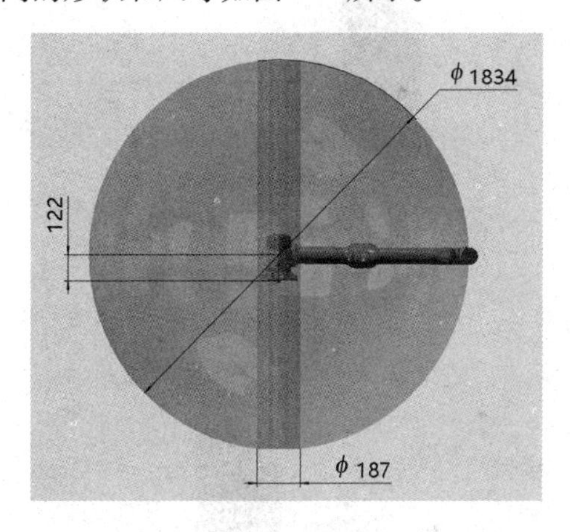

（a）主视图

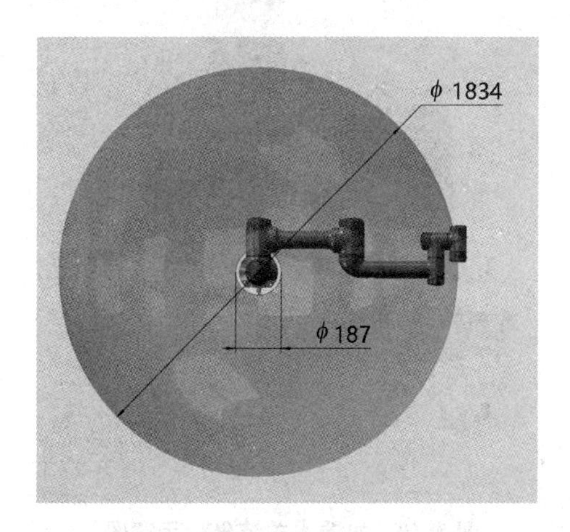

（b）俯视图

图 3.9　协作机器人工作空间的形状和尺寸

3. 机器人关节坐标

机器人关节坐标示意图如图 3.10 所示。

图 3.10 机器人关节坐标示意图

4. 机器人零位及正方向

机器人零位及正方向示意图如图 3.11 所示。

5. 腕部法兰参数

腕部法兰机械尺寸如图 3.12 所示。腕部法兰基本参数如下：

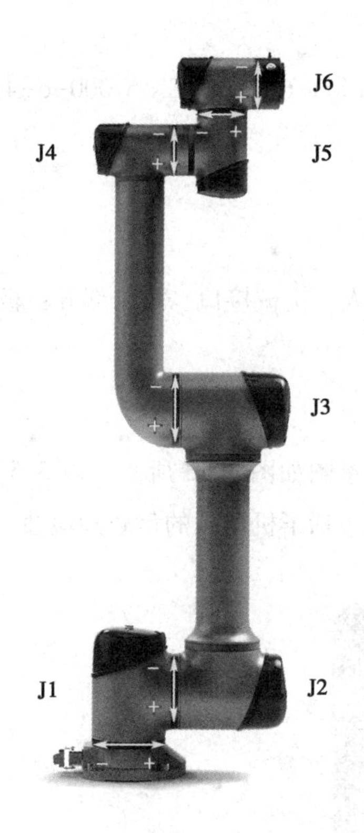

图 3.11　机器人零位及正方向示意图

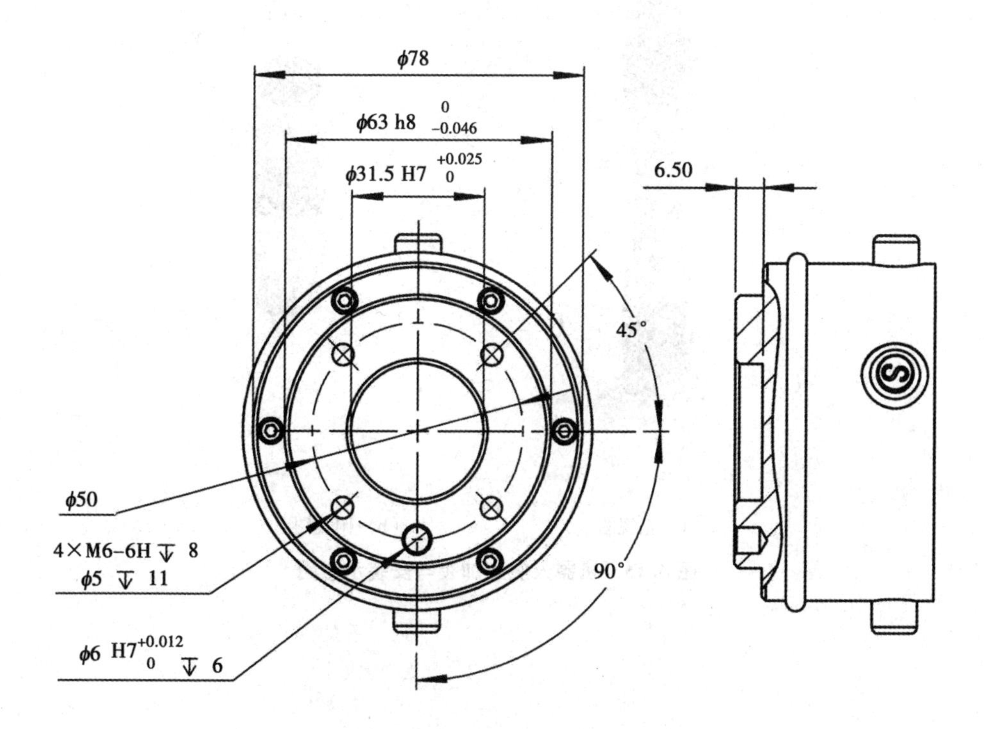

图 3.12　腕部法兰机械尺寸

① 额定负载：5 kg

② EMC Resistance：EN 61000-6-2 and EN 61000-6-4；

③ 防护等级：IP 54；

④ 接口螺栓等级：10. 9；

⑤ 接口螺栓尺寸：M6；

⑥ 接口标准：《工业机器人　机械接口　第 1 部分：板类》（GB/T 14468. 1—2006/ISO 9409-1：2004）。

6. 底座参数

机器人底座加装与安装示意图如图 3. 13 所示。表 3. 5 中给出了机器人底座安装所需要的特定的力和力矩，已经包括了机器人的负载和惯性力。

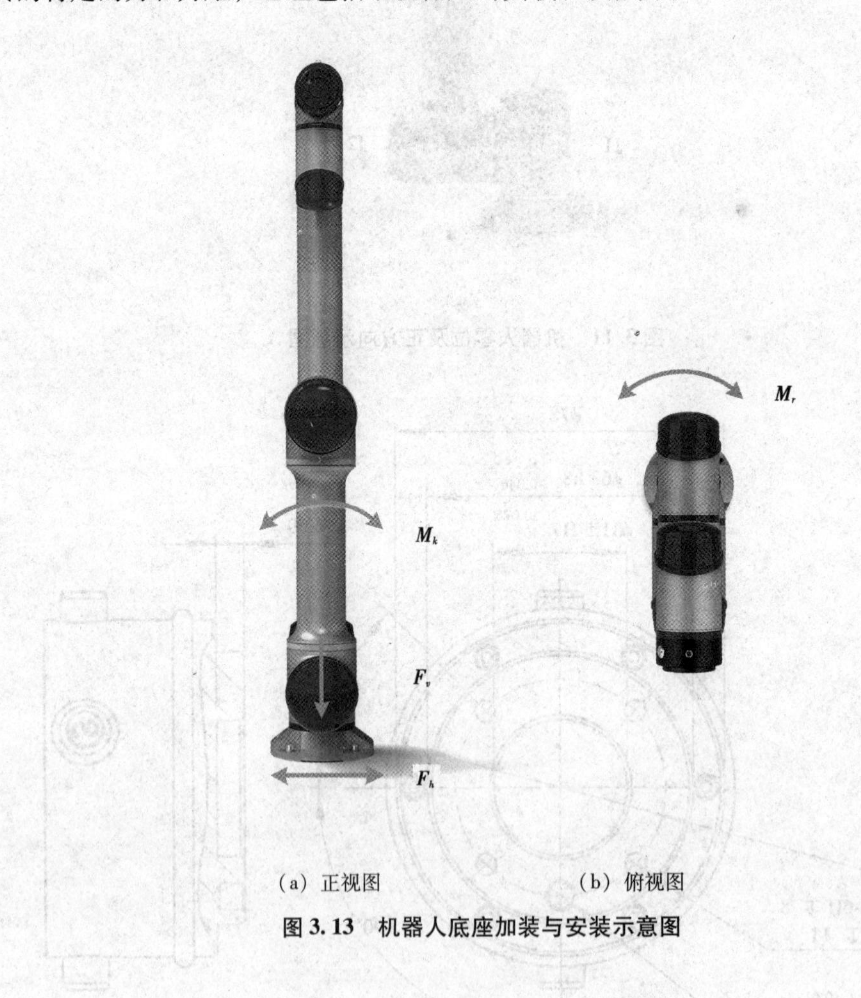

（a）正视图　　（b）俯视图

图 3. 13　机器人底座加装与安装示意图

表 3.5　机器人底座安装所需的力和力矩

力类型	力/力矩
垂直力（F_v）	469 N
水平力（F_h）	539 N
倾斜力矩（M_k）	294 Nm
1 轴扭矩（M_r）	298 Nm

表 3.5 中给出的底座负载是出现的最大负载。计算底座负载时必须使用这些数据，并且为了操作安全必须遵守这些数据。如不遵守，则可能会造成人员伤害或财产损失。

3.6.2　负载

1. 负载基本参数

负载基本参数见表 3.6。

表 3.6　负载基本参数

额定负载	5 kg
J5 允许的最大惯量	0.75 kg · m^2
J6 允许的最大惯量	0.30 kg · m^2
负载重心的最大距离（L_{xy}）	122.4 mm
负载重心的最大距离（L_z）	156.1 mm

2. 负载图

额定负载大小与负载重心到末端轴法兰面的距离有关，负载安装参考图如图 3.14 所示。对于一定的负载，负载重心与末端法兰中心的额定偏移距离如图 3.14（b）所示的负载曲线。

注意：切勿超载使用！超出负载使用会影响机器人的使用寿命，甚至造成危险。

该负载曲线对应于最大的负载能力。每次加载都必须检查两个值（负载质量和惯性矩）。

在此得到的负载质量和惯性矩在规划机器人的使用时是非常重要的。按照相应的操作及编程指南规定，将机器人投入运行时需要将负载质量和惯性矩输入机器人控制系统中。

（a）

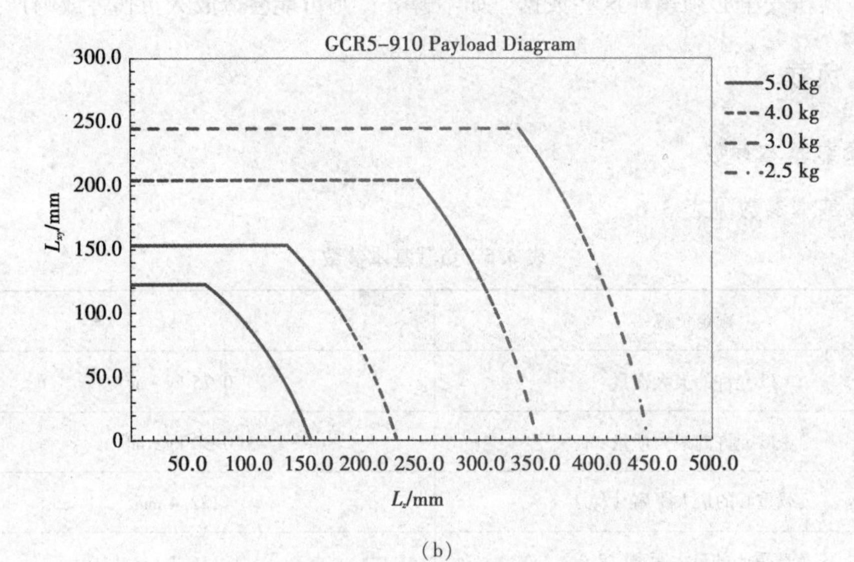

（b）

图 3.14　负载安装参考图

3.6.3　控制系统技术参数

控制系统技术参数见表 3.7。

表 3.7　控制系统技术参数

基本数据	
颜色	深灰
重量	17 kg
防护等级	IP 54
冷却装置	强制风冷
电源连接	

表3.7（续）

基本数据	
电源输入	100~240 V AC，8 A
电源频率	47~63 Hz
额定功率	250 W
环境条件	
工作温度	-10~45 ℃
储存温度	-40~55 ℃
湿度	20%~90%（RH）
示教器（选配）	
尺寸	295×210×124.5
VGA 显示分辨率	1280×800
VGA 显示尺寸	10.4″TFT
防护等级	IP 54
线缆长度	
示教器线缆	5 m
本体连接电缆	5 m
（示教器、其他长度线缆等参见供应商提供的选配件清单）	

3.6.4 I/O 参数

I/O 参数如下：

① 16 路普通数字量输入接口、8 路功能数字量输入接口 DI（PNP 型输入，24 V）；

② 16 路普通数字量输出接口、8 路功能数字量输出接口 DO（PNP 型输出，24 V/max：500 mA）；

③ 工具 I/O 与控制柜电源是隔离的，相应的 24 V 和 0 V（GND）电压不可混用。如外部需要同时使用工具 I/O 及控制器 I/O，需采用继电器进行有效隔离。

3.6.5 停止时间与停止距离

1. 基本说明

关于停止参数的一般信息说明。

（1）停止距离是指机器人从触发停止信号至完全停止时的转角。

（2）停止时间是指机器人从触发停止信号至完全停止时所用的时间。

（3）所示的数据针对基轴 A1，A2，A3。基轴是偏转最大的轴。

（4）轴的运动相互重叠时，可能导致停止行程变长。

（5）延时运行的行程和时间按照《工业机器人　安全要求　第 1 部分：机器人》（GB11291.1—2011/ISO 10218-1：2006）中的规定。

（6）停机类别。其分为停机类别 0（Stop0）和停机类别 1（Stop1）其中，针对 Stop0 的给出值是通过试验和模拟得出的参考值。它们是平均值，满足《工业机器人　安全要求　第 1 部分：机器人》（GB11291.1—2011/ISO 10218-1：2006）中的要求。实际的停止距离和停止时间可能会因对制动力矩的内、外部影响而不同。因此，建议在必要时于机器人使用现场的实际条件下测定停止距离和停止时间。

按照运行方式、机器人使用情况及触发的 Stop0 的数量，可能会出现不同的制动器磨损情况。因此，建议至少每年检查一次停止距离。

2. 轴 A1 至轴 A3 在 Stop0 的停止时间和停止距离

表 3.8 所列为触发停机类别为 Stop0 时的停止距离和停止时间。这些数据针对以下配置：① 作用范围为 100%；② 速度倍率 POV 为 100%；③ 质量 m 为最大负载。

表 3.8　Stop0 时的停止距离和停止时间

轴	停止距离/（°）	停止时间/ms
A1	16.35	152
A2	21.37	164
A3	17.34	144

3.6.6 铭牌与标签

机器人的控制系统上装有如图 3.15 所示的铭牌与标签，不允许将其去除或使其无法识别。如果铭牌与标签无法识别，则必须进行更换。

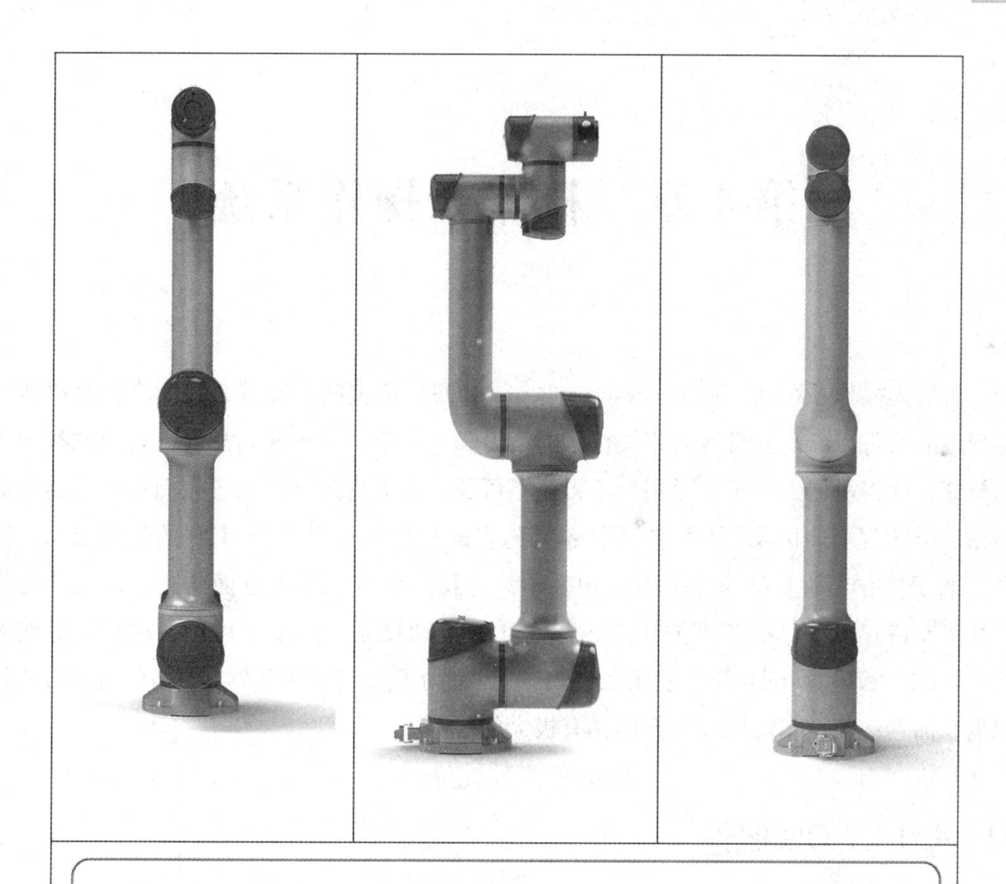

SIASUN 新松　　DUCO®多可®

新松协作机器人 SIASUN Cobot

型　号 Model　GCR5-910-728　额定负载 Rated Load　5kg

自　重 Weight　22kg　臂　长 Length　1085mm

产品序号 SN　制造日期 MFD

中科新松有限公司　SIASUN CO., LTD.

制造地　中国，上海市浦东金桥出口加工区金藏路257号

Made in NO.257 Jinzang Rd. Pudong New District, Shanghai, China

CE

图 3.15　新松协作机器人铭牌与标签

第 4 章　机器人操作系统

机器人操作系统（robot operating system，ROS）最大的进步就是让大多数对机器人感兴趣的人可以参与到机器人相关技术的学习和开发中。ROS 将对机器人的控制权向人们开放，使得机器人对于普通用户不再遥不可及，极大程度地降低了人们接触机器人的门槛。ROS 逐渐向机器人产业渗透，越来越多的机器人产品支持 ROS 的控制接口，同时 ROS 开放的特性更适合相关科研和教学，为我国培养机器人方面的高素质人才提供了技术支持。ROS 具有丰富的功能、特性（如运动规划、运动学模型、视觉、导航等功能，以及 rviz，gazebo 等可视化工具），不但有助于降低原本复杂、严格的机器人研发门槛，而且在新技术研发投入方面具有极大的优势。

4.1　ROS 概述

ROS 是一个适用于机器人开源的元操作系统。它提供类似操作系统所提供的功能，包括硬件抽象、底层设备控制、常用函数的实现、进程间消息传递及包管理。它也提供用于获取、编译、编写、跨计算机运行代码所需的工具和库函数。它主要采用的是松散耦合点对点进程网络，目前主要支持 Ubuntu 系统、Mac OS X 系统等。

ROS 是一组软件库和工具，可以帮助人们构建机器人应用程序。从驱动程序到最先进的算法，再加上强大的开发工具，ROS 拥有机器人项目所需的一切，而且这些都是开源的。

4.1.1　ROS 文件系统

ROS 主要设计目标是实现机器人研发过程中的代码复用。它建立在 Linux 系统基础上，可以很方便地调用各种开源代码库与软件资源。它将大多数与机器人相关的软件资源整合到一起，实现了机器人软件的快速开发与资源整合。

ROS 是一种分布式处理框架。这使得可执行文件（即节点）能被单独设计，并且在运行时松散耦合。这些过程可以封装到数据包和堆栈中，以便于共享和分发。ROS 还支持代码库的联合系统，使得协作也能被分发。这种从文件系统级别到社区一级的设计让独立地决定发展和实施工作成为可能。

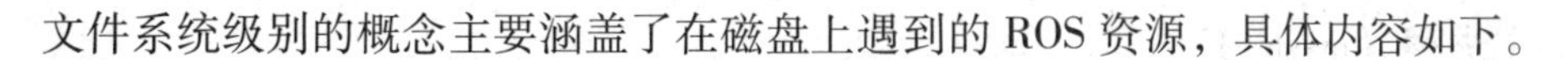

文件系统级别的概念主要涵盖了在磁盘上遇到的ROS资源，具体内容如下。

1. 包（package）

包是ROS中组织软件的主要单元。一个包可能包含ROS运行时的进程（节点）、一个依赖于ROS的库、数据集、配置文件或任何其他有用的组织在一起的东西。包是ROS中最小的构建项和发布项。这意味着人们可以构建和发布的最细粒度的东西是一个包。

2. 元包（metapackage）

元包是专门的包，仅用于表示一组相关的其他包。最常见的元包用作转换后的rosbuild stacks的向后兼容占位符。

3. 包清单（package manifest）

包清单（package.xml）提供有关包的元数据，包括其名称、版本、描述、许可证信息、依赖项和其他元信息，如导出的包。package.xml包清单在REP-0127中定义。

4. 存储库（repository）

存储库是共享公共VCS（版本控制系统）的软件包集合。共享一个VCS的包共享相同的版本，可以使用catkin发布自动化工具bloom一起发布。通常这些存储库将映射到转换后的rosbuild stacks。存储库也可以只包含一个包。

5. 消息（msg）类型

消息类型即消息描述，存储在“my_package/msg/MyMessageType.msg”中，定义了在ROS中发送的消息的数据结构。

6. 服务（srv）类型

服务类型即服务描述，存储在“my_package/srv/MyServiceType.srv”中，定义了ROS中服务的请求和响应的数据结构。

4.1.2 ROS计算图

计算图（computation graph）是一起处理数据的ROS进程的对等网络。ROS的基本计算图概念是节点、主进程、参数服务器、消息、主题、服务和包，所有这些都以不同的方式向计算图提供数据。这些概念在ros_comm存储库中实现。

1. 节点（node）

节点是执行计算的进程。ROS被设计成细粒度的模块化。机器人控制系统通常包含许多节点。例如，一个节点控制激光测距仪，一个节点控制车轮马达，一个节点执行定位，一个节点执行路径规划，一个节点提供系统的图形视图，等等。ROS节点是使用ROS客户端库编写的，如roscpp或rospy。

2. 主进程（master）

ROS master 提供名称注册和对计算图其余部分的查找。如果没有 master，节点将无法找到彼此、交换消息或调用服务。

3. 参数服务器（parameter server）

参数服务器允许通过密钥将数据存储在中央位置。它目前是 master 的一部分。

4. 消息（message）

节点之间通过传递消息进行通信。消息只是一种数据结构，由类型化字段组成。支持标准原始类型（如整数、浮点、布尔值等），以及原始类型数组。消息可以包括任意嵌套的结构和数组（很像 C 结构）。

5. 主题（topic）

消息通过具有发布/订阅语义的传输系统进行路由。节点通过将消息发布到给定主题来发送消息。主题是用于标识消息内容的名称。对某种数据感兴趣的节点将订阅相应的主题。单个主题可能有多个发布者和订阅者，并且单个节点可以发布和（或）订阅多个主题。通常，发布者和订阅者不知道彼此的存在。这是将信息的生产与其消费脱钩。从逻辑上讲，可以将主题视为强类型消息总线。每条总线都有一个名称，只要类型正确，任何人都可以连接到总线以发送或接收消息。

6. 服务（service）

发布/订阅模型是一种非常灵活的通信范式，但它的多对多、单向传输不适用于请求/回复交互，而请求/回复交互在分布式系统中通常是必需的。请求/回复是通过服务完成的，服务由一对消息结构定义：一个用于请求；另一个用于回复。客户端通过发送请求消息并等待回复来使用该服务。ROS 客户端库通常将这种交互呈现给程序员，就好像它是一个远程过程调用。

7. 包（bag）

包是一种用于保存和回放 ROS 消息数据的格式。袋子是存储数据（如传感器数据）的重要机制，这些数据可能难以收集，但对于开发和测试算法是必需的。

4.2 MoveIt 基础

MoveIt 由 ROS 中一系列移动操作的功能包组成，包括运动规划、操作控制、3D 感知、运动学、碰撞检测等，而且提供友好的人工交互界面。

4.2.1　MoveIt 概述

1. MoveIt 架构

图 4.1 所示为 MoveIt 的总体框架。

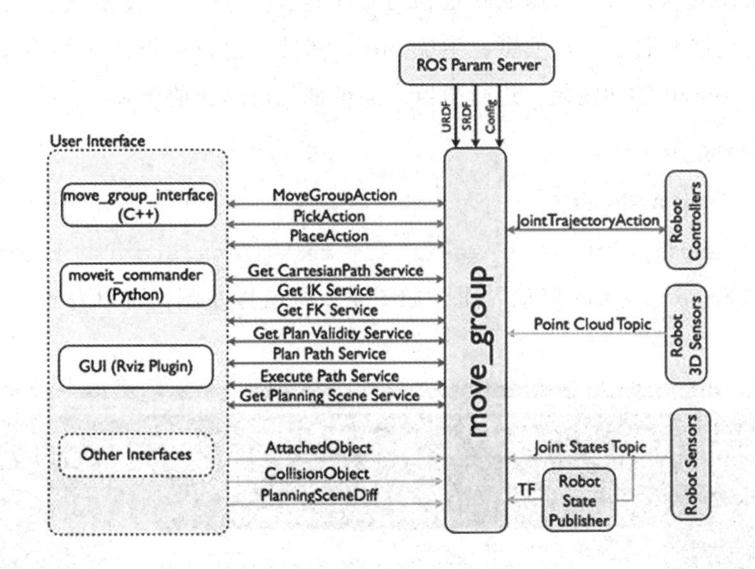

图 4.1　MoveIt 的总体框架

其中，move_group 是 MoveIt 的核心部分，它可以将机器人的各个独立组件集成到一起，为用户提供一系列需要的动作指令和服务。从图 4.1 中可以看出，move_group 类似于一个积分器，本身并没有太多的功能，主要是把各种功能包和插件集成，借此为用户提供服务。它通过消息或服务的形式接收机器人上传的点云信息、joints 的状态消息，还有机器人的 TF 树及运动学参数，利用这些参数并结合机器人的 URDF 文件，创建和生成 SRDF（semantic robot description format）及配置文件。

2. 安装 MoveIt

更新源：

```
$ sudo apt-get update
```

MoveIt 的安装很简单，使用以下命令即可安装：

```
$ sudo apt-get installros-indigo-moveit-full
```

4.2.2　安装机器人功能包

可以通过以下命令安装机器人功能包：

```
$ mkdir-p~/ros_test/catkin_ws/src
$ cd~/ros_test/catkin_ws/src
$ catkin_init_workspace
```

```
$ cd~/ros_test/catkin_ws
$ catkin_make
```

4.2.3 使用 MoveIt 部署机器人

在使用 MoveIt 时，首先要做的就是利用配置助手进行一些参数配置。配置助手会根据用户导入的机器人的 URDF 模型，生成 SRDF 文件，也就是机器人的语义描述文件，从而生成一个 MoveIt 的功能包，进行机器人的可视化仿真和动作。

1. 运行 Setup Assistant

首先运行 Setup Assistant：

```
$ roslaunchmoveit_setup_assistant setup_assistant.launch
```

在出现的 Setup Assistant 启动界面（如图 4.2 所示）左侧，可以看到接下来需要配置的步骤。

图 4.2 Setup Assistant 启动界面

（1）加载 URDF。

这里有两个选择，一个是新建一个配置功能包，另一个是使用已有的配置功能包。如果选择新建一个配置功能包，则在源码中找到 URDF 文件。如果已有配置功能包，那么新建后会覆盖原有的文件。从窗口的右侧可以看到机器人模型，如图 4.3 所示。

（2）Self-Collisions。

点击图 4.4 所示界面左侧的第二项配置步骤，配置自碰撞矩阵，设置一定数量的随机采样点，根据这些采样点生成配置参数。可想而知，过多的点会造成运算速度变慢，过少的点会导致参数不完善，默认的采样点数量是 10000 个（该软件官方称经过多次实

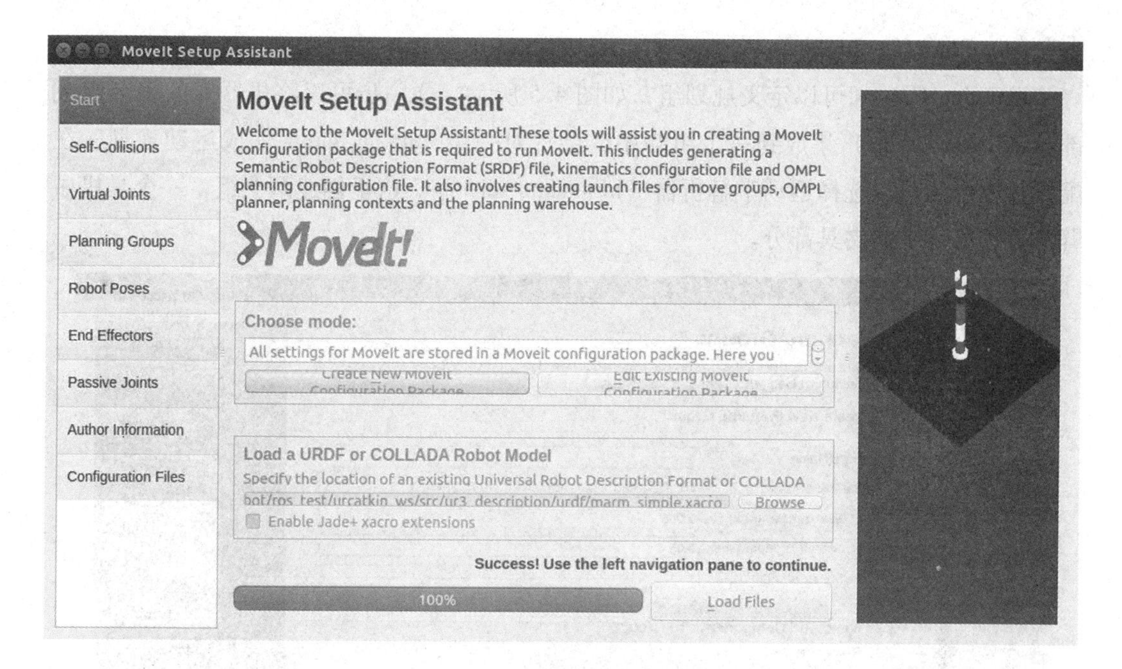

图 4.3　加载机器人模型

验和验证，10000 是能保证实验效果的最小值，所以按照这个默认值生成碰撞矩阵）。

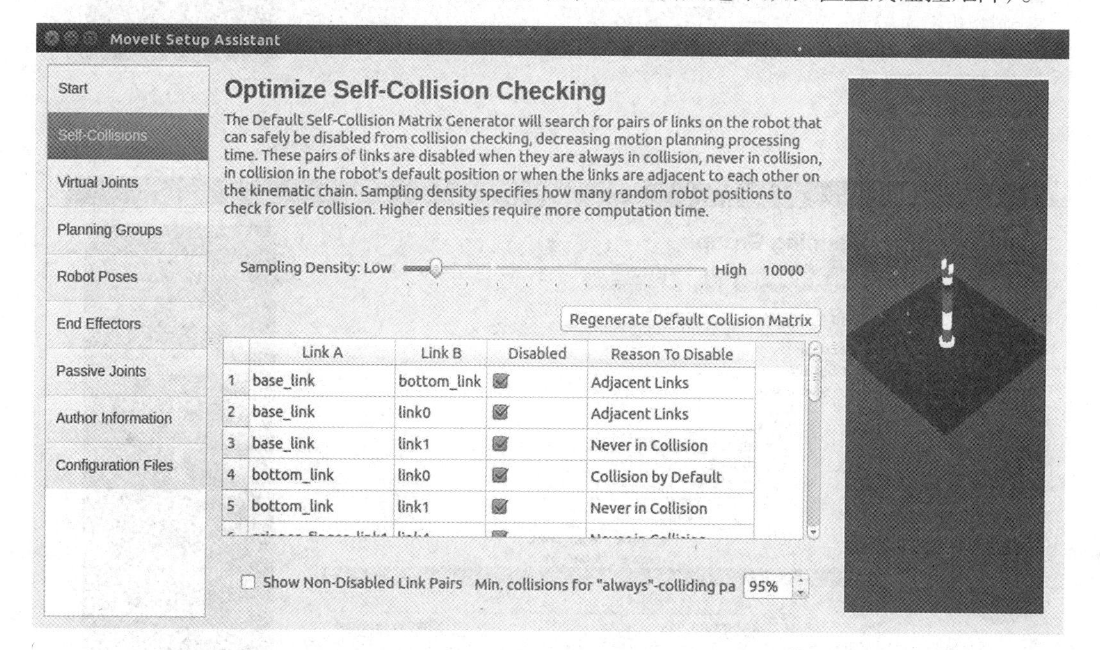

图 4.4　生成碰撞矩阵

（3）Virtual Joints。

Virtural Joints 即虚拟关节，主要是用来描述机器人在 world 坐标系下的位置。如果机器人是移动的，虚拟关节可以与移动基座关联，不过一般的机械臂都是固定不动的，所以也可以不需要虚拟关节。

（4）Planning Groups。

Planning Groups 可以定义规划组，如图 4.5 所示。这一步可以将机器人的多个组成部分（links，joints）集成到一个组当中，会针对一组 links 或 joints 完成运动规划，在配置过程中还可以选择运动学解析器（kinematic solver）。这里创建两个组，一个是机械臂部分，另一个是夹具部分。

（a）步骤一

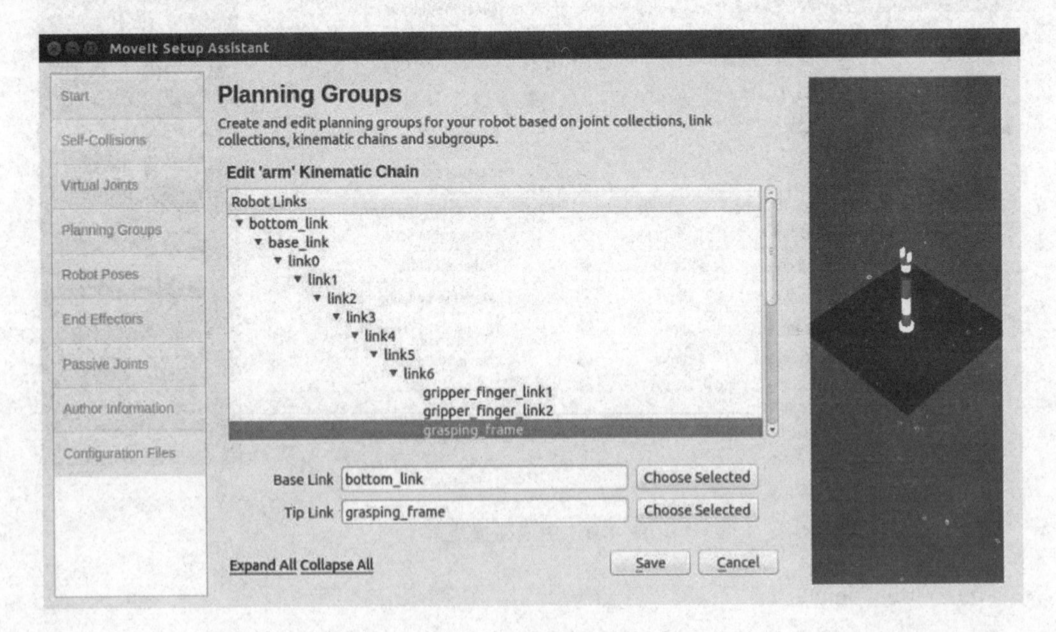

（b）步骤二

图 4.5　定义规划组

（5）Robot Poses。

Robot Poses 可以设置一些固定的位置，如机器人的零点位置、初始位置等。当然，这些位置是用户根据场景自定义的，不一定要和机器人本身的零点位置、初始位置相同。这样做的好处就是使用 MoveIt 的 API 编程时，可以直接调用这些位置。设置机器人零位如图 4.6 所示。

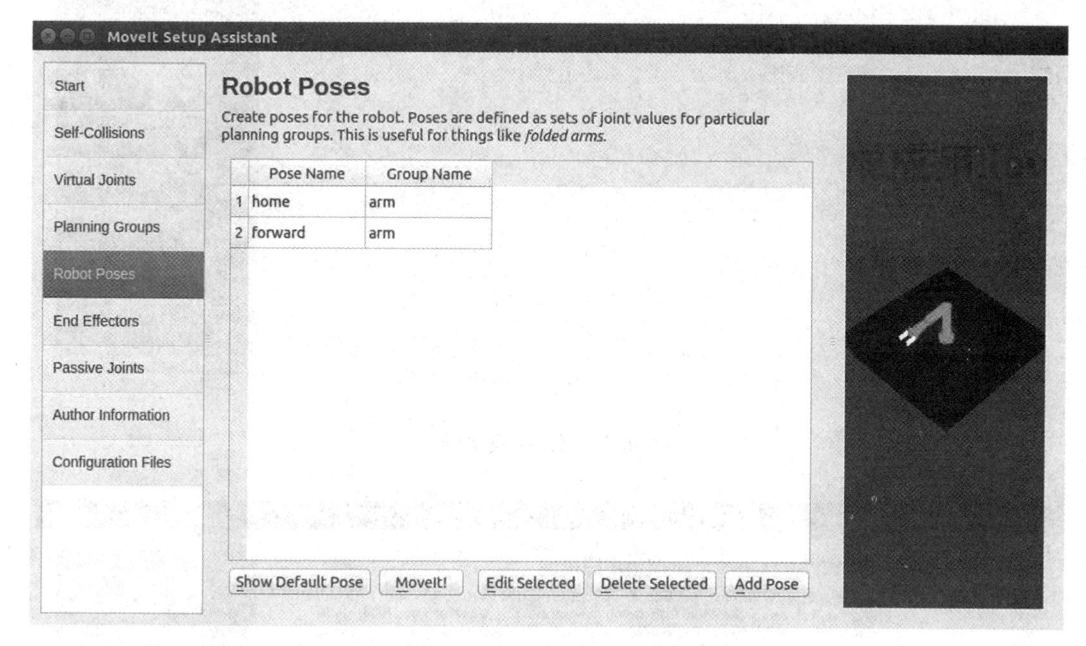

图 4.6　设置机器人零位

（6）End Effectors。

机械臂在一些实用场景下会安装夹具等终端结构，可以在 End Effectors 场景中添加。添加夹具末端如图 4.7 所示。

（7）Passive Joints。

机器人上的某些关节，可能在规划、控制过程中使用不到，可以先声明出来，若没有则不用考虑。

（8）Configuration Files。

Configuration Files 是最后一步，即生成配置文件，一般会取名为“robot_name_moveit_config”。这里，会提示覆盖已有的配置文件。生成配置文件如图 4.8 所示。

至此，已完成配置，可以退出 Setup Assistant 界面。

2. 运行及测试机器人 demo

（1）运行机器人 demo。

运行机器人 demo 命令如下：

```
marm_moveit_config/launch
marm_moveit_config/config
```

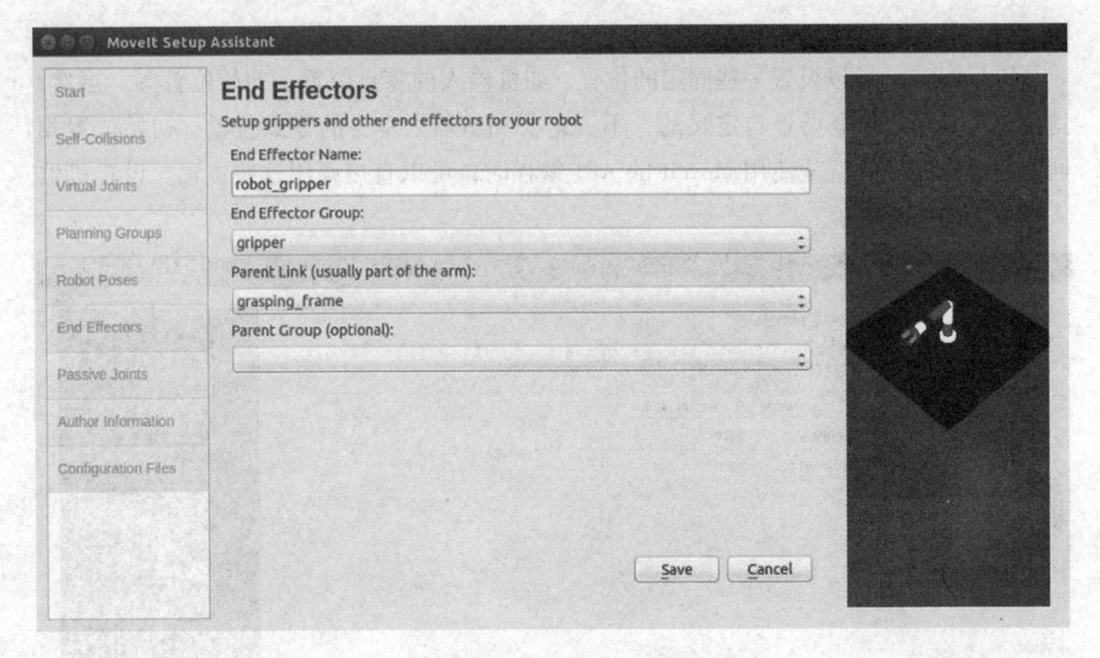

图 4.7　添加夹具末端

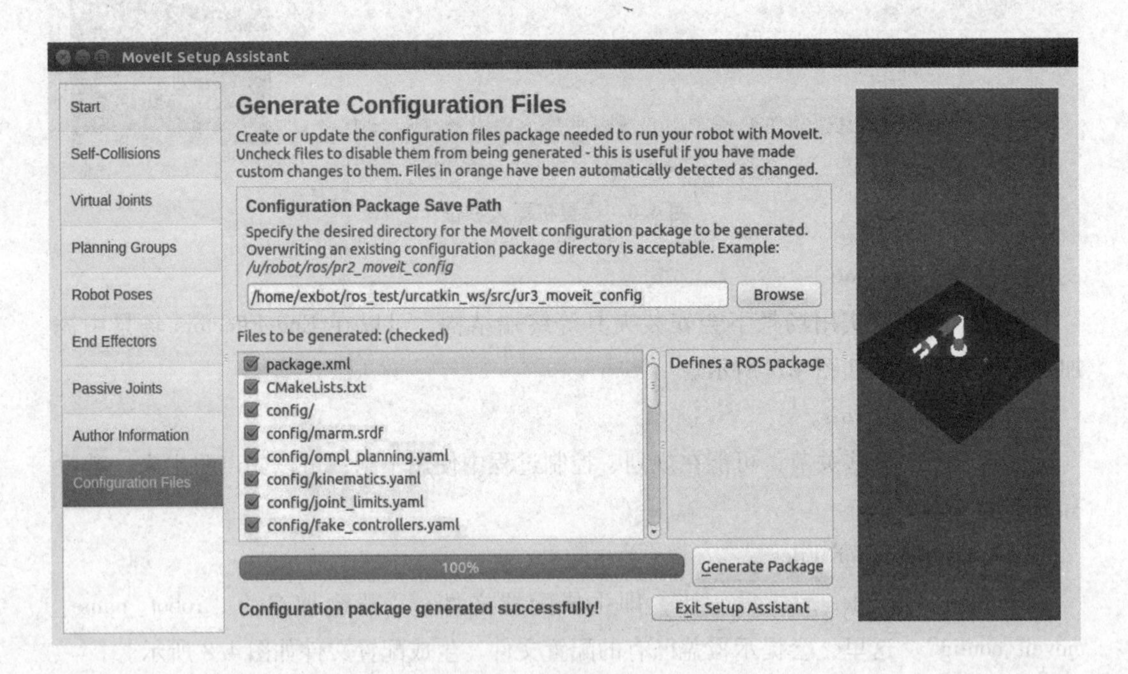

图 4.8　生成配置文件

（2）测试机器人 demo。

测试机器人 demo 命令如下：

```
$ rospack profile
```

（3）启动机器人 demo。

启动机器人 demo 命令如下：

```
$ roslaunch marm_moveit_config demo.launch
```

图 4.9 为机器人仿真显示界面。这个界面是在 rviz 的基础上加入了 MoveIt 插件，通过左下角的插件，可以选择机械臂的目标位置，进行运动规划。

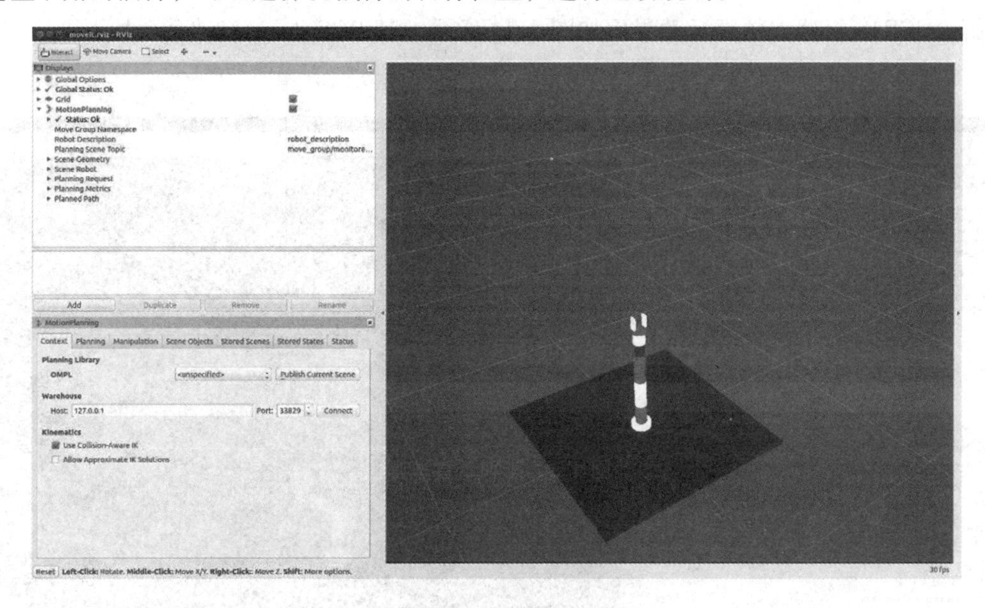

图 4.9　机器人仿真显示界面

拖动机械臂的前端，可以改变机械臂的姿态，在 Planning 页面，点击“Plan and Execute”，MoveIt 开始规划路径，并且可以看到机械臂开始向目标位置移动。机器人仿真运动界面如图 4.10 所示。

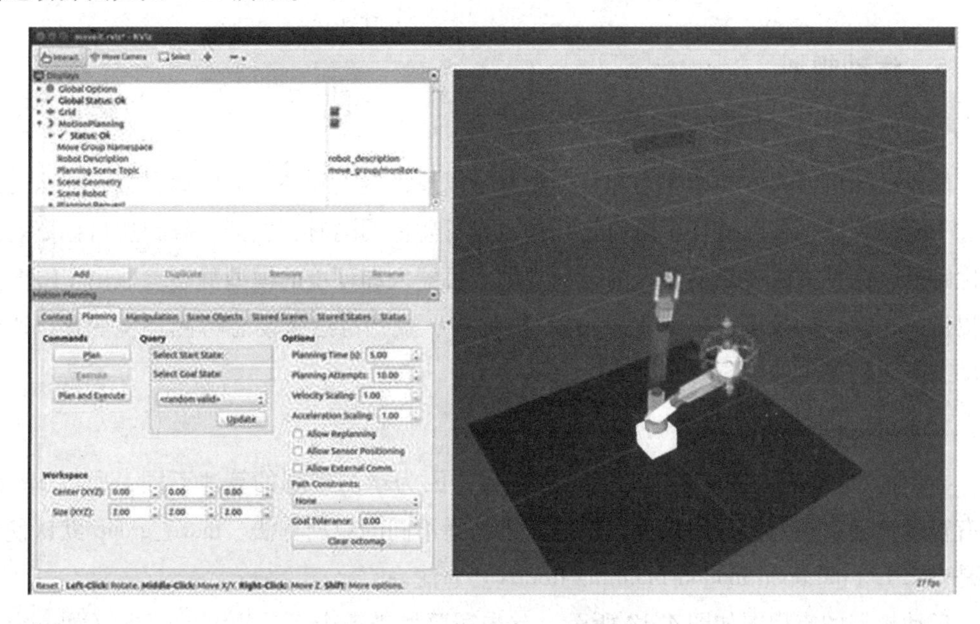

图 4.10　机器人仿真运动界面

4.2.4 操作机器人

可以通过机器人软件包的 demo 程序实现机器人的基本操作，加深对该款机器人的了解。GCR14 机器人仿真运动界面如图 4.11 所示，其 ROS demo 启动命令如下：

```
$ roslaunch gcr14 demo.launch
```

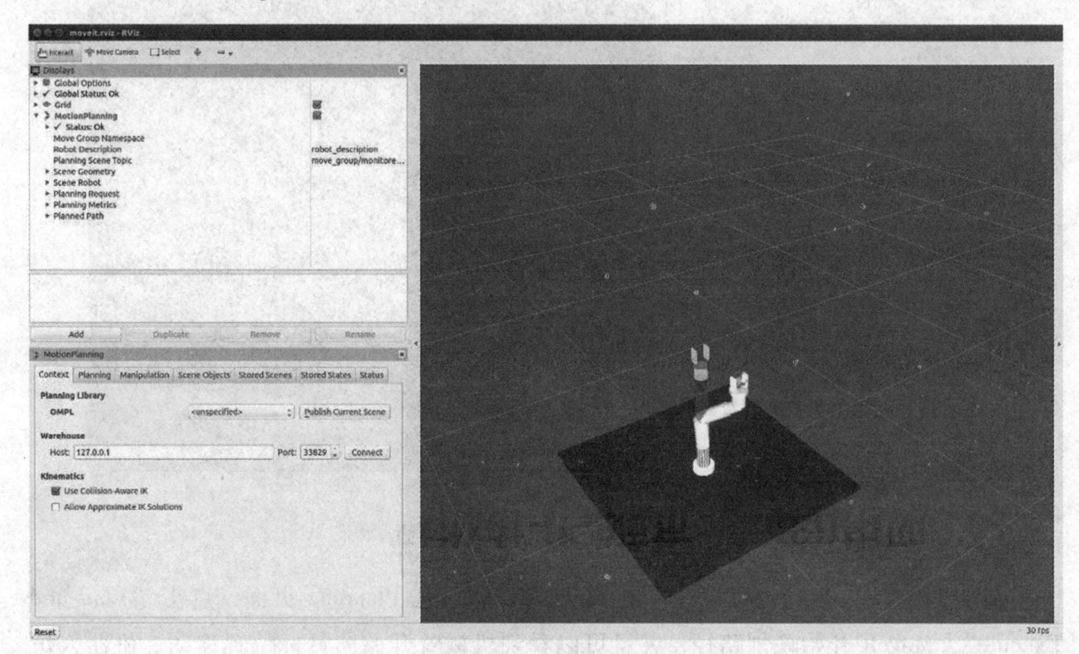

图 4.11 GCR14 机器人仿真运动界面

4.2.5 运动规划

下面分析机器人的运动机理。

假设已知机器人的初始姿态和目标姿态，以及机器人和环境的模型参数，那么可以通过一定的算法，在躲避环境障碍物和防止自身碰撞的同时，找到一条到达目标姿态的较优路径，这种算法就是机器人的运动规划。机器人和环境的模型静态参数由 URDF 文件提供，在默认场景下，还需要加入 3D 摄像头、激光雷达来动态检测环境变化，避免与动态障碍物发生碰撞。

1. motion_planner

motion_planner 是 MoveIt 中的运动规划器。因为运动规划的算法不同，所以 MoveIt 中有很多个运动规划器，用户可以根据需求选择不同的规划算法。move_group 默认使用的是 OMPL（the open motion planning library）算法。

运动规划的流程图如图 4.12 所示。首先需要发送一个运动规划的请求（如一个新的终端位置）给运动规划器。当然，运动规划也不能随意计算，可以根据实际情况，设

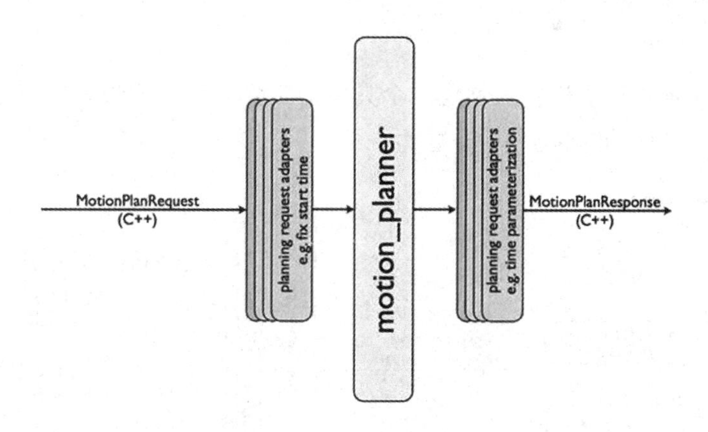

图 4.12　运动规划流程图

置一些约束条件。例如：

① 位置约束：约束 link 的位置；

② 方向约束：约束 link 的运动方向；

③ 可见性约束：约束 link 上的某点在某区域的可见性（通过视觉传感器）；

④ joint 约束：约束 joint 的运动范围；

⑤ 用户定义约束：用户通过回调函数自定义一些需要的约束条件。

根据上述这些约束条件和用户的规划请求，运动规划器通过算法计算求出一条合适的运动轨迹，并回复给机器人控制器。

图 4.12 中的规划器的两侧，分别有一个 planning request adapters。从名称上可知，planning request adapters 作为一个适配器接口，主要功能是预处理运动规划请求和响应的数据，使之满足规划和使用的需求。其适配器的种类有很多种，以下是 MoveIt 默认使用的一些适配器。

① Fix Start State Bounds：如果一个 joint 的状态稍微超出了 joint 的极限，这个适配器可以修复 joint 的初始极限。

② Fix Workspace Bounds：这个适配器可以设置一个 10 m×10 m×10 m 的规划运动空间。

③ Fix Start State Collision：如果已有的 joint 配置文件会导致碰撞，这个适配器可以采样新的碰撞配置文件，并且根据一个 jiggle_factor 因子修改已有的配置文件。

④ Fix Start State Path Constraints：如果机器人的初始姿态不满足路径约束，这个适配器可以找到附近满足约束的姿态作为机器人的初始姿态。

⑤ Add Time Parameterization：运动规划器规划得出的轨迹只是一条空间路径，这个适配器可以为这条空间路径进行速度、加速度约束，可以通过 rostopic echo 查看规划的路径数据。这个适配器其实就是把空间路径按照距离等分，然后在每个点加入速度、加速度、时间等参数。

2. Planning Scene

Planning Scene 可以为机器人创建一个具体的工作环境，模拟实际应用场景，可以设置一些桌子、椅子、墙等类型的障碍物。

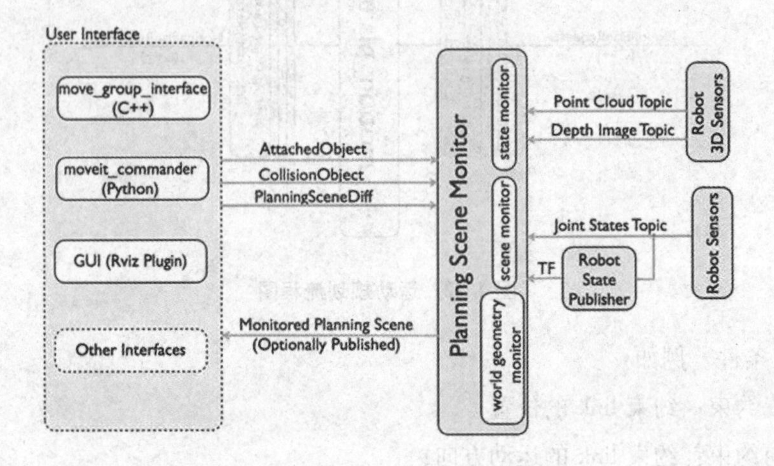

图 4.13 Planning Scene 计算流程图

Planning Scene 计算流程图如图 4.13 所示。这一功能主要由 move_group 节点中的 Planning Scene Monitor 来实现，主要监听：

① State Information：joint_states topic；

② Sensor Information：the world geometry monitor，世界几何图形信息，其工作流程图如图 4.15 所示；

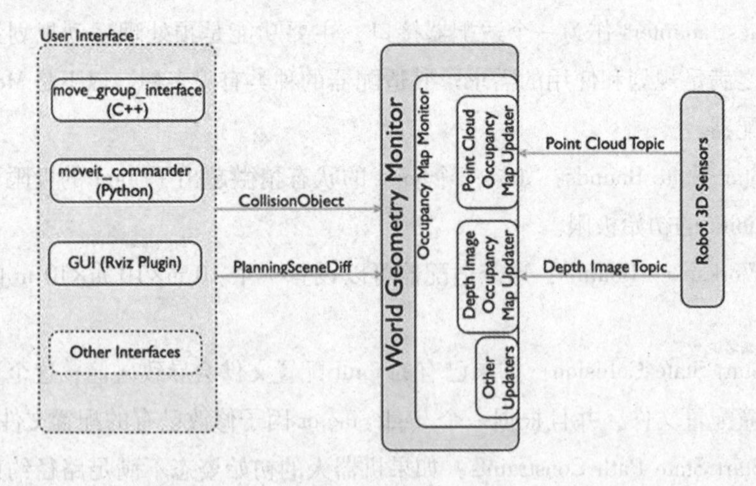

图 4.14 World Geometry Monitor 工作流程图

③ World geometry information：planning_scene topic。

3. Kinematics

运动学算法是机械臂各种算法中尤其是反向运动学算法（inverse kinematics，IK）的核心。MoveIt 将各种运动学算法和反向运动学算法做成了插件的形式，供用户自由选择，当然用户也可以选择自己写的运动学算法和反向运动学算法。

MoveIt 中默认的反向运动学算法是 numerical jacobian-based 算法。

4. Collision Checking

MoveIt 在 Planning Scene 中使用 Collision World 对象进行配置，但是进行碰撞检测的主要还是 FCL（flexible collision library）库。

碰撞检测是运动规划时最费时的运算，为了减少运算时间，提高效率和实时性，可以设置 ACM（allowed collision matrix）来优化。这个参数描述的是两个对象之间的碰撞可能性，如果将其设置为 1，则表示两个对象永远不会发生碰撞，也就不需要对此进行碰撞检测，从而减少了计算量和运算时间。

4.2.6　MoveIt 编程

在之前的基础学习中，已经对 MoveIt 有了一个基本的认识，在实际的应用中，GUI 提供的功能毕竟有限，很多功能的实现还是需要在代码中完成。MoveIt 的 move_group 也提供了丰富的 C++ API，不仅可以帮助用户使用代码完成 GUI 可以实现的功能，而且可以加入更多的功能。MoveIt 包的应用如图 4.15 所示。

1. 创建功能包

创建一个新的功能包，用于放置代码：

```
$ catkin_create_pkg seven_dof_arm_test catkin cmake_modules inter-
active_markers moveit_core moveit_ros_perception moveit_ros_planning
_interfacepluginlibroscpp std_msgs
```

也可以直接使用 *Mastering ROS for Robotics Programming* 中的 seven_dof_arm_test 功能包。

2. 随机轨迹

通过 rviz 的 Planning 插件的功能，可以为机器人产生一个随机的目标位置，让机器人完成运动规划并移动到目标点。使用代码同样可以实现相同的功能。下面先从较为简单的例程入手，对 MoveIt C++ API 有一个初步的认识。

代码如下（源码文件“test_random.cpp”可以在源码包中找到）：

```
1.//首先要包含 API 的头文件
2. #include<moveit/move_group_interface/move_group. h>
```

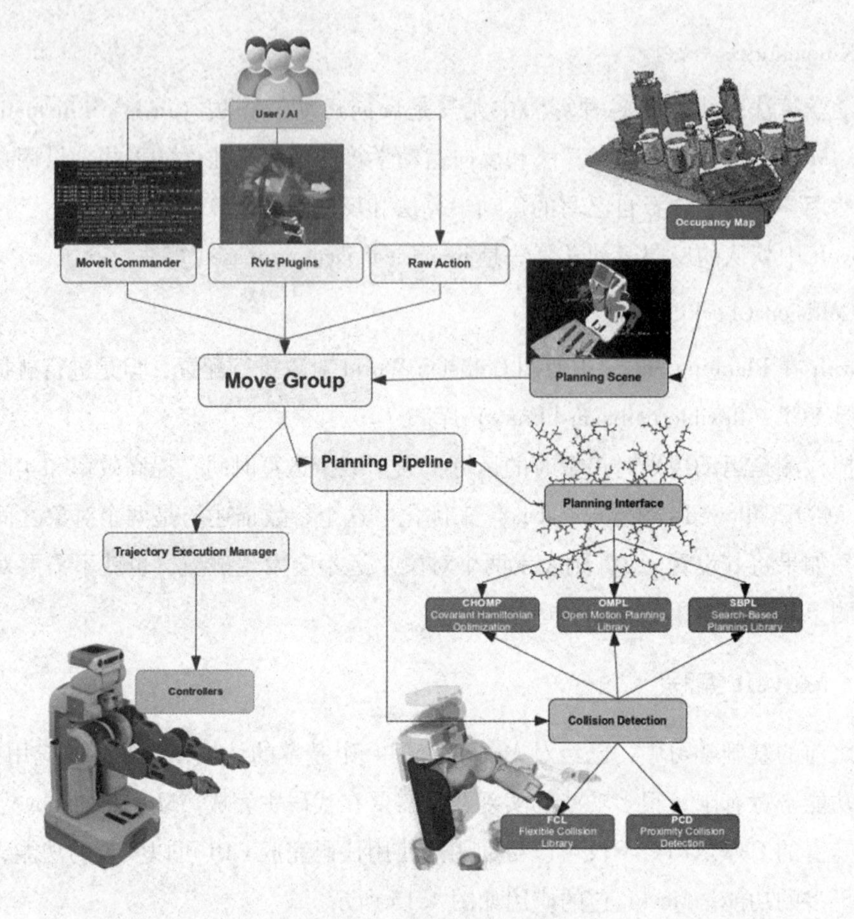

图 4.15 **MoveIt 包的应用**

```
3. int main(int argc,char** argv)
4. {
5. ros::init (argc, argv," move _group _ interface _demo", ros::init_options:: AnonymousName ) ;
6. //创建一个异步的自旋线程 (spinning thread)
7. ros::AsyncSpinner spinner(1);
8. spinner.start();
9. //连接 move_group 节点中的机械臂实例组，这里的组名 arm 是之前在 setup assistant 中设置的
10. move_group_interface:: MoveGroupgroup ( " arm" ) ;
11. //随机产生一个目标位置
12. group.setRandomTarget();
13. //开始运动规划，并且让机械臂移动到目标位置
14. group.move();
```

```
15. ros::waitForShutdown();
16. }
```

在上面的代码中已经加入了对重点代码的解释，即“move_group_interface::MoveGroup”用来声明一个机械臂的示例，其后面代码都是针对该实例进行控制的。

除了MoveIt，可能很多人对ROS单节点中的多线程API接触得比较少。一般使用的自旋API都是spin（）或spinOnce（），但是在有些情况下会出现问题。比如，有两个回调函数，第一个回调函数会延时5 s，那么当开始spin（）时，回调函数会按照顺序执行，第二个回调函数会因为第一个回调函数的延时，在5 s之后才开始执行。这当然是无法接受的，如果采用多线程的spin（），就不会存在这个问题了。

然后修改CMakeLists文件，编译代码，执行以下命令：

```
$ roslaunch seven_dof_arm_config demo.launch
$ rosrun seven_dof_arm_test test_random_node
```

稍等一下，就可以在rviz中看到机械臂的动作了。机械臂的随机规划仿真运动示意图如图4.16所示。

图4.16 机械臂的随机规划仿真运动示意图

3. 自定义目标位置并完成规划

下面学习如何使用API自定义一个目标位置并让机器人运动过去。源码是“test_custom.cpp”，这里删掉了部分冗余的代码，进行了部分修改。

```
1. //包含 moveit 的 API 头文件
2. #include<moveit/move_group_interface/move_group.h>
```

```
3.
4. int main(int argc,char** argv)
5. {
6. ros::init(argc,argv,"move_group_interface_tutorial");
7. ros::NodeHandle node_handle;
8. ros::AsyncSpinner spinner(1);
9. spinner.start();
10.
11. moveit::planning_interface:: MoveGroupgroup ("arm");
12.
13. //设置机器人终端的目标位置
14. geometry_msgs:: Pose target_pose1;
15. target_pose1.orientation.w=0.726282;
16. target_pose1.orientation.x=4.04423e-07;
17. target_pose1.orientation.y=-0.687396;
18. target_pose1.orientation.z=4.81813e-07;
19.
20. target_pose1.position.x=0.0261186;
21. target_pose1.position.y=4.50972e-07;
22. target_pose1.position.z=0.573659;
23. group.setPoseTarget(target_pose1);
24.
25.
26. //进行运动规划，计算机器人移动到目标的运动轨迹，此时只是计算出轨迹，并不会控制机械臂运动
27. moveit::planning_interface:: MoveGroup:: Plan my_plan;
28. bool success=group.plan(my_plan);
29.
30. ROS_INFO("Visualizing plan 1 (pose goal) %s",success?"":"FAILED");
31.
32. //让机械臂按照规划的轨迹开始运动。
33. //if(success)
34. //group.execute(my_plan);
```

```
35.
36. ros::shutdown();
37.   return 0;
38. }
```

对比生成随机目标的源码，基本上只是加入了设置终端目标位置的部分代码。此外，这里规划路径使用的是 plan（），这个对应 rviz 中 Planning 的“plan”按键，只会规划路径，可以在界面中看到规划的路径，但是并不会让机器人开始运动。如果要让机器人运动，需要使用 execute（my_plan），对应“execute”按键。当然，也可以使用一个move（）来代替 plan（） 和 execute（）。

```
$ roslaunch seven_dof_arm_config demo. launch
$ rosrun seven_dof_arm_test test_custom_node
```

自定义机械臂目标位置如图 4.17 所示。

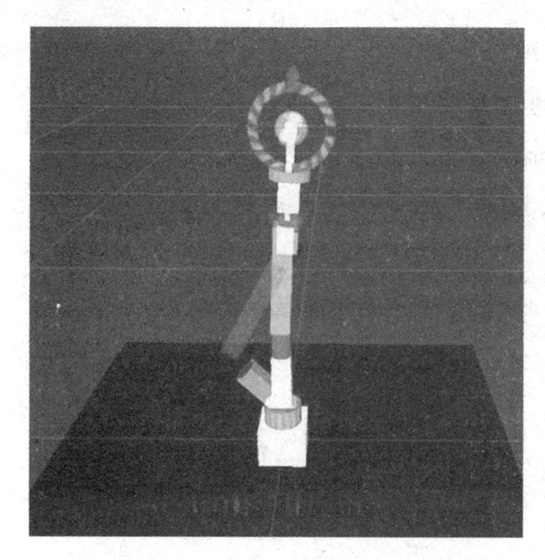

图 4.17　自定义机械臂目标位置

4. 碰撞检测

MoveIt 可以帮助完成机器人的自身碰撞检测和环境障碍物碰撞检测。rivz 的 GUI 中，可以通过 Planning Scene 插件来导入障碍物，并且对障碍物进行编辑。在学习前面内容的基础上，通过代码加入一个障碍物，分析这样对运动规划有什么影响。

```
1. //包含 API 的头文件
2. #include<moveit/move_group_interface/move_group. h>
3. #include <moveit/planning_scene_interface/planning_scene_
interface. h>
4. #include<moveit_msgs/AttachedCollisionObject. h>
5. #include<moveit_msgs/CollisionObject. h>
```

```
6.
7. int main(int argc,char** argv)
8. {
9. ros::init(argc,argv,"add_collision_objct");
10. ros::NodeHandle nh;
11. ros::AsyncSpinner spin(1);
12. spin.start();
13.
14. //创建运动规划的情景，等待创建完成
15. moveit:: planning _ interface:: PlanningSceneInterface
current_scene;
16. sleep(5.0);
17.
18. //声明一个障碍物的实例，并且为其设置一个id，方便对其进行操作。该
实例会发布到当前的情景实例中
19. moveit_msgs:: CollisionObjectcylinder;
20. cylinder.id="seven_dof_arm_cylinder";
21.
22. //设置障碍物的外形、尺寸等属性
23. shape_msgs:: SolidPrimitive primitive;
24. primitive.type=primitive.CYLINDER;
25. primitive.dimensions.resize(3);
26. primitive.dimensions[0]=0.6;
27. primitive.dimensions[1]=0.2;
28.
29. //设置障碍物的位置
30. geometry_msgs:: Pose pose;
31. pose.orientation.w=1.0;
32. pose.position.x=0.0;
33. pose.position.y=-0.4;
34. pose.position.z=0.4;
35.
36. //将障碍物的属性、位置加入障碍物的实例中
37. cylinder.primitives.push_back(primitive);
38. cylinder.primitive_poses. push_back(pose);
39. cylinder.operation=cylinder.ADD;
```

```
40.
41.//创建一个障碍物的列表，把之前创建的障碍物实例加入其中
42. std::vector<moveit_msgs::CollisionObject>collision_objects;
43. collision_objects. push_back(cylinder);
44.
45.//所有障碍物加入列表后（这里只有一个障碍物），再把障碍物加入当前的情景中；如果要删除障碍物，使用 removeCollisionObjects (collision_objects)
46. $current_scene. addCollisionObjects(collision_objects);
47.
48. $ros::shutdown();
49.
50.  $return 0;
51. $}
```

编译运行：

```
$ roslaunch seven_dof_arm_config demo. launch
$ rosrun seven_dof_arm_test add_collision_objct
```

静待片刻，机械臂界面中即多出一个圆柱体，如图 4. 18 所示。

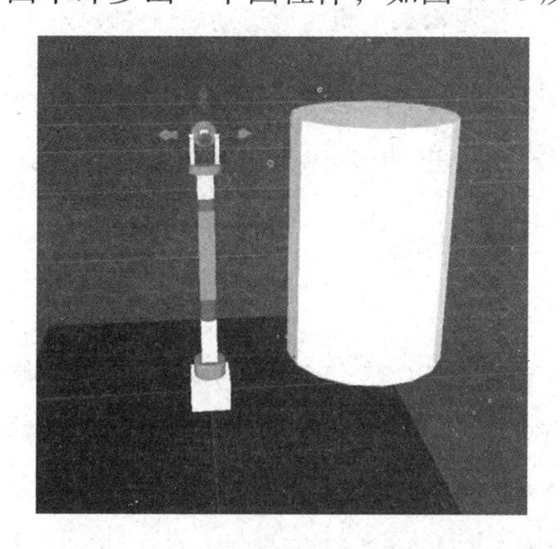

图 4. 18　机械臂碰撞检测示意图

在 scene objects 中可以对障碍物的属性进行再次调整。

加入障碍物后，机器人再次运动时，系统就会检测机器人的运动轨迹中机器人是否会与障碍物发生碰撞。此时，可以用鼠标拖动机器人的终端，控制机器人运动，让机器人和障碍物产生碰撞，如图 4. 19 所示。

图 4.19　机器人和障碍物产生碰撞

在图 4.19 中可以看到圆柱形物体为障碍物。若机器人的部分 links 变成了红色，表示该部分在运动轨迹中与障碍物会发生碰撞。如果此时进行运动规划，系统会提示错误，如图 4.20 所示。

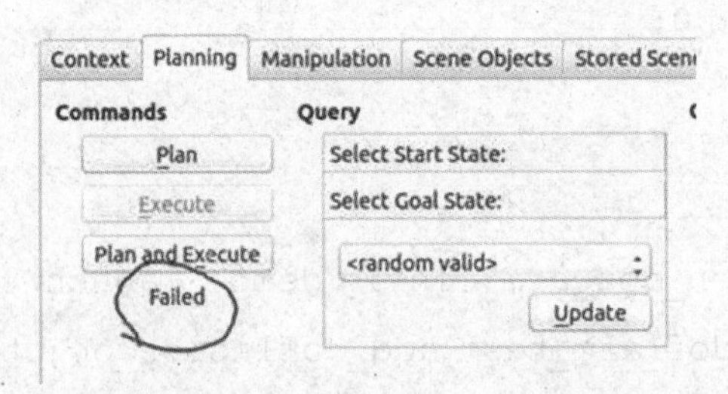

图 4.20　机械臂运动规划失败

前面的代码只是在场景中加入了障碍物，碰撞检测由 moveit 的插件完成。通过代码来检测碰撞是否发生可以参考“check_collision.cpp”，具体代码如下：

```
1. #include<ros/ros.h>
2. //包含 moveit 的 API
3. #include<moveit/robot_model_loader/robot_model_loader. h>
4. #include<moveit/planning_scene/planning_scene. h>
5. #include<moveit/kinematic_constraints/utils. h>
6. #include<eigen_conversions/eigen_msg. h>
7.
8. int main(int argc,char** argv)
9. $ {
10. ros::init(argc,argv,"arm_kinematics");
11. ros::AsyncSpinner spinner(1);
12. spinner.start();
```

```
13.
14.//加载机器人的运动学模型到情景实例中
15.robot_model_loader::RobotModelLoader robot_model_loader("robot_description");
16.robot_model::RobotModelPtr kinematic_model=robot_model_loader.getModel();
17.planning_scene::PlanningScene planning_scene(kinematic_model);
18.
19.//自身碰撞检测
20.//首先需要创建一个碰撞检测的请求对象和响应对象，然后调用碰撞检测的API//checkSelfCollision，检测结果会放到collision_result中
21.collision_detection::CollisionRequestcollision_request;
22.collision_detection::CollisionResultcollision_result;
23.planning_scene.checkSelfCollision(collision_request, collision_result);
24.ROS_INFO_STREAM("1.Self collision Test:"<<(collision_result.collision?"in":"not in")
25.<<"self collision");
26.
27.//修改机器人的状态
28.//可以使用场景实例的getCurrentStateNonConst()获取当前机器人的状态，然后修改机器人的状态到一个随机的位置
29.//清零collision_result的结果后，再次检测机器人是否发生滋生碰撞
30.robot_state::RobotState& current_state=planning_scene.getCurrentStateNonConst();
31.current_state.setToRandomPositions();
32.collision_result.clear();
33.planning_scene.checkSelfCollision(collision_request, collision_result);
34.ROS_INFO_STREAM("2.Self collision Test(Change thestate):"<<(collision_result.collision?"in":"not in"));
35.
36.//也可以指定查询一个group是否和其他部分发生碰撞，只需要在collision_request中修改group_name属性
37.collision_request.group_name="arm";
```

```
38. current_state. setToRandomPositions ( ) ;
39. collision_result. clear ( ) ;
40. planning _ scene. checkSelfCollision ( collision _ request, collision_result ) ;
41. ROS_INFO_STREAM ( " 3. Self collision Test ( In a group ) :" << ( collision_result. collision?" in":" not in" ) ) ;
42.
43. //获取碰撞关系
44. //首先，先让机器人发生自身碰撞
45. std::vector<double>joint_values;
46. const robot_model:: JointModelGroup* joint_model_group=
47. current_state. getJointModelGroup ( " arm" ) ;
48. current _ state. copyJointGroupPositions ( joint _ model _ group, joint_values ) ;
49. joint_values [2] =1.57; //原来的代码这里是joint_values [0]，并不会导致碰撞，我们改成了 joint_values [2]，在该状态下机器人会发生碰撞
50. current_state. setJointGroupPositions ( joint_model_group, joint_values ) ;
51. ROS_INFO_STREAM ( " 4. Collision points"
52. <<(current_state. satisfiesBounds ( joint_model_group ) ?" valid":" not valid" ) ) ;
53.
54. //然后检测机器人是否发生了自身碰撞、已经发生碰撞的是哪两个部分
55. collision_request. contacts=true;
56. collision_request. max_contacts=1000;
57. collision_result. clear ( ) ;
58. planning _ scene. checkSelfCollision ( collision _ request, collision_result ) ;
59. ROS_INFO_STREAM ( " 5. Self collision Test:" << ( collision_result. collision?" in":" not in" )
60. <<"self collision");
61.
62. collision _ detection:: CollisionResult:: ContactMap:: const_iterator it;
63. for(it=collision_result. contacts. begin ( ) ;
```

```
64. it! =collision_result. contacts. end ( ) ;
65.       ++it)
66.   {
67. ROS_INFO ( " 6. Contact between:% s and % s",
68.               it→first.first.c_str ( ) ,
69.               ② it→first. second. c_str ( ) ) ;
70.   }
71.
72.   //修改允许碰撞矩阵 (allowed collision matrix, ACM)
73.   //可以通过修改 ACM 来指定机器人是否检测自身碰撞和与障碍物的碰撞。在不检测的状态下，即使发生碰撞，检测结果也会显示未发生碰撞
74. collision_detection:: AllowedCollisionMatrixacm = planning_scene. getAllowedCollisionMatrix ( ) ;
75. robot _ state:: RobotState copied _ state = planning _ scene. getCurrentState ( ) ;
76. collision _ detection:: CollisionResult:: ContactMap:: const_iterator it2;
77.   for(it2=collision_result. contacts. begin ( ) ;
78.       it2! =collision_result. contacts. end ( ) ;
79.       ++it2)
80.   {
81. acm.setEntry(it2→first.first,it2→first.second,true);
82.   }
83. collision_result. clear ( ) ;
84.   planning_scene. checkSelfCollision ( collision_request, collision_result, copied_state, acm ) ;
85.
86.   ROS _ INFO _ STREAM ( " 6. Self collision Test after modified ACM:" << ( collision_result. collision?" in":" not in" )
87. <<"self collision");
88.
89.   //完整的碰撞检测
90.   //同时检测机器人的自身碰撞和与环境障碍物的碰撞
91. collision_result. clear ( ) ;
92.   planning_scene. checkCollision ( collision_request, collision_result, copied_state, acm ) ;
```

```
93.
94.  ROS_INFO_STREAM ( " 6. Full collision Test:" << ( collision
_result. collision?" in":" not in" )
95. <<"collision");
96.
97. ros::shutdown();
98.  return 0;
99. }
```

编译运行：

```
$ roslaunch seven_dof_arm_config demo. launch
$ roslaunch seven_dof_arm_test check_collision
```

碰撞检测结果如图 4. 21 所示。

```
[ INFO] [1470034553.295440900]: 1. Self collision Test: not in self collision
[ INFO] [1470034553.296291208]: 2. Self collision Test(Change the state): in
[ INFO] [1470034553.296678074]: 3. Self collision Test(In a group): in
[ INFO] [1470034553.296852289]: 4. Collision points not valid
[ INFO] [1470034553.297634424]: 5. Self collision Test: in self collision
[ INFO] [1470034553.298239055]: 6 . Contact between: grasping_frame and gripper_finger_link2
[ INFO] [1470034553.300030611]: 6. Self collision Test after modified ACM: not in self collision
[ INFO] [1470034553.300785025]: 6. Full collision Test: not in collision
```

图 4. 21　碰撞检测结果

4. 3　ROS-I 概述

机器人领域有很多种机器人，如工业机器人、协作机器人、移动机器人、医疗机器人、军事机器人等。其中，工业机器人是应用非常广泛且技术比较成熟的一个分支。ROS 在不断发展的过程中，也逐渐地渗透到工业机器人领域，从而产生了 ROS 的一个新分支——ROS Industrial，简称 ROS-I。ROS-I 是一套接口及标准，协作机器人脱胎于工业机器人，在增加了接口支持后，也可以与 ROS 对接。

4. 3. 1　ROS-I 的目标

ROS-I 将 ROS 强大的功能应用到工业生产的过程中，其目标如下：

（1）为工业机器人的研究与应用提供快捷有效的开发途径；

（2）为工业机器人创建一个强大的社区支持；

（3）为工业机器人提供一站式的工业级 ROS 应用开发支持。

4.3.2　ROS-I 的安装

在完整安装 ROS 之后，通过以下的命令即可安装 ROS-I：

```
$ sudo apt-get install ros-indigo-industrial-core
ros-indigo-open-industrial-ros-controllers
```

4.3.3　ROS-I 的架构

ROS-I 框架如图 4.22 所示。

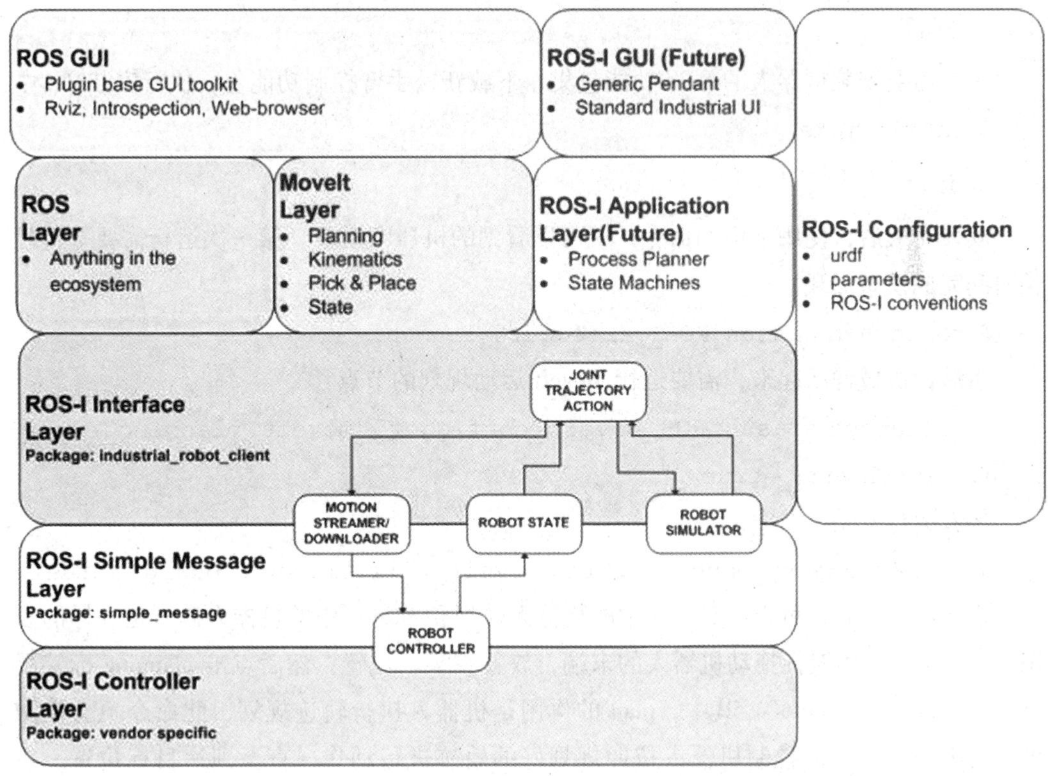

图 4.22　ROS-I 框架

（1）GUI：上层 UI 分为两个部分，一个是 ROS 中现有的 UI 工具，另一个是针对工业机器人做的通用 UI 工具（不过目前是没有实现的）。

（2）ROS Layer：ROS 基础框架，提供核心通信机制。

（3）MoveIt Layer：为工业机器人提供规划、运动学等核心功能的解决方案。

（4）ROS-I Application Layer：针对工业生产中不同场景和实际情况而设计的应用。

（5）ROS-I Interface Layer：接口层，该部分的主要任务是与机器人的控制器通信，获取机器人的运动状态及参数等。

（6）ROS-I Simple Message Layer：通信层，定义了通信的协议，对发出数据进行打包，对接收到的数据进行解析。

（7）ROS-I Controller Layer：机器人厂商开发的工业机器人控制器。

从 ROS-I 框架可以看出，ROS-I 在复用已有 ROS 框架、功能的基础上，对某些部分进行了更改和拓展，使得 ROS-I 能够更好地与工业机器人进行匹配及交互，提高了 ROS-I 的通用性。

4.3.4 ROS-I 控制机械臂

下面以新松多可协作机器人为例，研究 ROS-I 的应用。

1. 安装

首先需要安装机器人的 ROS 功能包集，下载新松手臂控制功能包，执行安装命令：

```
$ catkin_make
```

2. 运行

安装完成后，使用下面的命令，就可以看到的机器人模型（第一次运行需要等待较长时间完成模型加载）：

```
$ roslaunch siasun_ROS_gazebogcr5. launch
```

然后让机械臂动起来，需要运行 MoveIt 运动规划的节点：

```
$ roslaunch siasun_ROS_moveit_configgcr5_moveit_planning_execu-
tion. launch sim: =true
```

接着运行 rviz：

```
$ roslaunchgcr5_moveit_config moveit_rviz. launch config:=true
```

成功运行之后，可以看到 rivz 中的机器人模型和 gazebo 中的机器人模型是一样的姿态。在 rviz 中，用鼠标拖动机器人的末端，放置在某一位置，然后点击 planning 标签页中的“plan and execute”。其中，plan 的作用是机器人执行轨迹规划，此命令不会控制机器人运动；execute 控制机器人按照规划好的轨迹进行动作，直至到达目标位置。在机器人动作过程中，可以看到 gazebo 中的模型也会跟随机器人的动作进行相应变化。

3. 分析

ROS-I 目前主要关注的是如何使用这些软件包来控制工业机械臂，也就是图 4.22 中最下面的三层结构。下面分别对这三层结构进行分析。

（1）ROS-I Interface Layer。

ROS-I Interface Layer 添加了一个机器人的客户端节点，其主要作用是完成数据在 ROS 和工业机器人控制器之间的传递。这一层的功能都封装在 robot_name_driver 功能包中。ROS-I 提供了很多编程接口，图 4.23 所示是其中一些常用 API，感兴趣的读者可以在其官网上查询这些 API 的使用说明。

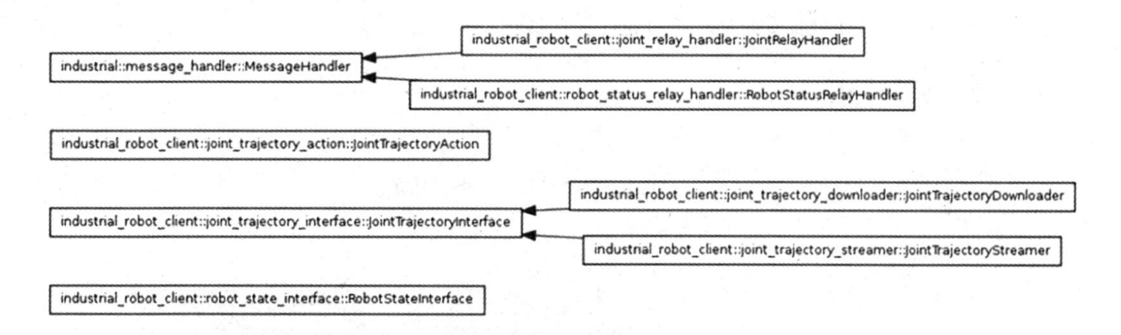

图 4.23　ROS-I 控制机械臂运动流程图

对于工业机器人来讲，这里最重要的是 robot_state 和 joint_trajectory。robot_state 包括很多机器人的状态信息，ROS-I 都已经定义好，可以在 industrial_msgs 包里看到机器人状态消息的定义文件及具体数据格式。joint_trajectory 订阅了 MoveIt 规划出来的路径消息，将其打包然后转发给机器人的控制器。

（2）ROS-I Simple Message Layer。

ROS-I Simple Message Layer 主要是 ROS 和机器人控制器之间的通信协议。Simple Message 这个协议是基于 TCP 的，这一层主要利用该层的 API 对消息进行打包和解析，来完成 ROS 和机器人控制器的消息传递。

（3）ROS-I Cortroller Layer。

ROS-I Controller Layer 是不同机器人厂家自己的控制器。在机器人控制器中使用 ROS，会对机器人的实时性有影响，因此，一般厂家都是留出 TCP 接口，用来接收 ROS 反馈给控制器的消息，之后对 trajectory 消息进行解析，再之后的机器人动作就是由机器人控制器来完成和实现了。

综上所述，想要结合 ROS-I 来控制工业机器人，最下面的 ROS-I Interface Layer，ROS-I Simple Message Layer，ROS-I Controller Layer 三层是非常重要的，上层运动规划部分是需要由 ROS 来完成的。

4.4　解读 URDF

4.4.1　URDF 简介

URDF（unified robot description format）是一种使用 XML 格式描述机器人的统一机器人描述格式。ROS 的 URDF 功能包可以对 URDF 文件进行解析，得到机器人的具体参数及配置信息。

URDF 由一些不同的功能包和组件组成，图 4.24 描述了这些组件之间的联系。

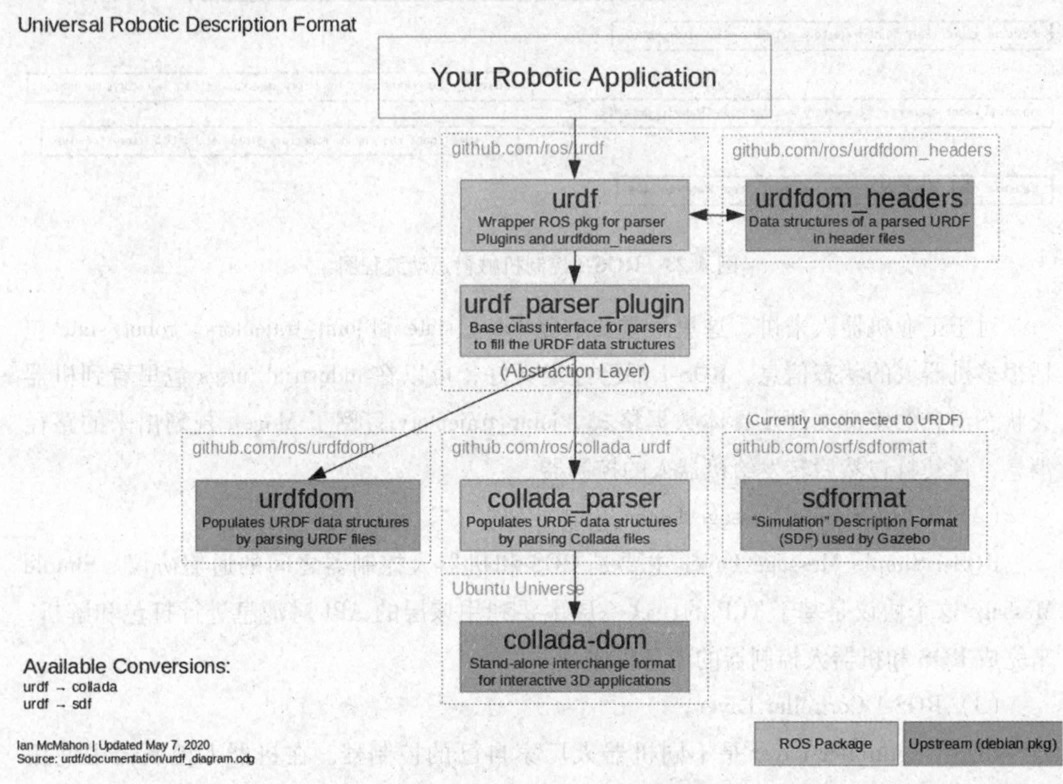

图 4.24　URDF 组件之间的联系

4.4.2　URDF 教程

创建一个如图 4.25 所示的机器人模型。

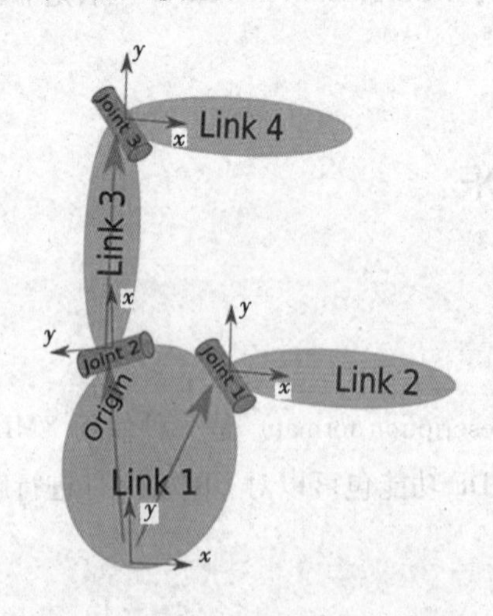

图 4.25　URDF 创建机器人模型

1. 基础模型

图 4.30 所示是一个树形机器人模型，先从机器人的整体结构出发，不考虑过多的细节，可以将机器人通过如下的 URDF 表示：

```
1. <robot name="test_robot" >
2. <linkname="link1"/>
3. <linkname="link2"/>
4. <linkname="link3"/>
5. <linkname="link4"/>
6.
7. <joint name="joint1"type="continuous">
8. <parent link="link1"/>
9. <childlink="link2"/>
10. </joint>
11.
12. <joint name="joint2"type="continuous">
13. <parent link="link1"/>
14. <childlink="link3"/>
15. </joint>
16.
17. <joint name="joint3"type="continuous">
18. <parent link="link3"/>
19. <childlink="link4"/>
20. </joint>
21. </robot>
```

上面的 URDF 模型首先定义了机器人的 4 个环节（link），然后定义了 3 个关节（joint），用于描述环节之间的关联。

ROS 为用户提供了一个检查 URDF 语法的工具：

```
$ sudo apt-get install liburdfdom-tools
```

将该工具安装好后，对后缀为“urdf”的文件进行检查：

```
check_urdf my_robot.urdf
```

如果一切正常，将会有如下显示：

```
robot name is:test_robot
----------Successfully Parsed XML---------------
```

```
root Link: link1 has 2 child ( ren )
    child ( 1 ) : link2
    child ( 2 ) : link3
    child ( 1 ) : link4
```

2. 添加机器人尺寸

在机器人的基础模型的基础上，设定机器人的尺寸大小。通过图 4.30 可以看出，每个环节的参考坐标系和相对应的关节都位于该环节的底部，因此，描述相对于连接的关节的相对位置即可表示机器人尺寸的大小。例如，joint2 相对于连接的 link1 在 x 轴和 y 轴都有相对位移，而且在 x 轴上还有 90°的旋转变换，所以表示成<origin>域的参数如下所示：

```
1. <origin xyz="-2 5 0"rpy="0 0 1.57"/>
```

然后为所有关节应用尺寸：

```
2. <robot name="test_robot" >
3. <linkname="link1"/>
4. <linkname="link2"/>
5. <linkname="link3"/>
6. <linkname="link4"/>
7.
8. <joint name="joint1"type="continuous">
9. <parent link="link1"/>
10. <childlink="link2"/>
11. <origin xyz="5 3 0"rpy="0 0 0"/>
12. </joint>
13.
14. <joint name="joint2"type="continuous">
15. <parent link="link1"/>
16. <childlink="link3"/>
17. <origin xyz="-2 5 0"rpy="0 0 1.57"/>
18. </joint>
19.
20. <joint name="joint3"type="continuous">
21. <parent link="link3"/>
```

```
22. <childlink="link4"/>
23. <origin xyz="5 0 0"rpy="0 0-1.57"/>
24. </joint>
25. </robot>
```

再次使用 check_urdf 检查是否存在语法错误，通过后继续下一步。

3. 添加运动学参数

如果为机器人的关节添加旋转轴参数，那么该机器人模型就具备了基本的运动学参数。

例如，joint2 围绕正 *y* 轴旋转，可以表示成：

```
1. <axis xyz="0 1 0"/>
```

同理，joint1 的旋转轴是：

```
1. <axis xyz="-0.707 0.707 0"/>
```

将 joint1 的旋转轴应用到 URDF 中：

```
1. <robot name="test_robot" >
2. <linkname="link1"/>
3. <linkname="link2"/>
4. <linkname="link3"/>
5. <linkname="link4"/>
6.
7. <joint name="joint1"type="continuous">
8. <parent link="link1"/>
9. <childlink="link2"/>
10. <origin xyz="5 3 0"rpy="0 0 0"/>
11. <axis xyz="-0.9 0.15 0"/>
12. </joint>
13.
14. <joint name="joint2"type="continuous">
15. <parent link="link1"/>
16. <childlink="link3"/>
17. <origin xyz="-2 5 0"rpy="0 0 1.57"/>
```

```
18. <axis xyz="-0.707 0.707 0"/>
19. </joint>
20.
21. <joint name="joint3"type="continuous">
22. <parent link="link3"/>
23. <childlink="link4"/>
24. <origin xyz="5 0 0"rpy="0 0-1.57"/>
25. <axis xyz="0.707-0.707 0"/>
26. </joint>
27. </robot>
```

使用 check_urdf 检查是否存在语法错误。

4. 图形化显示 URDF 模型

通过上述步骤，一个简单的 URDF 文件已经被创建。ROS 提供相应的工具可以将写在 URDF 文件中的数据和模型用图形显示出来：

```
$ urdf_to_graphiz my_robot.urdf
```

然后打开生成的 PDF 文件，即可看到图形化的 URDF，如图 4.26 所示。

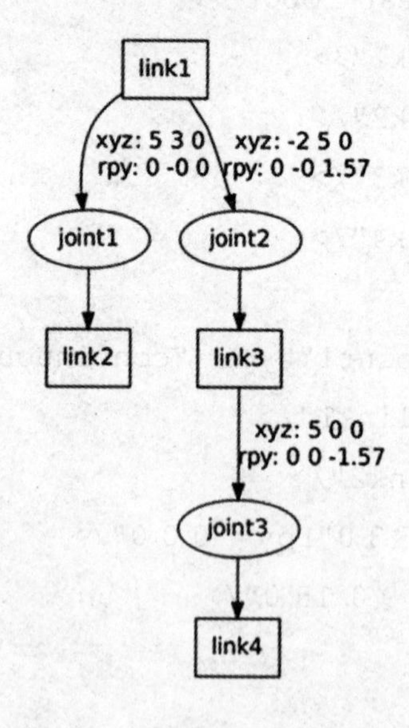

图 4.26　URDF 模型的 PDF 文件

4.4.3 调试工具

1. 验证工具

使用 URDF 语法检查工具 check_urdf，在 indigo 版本的 ROS 中，执行如下命令：

```
rosrunurdfdomcheck_urdf/tmp/pr2.urdf
```

检查结果如图 4.27 所示。

```
robot name is: pr2
---------- Successfully Parsed XML ---------------
root Link: base_footprint has 1 child(ren)
    child(1):  base_link
        child(1):  base_laser_link
        child(2):  bl_caster_rotation_link
            child(1):  bl_caster_l_wheel_link
            child(2):  bl_caster_r_wheel_link
        child(3):  br_caster_rotation_link
            child(1):  br_caster_l_wheel_link
            child(2):  br_caster_r_wheel_link
        child(4):  fl_caster_rotation_link
            child(1):  fl_caster_l_wheel_link
            child(2):  fl_caster_r_wheel_link
        child(5):  fr_caster_rotation_link
            child(1):  fr_caster_l_wheel_link
            child(2):  fr_caster_r_wheel_link
        child(6):  torso_lift_link
            child(1):  head_pan_link
                child(1):  head_tilt_link
                    child(1):  head_plate_frame
                        child(1):  sensor_mount_link
                            child(1):  double_stereo_link
                                child(1):  narrow_stereo_link
 ...
```

图 4.27 URDF 的检查结果

2. 可视化工具

使用 URDF 可视化工具“urdf_to_graphiz”，在 indigo 版本的 ROS 中属于 liburdfdom-tools 包中的一种工具，可以使用如下命令安装：

```
sudo apt-get install liburdfdom-tools
```

可视化工具的使用方法：

```
urdf_to_graphiz pr2.urdf
```

4.5 新松协作机器人 ROS 平台

4.5.1 新松协作机器人 ROS 软件包安装

ROS 工作空间是 Catkin_ws，下载新松 ROS 驱动包，输入如下命令即可完成安装：

```
$cd catkin_ws
$catkin_make
$source devel/setup. bash
```

4.5.2 新松协作机器人 ROS 软件包的文件结构

新松多可协作机器人 ROS 软件包的文件结构如图 4.28 所示。

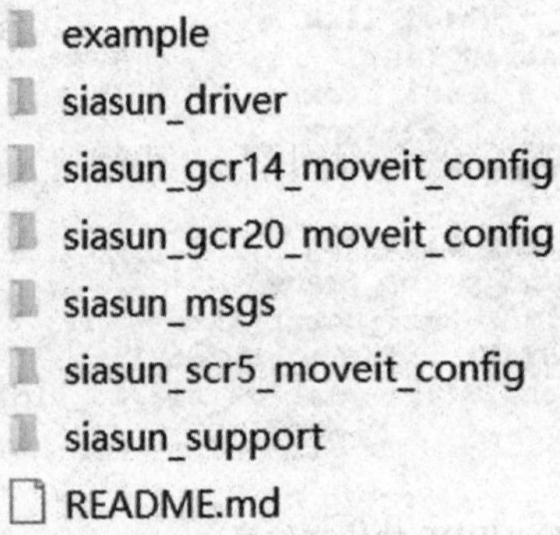

example
siasun_driver
siasun_gcr14_moveit_config
siasun_gcr20_moveit_config
siasun_msgs
siasun_scr5_moveit_config
siasun_support
README.md

图 4.28 新松多可协作机器人 ROS 软件包的文件结构图

（1）example：使用机器人的外部接口和 MoveIt 本身的接口来控制机器人 demo；

（2）siasun_driver：ROS 连接机器人本体的驱动文件；

（3）siasun_gcr14_moveit_config：SIASUN GCR14 协作机器人 moveit 包；

（4）siasun_gcr20_moveit_config：SIASUN GCR20 协作机器人 moveit 包；

（5）siasun_msgs：新松多可协作机器人自定义消息文件；

（6）siasun_scr5_moveit_config：SIASUN SCR5 协作机器人 moveit 包；

（7）siasun_support：新松多可协作机器人本体模型文件。

4.5.3 通过 ROS 驱动新松协作机器人

以 GCR14 协作机器人为例，通过如下操作可以模拟 GCR14 协作机器人的运动。

（1）获取真实机器人控制器中的 IP 地址，假设为“192.168.1.10”。

（2）运行 GCR14 的 MoveIt 接口和驱动：

$ roslaunch siasun_gcr14_moveit_config moveit_planning_execution.launch robot_ip：=192.168.1.10

启动 MoveIt 界面程序和后台驱动程序，如图 4.29 所示。

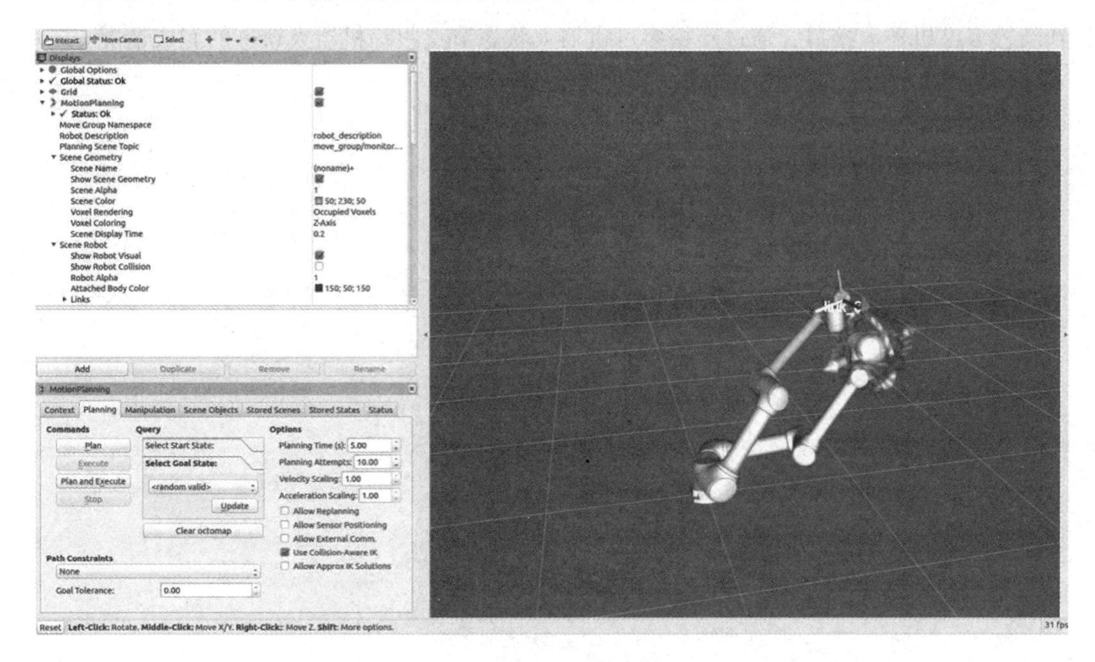

图 4.29　通过 ROS 模拟新松多可协作机器人运动

（3）将 planning request 拖到合适的位置，点击“planning”→“plan and execute”，移动它会规划一个完整的轨迹并发送给真机器人控制器执行，然后真机器人会按照规划的轨迹运动。

（4）使用封装的附加机器人 API 接口，包括开机、关机、I/O 控制等。使用示例时，需要确保步骤（2）中的机器人驱动器处于开启状态，即

$ roslaunch siasun_gcr14_moveit_config moveit_planning_execution.launch robot_ip：=192.168.1.10

$ rosrun example example

4.5.4　新松协作机器人 ROS 软件平台的调用关系

新松多可协作机器人 ROS 软件平台除了 ROS 内置节点和 MoveIt 节点，还包含一系列自主研发的节点。

图 4.30 中，除了 MoveIt 和 ROS 中的节点，与驱动相关的主要节点如下。

（1）/siasun_robot_state：机器人状态反馈节点，主要负责与机器人控制器 2001 端

口对接，将反馈数据转化为 ROS msgs。

（2）/siasun_robot_interface：通过 ROS 向机器人控制器发送指令，主要负责与机器人控制器 2000 端口对接，提供上电、断电、I/O 控制、轨迹控制等应用层服务接口。

（3）/siasun_joint_trajectory_action：连接移动组中的动作，将生成的动作请求发送到新松多可机器人接口，通过新松多可机器人状态节点跟踪机器人轨迹的完成情况。

第 5 章　协作机器人离线仿真软件——RoboDK

机器人离线仿真技术是通过计算机运行软件对实际机器人的系统进行数字化仿真，通过仿真软件可以在虚拟环境中设计和训练协作机器人的各种典型应用。RoboDK 是一款用于工业机器人仿真、机器人编程的软件工具。使用 RoboDK 软件可以对新松多可协作机器人进行离线仿真，在 PC 端可以直接为机器人控制器生成可读程序。

5.1　下载并安装 RoboDK 软件

在 PC 端使用浏览器输入网址“https://robodk.com/lic?L=8d2130869a0121a28e6ccd3c82121eb2”，进入授权网页，获得授权码，然后下载软件，安装至 PC 端。安装好后打开软件，在软件菜单栏找到“Help”，在下拉选项中找到“License”，输入授权码，之后即将开始使用 RoboDK 软件。RoboDK 软件获取页面如图 5.1 所示。

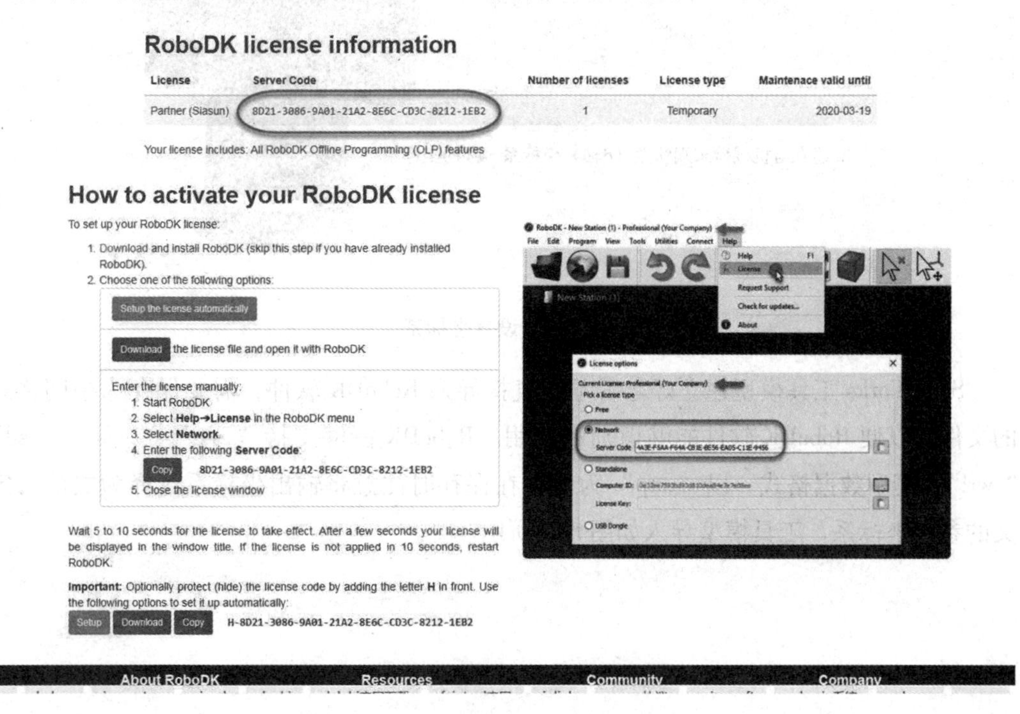

图 5.1　RoboDK 软件获取页面

5.2 机器末端工具与工件预处理

RoboDK 软件不针对机器人提供相应的末端执行器，所以需要用户先自行定义具有完整功能的末端执行器，再导入 RoboDK 中使用。本节需要用户至少了解一种三维建模软件。下面以 SolidWorks 软件为例进行说明。

自定义工具最重要的特征是建立与机器人末端法兰坐标系一致的基坐标系。使用 SolidWorks 建模之后，不要使用系统自带的建模坐标系，而是需要用户自己在工具法兰上按照规定方向建立参考坐标系，如图 5.2 所示。

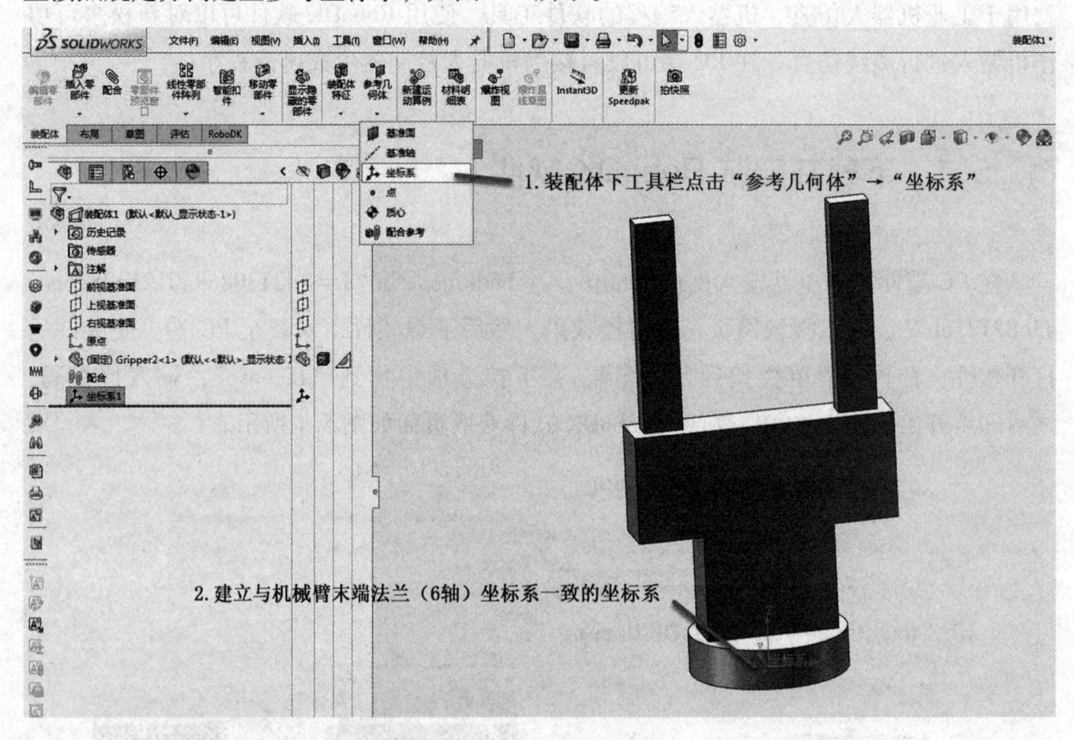

图 5.2 设置坐标系

SolidWorks 工具模型建立好之后不能直接导入 RoboDK 软件，需要保存为中间格式的文件，以便 RoboDK 软件能够识别和使用。RoboDK 能够支持“.stp”“.igs”“.stl”“.wrl”等模型数据格式。以“.stp”为例，在保存时注意将输出坐标系选择为之前自定义的参考坐标系。工具模型导入如图 5.3 所示。

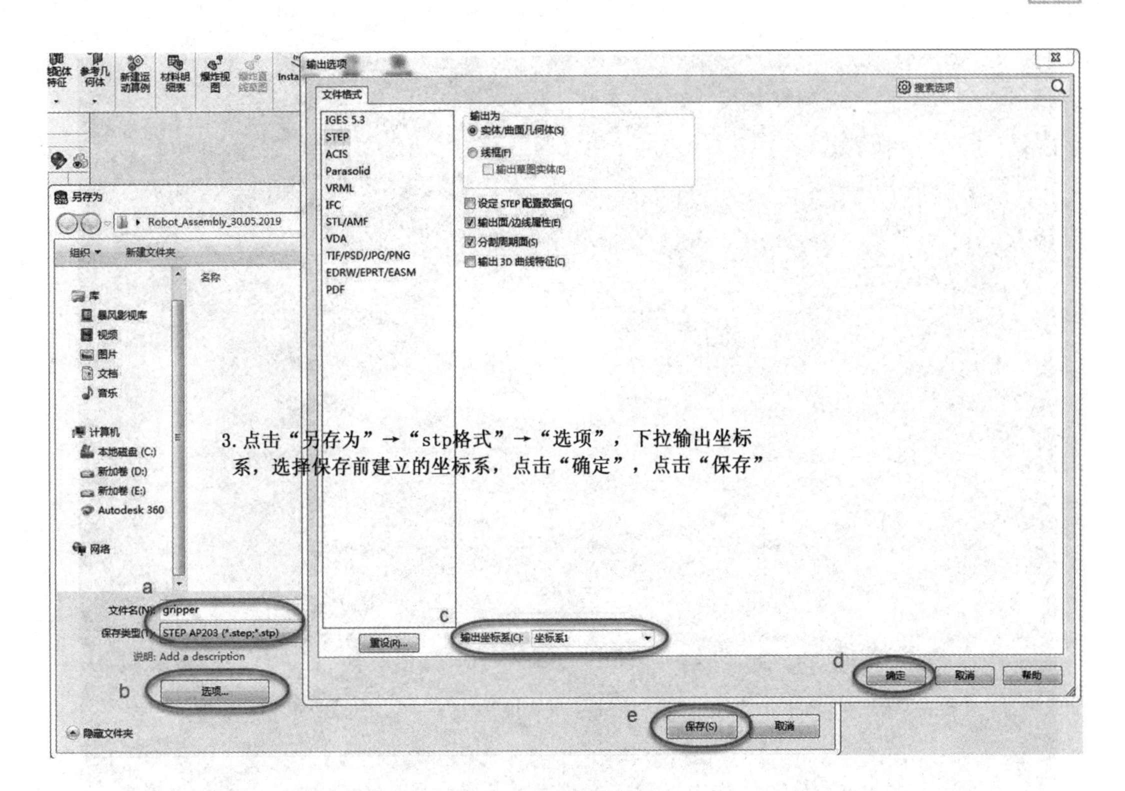

图5.3　工具模型导入

5.3　模型导入与界面操作

5.3.1　模型导入

1. 导入机器人模型

GCR20-1100模型获得路径：点击菜单栏下的“文件”→打开在线库→brand→Siasun→点击“下载模型”→选中“Siasun GCR20-1100”，单击鼠标右键→选择“save as”，保存成“.robot”格式。

2. 导入工具模型

将制作好的工具模型导入，在工具没保存成“.tool”格式前，操作人员需要将工具拖到机器人法兰盘上，鼠标左键按住导入后的工具，并将它拖到“Siasun GCR20-1100”上。工具被拖到机器人上后，图标变成亮绿灯（激活状态）的抓手，双击工具，设置工具坐标系（TCP），数值是相对机器人法兰坐标系的，通常就是修改 Z 轴数据。最后右击工具，选择“save as”，保存成“.tool”格式。上述操作过程见图5.4至图5.6。

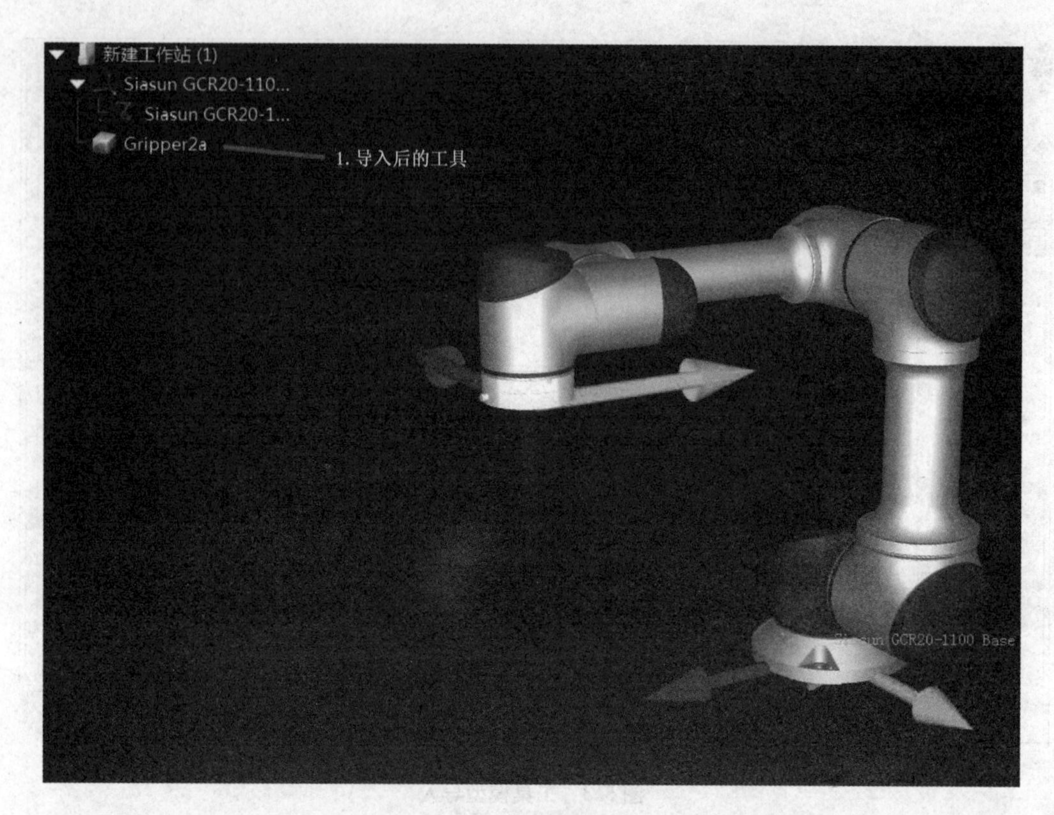

图 5.4　模型导入后的工具

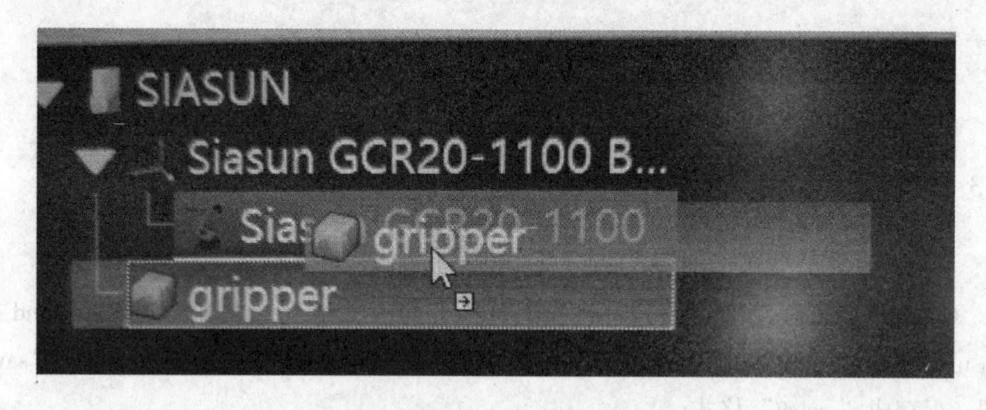

图 5.5　拖动"gripper"操作

3. 导入工件、工作台等辅助模型

如图 5.7 所示，将自定义制作的模型或在线库中选择的模型进行导入。选中模型，单击鼠标右键→选择"save as*.sld"，并保存。如果是在线库中的素材，则会自动保存。

注意：导入的零件的初始位置都在机器人的基坐标系处，较小的工件导入后，会被机器人遮挡，此时需要在工作站树形表里用鼠标右键单击机器人（注意是树形表，不是机器人模型），可以选择隐藏机器人和机器人坐标，从而避免遮挡，如图 5.8 所示。

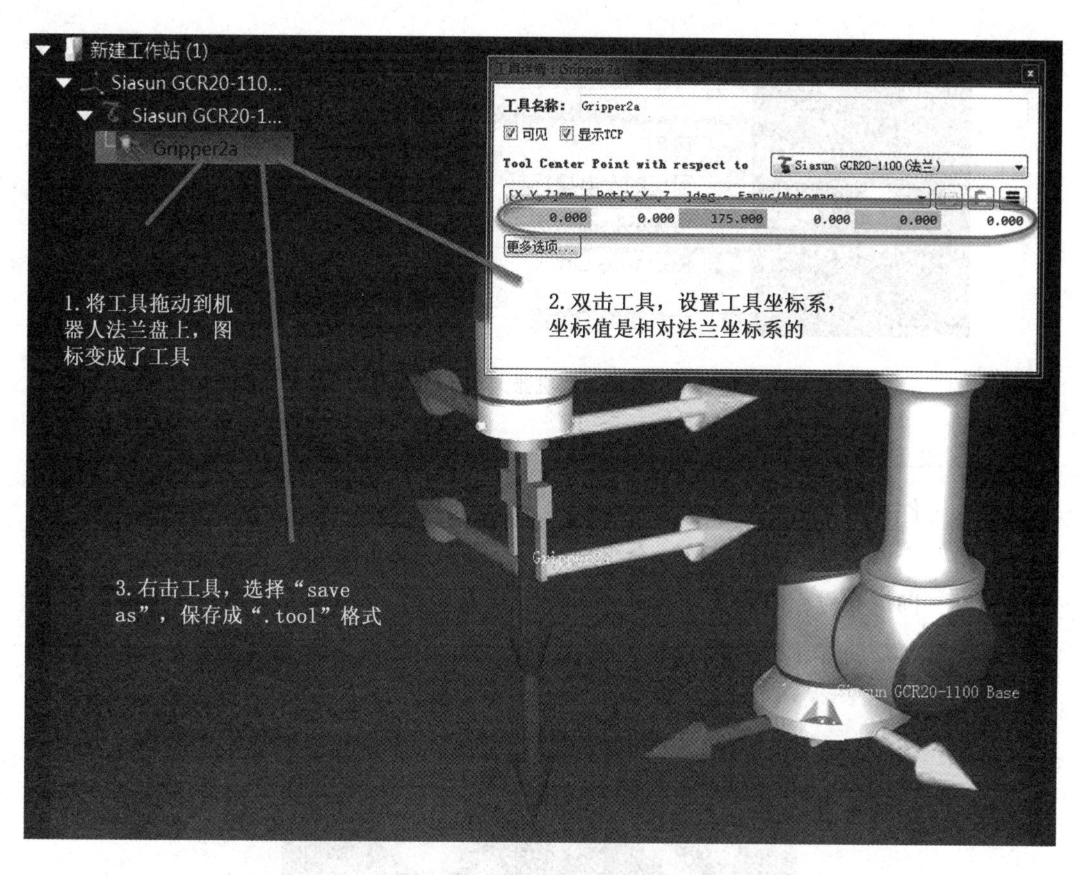

图 5.6　保存“.tool”格式

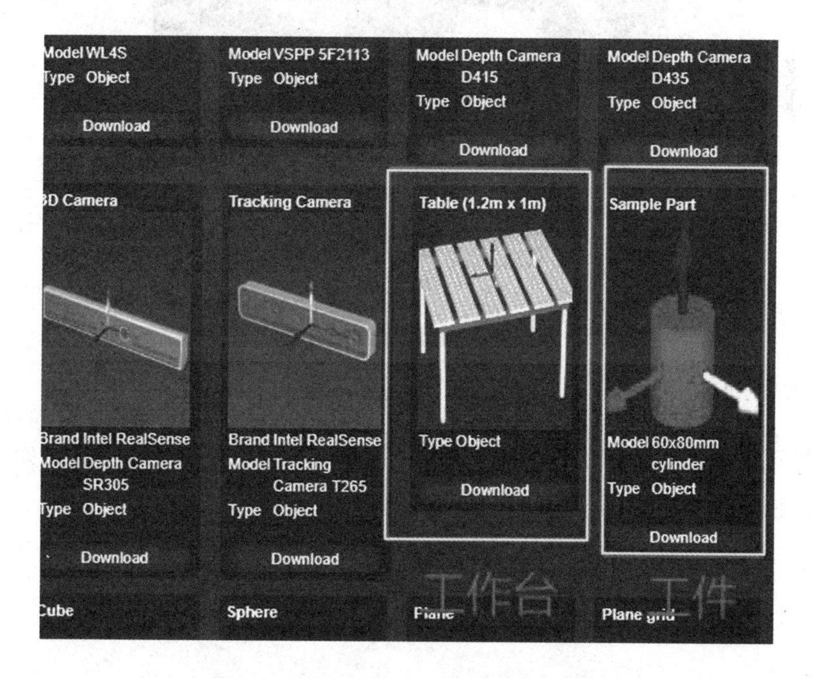

图 5.7　导入工件、工作台等辅助模型

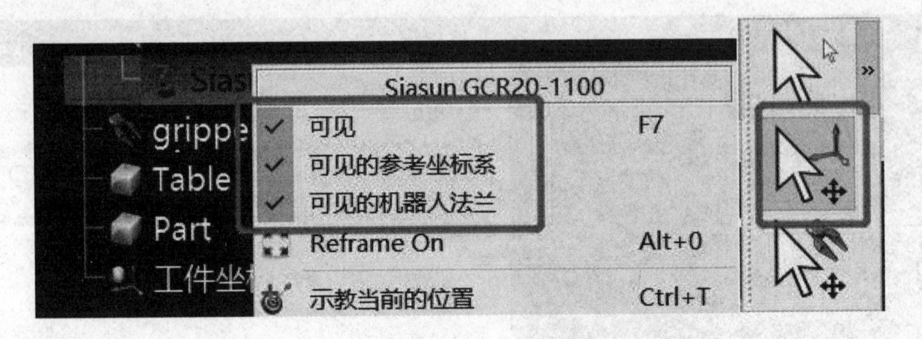

图 5.8　选择隐藏机器人和机器人坐标

4. 摆放工件

导入工件和工作台之后，在进行编程之前，应使用工具将工件摆放到合适的位置。该工具是一个六自由度调整工具，会出现一个坐标系和三轴旋转，用鼠标左键按住某个轴或转轴，即可完成相应的移动和旋转。需要注意的是，RoboDK 软件的坐标系经常会重叠在一起，需要仔细寻找所需的坐标系，灵活运用隐藏功能。移动和旋转如图 5.9 所示。

图 5.9　移动和旋转

放置好工件后，双击该工件，得到其在机器人基坐标系下的坐标值（如图 5.10 所示），并记住该值。该值在创建工件坐标系时可以直接使用。

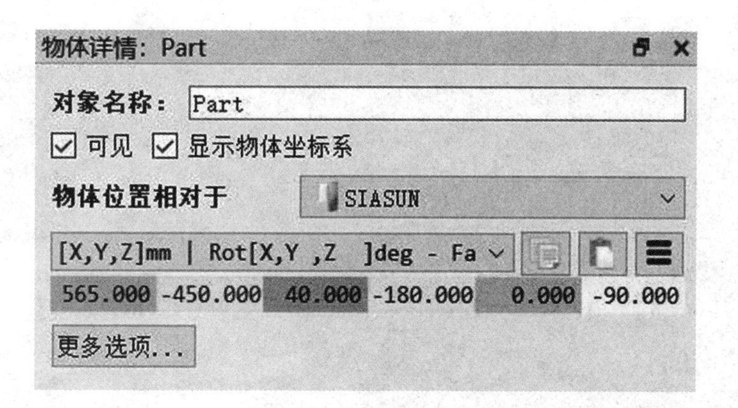

图 5.10　得到工件在机器人基坐标系下的坐标值

5. 创建工件坐标系

创建工件坐标系见图 5.11。

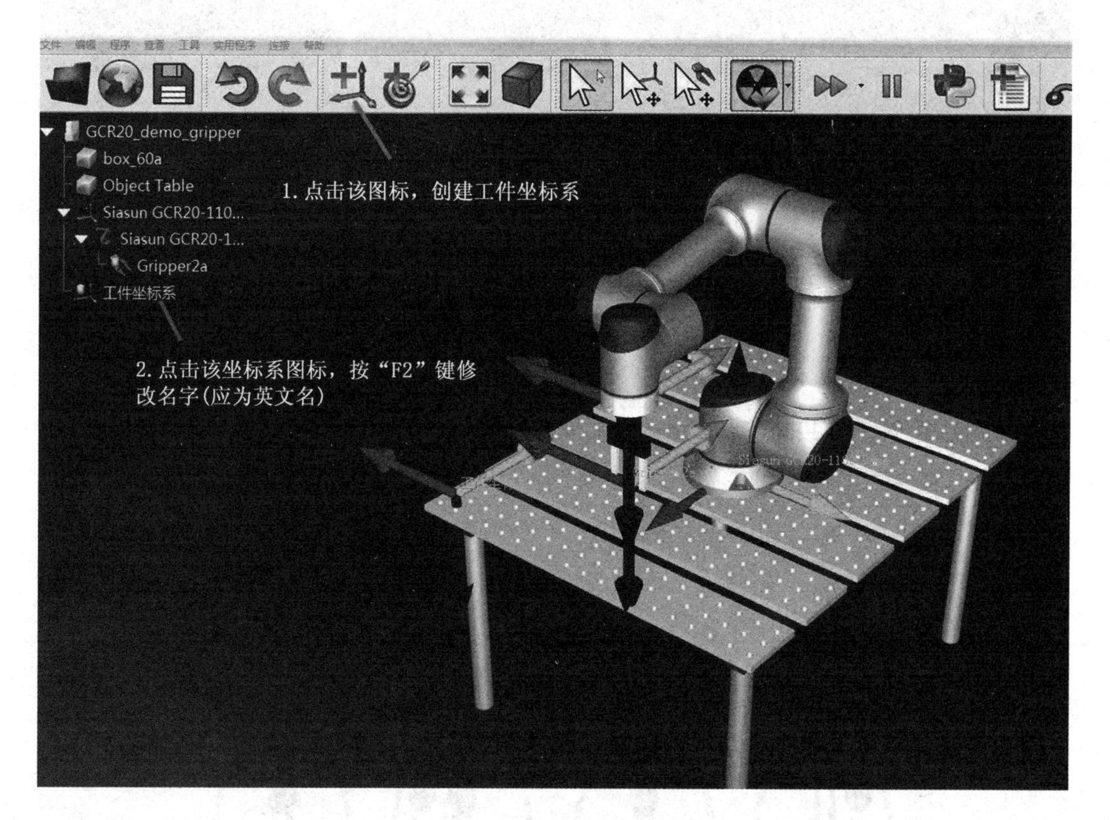

(a)

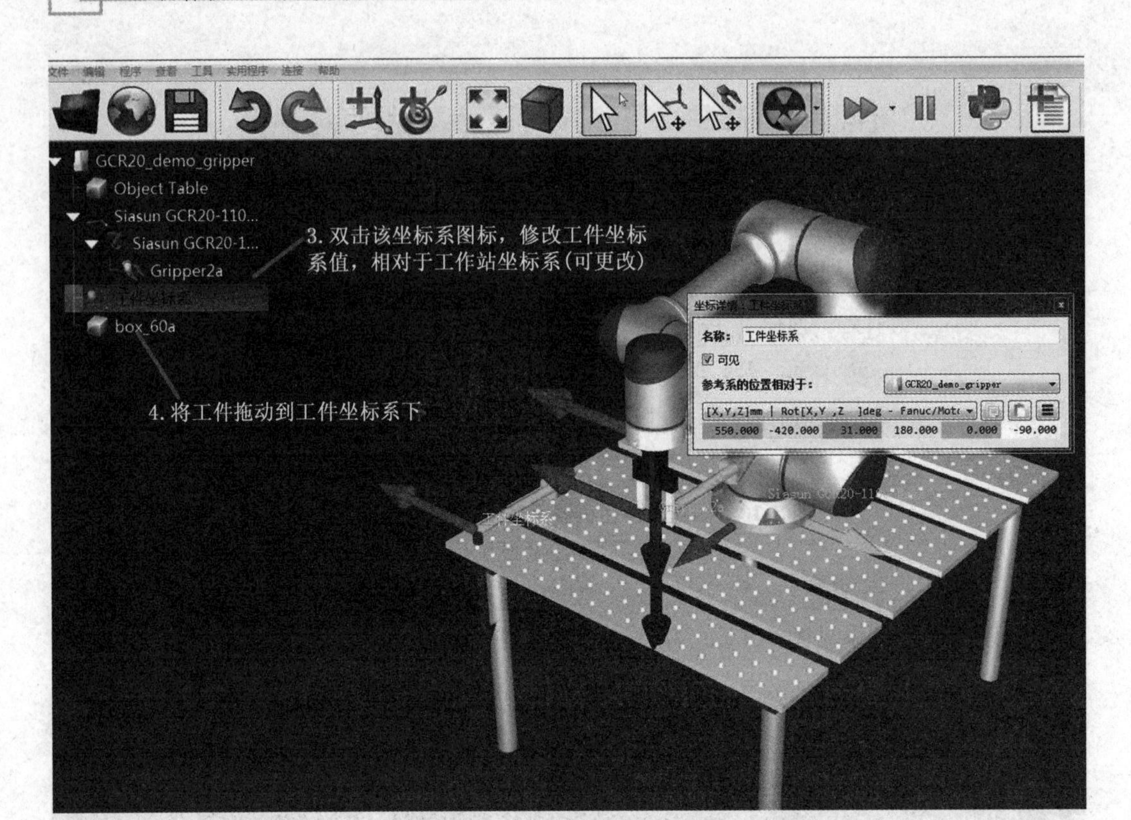

(b)

图 5.11 创建工件坐标系

5.3.2 界面操作

1. 鼠标操作

鼠标操作如图 5.12 所示。

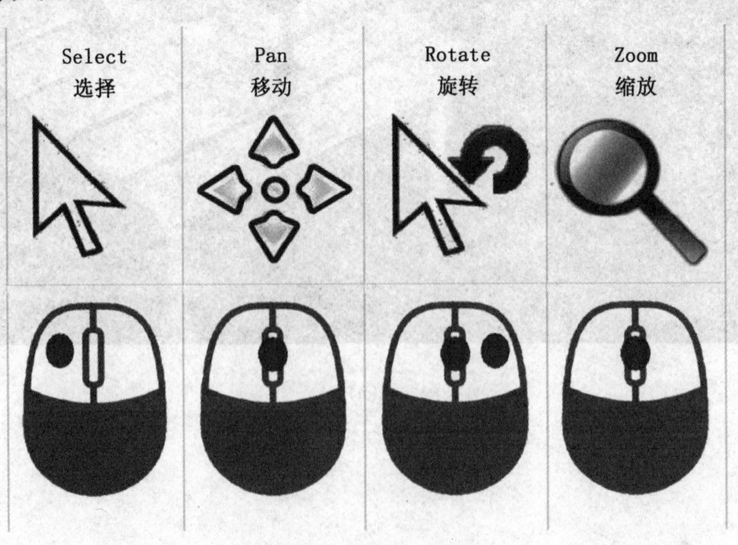

图 5.12 鼠标操作

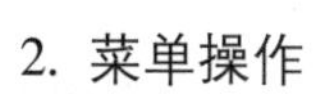

2. 菜单操作

菜单操作如表 5.1 所列。

表 5.1　菜单操作

命令图标	功能
	加载本地文件
	机器人在线库
	保存当前工作站
	添加参考坐标系，允许手动修改参考坐标系
	创建机器人当前位置的目标点
	工作站区域适应屏幕大小
	正等轴测图
	选择对象
	移动坐标系/物体/工具，保持其子对象的相对位置
	移动坐标系/物体/工具，保持其子对象的绝对位置
	开启/开关碰撞检测
	输出 PDF/HTML 格式的视频文件

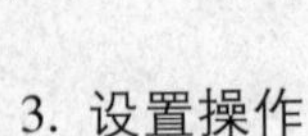

3. 设置操作

设置操作如图 5.13 所示。

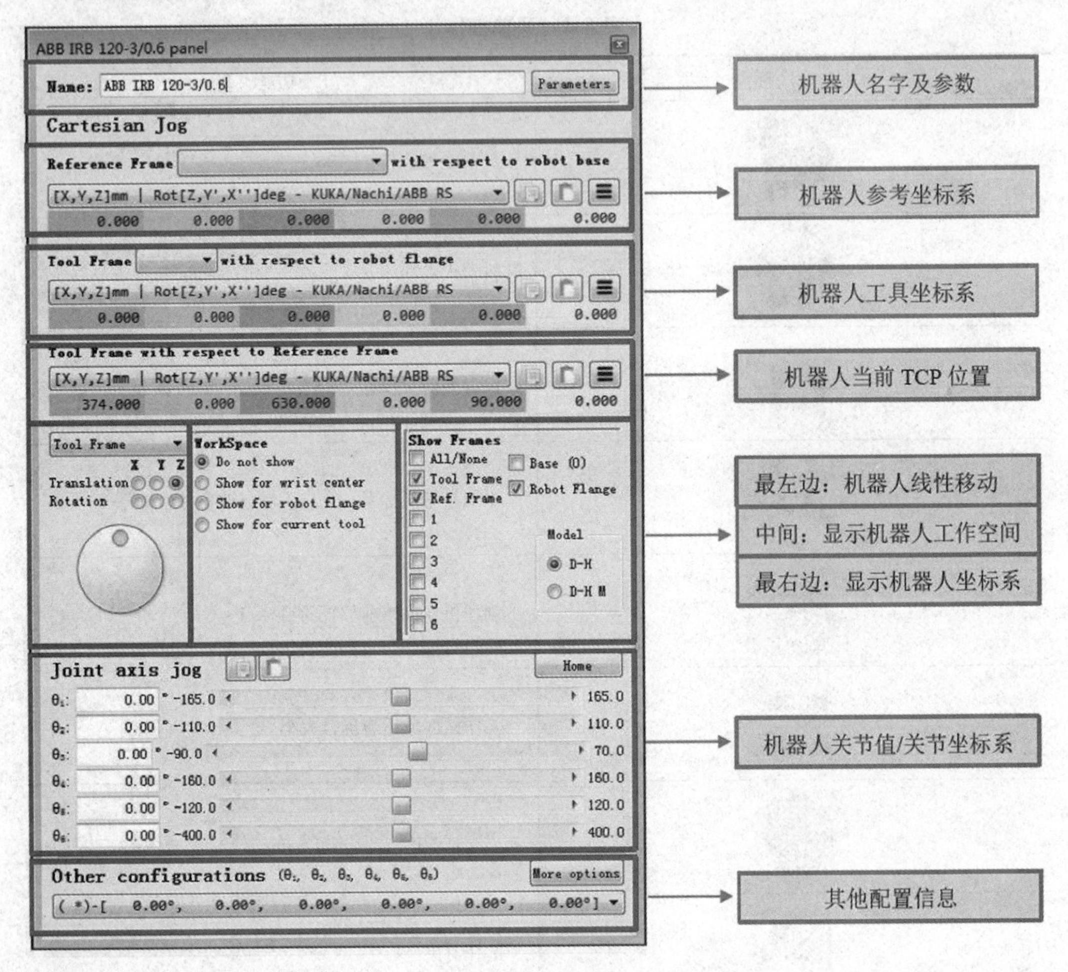

图 5.13　设置操作

5.4　RoboDK 程序创建和编辑

下面以一个简单的物体从 *A* 点搬运到 *B* 点的实际例程，来介绍一下如何使用 RoboDK 软件进行编程。搬运例程如图 5.14 所示。

点击快捷工具栏里创建程序的图标，选中要创建的程序，按“F2”键修改程序名。鼠标右键点击程序名，然后添加指令，可以添加、调用相应指令进行编程，如图 5.15 所示。

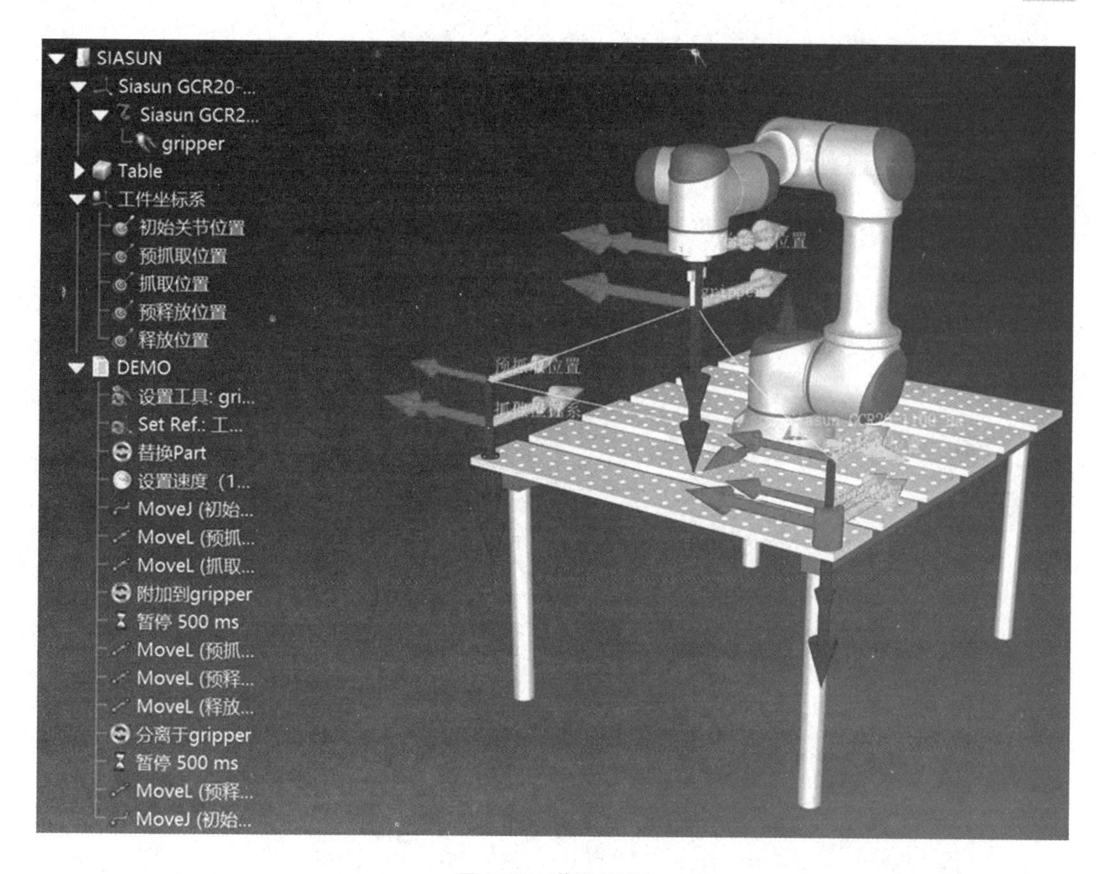

图 5.14　搬运例程

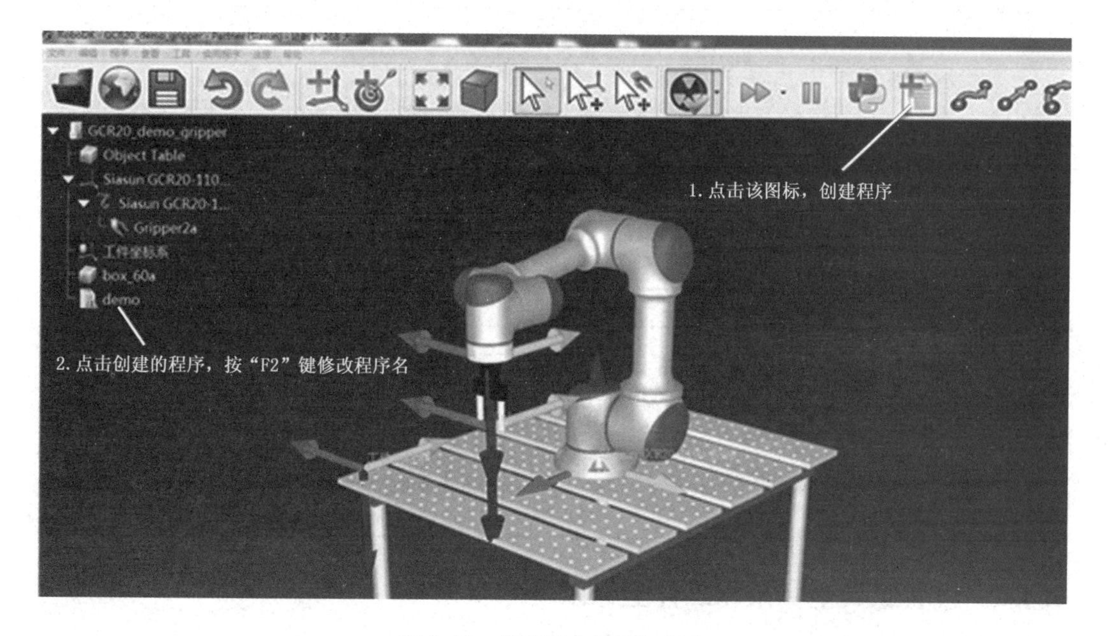

图 5.15　创建程序与添加指令

Program 指令图标及指令说明如表 5. 2 所列。

表 5. 2 Program 指令图标及指令说明

指令图标	指令说明
Move Joint Instruction	添加机器人关节移动指令
Move Linear Instruction	添加机器人直线移动指令
Move Circular Instruction	添加机器人圆弧移动指令
Set Reference Frame Instruction	设置工件坐标系指令
Set Tool Frame Instruction	设置工具坐标系指令
Show Message Instruction	显示信息指令
Function call Instruction	调用函数、插入代码指令
Pause Instruction	添加机器人暂停指令
Set or Wait I/O Instruction	添加信号输出、等待信号指令
Set Speed Instruction	添加设置速度指令
Set Rounding Instruction	添加过渡半径指令
Simulation Event Instruction	添加仿真事件指令

5. 4. 1 设置工具坐标系和工件坐标系

分别调用 “Set Tool Frame Instruction” 和 “Set Reference Frame Instruction” 指令，如图 5. 16 和图 5. 17 所示。

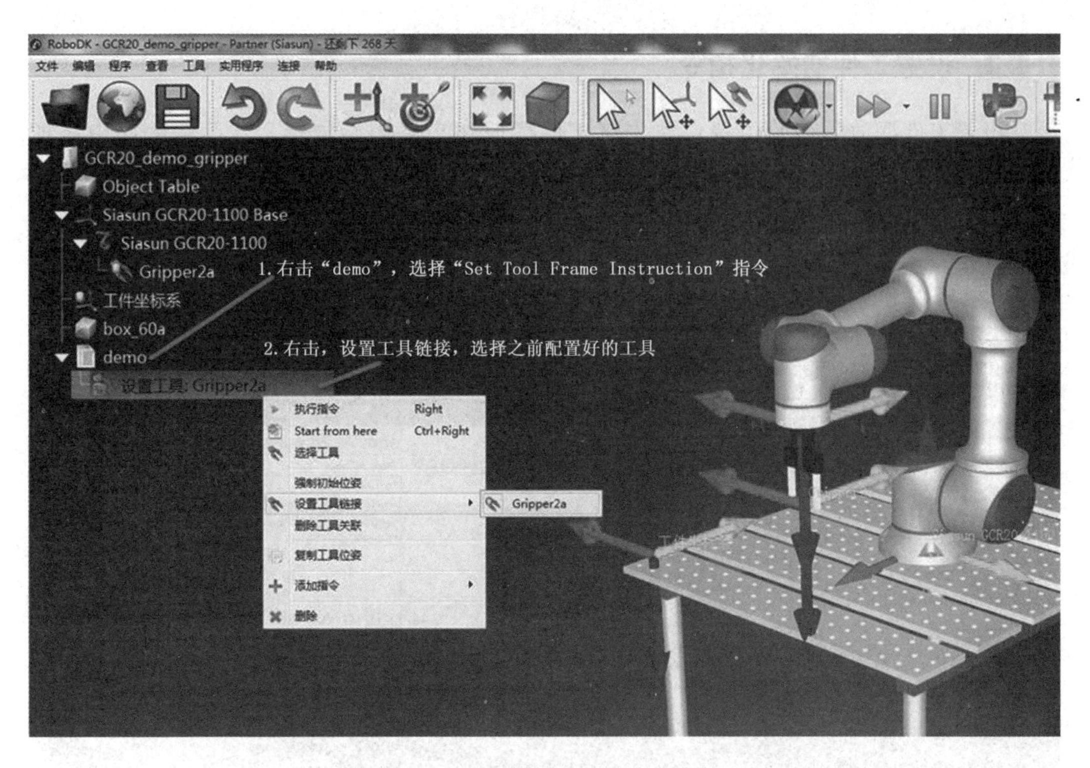

图 5.16　调用“Set Tool Frame Instruction”指令

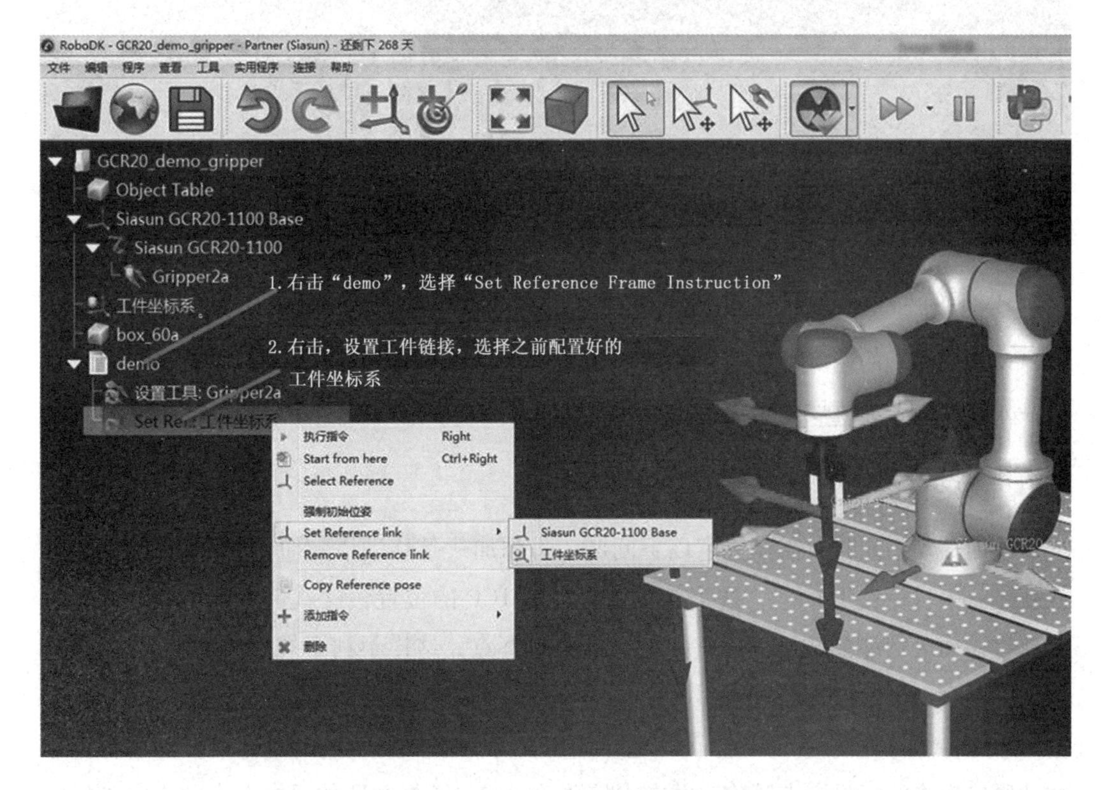

图 5.17　调用“Set Reference Frame Instruction”指令

5.4.2 设置工件初始化指令

设置工件摆放的初始位置：首先将工件摆放在工件初始位置，然后在程序中添加“Simulation Event Instruction”指令，如图 5.18 所示。

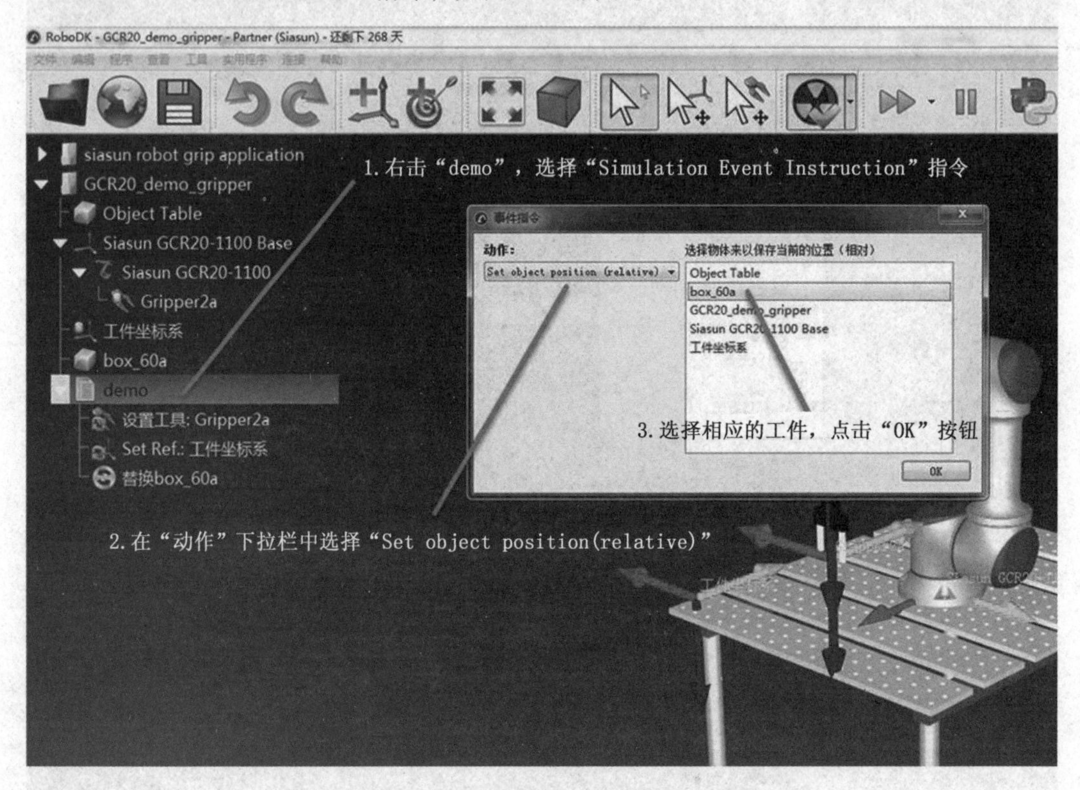

图 5.18 添加“Simulation Event Instruction”指令

5.4.3 设置机器人的速度和加速度

设置机器人的速度和加速度的指令是“Set Speed Instruction”，通过该指令可以设置机器人的速度、加速度、角速度、角加速度，如图 5.19 所示。

5.4.4 设置机器人移动指令

添加移动语句时，需要注意以下问题：每添加一条移动语句时，RoboDK 软件会默认新建一个目标点 Target_，这个点默认为当前 TCP 的位置，这就带来一个问题，即每次新建移动语句都会反复新建一个当前 TCP 目标点，这样不利于规划运动轨迹。此时，用户可以有以下两种处理方式。

第一种，首先使用“ ”按钮预先定义好所需要的轨迹的目标点，然后将调用移动语句生成的新目标点删除，并右击该移动语句，选择关联的目标点为预先定义好的点，如图 5.20 所示。

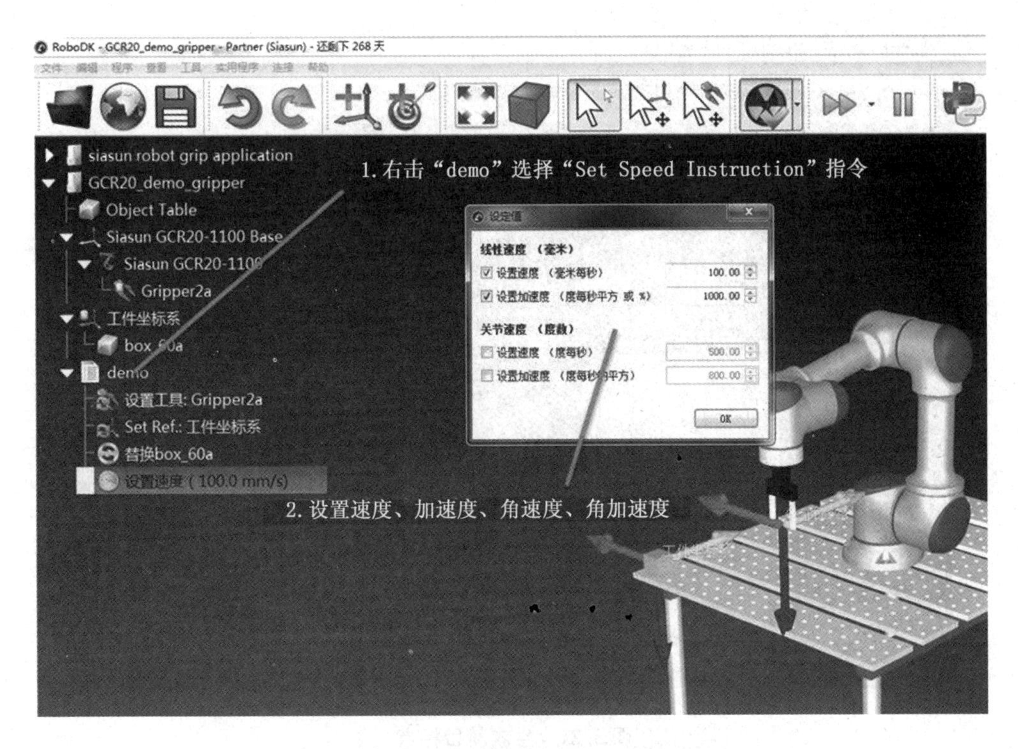

图 5.19　设置机器人的速度、加速度

图 5.20　定义目标点

第二种，修改调用移动语句生成的新目标点，使之成为用户想要的目标点。

这两种方法都可以达到同样的目的，通常采用预先定义好目标点，然后在移动语句中调用该目标点。

生成新目标点如图 5.21 所示。

图 5.21　生成新目标点

图 5.21 中的步骤 4 和步骤 5 设置的是机器人程序运行的初始位置，即设置为“保留关节变量值”。其他目标点设置为“保留直角坐标系位置”，然后设置目标点相对于工件坐标系的坐标值。

设置初始位置和目标点如图 5.22 所示。

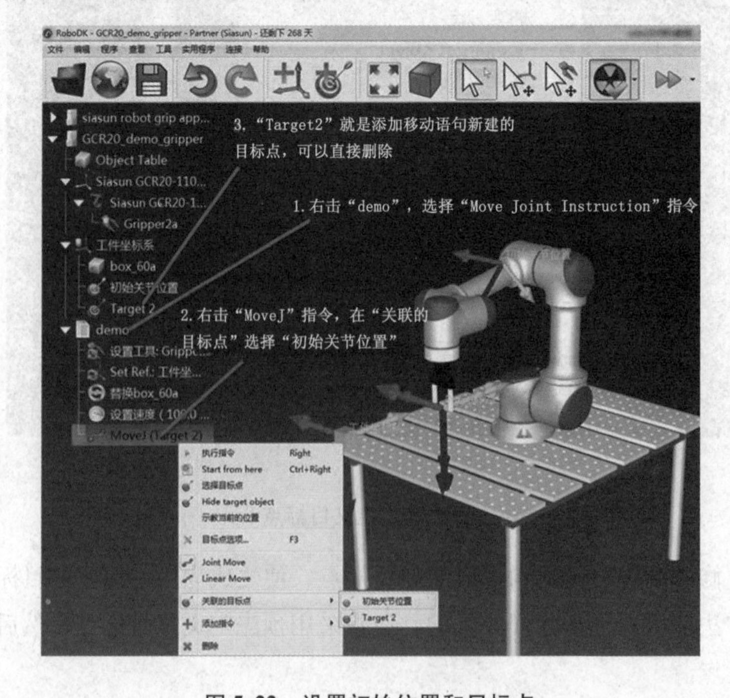

图 5.22　设置初始位置和目标点

5.4.5　添加机器人移动到抓取工件位置指令

实际机器人编程过程中，目标点是通过示教的方式得到的。在 RoboDK 软件中，目标点可以通过示教的方式获得（如图 5.23 所示），也可以通过直接输入目标点精确位置获得。

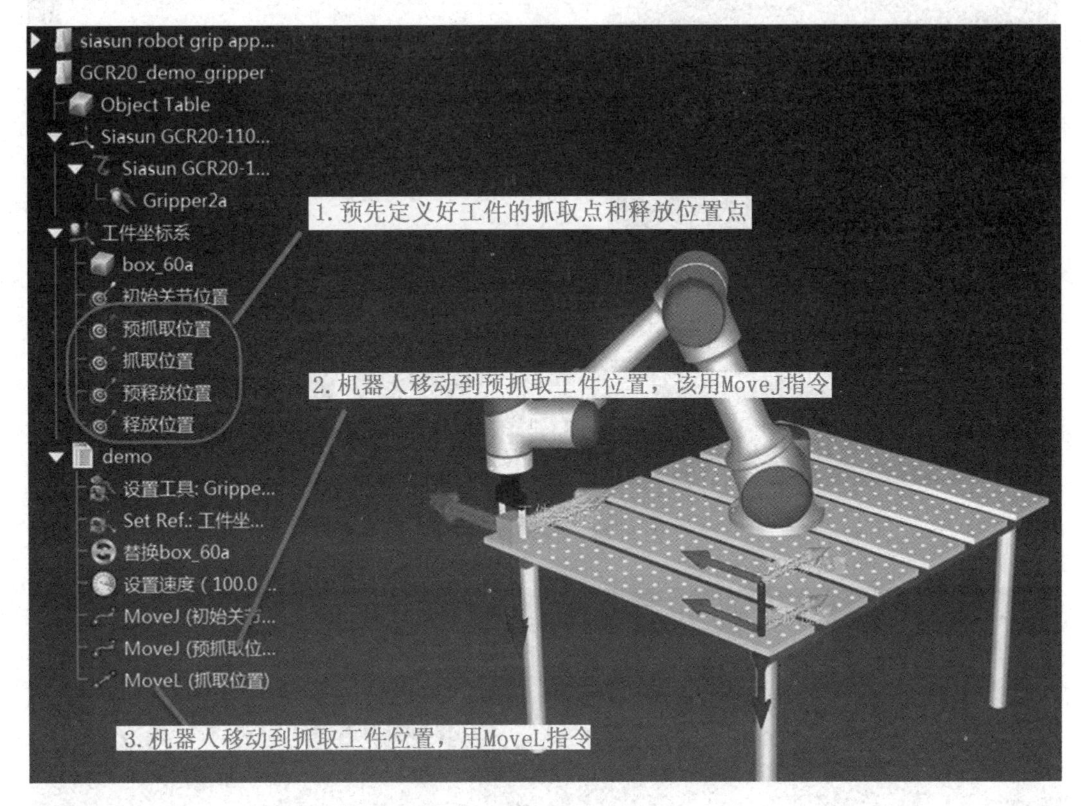

图 5.23　通过示教设置目标点

5.4.6　添加机器人抓取动作指令

当机器人移动到工件抓取位置时，接下来是机器人抓取工件。实际应用中是机器人输出信号控制电磁阀抓手进行抓取工件的，而在 RoboDK 软件中，抓取动作是通过抓取动作指令来实现的。即通过“Simulation Event Instruction”→“Attach object”指令实现抓取动作，如图 5.24 所示。

5.4.7　添加机器人等待时间指令

机器人等待时间指令为“Pause Instruction”，时间的单位为 ms，如图 5.25 所示。

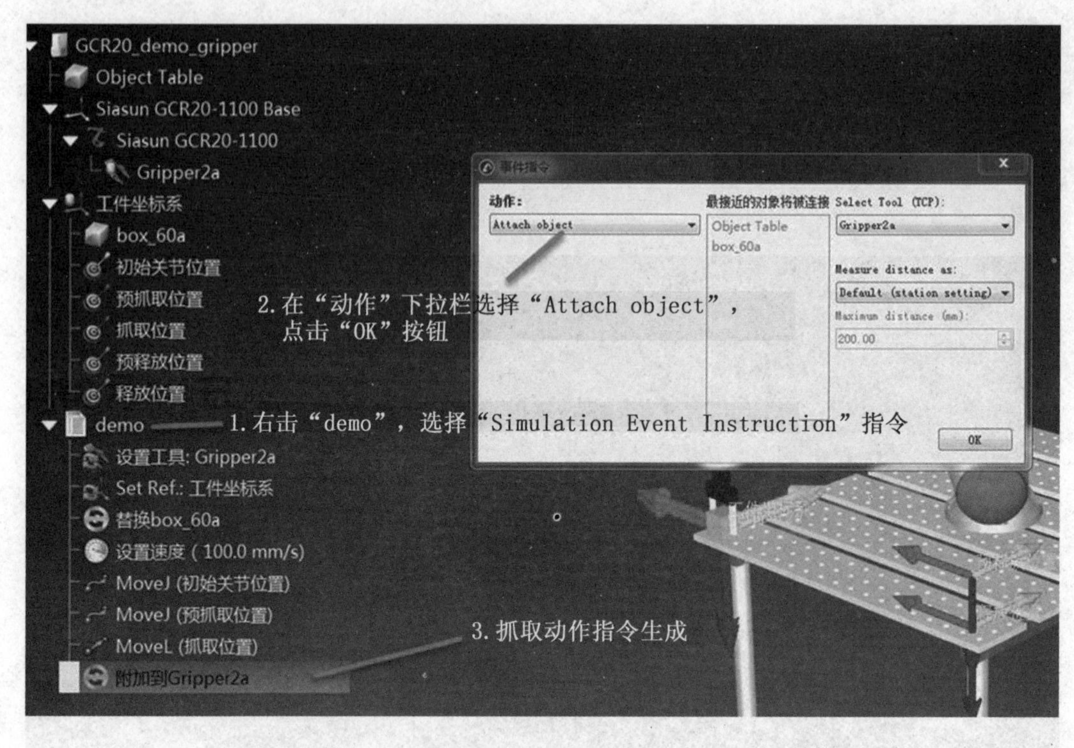

图 5.24　抓取动作指令

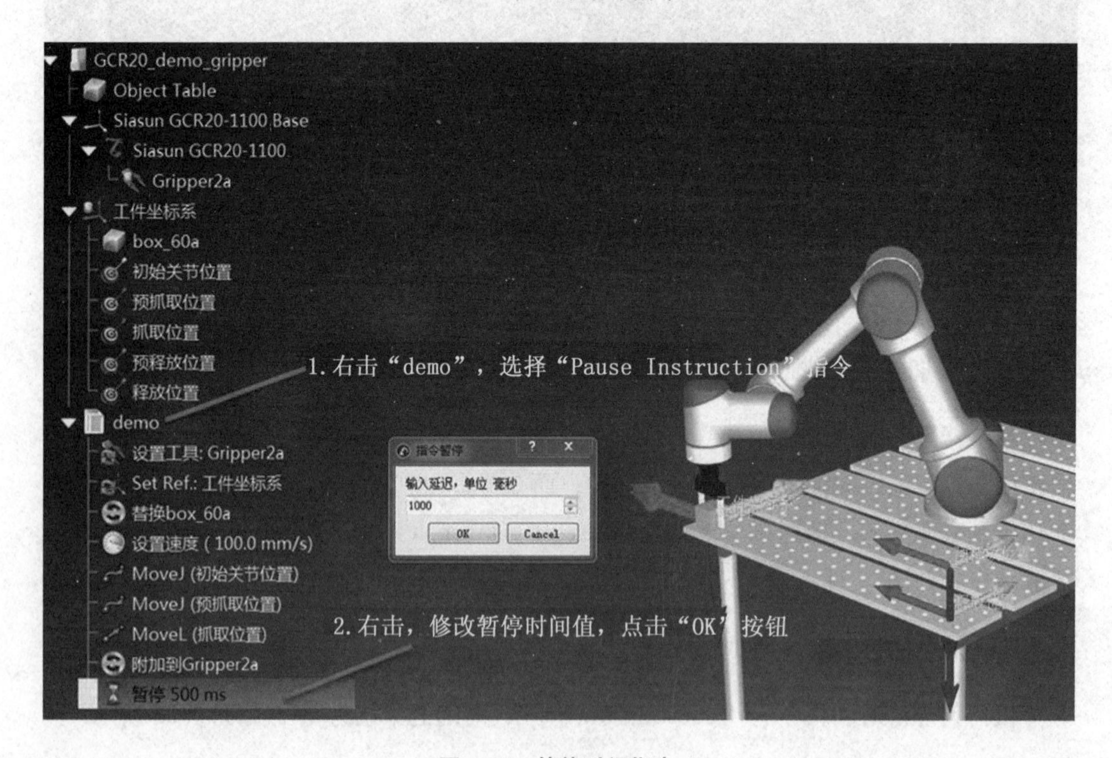

图 5.25　等待时间指令

5.4.8　添加机器人释放动作指令

释放动作指令为“Simulation Event Instruction”→“Detach object”，如图 5.26 所示。

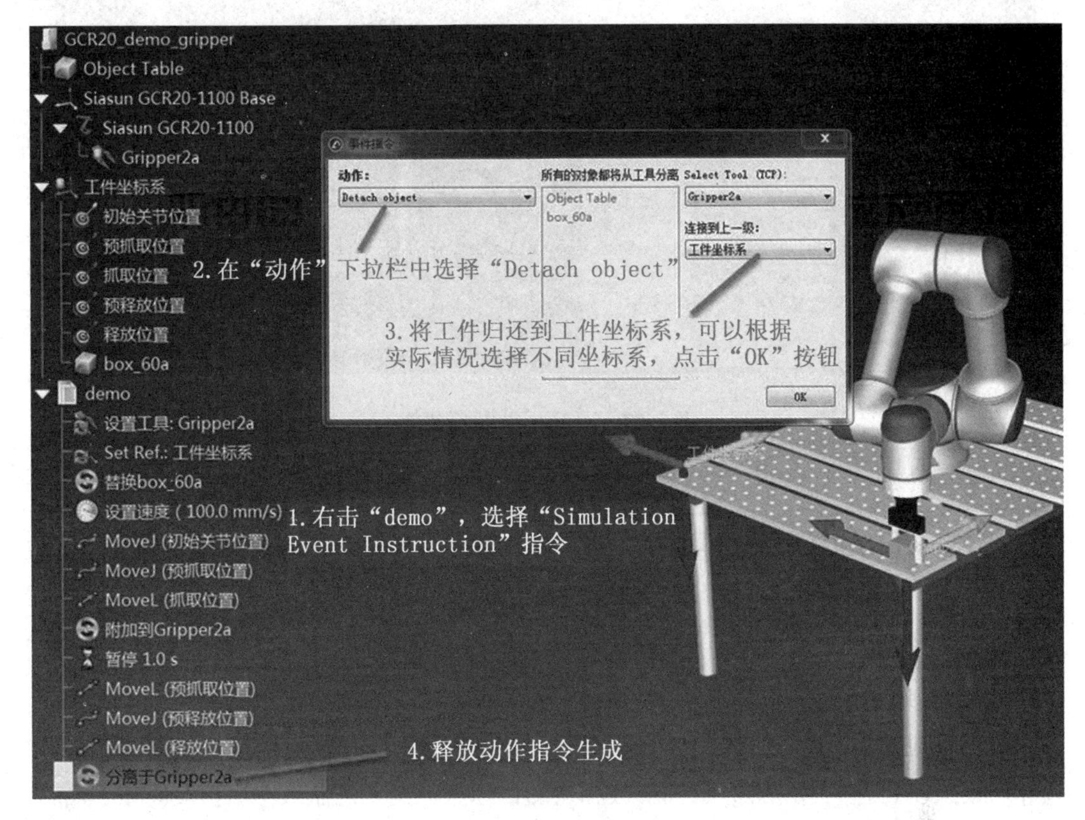

图 5.26　释放动作指令

5.4.9　运行并调试程序

鼠标右键单击程序“demo”：“运行”代表执行程序；“循环”代表循环程序；“显示指令”代表显示/隐藏程序指令；“显示路径”代表显示/隐藏程序路径；“锁定”代表锁定程序，此时程序不能被更改。“demo”执行菜单见图 5.27。

观察程序运行的轨迹路径，可以判断程序轨迹是否合理，进而可以调整程序中的目标点和程序的轨迹。

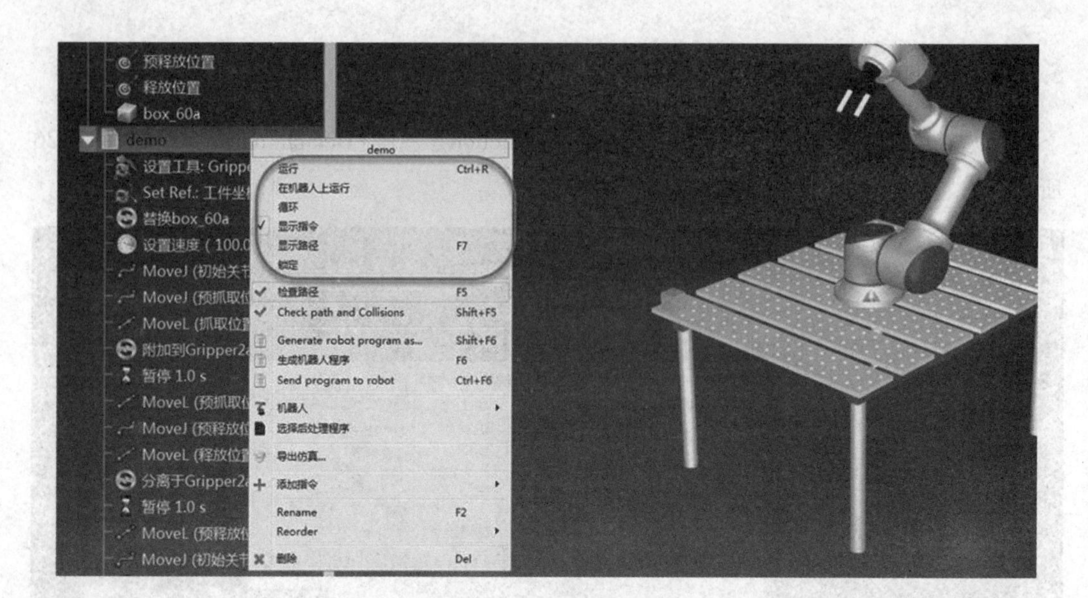

图 5.27 “demo”执行菜单

5.5 RoboDK 程序后处理

5.5.1 程序轨迹可达性检测

机器人应用仿真程序完成后，在运行程序前可以通过程序轨迹可达性检测来检测程序中机器人不可达的目标点，进而修改相应的目标点，实现机器人应用仿真。鼠标右键单击程序名“demo”→“检查路径”，如图 5.28 所示，显示该程序轨迹没有问题。

5.5.2 机器人碰撞检测

RoboDK 软件中，机器人碰撞检测主要是检测对象之间是否碰撞，但是没有相应的避障功能。机器人碰撞检测的主要步骤如下：首先，操作人员需要设置碰撞地图，即设置需要检测碰撞的对象；然后，开启碰撞检测功能。碰撞检测的对象要根据实际应用过程中需要检测的对象进行设置，不能随意设置，不然错误的碰撞检测会导致程序无法执行。

点击菜单栏里的“工具”→“碰撞地图”，如图 5.29 所示。其中，“√”代表该两个物体之间设置碰撞检测，“×”代表该两个物体之间不设置碰撞检测，双击“√”或“×”可以改变设置。

设置完碰撞地图后，点击碰撞检测图标，开始碰撞检测，如图 5.30 所示。碰撞检测图标右下角有“√”代表开启碰撞检测，然后运行程序。程序能顺利地执行直至结束就表示没有检测到碰撞。

图 5.28　检查路径

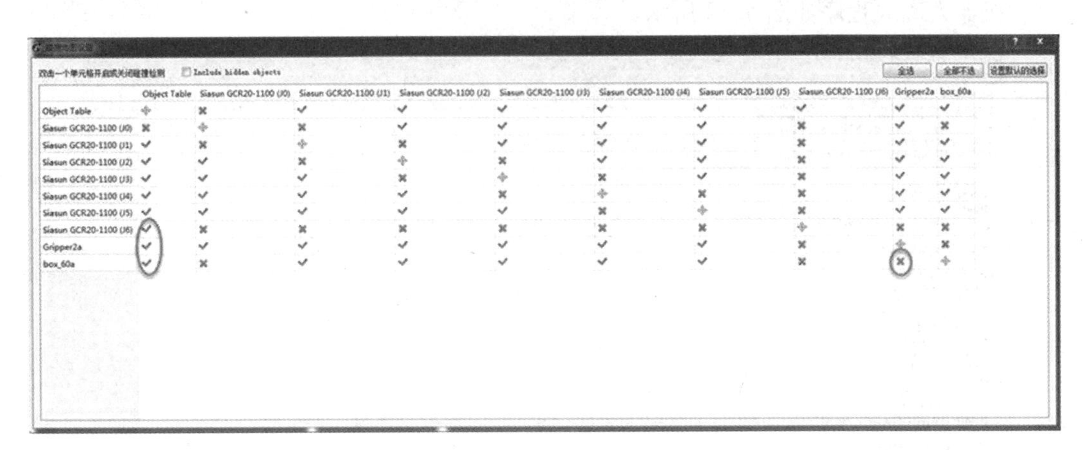

图 5.29　碰撞地图

图 5.30　开启碰撞检测

5.5.3 生成机器人离线程序

RoboDK 软件中，机器人仿真程序完成后，可一键生成机器人离线程序，如图 5.31 所示。

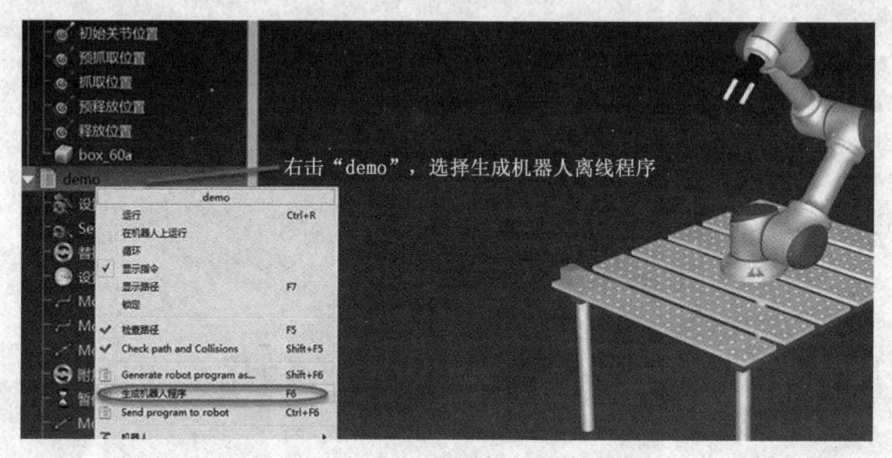

图 5.31　生成机器人离线程序

机器人离线程序如图 5.32 所示。

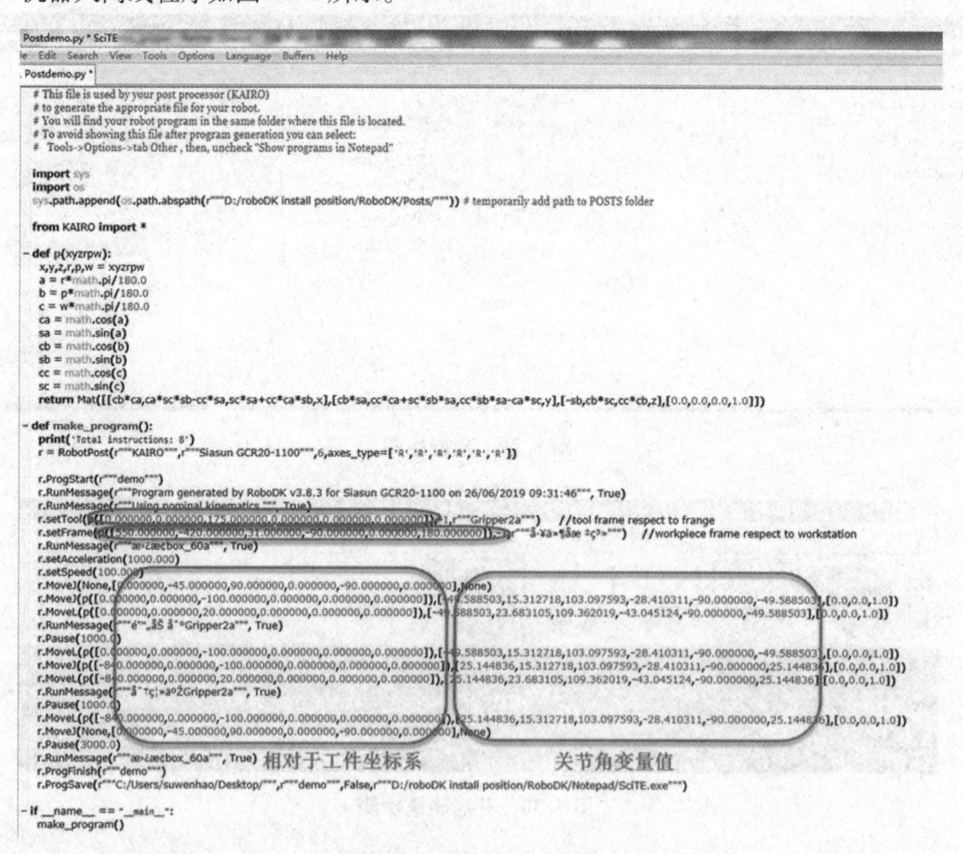

图 5.32　机器人离线程序

第 6 章　协作机器人离线仿真软件——HiPeRMOS

HiPeRMOS 是一款工业机器人管理软件，具备离线编程、CAM 轨迹自动规划、仿真、优化、标定、在线直连等功能。

HiPeRMOS 软件特色如下：

① 自如操作，快速完成机器人编程，无须依赖丰富的机器人调试经验；

② 无须示教，根据三维模型特征自动计算机器人运动，并提供过程仿真；

③ 自动优化，自动改善碰撞、奇异点、超程、超工作空间问题；

④ 广泛兼容，支持众多品牌工业机器人及控制器。

6.1　安装 HiPeRMOS 软件

双击软件安装文件“HiPeRMOS_3.0_x64_setup. exe”，弹出如图 6.1 所示对话框。

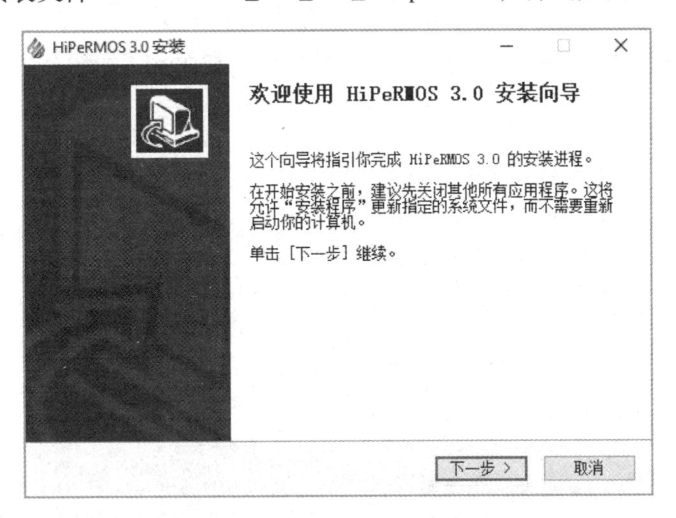

图 6.1　安装向导界面

点击图 6.1 中的“下一步”按钮，弹出如图 6.2 所示对话框，然后点击“我接受”按钮。

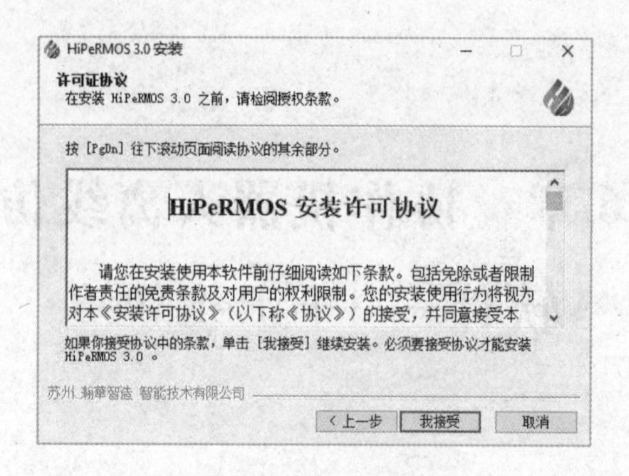

图 6.2　许可证协议

弹出如图 6.3 所示对话框，可以使用默认安装路径，也可以修改安装路径。

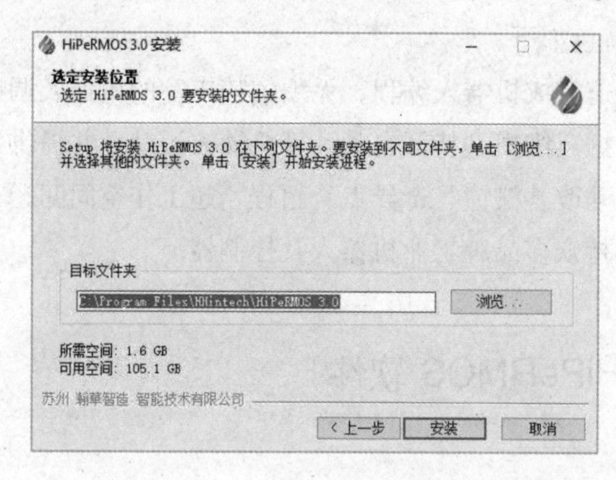

图 6.3　选定安装位置

点击图 6.3 中的“安装”按钮，开始安装软件，如图 6.4 所示。

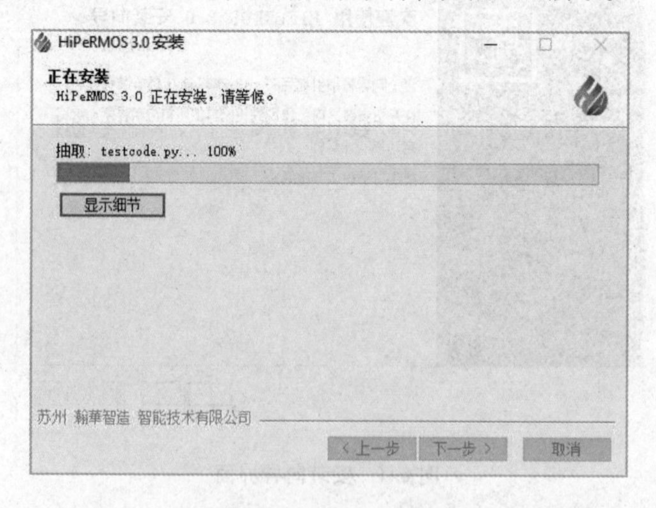

图 6.4　正在安装

软件安装完成，显示如图 6.5 所示对话框。

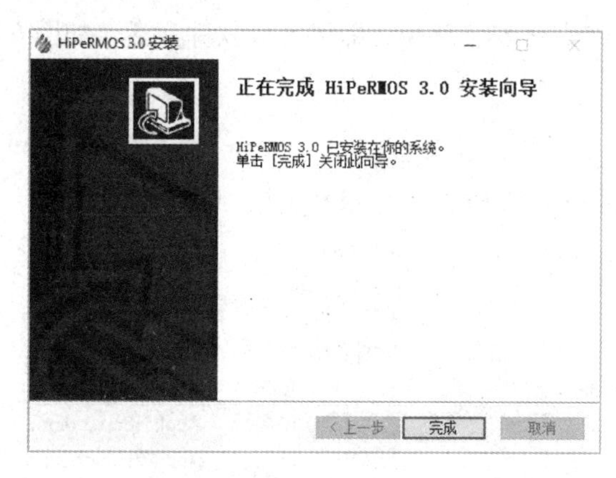

图 6.5　安装完成

点击图 6.5 中的“完成”按钮，关闭此对话框，软件则安装完成。

双击“安装目录\bin”文件夹中的可执行文件“HiPeRMOSIDTool.exe”，弹出“ID 工具”对话框，如图 6.6 所示。

图 6.6　“ID 工具”对话框

点击“生成 ID 文件”按钮，在弹出的“保存”对话框中输入任意文件名，然后点击“保存”按钮。

关闭“ID 工具”对话框。将保存的 ID 文件发送给苏州瀚华智造智能技术有限公司。如图 6.7 所示，保存的 ID 文件名为“HiPeRMOS”，该公司将会制作 License，并将 License 文件发回给客户。

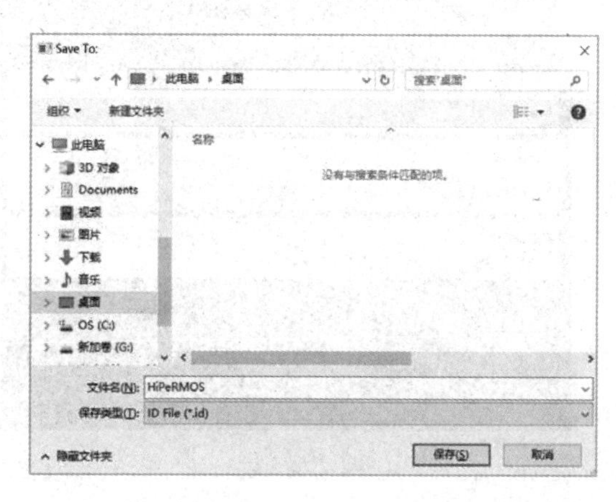

图 6.7　保存 ID 文件

将发回的 License 文件（HiPeRMOS.lic）拷贝到软件安装目录中，即“HiPeRMOS.exe”所在文件夹，选择默认安装路径，即可完成软件激活，如图 6.8 所示。

bin

Share　View

› This PC › Local Disk (C:) › Program Files › HHintech › HiPeRMOS 3.0 › bin

Name	Date modified	Type	Size
freetype.dll	2017/12/8 13:05	Application extens...	532 KB
FWOSPlugin.dll	2018/4/10 8:58	Application extens...	20 KB
GeneralTPEData.dll	2019/11/12 16:10	Application extens...	52 KB
GeneralTPEDataParser.dll	2019/11/12 16:10	Application extens...	16 KB
Geometry.dll	2019/11/12 16:04	Application extens...	83 KB
GeometryAPI.dll	2019/11/12 16:04	Application extens...	171 KB
GeomtryImp.dll	2019/11/12 16:03	Application extens...	24 KB
gl2ps.dll	2016/4/5 10:58	Application extens...	85 KB
GraphicFactory.dll	2019/11/12 16:04	Application extens...	16 KB
GraphicImp.dll	2019/11/12 16:04	Application extens...	15 KB
HiPeRMOS.exe	2019/11/29 16:32	Application	72 KB
HiPeRMOS.lic	2017/12/11 9:44	LIC File	1 KB
HiPeRMOSIDTool.exe	2019/5/16 14:54	Application	295 KB
libeay32MD.dll	2017/12/8 13:05	Application extens...	1,761 KB
libmysql.dll	2017/12/8 13:05	Application extens...	3,208 KB
libpng16.dll	2017/12/8 13:05	Application extens...	184 KB
libusbK.dll	2018/10/30 11:40	Application extens...	97 KB

图 6.8　软件激活

双击桌面快捷方式“HiPeRMOS 3.0”，即可进入该软件界面，如图 6.9 所示。

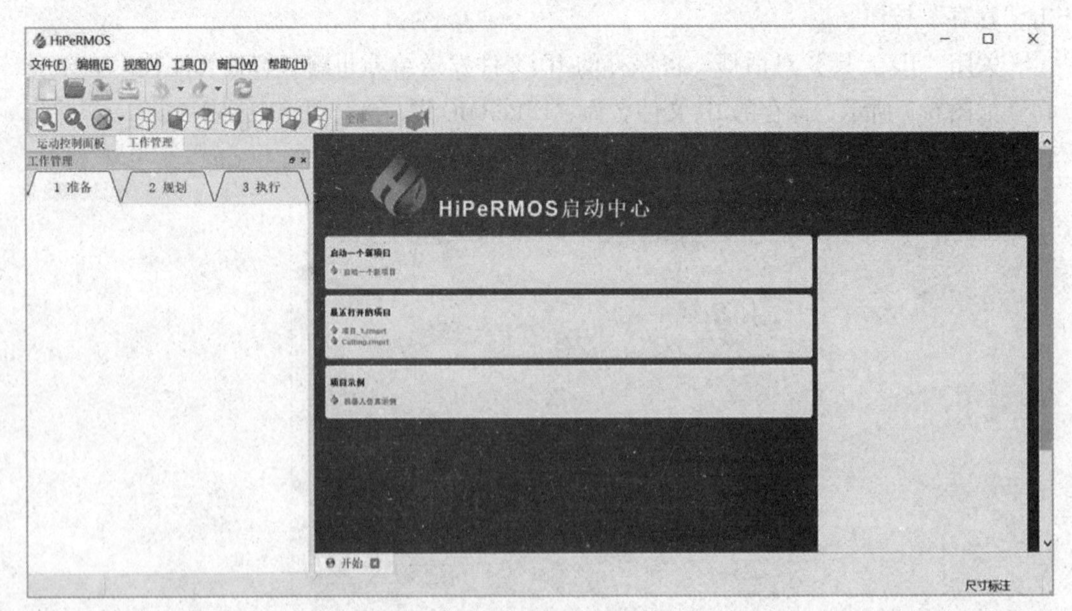

图 6.9　启动软件

6.2 HiPeRMOS 软件界面

运行 HiPeRMOS 软件，进入 HiPeRMOS 启动中心，如图 6.10 所示。在该界面中，可以快速启动一个新项目、打开一个最近打开过的项目或打开一个项目示例。点击该界面下方“开始”中的关闭按钮，可以关闭该界面。

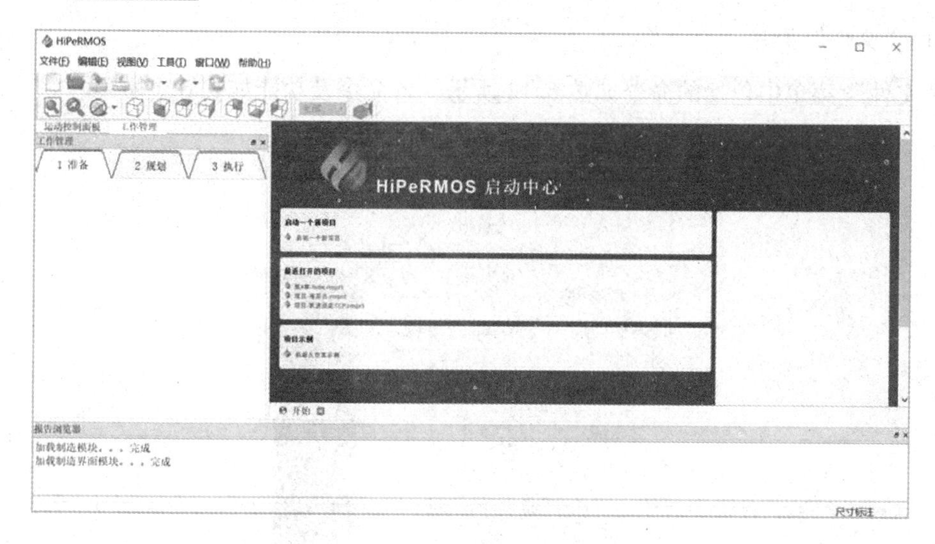

图 6.10 HiPeRMOS 启动中心界面

软件主界面主要由 8 个部分组成，包括标题栏、菜单栏、工具栏、工作管理树、图形视窗、运动控制面板、报告浏览器和状态栏，如图 6.11 所示。

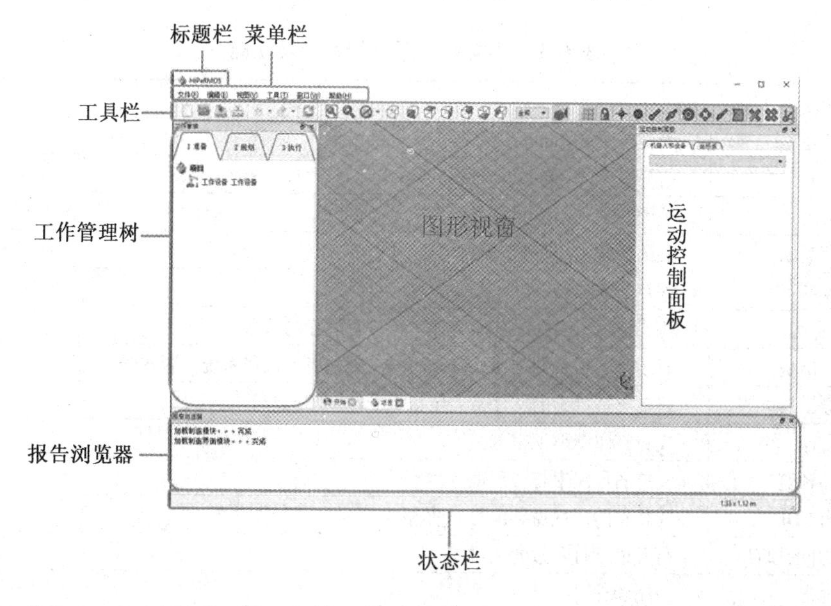

图 6.11 软件主界面

6.2.1 标题栏界面

标题栏用于显示软件名称，如图 6.11 所示。

6.2.2 菜单栏界面

菜单栏是将控制命令分类后放到不同的菜单中。菜单栏包括文件、编辑、视图、工具、窗口和帮助。

1. “文件”菜单

“文件”菜单中包括的命令如图 6.12 所示，各命令及功能如表 6.1 所列。

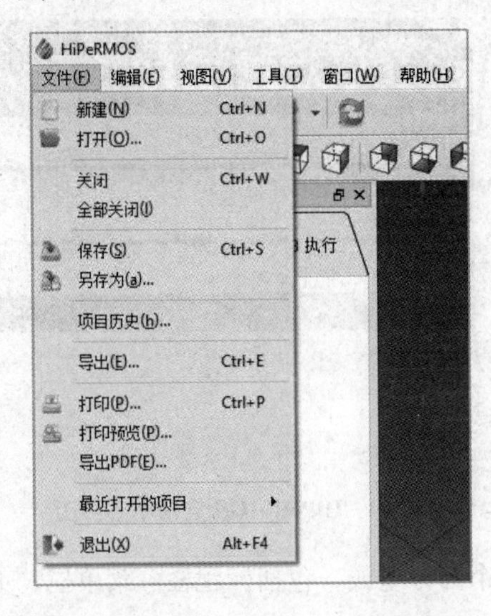

图 6.12 “文件”菜单

表 6.1 “文件”菜单的命令及功能

命令	功能
新建	新建一个“.rmprt”项目
打开	打开一个“.rmprt”项目
关闭	关闭一个“.rmprt”项目
全部关闭	关闭所有“.rmprt”项目
保存	保存当前项目
另存为	将当前项目另存为其他文件名，显示另存的项目
项目历史	显示当前项目的创建或修改时间、创建者、操作系统、版本号
导出	目前支持导出的文件格式包括 IGES，STEP，STL
打印	支持打印图形视窗
打印预览	支持图形视窗打印预览
导出 PDF	支持将图形视窗导出为 PDF 格式
最近打开的项目	打开最近打开过的项目
退出	关闭软件

2. “编辑”菜单

“编辑”菜单包括的命令如图 6. 13 所示，各命令及功能如表 6. 2 所列。

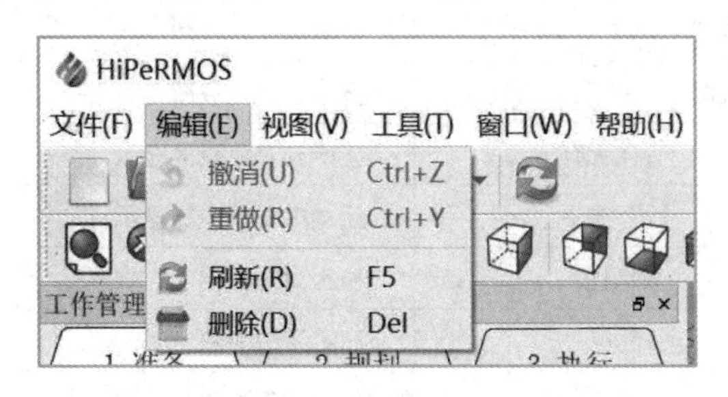

图 6. 13　“编辑”菜单

表 6. 2　“编辑”菜单的命令及功能

命令	功能
撤销	回退到上一操作
重做	恢复撤销的操作
刷新	刷新视图
删除	删除选中对象

3. “视图”菜单

“视图”菜单包括的命令如图 6. 14 所示，各命令及功能如表 6. 3 所列。

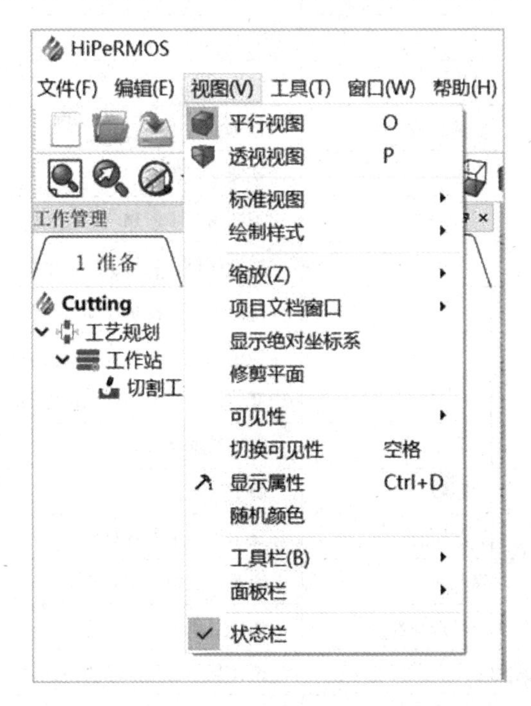

图 6. 14　“视图”菜单

表 6.3 “视图”菜单的命令及功能

命令		功能
平行视图		显示为平行视图
透视视图		显示为透视视图
标准视图	适合所有	让所有对象全屏显示
	适合选中	让选中对象全屏显示
	轴测图	显示为轴测图
	前视	显示为前视图
	顶视	显示为顶视图
	右视	显示为右视图
	后视	显示为后视图
	底视	显示为底视图
	左视	显示为左视图
绘制样式	正如	显示为模型保存时的状态
	阴影线	显示为带边着色
	阴影	显示为不带边着色
	线框	显示为线框模式
	点	显示为点模式
缩放	放大	放大视图
	缩小	缩小视图
	框选缩放	框选放大视图
项目文档窗口	停靠	视图窗口停靠
	不停靠	视图窗口不停靠
	全屏	视图窗口全屏显示
显示绝对坐标系		切换世界坐标系在图形视窗中的显示状态
修剪平面		使用基准平面及其偏移面或自定义修剪面，在图形视窗中修剪掉一部分体，点击关闭，修剪恢复
可见性	显示	显示所选对象
	隐藏	隐藏所选对象
	显示所有	显示界面中所有对象
	隐藏所有	隐藏界面中所有对象
	切换可选择性	切换对象是否可被选中
切换可见性		选择某一对象，可切换其显示和隐藏
显示属性		可查看所选对象的绘制样式；可设置材质和材质属性；可设置点的大小、线宽、透明度和线条透明度
随机颜色		可对所选对象设置随机的颜色

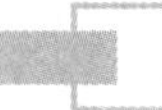

表6.3(续)

命令	功能
工具栏	可定制工具栏的显示和隐藏，工具栏包括文件、视图、制造、调试和点捕捉器
面板栏	可设置面板的显示和隐藏，面板包括工作管理、报告浏览器、运动控制器
状态栏	设置状态栏的显示和隐藏

4. “工具”菜单

工具菜单包括的命令如图 6.15 所示，各命令及功能如表 6.4 所列。

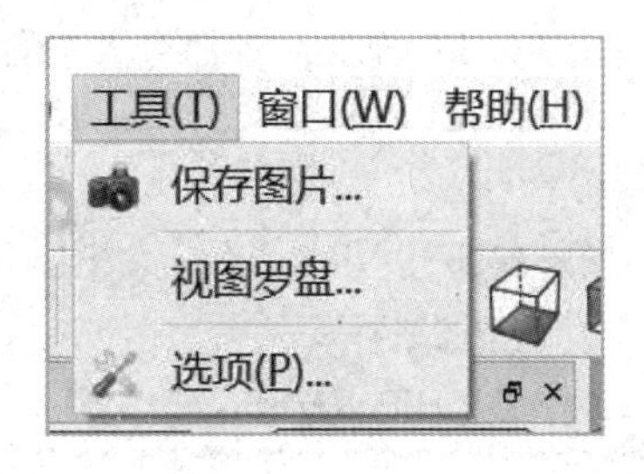

图 6.15　“工具”菜单

表 6.4　“工具”菜单的命令及功能

命令	功能
保存图片	保存当前窗口为图片
视图罗盘	让视图中的对象按照设置的角度和速度进行旋转播放
选项	设置软件的语言环境、窗口显示、3D 视图显示、背景颜色显示、导入/导出设置

5. “窗口”菜单

“窗口”菜单包括的命令如图 6.16 所示，各命令及功能如表 6.5 所列。

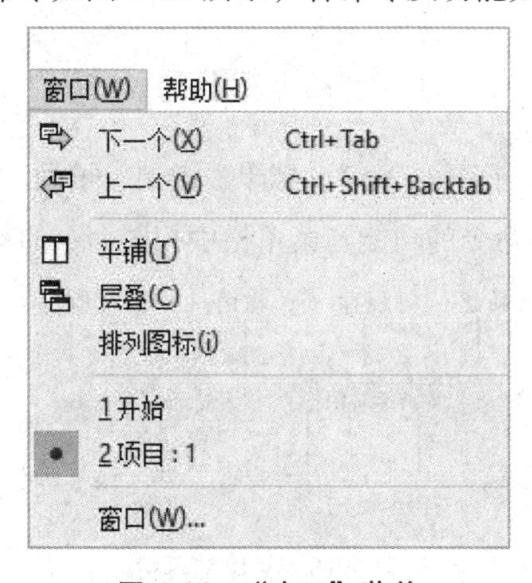

图 6.16　“窗口”菜单

表 6.5 “窗口”菜单的命令及功能

命令	功能
下一个	激活下一个项目
上一个	激活上一个项目
平铺	项目视图窗口平铺显示
层叠	项目视图窗口层叠显示
排列图标	排列项目图标窗口
窗口	选择项目进行激活

6. “帮助”菜单

“帮助”菜单包括的命令如图 6.17 所示，各命令及功能如表 6.6 所列。

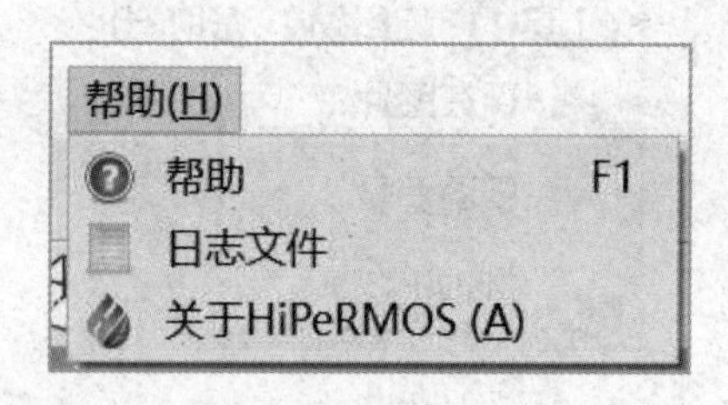

图 6.17 “帮助”菜单

表 6.6 “帮助”菜单的命令及功能

命令	功能
帮助	HiPeRMOS 软件帮助文档
日志文件	HiPeRMOS 软件记录用户操作流程的日志文件
关于 HiPeRMOS	显示 HiPeRMOS 软件的版本号、发布日期等版本信息

6.2.3 工具栏界面

工具栏又分为四个部分，分别为文件工具栏、视图工具栏、制造工具栏、点捕捉器工具栏。

1. 文件工具栏

文件工具栏包括新建、打开、保存、打印、撤销、重做、刷新命令。各图标所对应的命令如图 6.18 所示，各命令的功能与菜单栏中相同命令的功能一致。

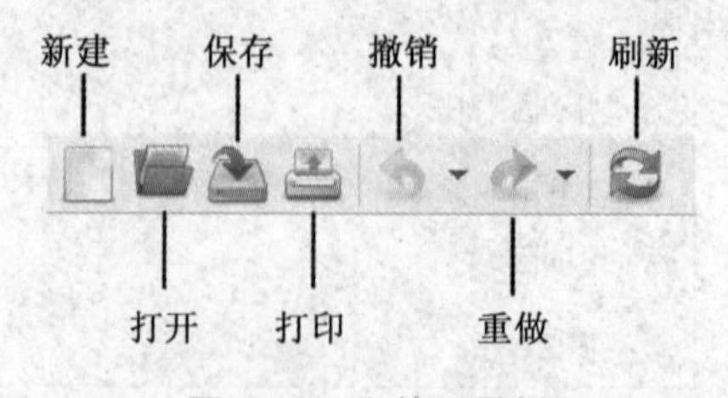

图 6.18 文件工具栏

2. 视图工具栏

视图工具栏包括的命令及图标如图 6. 19 所示。

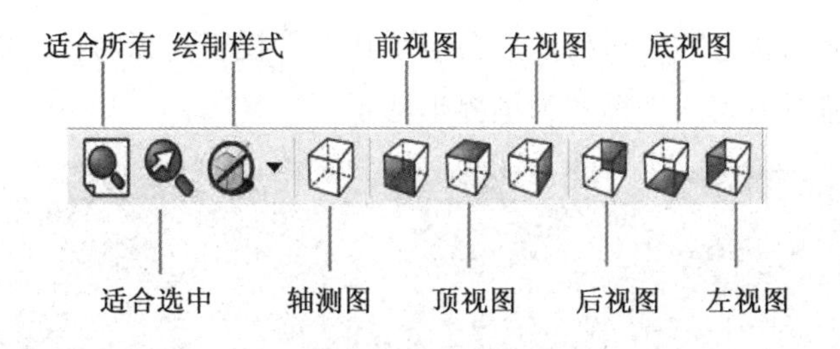

图 6. 19　视图工具栏

3. 制造工具栏

制造工具栏包括的命令如图 6. 20 所示。

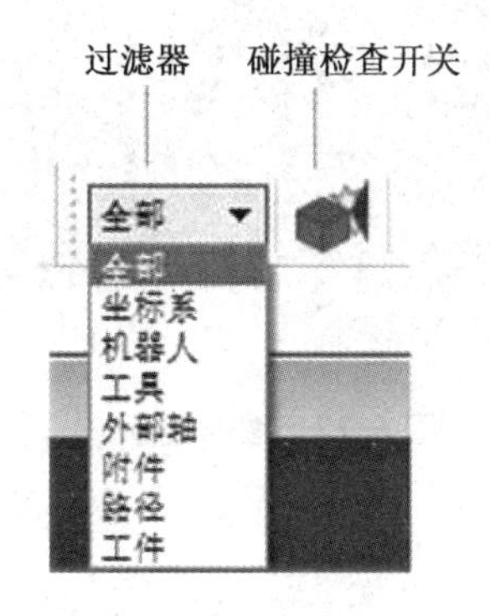

图 6. 20　制造工具栏

4. 点捕捉器工具栏

点捕捉器工具栏包括的命令及图标如图 6. 21 所示。

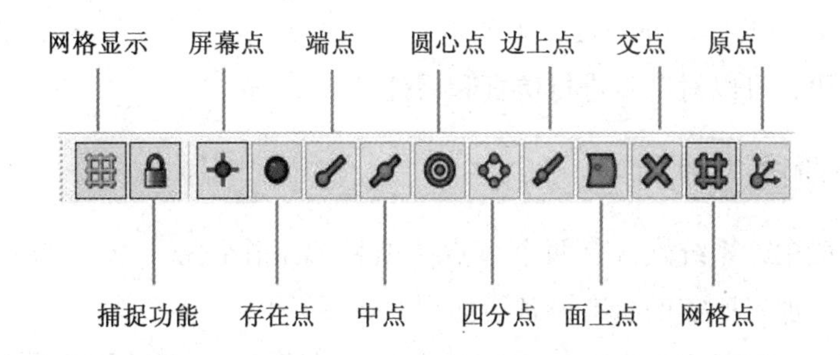

图 6. 21　点捕捉器工具栏

6.2.4 图形视窗

图形视窗为软件中显示图形的界面，可显示工作管理树中的所有对象，如图 6.22 所示。当对象为显示状态时，对象图形会显示在图形视窗；当对象为隐藏状态时，则不会显示。图形视窗右下角的坐标系为世界坐标系。

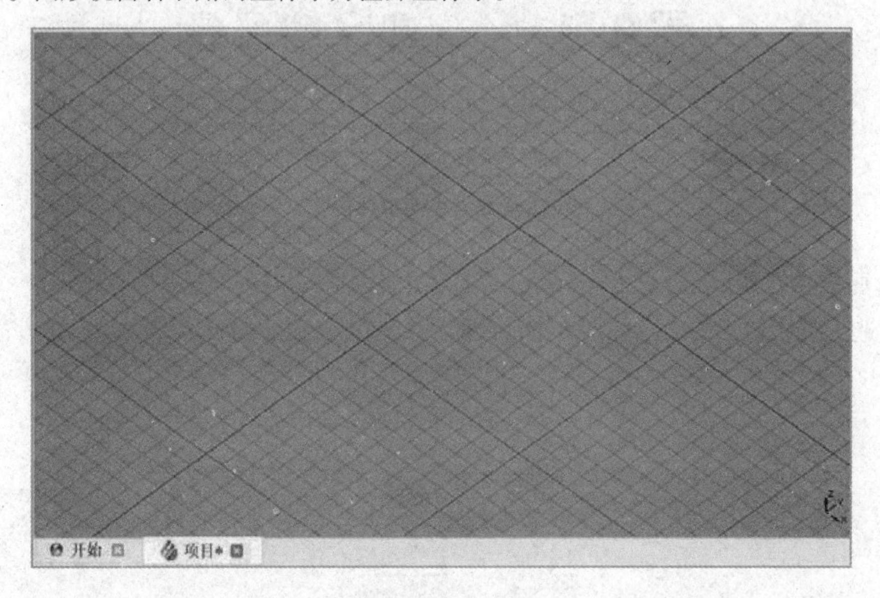

图 6.22 图形视窗

6.3 工作管理

工作管理树中包括对软件中所有模型和大部分操作的管理。工作管理包括三个阶段，即准备阶段、规划阶段、执行阶段。在准备阶段，可以导入和自定义工作所需的设备，包括机器人、工具、外部轴、附件等。在规划阶段，可以导入工作目标，创建工步。在执行阶段，可以对工步进行仿真和后处理。

6.3.1 准备阶段

在准备阶段中，系统默认有两个节点：项目和工作设备。项目为当前项目的文件名，工作设备为加工所需的所有设备，如图 6.23 所示。

“工作设备”右键菜单包括“+机器人”“+工具”“+外部轴”“+附件”“+坐标系”选项，如图 6.24 所示。通过“工作设备”节点可以导入或新建工作所需的设备和坐标系。

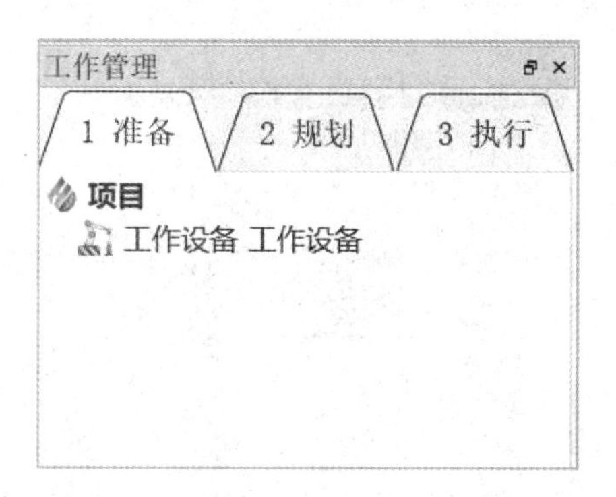

图 6.23　“工作管理”→“1 准备”

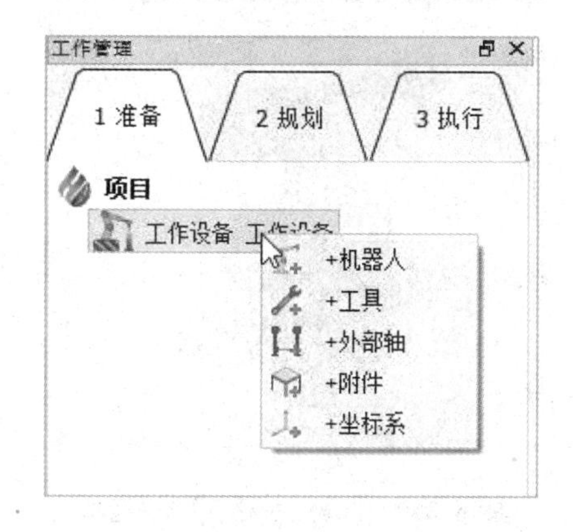

图 6.24　“工作设备”右键菜单

1. 导入机器人

在“工作设备”右键菜单中点击“+机器人”（见图 6.25），弹出“导入机器人”对话框（见图 6.26）。在该对话框的上方列表中选择品牌，此列表中会显示机器人库中该品牌所有型号的机器人。该对话框的下方显示机器人示意图及其有效载荷和工作范围。

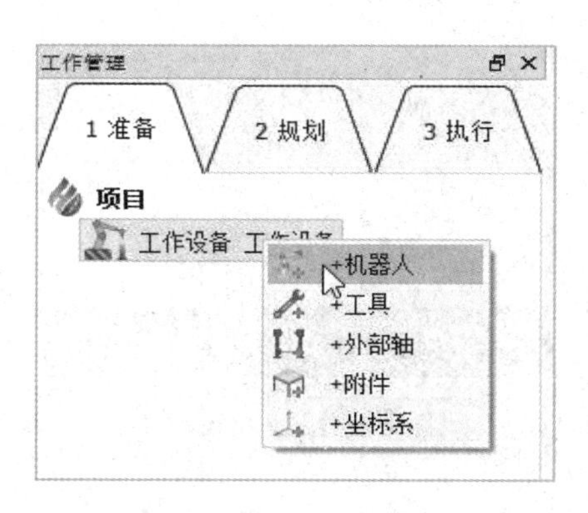

图 6.25　点击“+机器人”

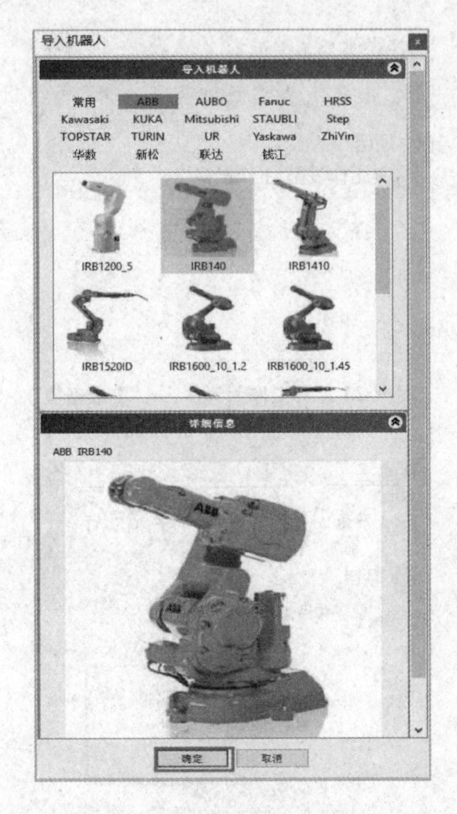

图 6.26　“导入机器人”对话框

选择一个机器人，点击“确定”按钮，弹出“移动机器人”对话框，如图 6.27 所示。

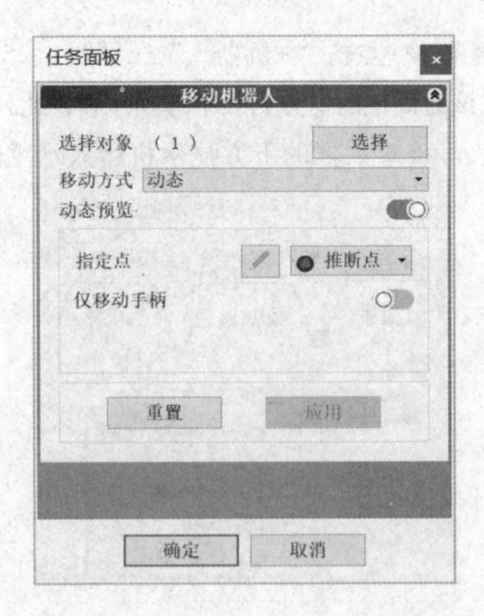

图 6.27　“移动机器人”对话框

通过点击“选择对象”可选择视图中的被移动对象，再点击视图中的对象，则可移动选中对象。如图6.28所示，已选中视图中的两个机器人对象，除了以“输入”的方式移动，其他移动方式都能同时对多个对象进行移动。若要取消对象的选择状态，则激活“选择对象”控件（点击后变亮），按“Shift”键点击视图中需取消选择的对象即可。

(a)

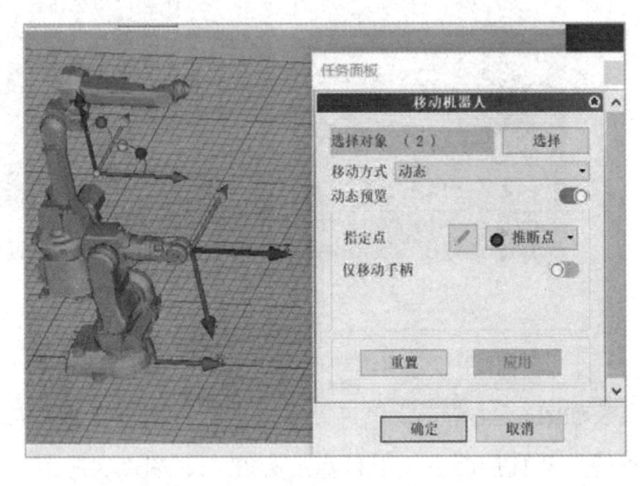

(b)

图6.28　选择对象

“动态预览”开关用于控制移动过程中实时显示移动的结果，若关闭“动态预览”开关，则移动后点击“应用”或“确定”按钮才能显示移动的结果。

移动方式有六种，即动态、距离、角度、点到点、坐标系到坐标系和输入。

（1）动态。

动态移动方式都通过三维球动态地移动旋转一个或多个几何对象，有三个方向的平移和三个方向的旋转功能，如图6.29所示。使用鼠标左键点击需要平移或旋转的方向，直接拖动进行平移或旋转即可。平移时会显示平移的距离，旋转时会显示旋转的角度。

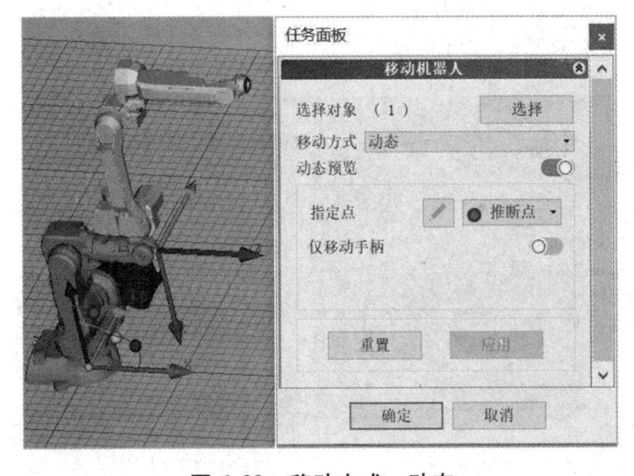

图6.29　移动方式：动态

如图6.30所示，选择X轴，拖动X轴移动一段距离，鼠标左键选中三维球的轴后，会显示距离和步长，步长可以设置每次拖动的距离范围，拖动的过程中会显示距离，也可输入需移动的距离。移动完成后会显示当前对象的位置。

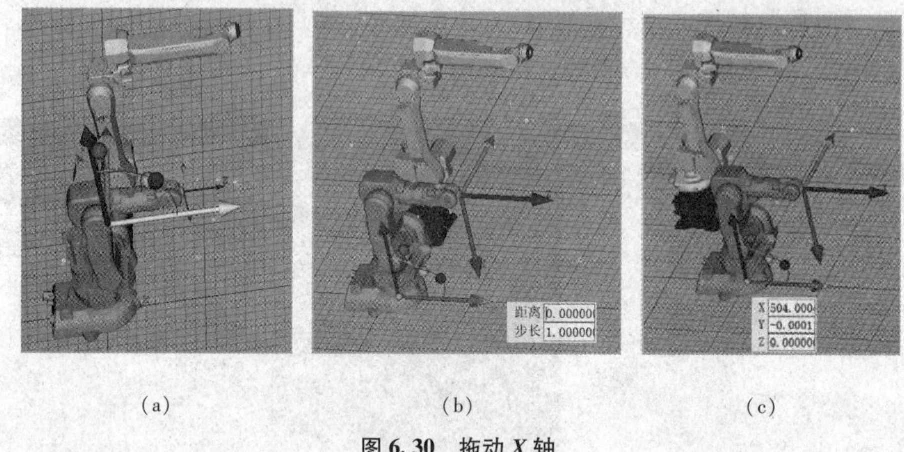

(a)　(b)　(c)

图6.30　拖动X轴

如图6.31所示，也可以通过指定点的方式进行移动，即指定对象的位置。可指定点的类型有推断点、屏幕点、存在点、端点、中点、圆心点、四分点、边上点、面上点、交点、网格点和原点。也可直接编辑点的位置，即指定屏幕中的一点，并指定屏幕点后的移动结果。

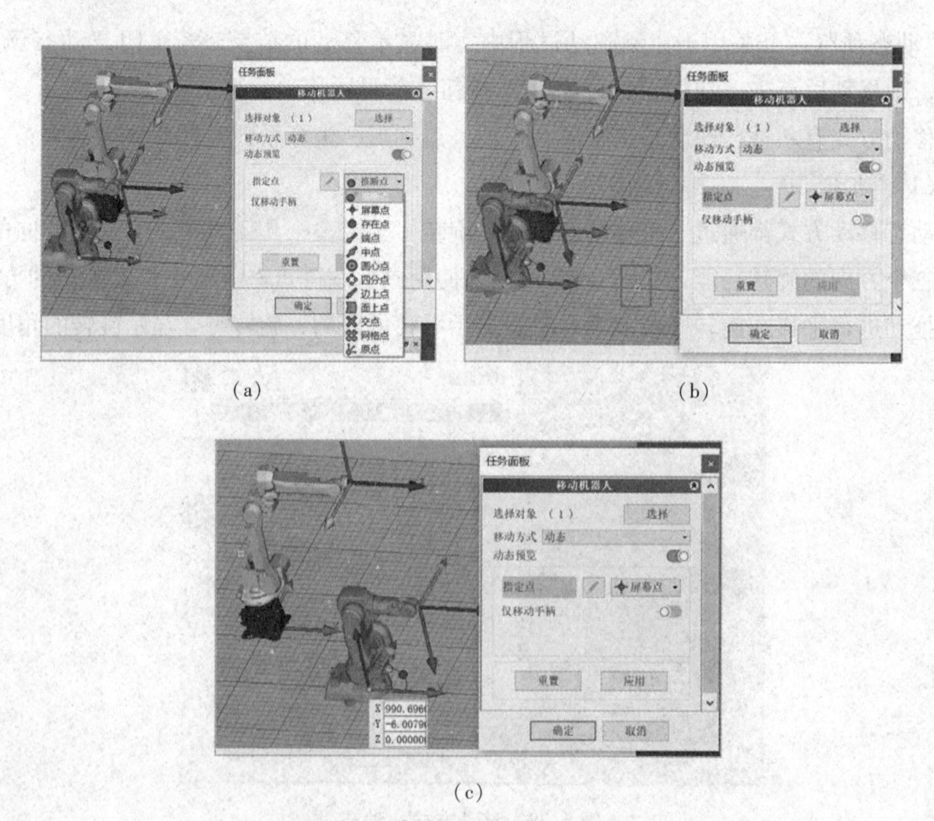

(a)　(b)

(c)

图6.31　通过指定点的方式进行移动

如图 6.32 所示，也可以通过选中三维球的原点，直接以输入数值的方式来移动所选对象。选中三维球的原点，在数据框中输入需要移动到的位置，点击“确定”按钮后显示移动结果。

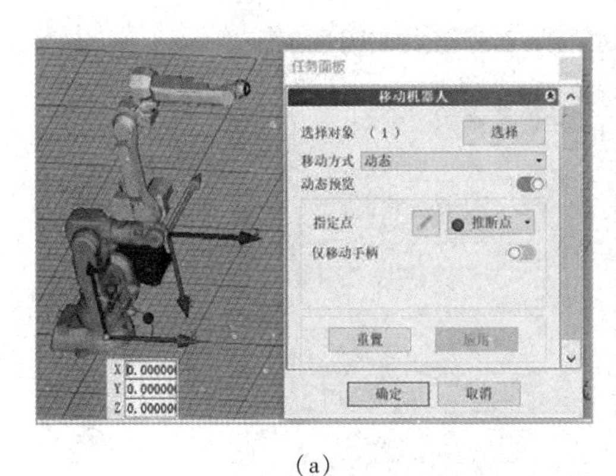

(a)

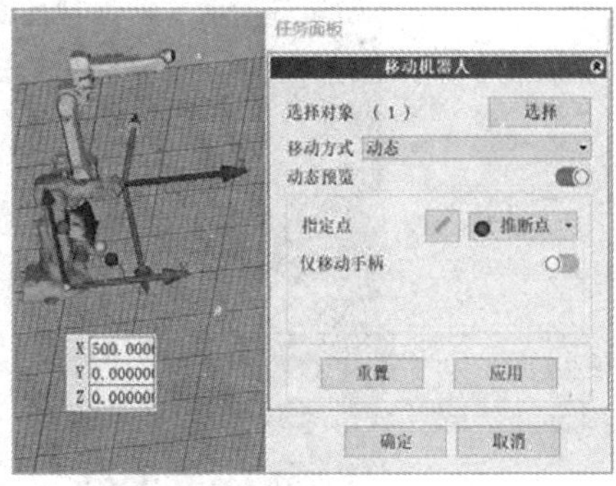

(b)

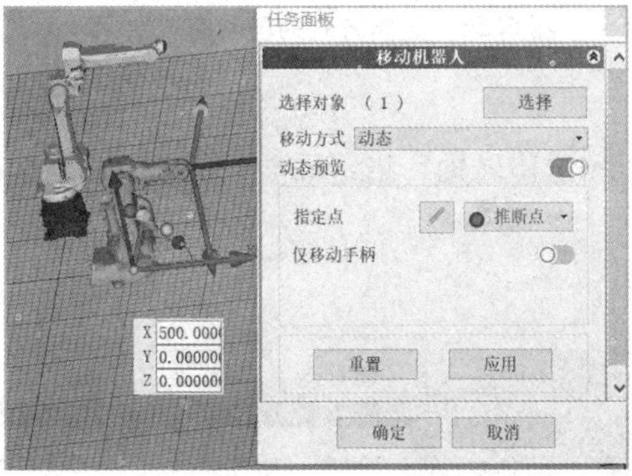

(c)

图 6.32　以输入数值的方式进行移动

(2) 距离。

距离移动方式即通过指定方向和距离来移动选中的一个或多个几何对象，设置完方向和距离后，点击“应用”按钮即可移动对象，如图 6.33 所示。

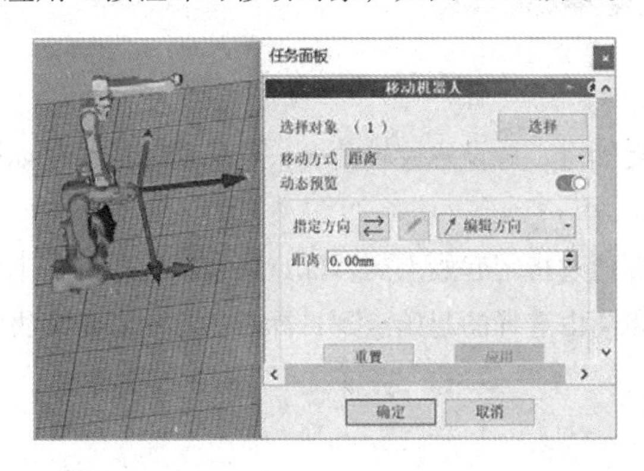

图 6.33　移动方式：距离

指定方向为正 X 方向，距离为 500.00 mm，其移动完成结果如图 6.34 所示。

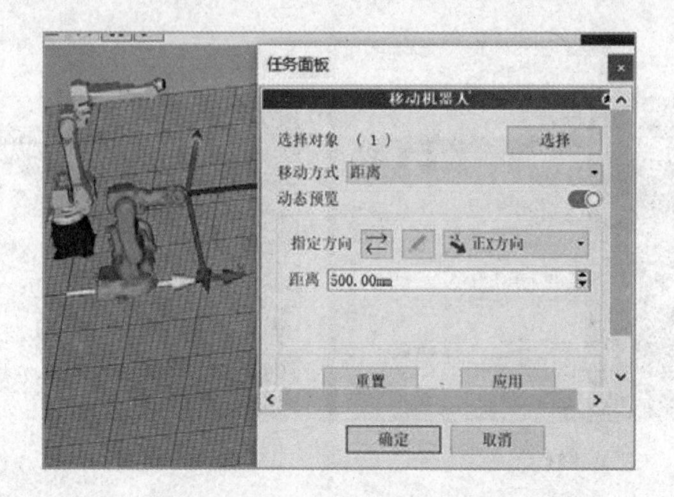

图 6.34　距离方式的移动完成结果

（3）角度。

角度移动方式即通过指定旋转轴、指定轴点和角度来移动选中的一个或多个几何对象，如图 6.35 所示。

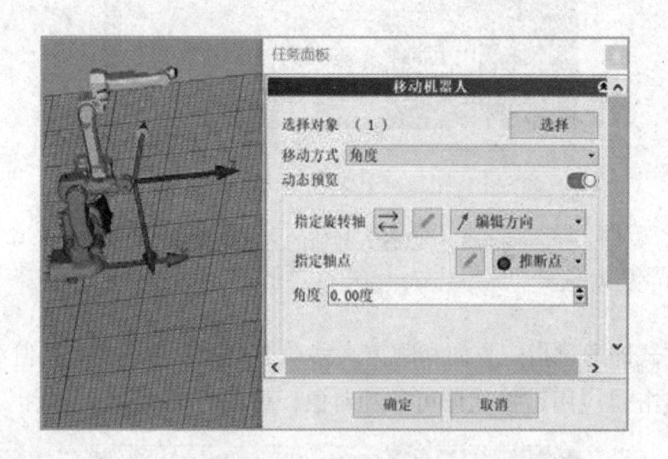

图 6.35　移动方式：角度

指定旋转轴和指定轴点，并设置旋转角度，其移动完成结果如图 6.36 所示。

（4）点到点。

点到点移动方式即通过指定起始点到目标点来移动选中的一个或多个几何对象，几何对象的移动方向和距离由选择的起始点到目标点的方向和距离决定，如图 6.37 所示。

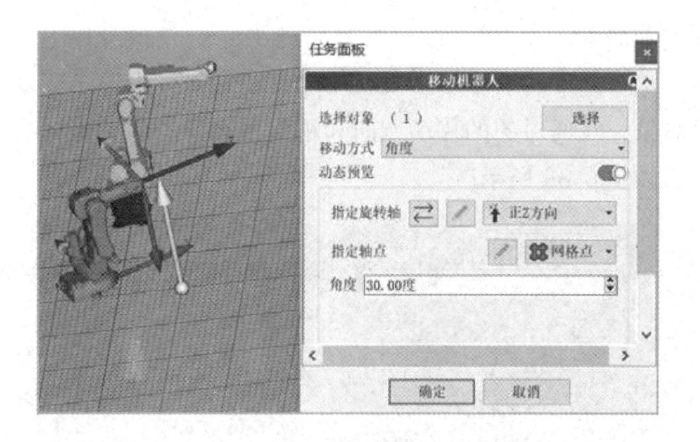

图 6.36　角度方式的移动完成结果

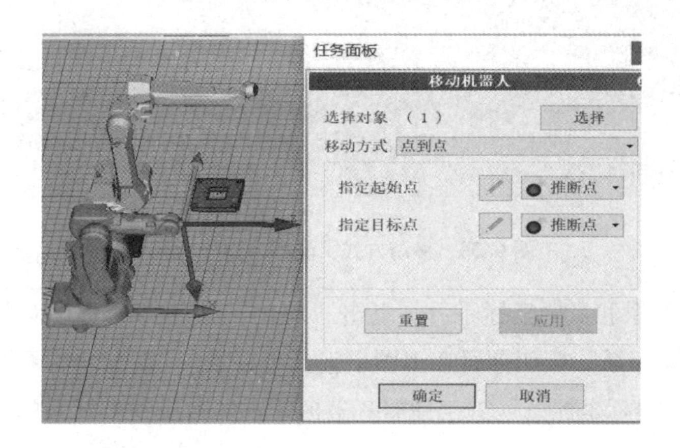

(a)

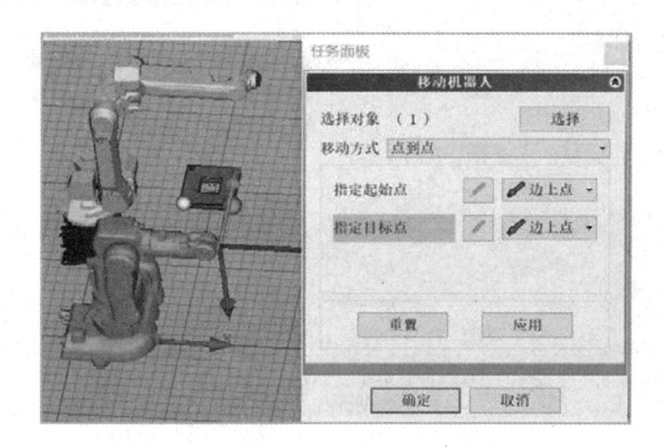

(b)

图 6.37　移动方式：点到点

指定点的方式有推断点、屏幕点、存在点、端点、中点、圆心点、四分点、边上点、面上点、交点和网格点。指定起始点和目标点后，点击“应用”按钮即可移动对象。

（5）坐标系到坐标系。

坐标系到坐标系移动方式即通过指定起始坐标系到目标坐标系的方式来移动选中的一个或多个几何对象，几何对象的移动方向和距离由选择的起始坐标系到目标坐标系的方向和距离决定，如图 6. 38 所示。

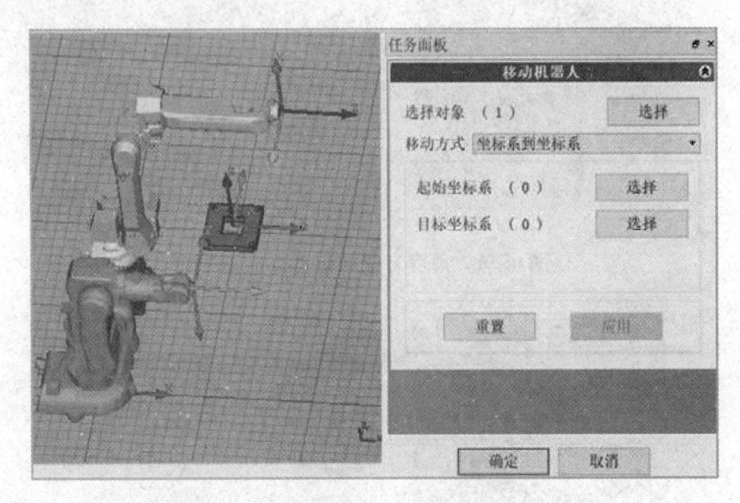

图 6. 38 移动方式：坐标系到坐标系

指定起始坐标系和目标坐标系后，点击“应用”按钮即可移动对象。点击“起始坐标系”“目标坐标系”按钮即可在视图中选择坐标系。“起始坐标系”为待移动机器人的基坐标系，“目标坐标系”为工件的基坐标系。坐标系到坐标系的移动完成结果如图 6. 39 所示。

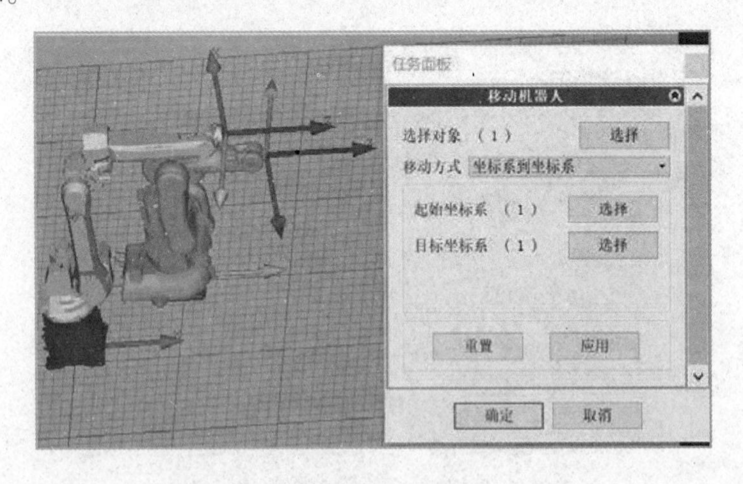

图 6. 39 坐标系到坐标系的移动完成结果

（6）输入。

输入选中对象的位置，点击“确定”按钮，即可移动对象，如图 6. 40 所示。

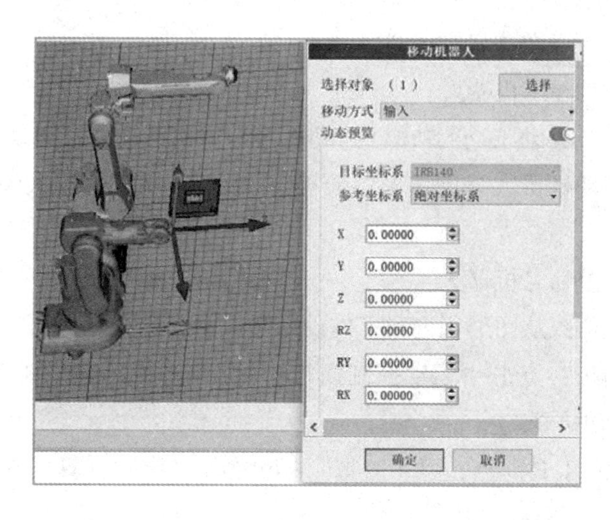

图 6.40　移动方式：输入

设置机器人的位置后，点击“确定”按钮，即可导入机器人，如图 6.41 所示。

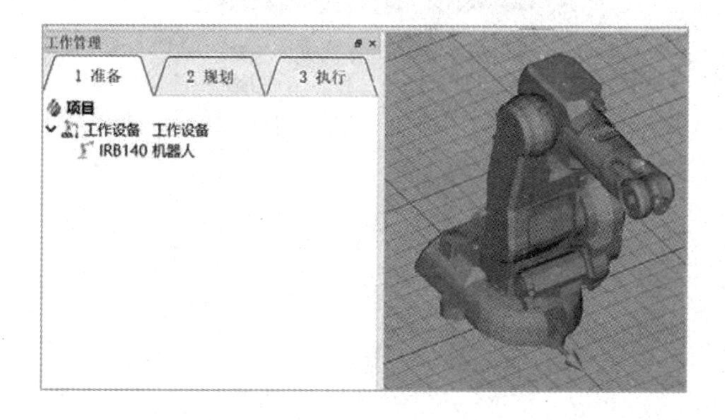

图 6.41　导入机器人

如图 6.42 所示，“机器人”右旋菜单包括“隐藏”“移动”“复位”“重命名”“删除”“运动控制面板”“+工具”“+外部轴”“+附件”“+坐标系”。

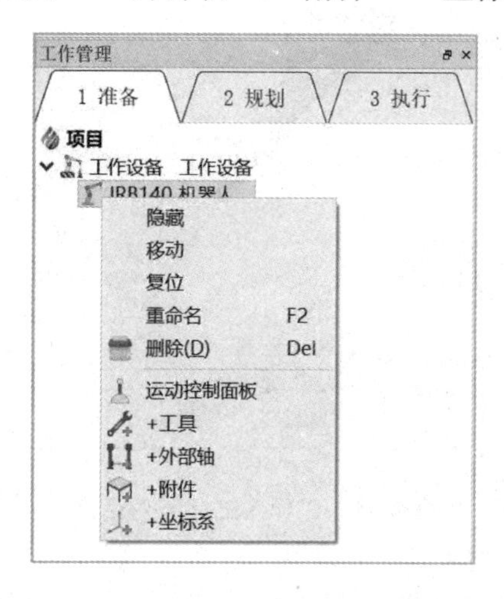

图 6.42　“机器人”右键菜单

图 6. 42 所示右键菜单中各功能具体如下。

① 隐藏：隐藏和显示机器人。

② 移动：点击“移动”，会弹出“移动机器人”对话框，可移动机器人位置。

③ 复位：当移动机器人各关节后，点击“复位”可将机器人恢复到初始导入的姿态。

④ 重命名：可重命名机器人。

⑤ 删除：将机器人从图形视窗和工作设备节点中删除。

⑥ 运动控制面板：点击“运动控制面板”，会弹出“运动控制面板”对话框，可以对机器人进行运动仿真。

⑦ +工具：导入工具。点击“+工具”，会弹出“导入工具”对话框，如图 6. 43 所示。

图 6. 43 “导入工具”对话框

在图6.43所示的工具列表中选择一个工具，点击“确定”按钮，弹出“移动工具”对话框（见图6.44）。工具的移动方法与机器人的移动方法相同。

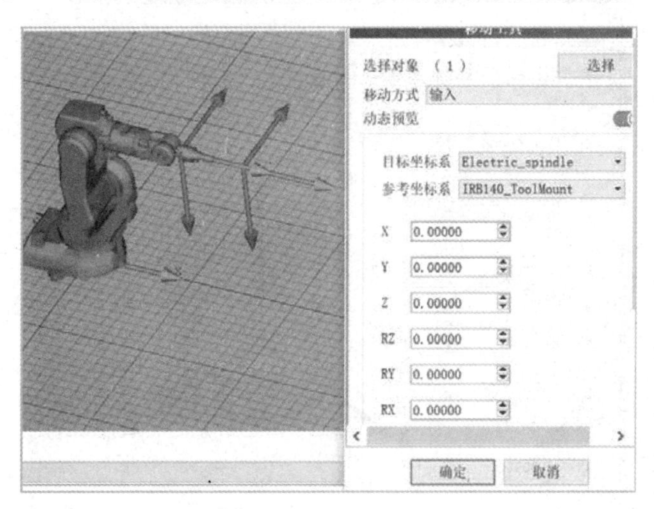

图6.44 “移动工具”对话框

输入工具相对机器人“ToolMount”的位置，点击“确定”按钮，则该工具会导入到机器人上，如图6.45所示。此处也能新建工具，新建的工具直接在机器人ToolMount的位置上。

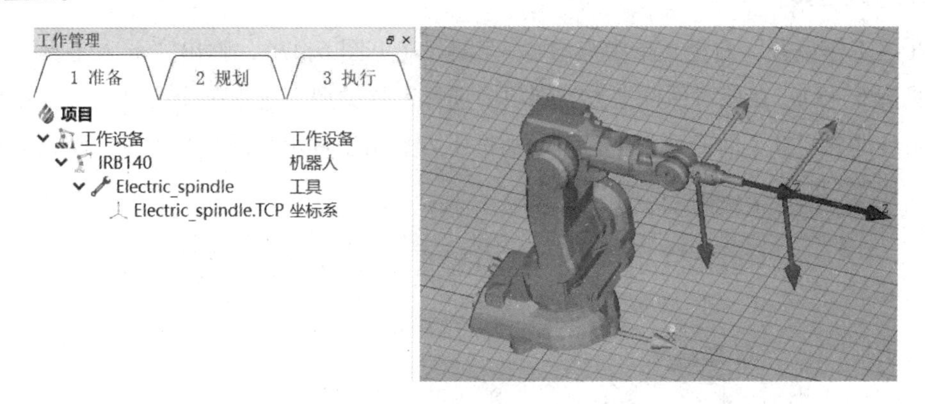

图6.45 将工具导入到机器人上

⑧ +外部轴：导入外部轴操作同导入工具操作。

⑨ +附件：导入附件操作同导入工具操作。

⑩ +坐标系：新建坐标系。点击“+坐标系”，会弹出“新建坐标系”对话框，如图6.46所示。在该对话框中输入坐标系的位姿态，点击“确定”按钮，即可完成坐标系的创建。

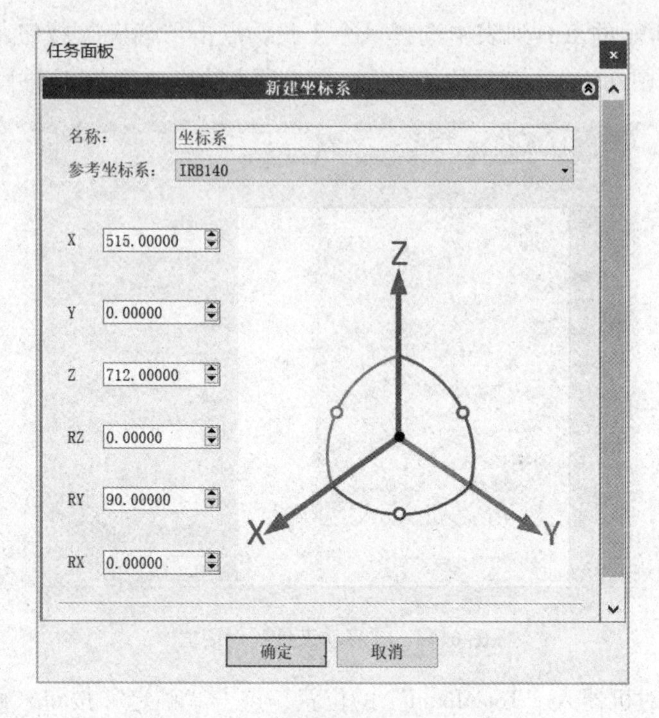

图 6.46 “新建坐标系”对话框

2. 导入工具

在“工作设备”右键菜单中点击“+工具”（见图 6.47），弹出“导入工具”对话框（见图 6.48）。在该对话框上方类别项中选择工具类型，选中一个类别后，库中该类型的工具都会列在下面的列表中。该对话框下方显示工具示意图及其重量。默认的类型是“常用”，且会列出最近使用的工具。

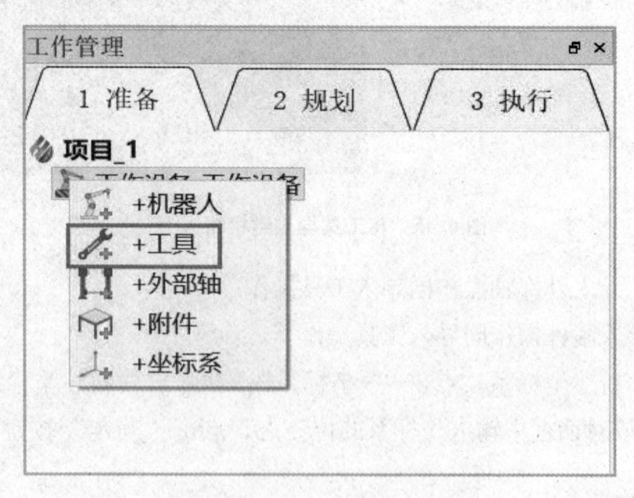

图 6.47 点击“+工具”

导入工具
导入工具
常用 搬运 切割 夹具
激光切割 测量 抛光 扫描
喷涂 自定义 焊接
新建
Electric ...
Cutter 1...
Double...
详细信息
切割 Electric_spindle
重量： XX kg
确定
取消

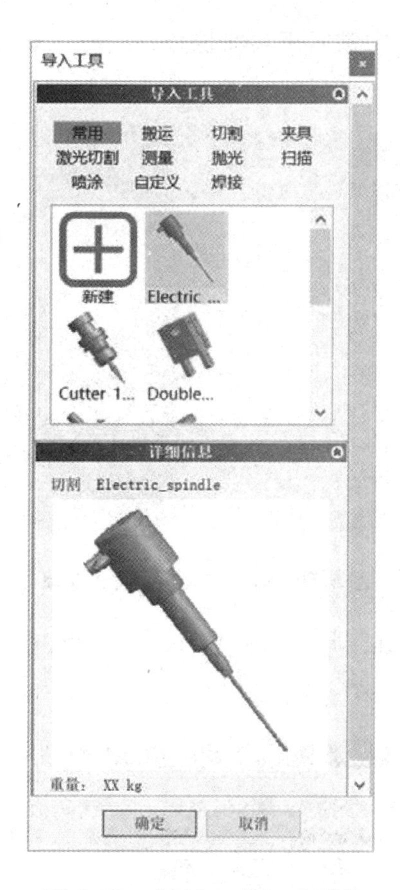

图 6.48　“导入工具”对话框

在工具列表中选择一个工具，点击“确定”按钮，弹出“移动工具”对话框，如图 6.49 所示。

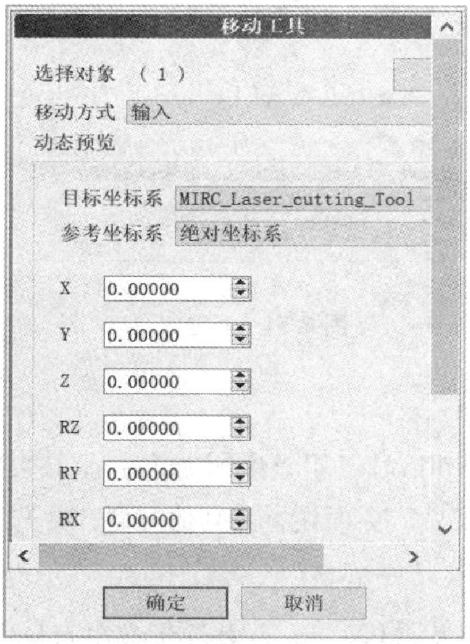

移动工具
选择对象 （1）
移动方式 输入
动态预览
目标坐标系 MIRC_Laser_cutting_Tool
参考坐标系 绝对坐标系
X 0.00000
Y 0.00000
Z 0.00000
RZ 0.00000
RY 0.00000
RX 0.00000
确定
取消

图 6.49　“移动工具”对话框

在“移动工具”对话框中输入工具的位置，点击“确定”按钮，即可导入工具，如图 6. 50 所示。

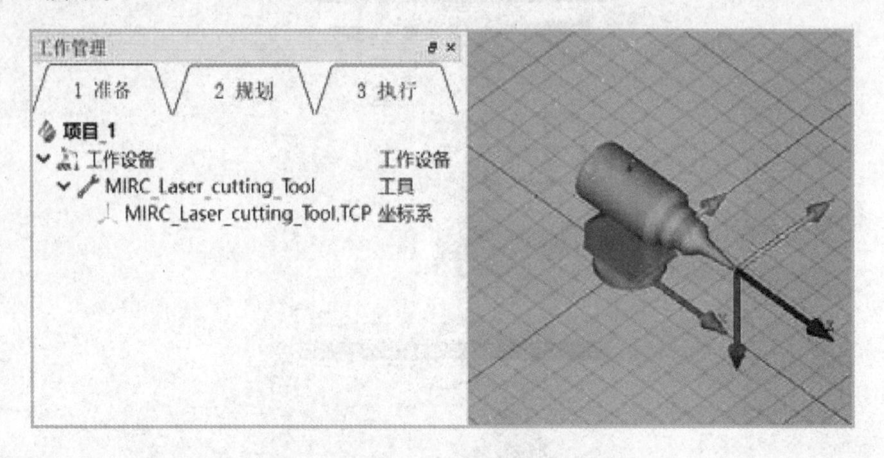

图 6. 50　输入工具位置导入工具

导入工具时，可选择新建工具，如图 6. 51 所示，点击“新建”按钮。

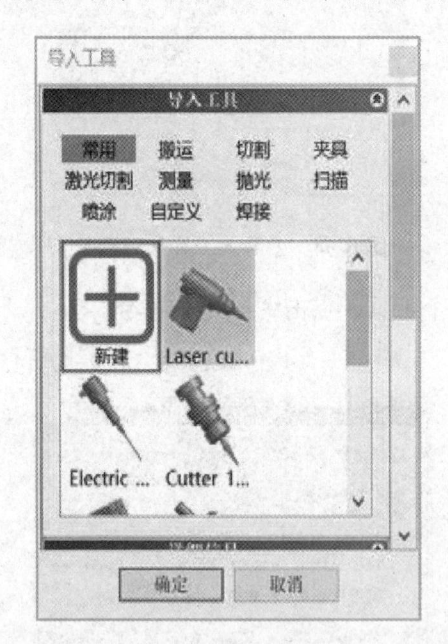

图 6. 51　新建工具

（1）设置工具名称和类型。

可设置新建工具的名称和信息，如图 6. 52 所示。工具类别默认为“自定义”，也可在“新建工具”或“导入工具”界面设置为其他类型，并选择是否添加到本地工具库。

（2）工具模型。

可以导入工具的模型（见图 6. 53），并选择是否作为整体导入（见图 6. 54），之后点击“导入”按钮。可使用选择对象功能选择已导入的一个或多个模型。

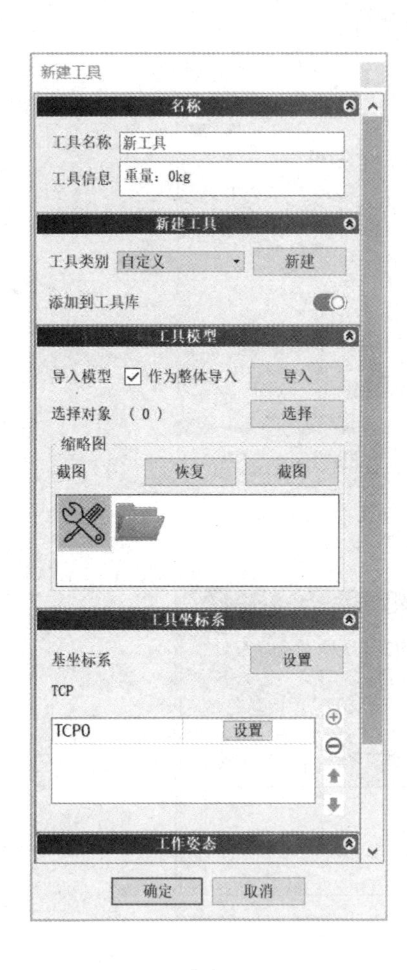

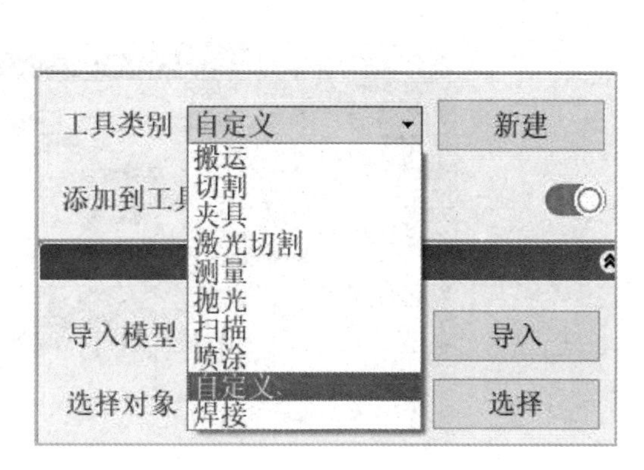

（a）　　　　（b）

图 6.52　设置新建工具的名称和信息

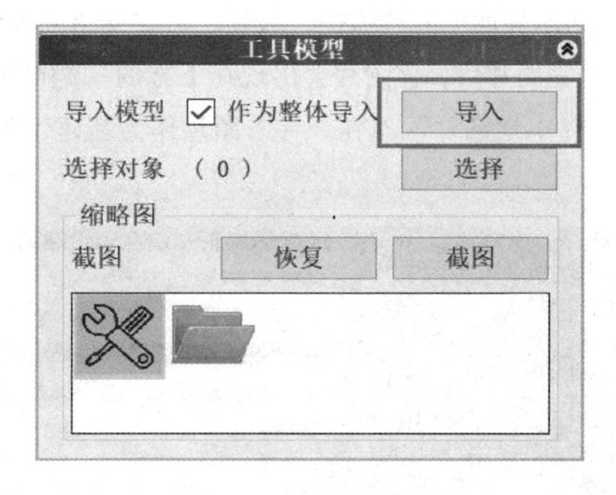

图 6.53　导入工具的模型

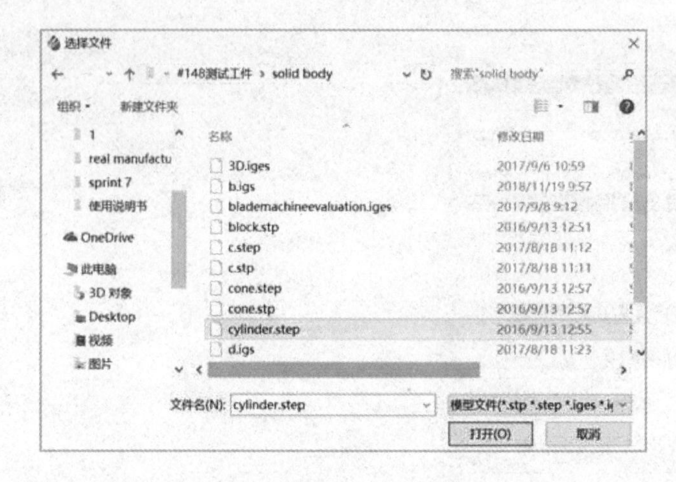

(a)

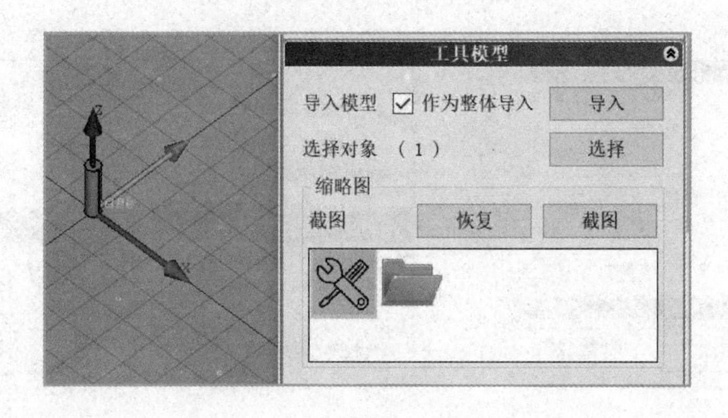

(b)

图 6.54　选择是否作为整体导入

点击图 6.54（b）所示界面上的“截图”按钮，可在视图上截取图片作为工具的图片，如图 6.55 所示。截完图片后，该图片会出现在下方的“缩略图”框内，也可通过点击缩略图框内的“选择本地图片”按钮，导入图片作为新建工具的图片，如图 6.56 所示。

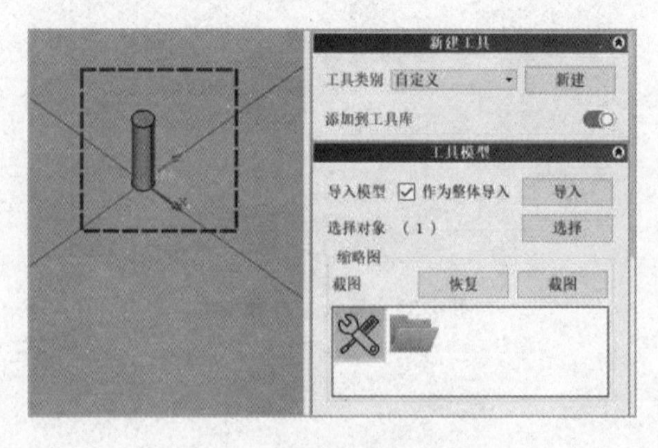

图 6.55　在视图上截取图片

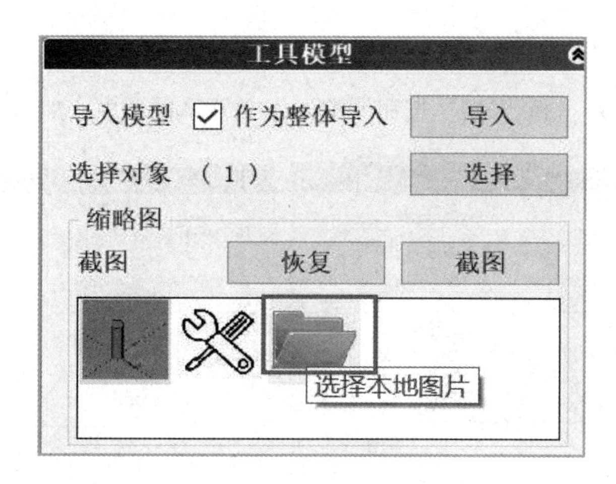

图6.56 选择本地图片

（3）设置工具基坐标系、工具坐标系。

如图6.57所示，点击“基坐标系”后的“设置”按钮，设置工具的基坐标系。设置基坐标系位置的方式与移动机器人的方式相同，如图6.58所示。

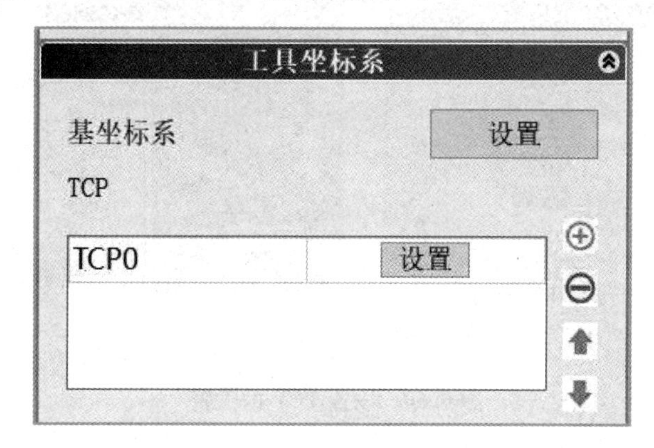

图6.57 点击“设置”按钮

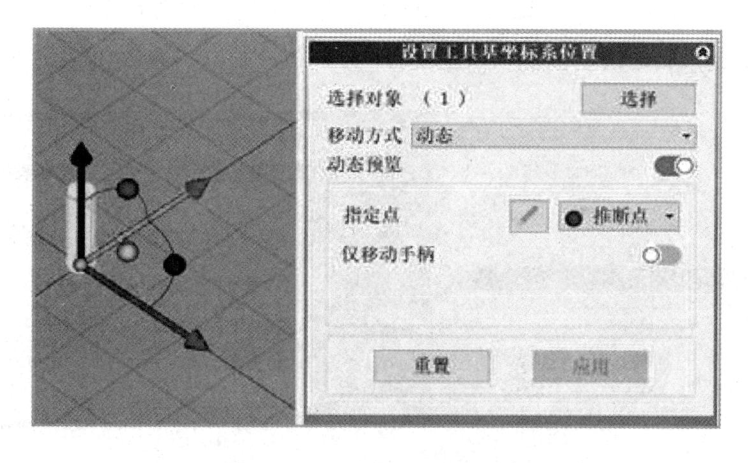

图6.58 设置工具的基坐标系

设置工具的 TCP，此处可通过点击“⊕”按钮增加 TCP，点击“⊖”按钮删除 TCP。通过点击“⬆“和“⬇”按钮调整列表中 TCP 的顺序，如图 6.59 所示。

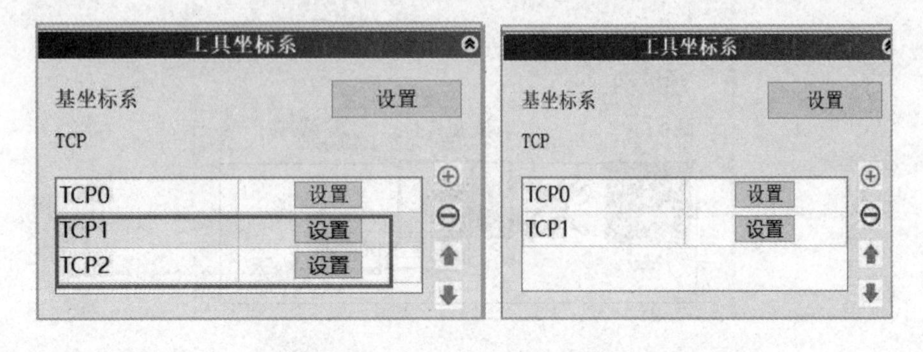

（a）　　　（b）

图 6.59　调整列表中 TCP 的顺序

点击 TCP 后的“设置”按钮，设置 TCP 的位置，如图 6.60 所示。

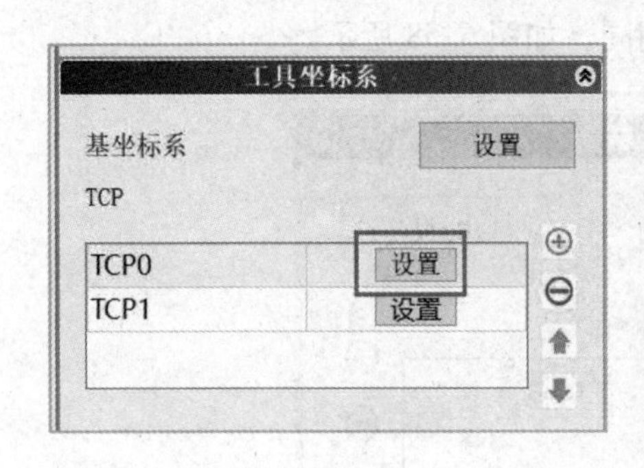

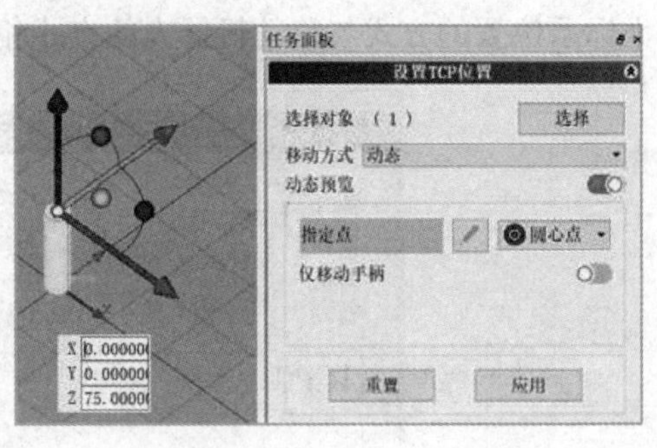

（a）　　　（b）

图 6.60　设置 TCP 的位置

（4）设置工作姿态。

设置工具的工作姿态，点击 TCP 后的“设置”按钮，如图 6.61 所示。工作姿态的设置包括指定工作点、指定轴向和指定副方向。

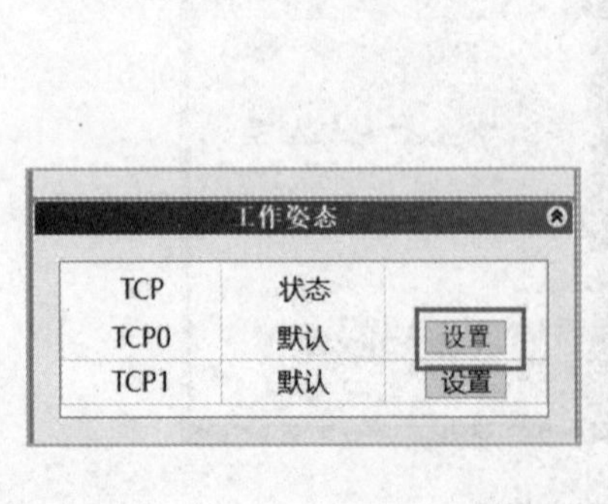

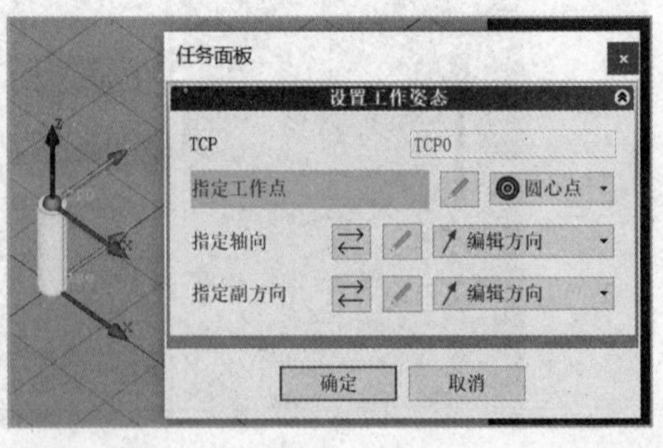

（a）　　　（b）

图 6.61　设置工具的工作姿态

参数设置完成后，点击“新建工具”界面的“确定”按钮，即可完成工具的新建，如图 6. 62 所示。若新建工具名称与库中原有工具名称相同，系统则会给出提示，可选择重命名或替换原工具，如图 6. 63 所示。工具新建之后会进入移动界面，如图 6. 64 所示。

图 6. 62　完成工具的新建

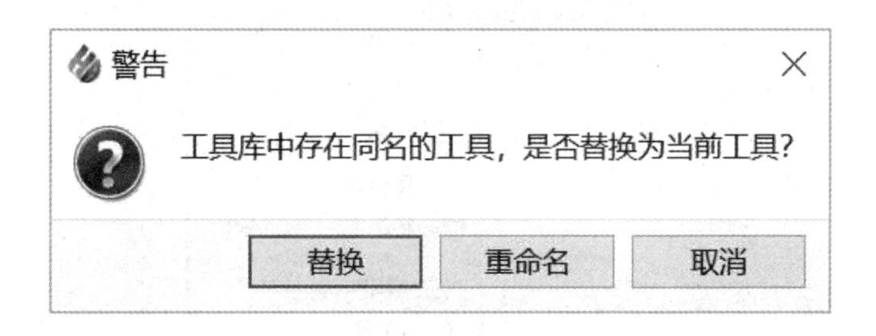

图 6. 63　重命名或替换原工具

“工具”右键菜单包括“编辑”“隐藏”“移动”“重命名”“删除”“+TCP”“+工具”“+外部轴”“+附件”，如图 6. 65 所示。

“工具”右键菜单中各功能具体如下。

① 编辑：点击“编辑”，会弹出“编辑工具”对话框，具体功能见上文“新建工具”。

② 隐藏：隐藏和显示工具。

③ 移动：点击“移动”，弹出“移动工具”对话框，可移动工具位置。

④ 重命名：可对工具进行重命名。

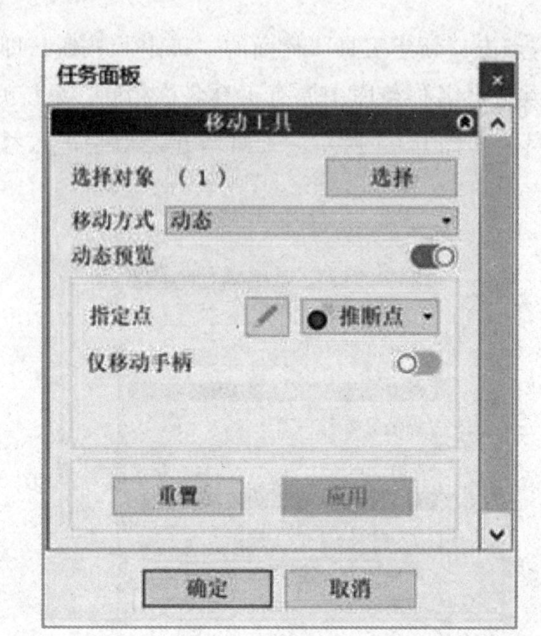

图 6.64　工具新建之后进入移动界面

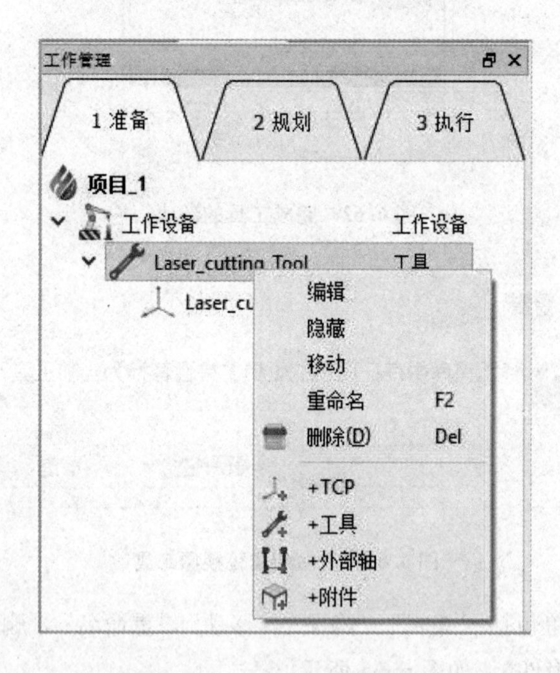

图 6.65　“工具”右键菜单

⑤ 删除：可将工具从图形视窗和工作设备节点中删除。

⑥ +TCP：点击“+TCP”，会弹出“移动 TCP”对话框，此处可新增 TCP，与新建工具时增加 TCP 的功能相同。

⑦ +工具：导入工具。点击“+工具”，会弹出“导入工具”对话框（见图 6.66），在工具列表中选择一个切割工具“Electric_spindle”，点击“确定”按钮；输入工具相

对于导入工具“ToolMount”的位置（见图 6.67），点击“确定”按钮，则该工具“Electric_spindle”会导入到工具“Gripper_Sucker”上（见图 6.68）。

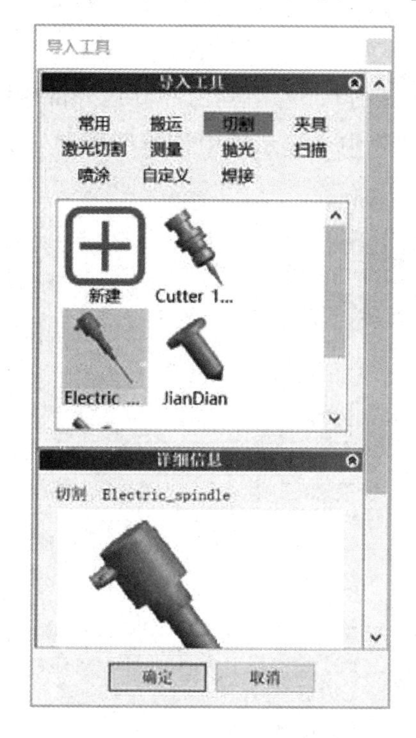

图 6.66　“导入工具”对话框

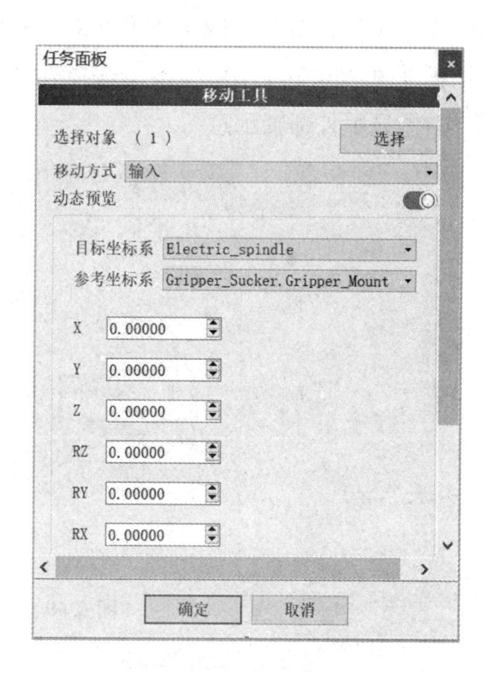

图 6.67　输入工具相对于导入工具“ToolMount”的位置

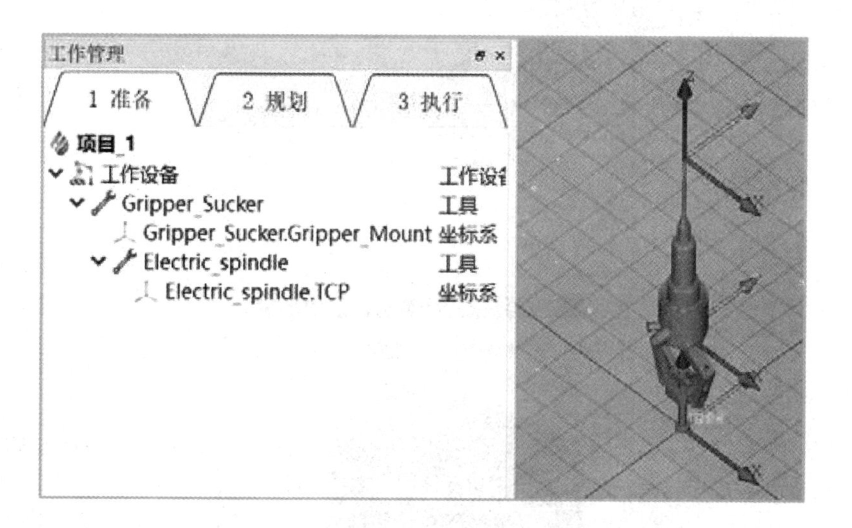

图 6.68　将工具“Electric_spindle”导入到工具“Gripper_Sucker”上

⑧ +外部轴：导入外部轴操作同导入工具操作。

⑨ +附件：导入附件操作同导入工具操作。

3. 导入外部轴

在“工作设备”右键菜单中点击“+外部轴”（见图 6.69），弹出“导入外部轴”对话框（见图 6.70）。在类型中选择外部轴类型，列表中会显示库中该类型所有外部轴；右侧显示外部轴示意图。

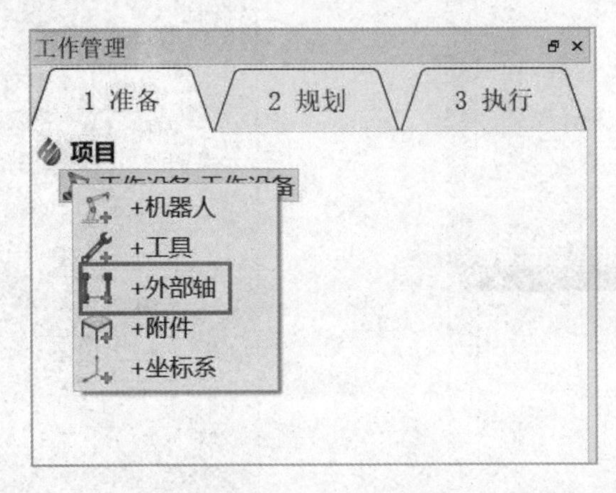

图 6.69　点击“+外部轴”

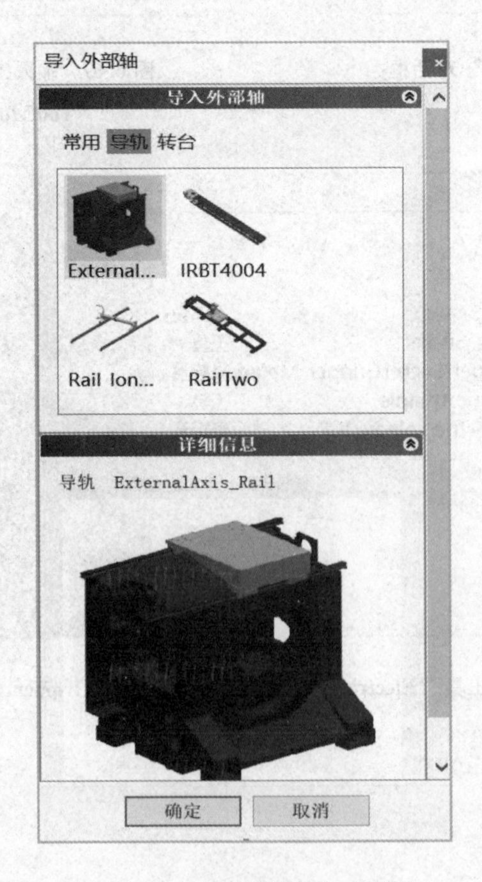

图 6.70　“导入外部轴”对话框

选择一个外部轴，点击“确定”按钮，弹出“移动外部轴”对话框（见图 6.71），移动的方式与机器人移动的方式相同。

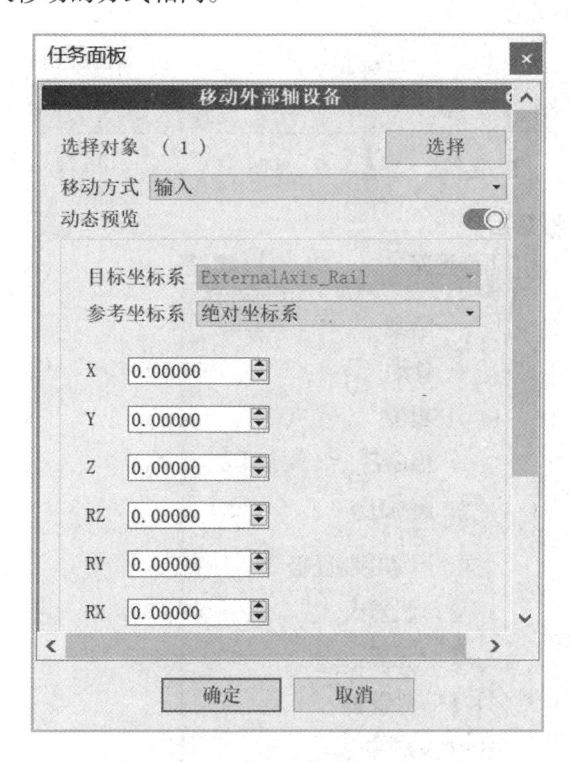

图 6.71　“移动外部轴”对话框

输入外部轴的位置，点击“确定”按钮，即可导入外部轴，如图 6.72 所示。

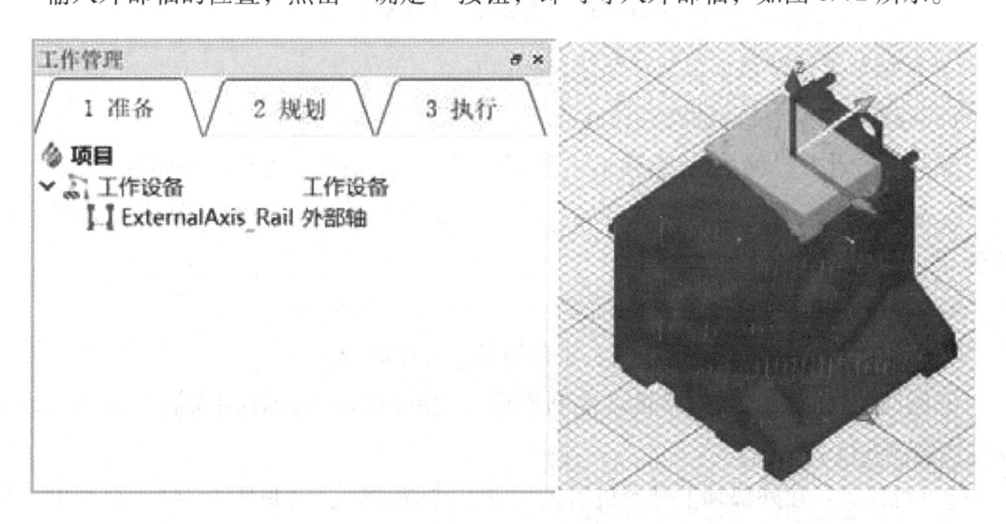

图 6.72　导入外部轴

“外部轴”右键菜单包括“隐藏”“移动”“复位”“重命名”“删除”“运动控制面板”“+机器人”“+工具”“+外部轴”“+附件”，如图 6. 73 所示。

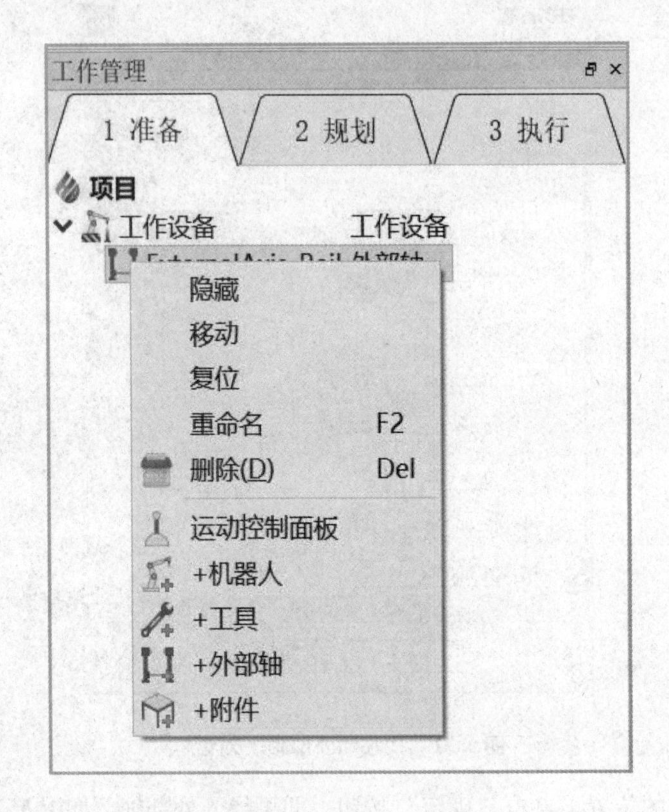

图 6. 73　“外部轴”右键菜单

“外部轴”右键菜单中各部分功能具体如下。

① 隐藏：可以对外部轴隐藏和显示。

② 移动：点击“移动”，会弹出“移动外部轴”对话框，可移动外部轴位置。

③ 复位：当移动外部轴各关节后，点击“复位”可将外部轴恢复到初始导入的姿态。

④ 重命名：可对外部轴进行重命名。

⑤ 删除：将外部轴从图形视窗和工作设备节点中删除。

⑥ 运动控制面板：点击“运动控制面板”，会弹出“运动控制面板”对话框，可以对外部轴进行运动仿真。

⑦ +机器人：在外部轴上导入机器人。点击“+机器人”（见图 6. 74），会弹出“导入机器人”对话框（见图 6. 75）。

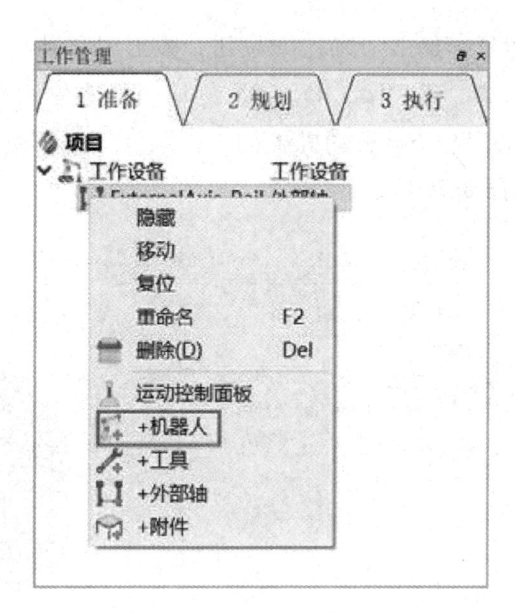

图 6.74　点击“+机器人”

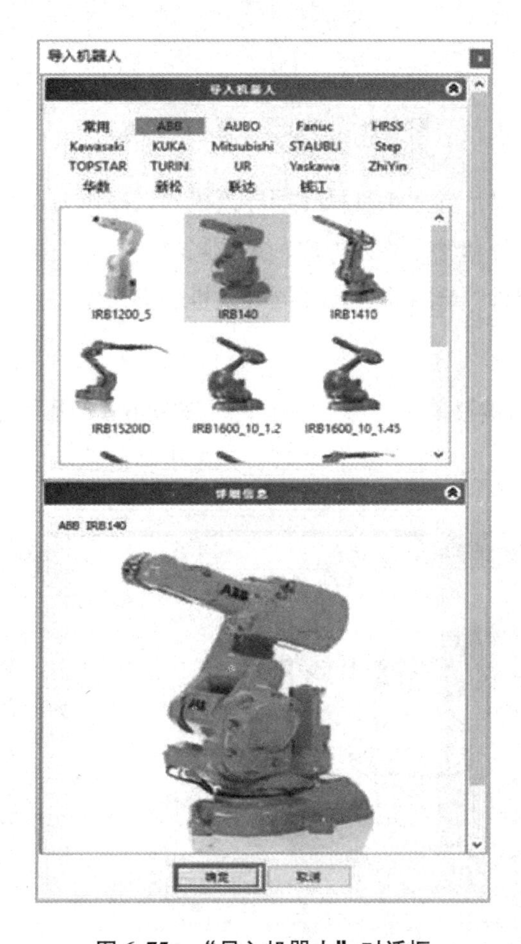

图 6.75　“导入机器人”对话框

选择一个机器人型号，点击“确定”按钮，弹出“移动机器人”对话框，如图6.76（a）所示。在X，Y，Z，RZ，RY，RX的输入框中输入机器人相对于外部轴“ToolMount”的位移或以其他方式移动机器人的位置，点击“确定”按钮，即可将机器人导入到外部轴上，如图6.76所示。

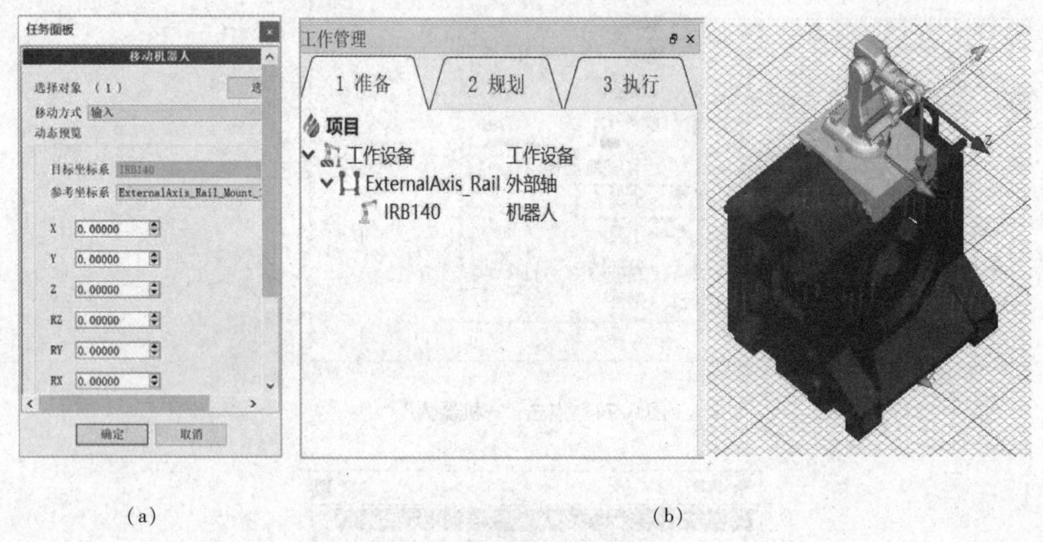

（a） （b）

图6.76 将机器人导入外部轴上

⑧ +工具：导入工具。导入工具操作同导入机器人操作。

⑨ +外部轴：导入外部轴。导入外部轴操作同导入机器人操作。

⑩ +附件：导入附件。导入附件操作同导入机器人操作。

4. 导入附件

在“工作设备”右键菜单中点击“+附件”，如图6.77所示，弹出“导入附件”对话框（见图6.78）。在类型中选择附件类型，列表中会显示库中该类型的所有附件；右侧显示附件。

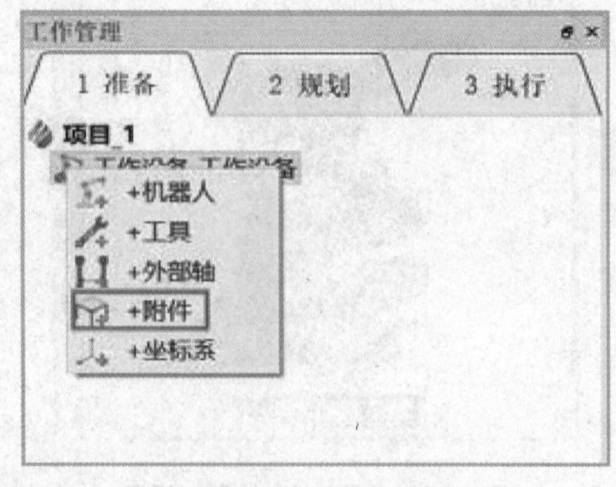

图6.77 点击“+附件”

图 6.78　“导入附件”对话框

选择一个附件，点击“确定”按钮，弹出“移动附件”对话框，如图 6.79 所示。

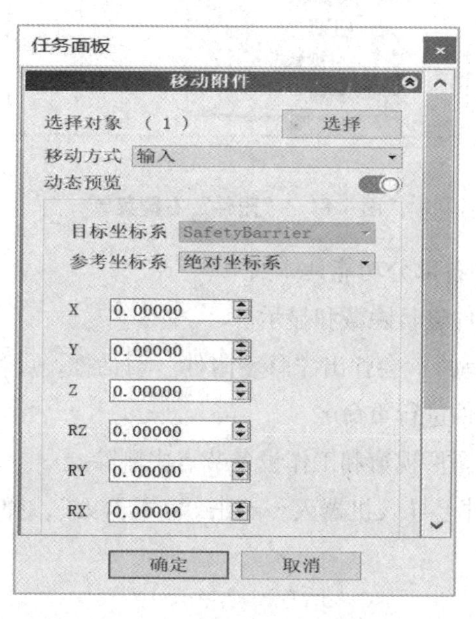

图 6.79　“移动附件”对话框

输入附件的位置，点击“确定”按钮，即可导入附件，如图 6.80 所示。

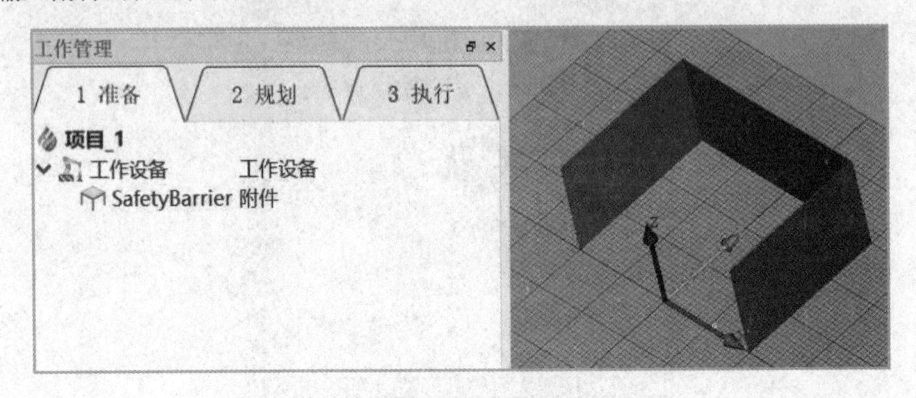

图 6.80　导入附件

“附件”右键菜单包括“隐藏”“移动”“重命名”“删除”“+机器人”“+工具”“+外部轴”“+附件”，如图 6.81 所示。

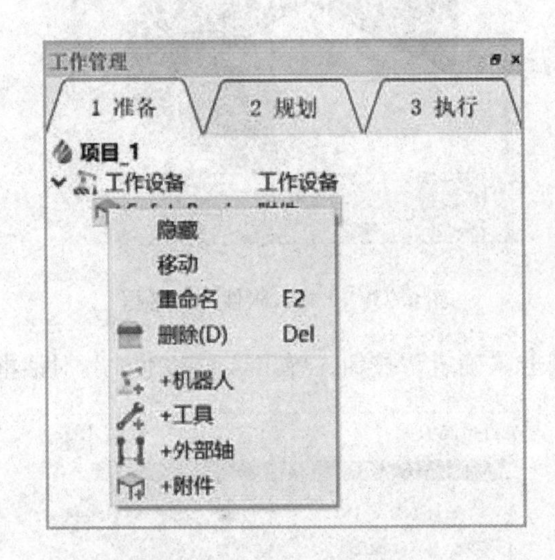

图 6.81　“附件”右键菜单

“附件”右键菜单中各部分功能具体如下。

① 隐藏：可以对附件进行隐藏和显示。

② 移动：点击“移动”，会弹出“移动附件”对话框，可移动附件位置。

③ 重命名：可对附件进行重命名。

④ 删除：将附件从图形视窗和工作设备节点中删除。

⑤ +机器人：在附件上导入机器人。点击“+机器人”，弹出“导入机器人”对话框，如图 6.82 所示。

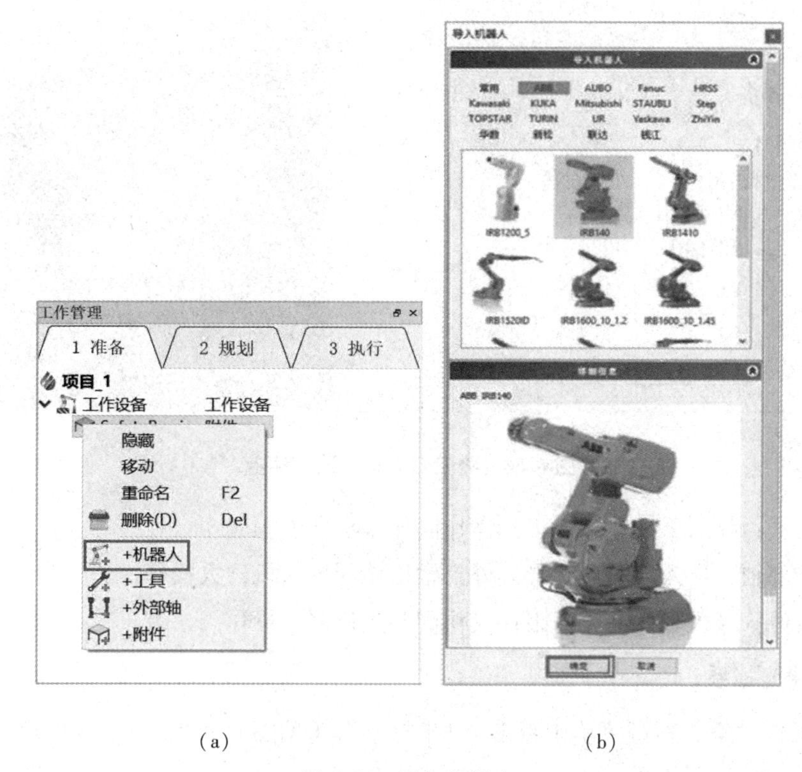

(a)　　　　　　　　(b)

图 6.82　导入机器人

选择一个机器人型号，点击“确定”按钮，弹出“移动机器人”对话框，在 X，Y，Z，RZ，RY，RX 中输入机器人相对于附件 ToolMount 的位移（见图 6.83），点击“确定”按钮，即可将机器人导入到附件上（见图 6.84）。

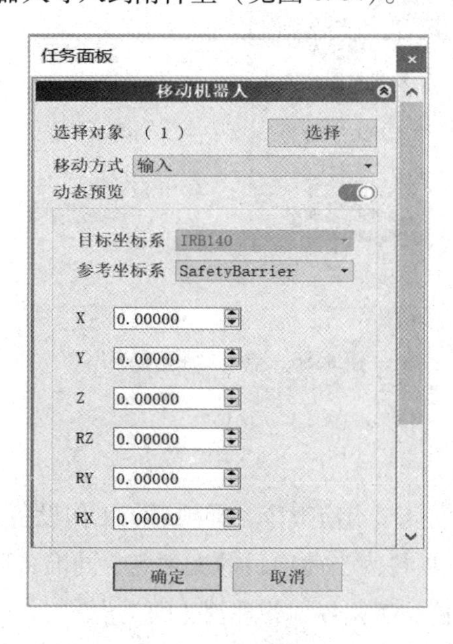

图 6.83　输入机器人相对于附件 ToolMount 的位移

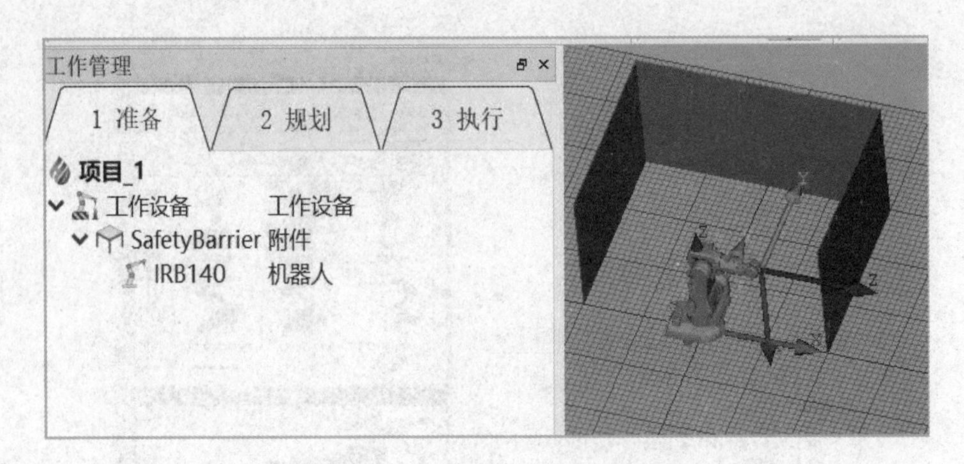

图 6.84 将机器人导入到附件上

⑥ +工具：导入工具。导入工具操作同导入机器人操作。

⑦ +外部轴：导入外部轴。导入外部轴操作同导入机器人操作。

⑧ +附件：导入附件。导入附件操作同导入机器人操作。

5. 新建坐标系

在“工作设备”右键菜单中点击“+坐标系”（见图 6.85），界面和操作同在机器人右键新建坐标系的相同。

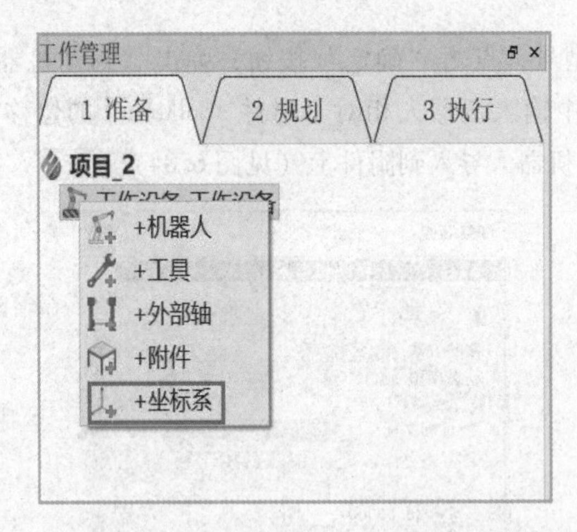

图 6.85 点击“+坐标系”

6.3.2 规划阶段

在规划阶段中，系统默认节点有五个，即项目、工作设备、工作目标、工艺规划和工作站，如图 6.86 所示。项目为当前项目的文件名，同准备阶段的工作名相同。工作目标管理所有的工件和轨迹。工艺规划管理创建的工步。

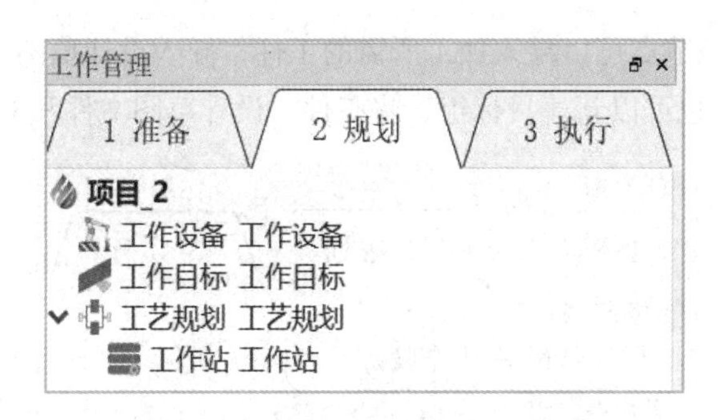

图 6.86　“工作管理”→“2 规划”

在规划阶段，“工作设备”右键菜单为空。对于工作设备节点下的子菜单（见图 6.87），所有节点右键都有显示和隐藏功能，机器人和外部轴节点有复位功能，如图 6.88 所示。

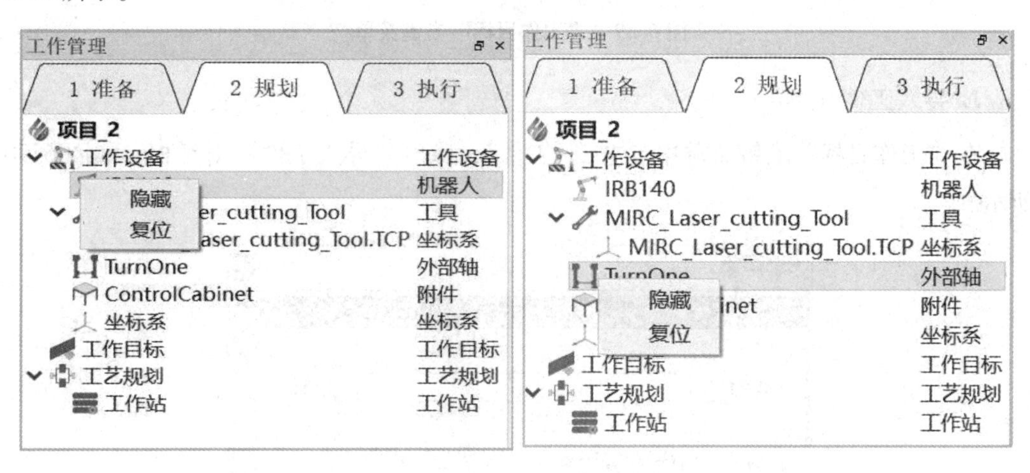

图 6.87　工作设备节点下的子菜单

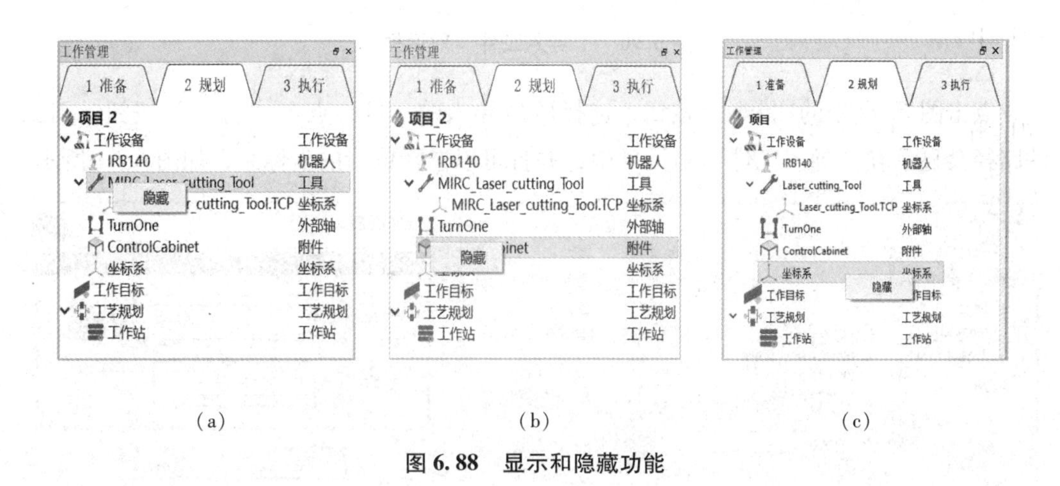

图 6.88　显示和隐藏功能

“工作目标”右键菜单包括“+工件”“+设计草图”“+目标组”“+Cls 文件”，如

图6.89所示。通过该节点可以导入加工所需的工件，导入设计草图文件和Cls文件并作为驱动线生成轨迹；也可以新建目标组，将工件、设计草图文件和Cls文件进行分组。

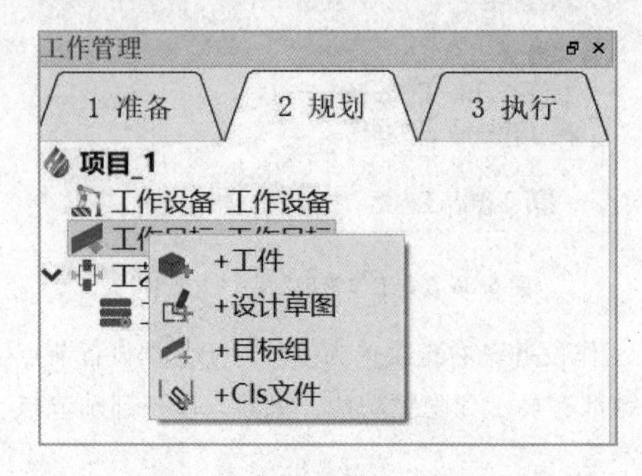

图6.89 “工作目标”右键菜单

1. 导入工件

在“工作目标”右键菜单中点击“+工件”，弹出“导入工件”对话框，如图6.90所示。

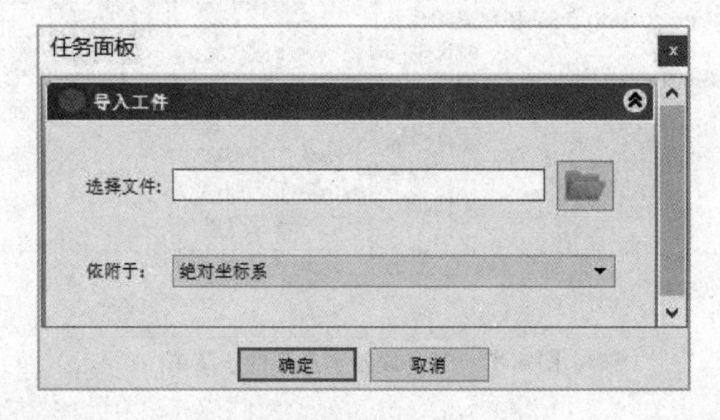

图6.90 “导入工件”对话框

点击图6.90中的“ ”按钮，选择所需导入的工件，点击“打开”按钮，则工件路径会显示在“导入工件”对话框中，并且可以选择依附的坐标系，如图6.91所示。

(a)

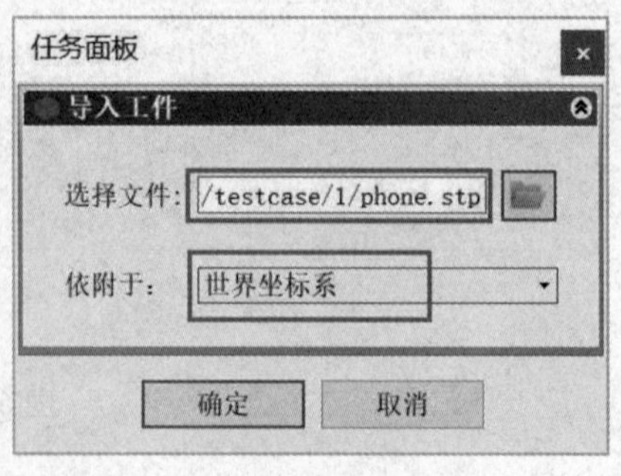

(b)

图6.91 导入工件

点击图6.91（b）中的“确定”按钮，弹出“移动工件”对话框（见图6.92），在此对话框中可移动工件在所依附坐标系中的位置。

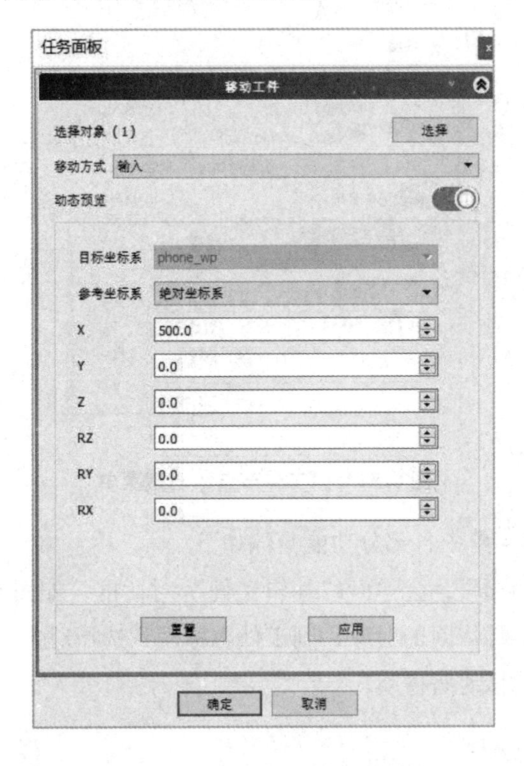

图6.92 “移动工件”对话框

点击“移动工件”对话框中的“确定”按钮，即可完成导入工件，如图6.93所示。

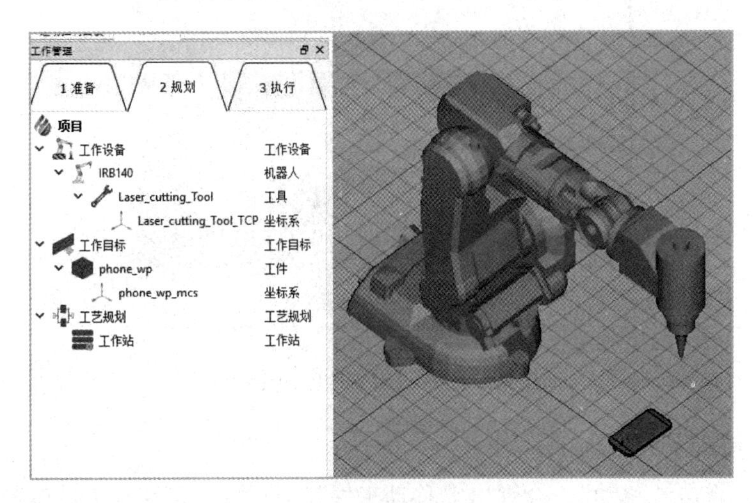

图6.93 完成导入工件

工件节点右键菜单包括“编辑”“隐藏”“移动”“重命名”“删除”“+MCS”，如图6.94所示。

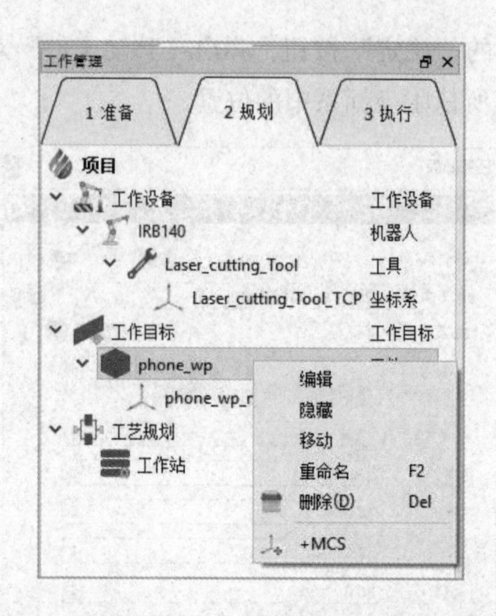

图 6.94 “工件节点”右键菜单

“工件节点”右键菜单中各部分功能具体如下。

① 编辑：点击“编辑”，会弹出“编辑工件”对话框，如图 6.95 所示。在“依附于”下拉列表中选择工件依附的对象，则工件会移动到选择对象的 Mount 坐标系。该工件也会跟随依附对象的移动而移动。

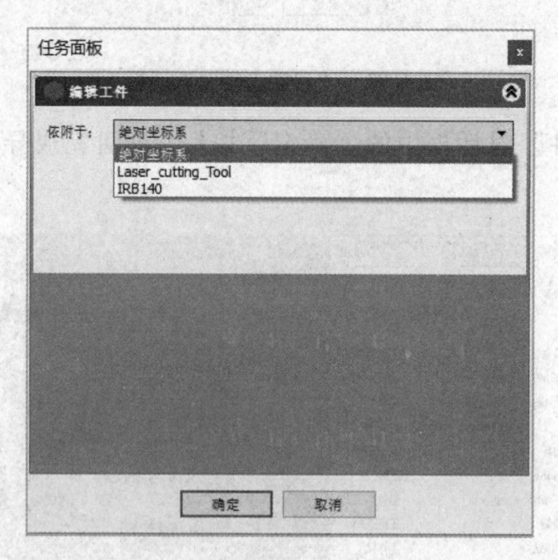

图 6.95 “编辑工件”对话框

② 隐藏：隐藏和显示工件。

③ 移动：点击“移动”，会弹出“移动工件”对话框，可移动工件位置。

④ 重命名：可对工件进行重命名。

⑤ 删除：可将工件从图形视窗和工作设备节点中删除。

⑥ +MCS：点击“+MCS”，弹出“添加 MCS”对话框，如图 6.96 所示，在“参考

坐标系”中可选择新建的 MCS 坐标系是参考哪个坐标系建立的，默认为工件的基坐标系；在“坐标系”下拉列表中可选择坐标系的编辑方式，对坐标系进行修改。

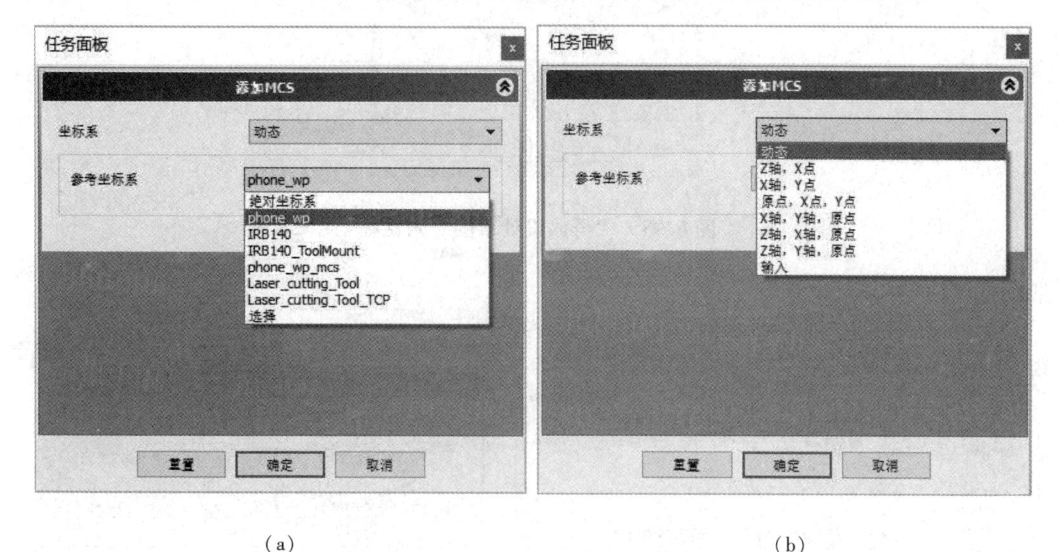

（a）　　　　　　　　（b）

图 6.96　“添加 MCS”对话框

点击“确定”按钮后，在工件下添加 MCS，如图 6.97 所示。

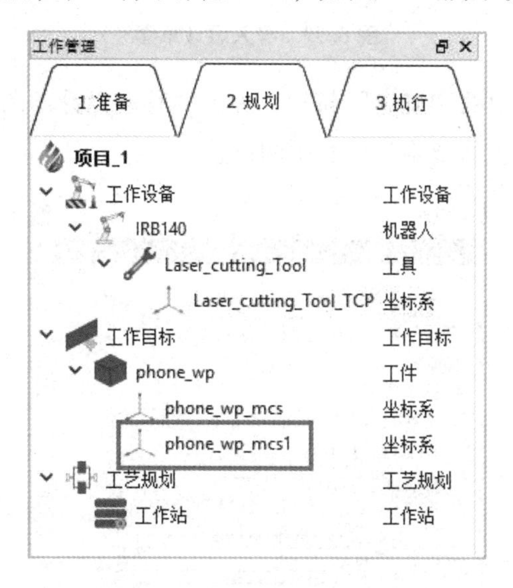

图 6.97　在工件下添加 MCS

2. 导入设计草图

在“工作目标”右键菜单中点击“+设计草图”，弹出“导入设计草图”对话框，如图 6.98 所示。目前，该软件只支持导入 DXF 格式文件。

点击图 6.98 中的“ ”按钮，选择所需导入的设计草图文件（DXF 格式），点击“Open”按钮，则路径会显示在“选择文件”输入栏中，并且可以选择依附的坐标系，

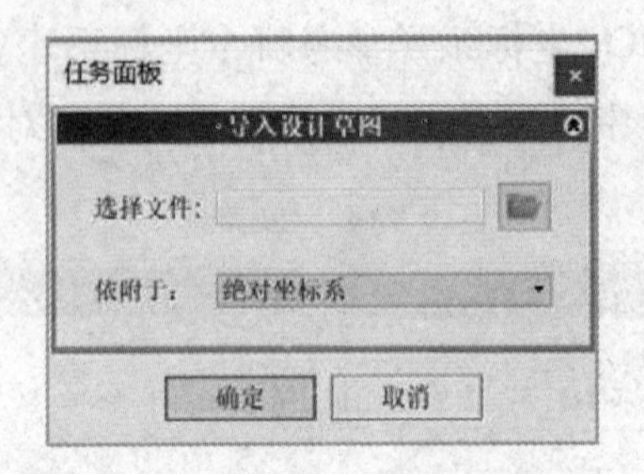

图 6.98 “导入设计草图”对话框

如图 6.99 所示。

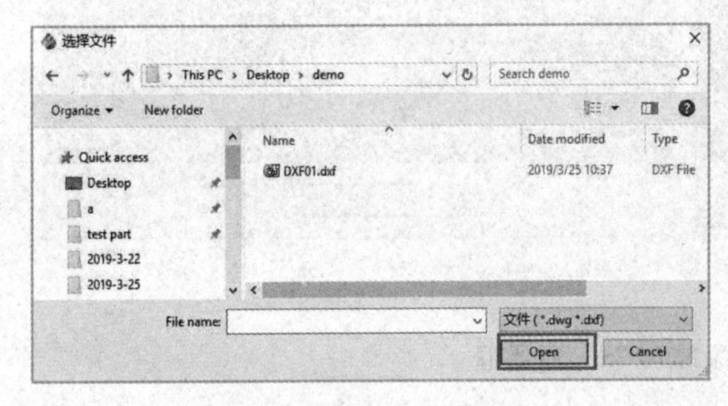

(a)

(b)

图 6.99 导入设计草图

点击图 6.99（b）中的“确定”按钮，弹出“移动设计草图”对话框，如图 6.100 所示，可移动设计草图在所依附坐标系中的位置。

图 6.100 “移动设计草图”对话框

点击“移动设计草图”对话框中的“确定”按钮，即可完成导入设计草图，如图 6.101 所示。

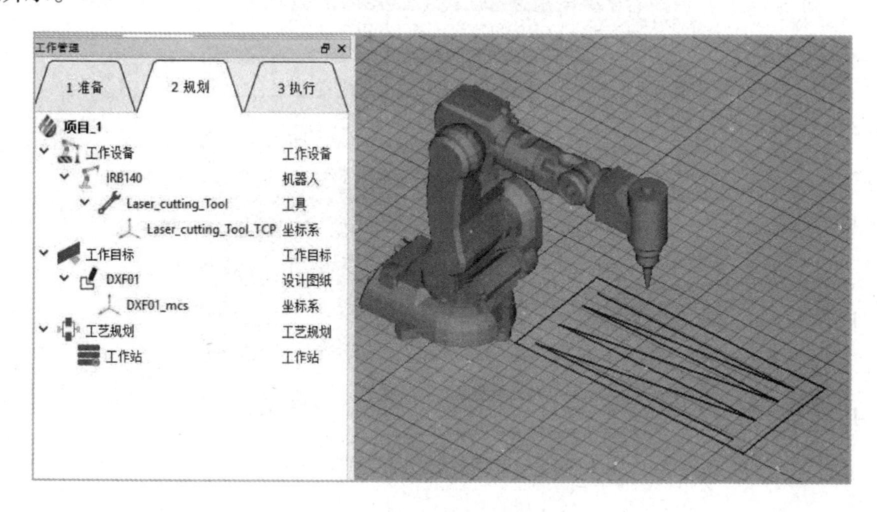

图 6.101　完成导入设计草图

“设计草图节点”右键菜单包括“编辑”“隐藏”“移动”“重命名”“删除”“+MCS”，如图 6.102 所示。

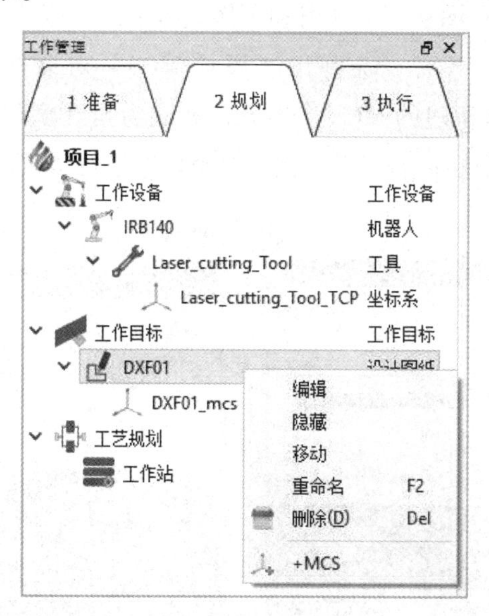

图 6.102　“设计草图节点”右键菜单

“设计草图节点”右键菜单中各部分功能具体如下。

① 编辑：点击“编辑”，会弹出“编辑设计草图”对话框，如图 6.103 所示。在“依附于”下拉列表中选择设计草图依附的对象，则设计草图会移动到选择对象的 Mount 坐标系。该设计草图也会跟随依附对象的移动而移动。

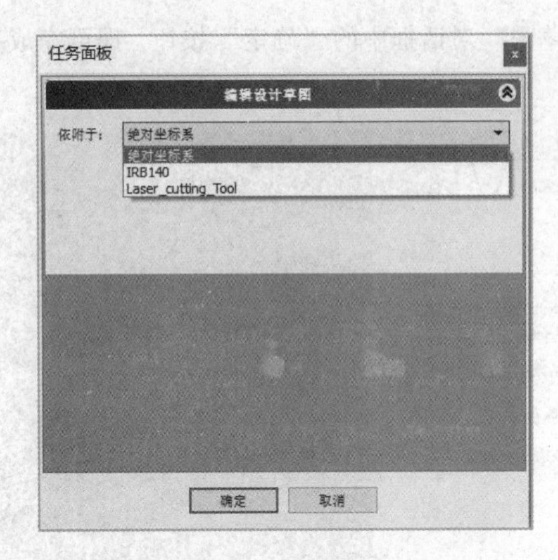

图 6.103 “编辑设计草图”对话框

② 隐藏：隐藏和显示设计草图。

③ 移动：点击“移动”，会弹出“移动设计草图”对话框，可移动设计草图位置。

④ 重命名：可对设计草图进行重命名。

⑤ 删除：可将设计草图从图形视窗和工作设备节点中删除。

⑥ +MCS：点击“+MCS”，会弹出“添加 MCS”对话框，如图 6.104 所示。在“参考坐标系”中可选择新建的 MCS 坐标系，默认为设计草图的基坐标系；在“坐标系”下拉列表中可选择坐标系的编辑方式，对坐标系进行修改。

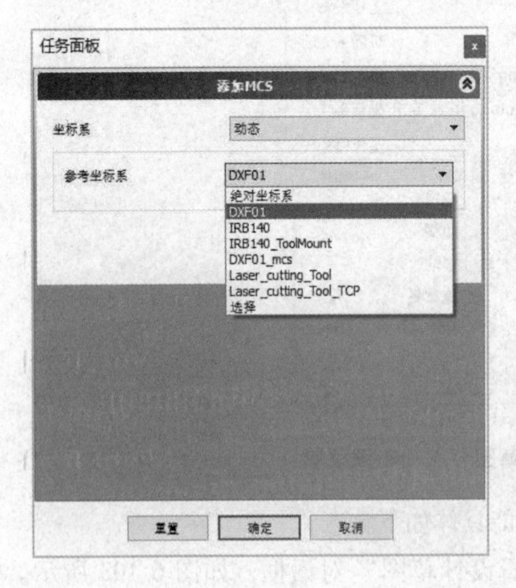

(a)

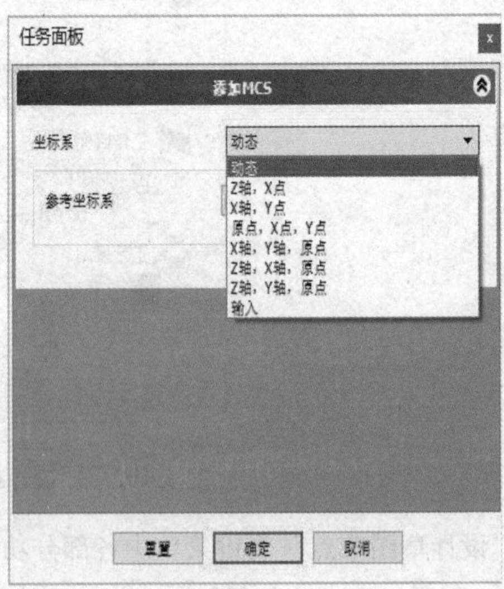

(b)

图 6.104 “添加 MCS”对话框

点击“添加 MCS”对话框中的“确定”按钮后，在设计草图下添加 MCS 节点，如图 6.105 所示。

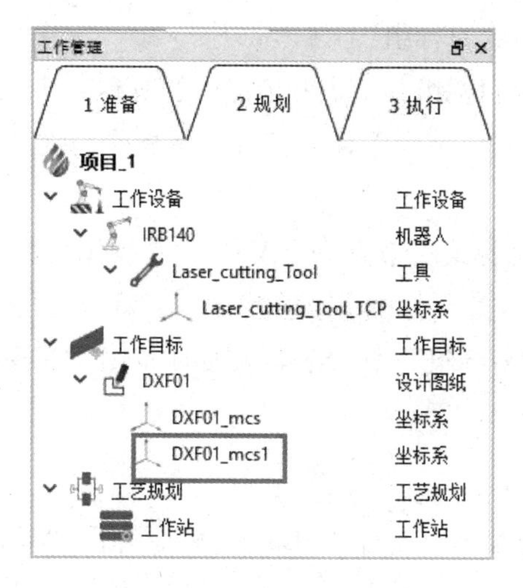

图 6.105　添加 MCS 节点

3. 创建目标组

在“工作目标”右键菜单中点击“+目标组”，则在“工作目标”下创建“目标组”节点，如图 6.106 所示。

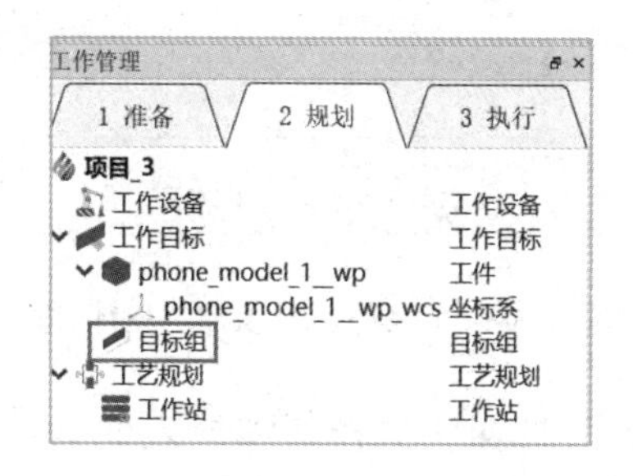

图 6.106　创建“目标组”节点

“目标组”节点右键菜单包括“切换可见性”“重命名”“删除”“+工件”“+Cls 文件”“+设计草图”，如图 6.107 所示。

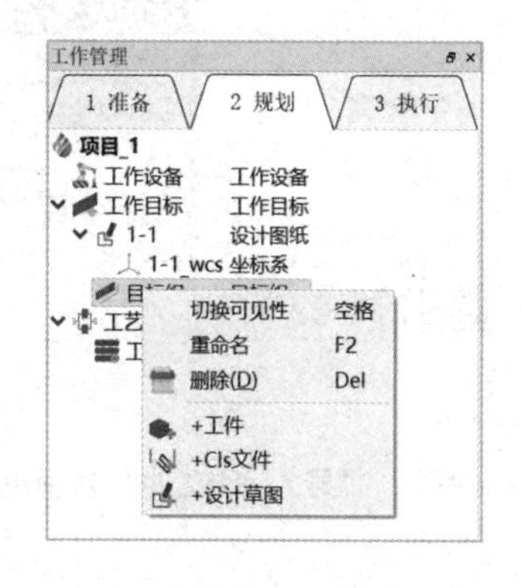

图 6.107　“目标组”节点右键菜单

“目标组”节点右键菜单中各部分功能具体如下。

① 切换可见性：可显示和隐藏目标组内的所有工件。

② 重命名：可重命名“目标组”。

③ 删除：可删除该“目标组”节点和节点内的所有工件。

④ +工件：在“目标组”节点下导入工件，其操作与在“工作目标”中导入工件的操作相同。

⑤ +Cls 文件：在“目标组”节点下导入 Cls，其操作与在“工作目标”中导入 Cls 的操作相同。

⑥ +设计草图：在“目标组”节点下导入设计草图，其操作与在“工作目标”中导入设计草图的操作相同。

4. 导入 Cls 文件

在“工作目标”右键菜单中点击“+Cls 文件”，弹出“导入 cls 文件”对话框，如图 6. 108 所示。

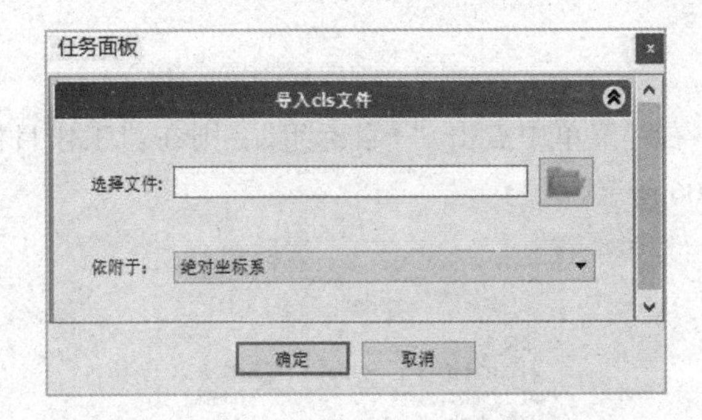

图 6. 108　“导入 cls 文件”对话框

点击图 6. 108 中的“ ”按钮，选择所需导入的 cls 文件，点击“Open”按钮，则路径会显示在“选择文件”输入栏中，并且可以选择依附的坐标系，如图 6. 109 所示。

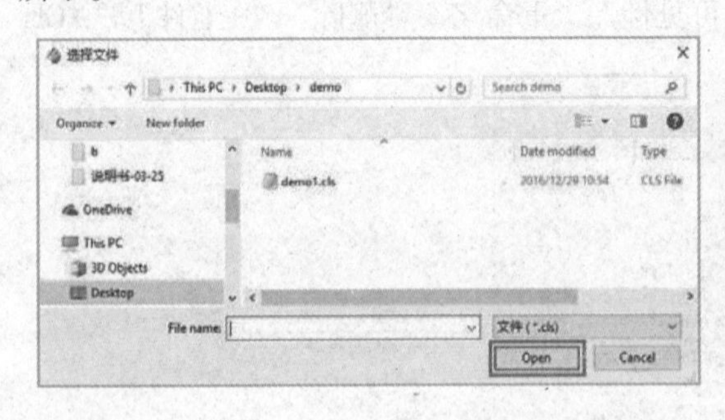

(a)

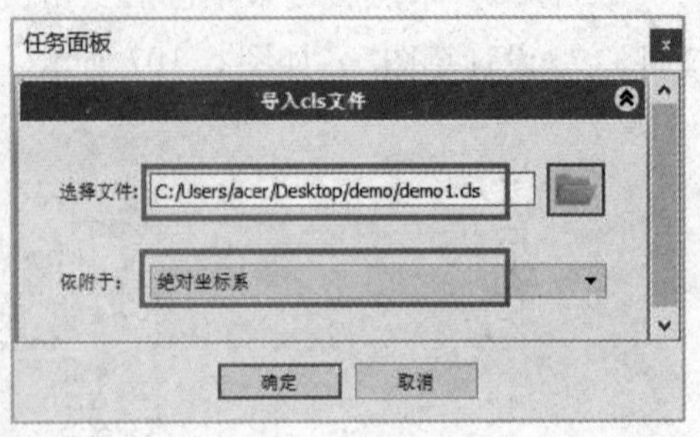

(b)

图 6. 109　“导入 cls 文件”对话框

点击图6.109（b）中的“确定”按钮，即可完成导入cls文件，如图6.110所示。

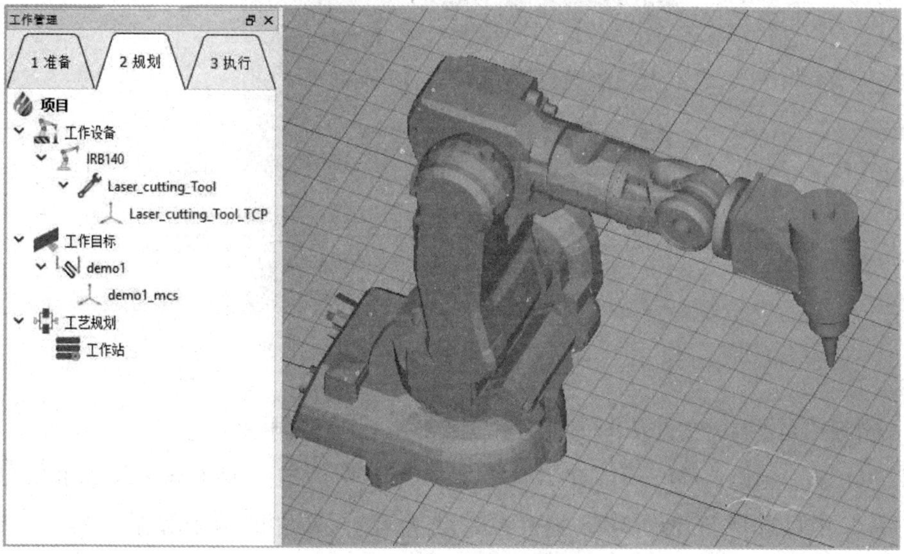

图6.110　完成导入cls文件

① 编辑：点击“编辑”，弹出“编辑cls目标”对话框，如图6.111所示。在“依附于”下拉列表中选择cls文件依附的对象，则cls文件会移动到选择对象的Mount坐标系。该cls文件也会跟随依附对象的移动而移动。

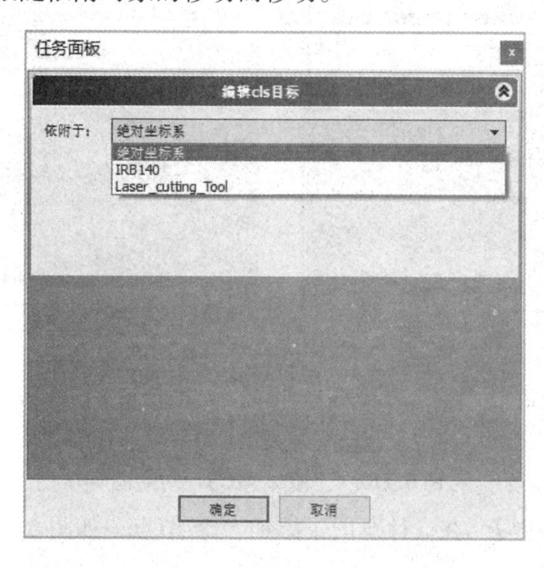

图6.111　“编辑cls目标”对话框

② 隐藏/显示：隐藏和显示cls文件。

③ 显示/隐藏位姿：显示和隐藏cls文件的位姿态，如图6.112所示。

④ 移动：点击“移动”，弹出“移动cls文件”对话框，可移动cls文件位置。

⑤ 重命名：可对cls文件进行重命名。

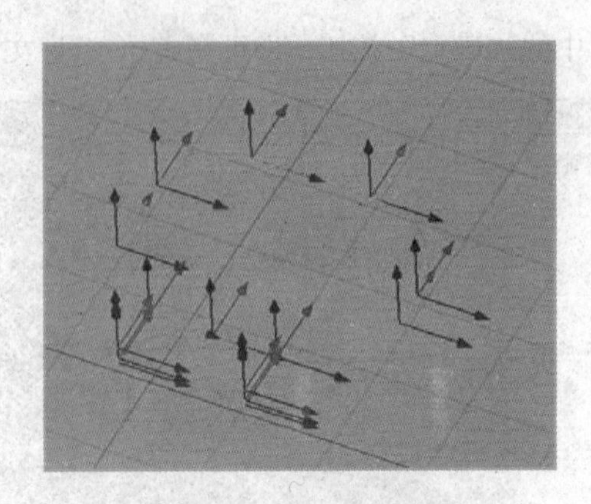

图 6.112　显示/隐藏位姿

⑥ 删除：可将 cls 文件从图形视窗和工作设备节点中删除。

⑦ +MCS：点击“+MCS”，弹出“添加 MCS”对话框，如图 6.113 所示。在“参考坐标系”中可选择新建的 MCS 坐标系，默认为 cls 文件的基坐标系；在“坐标系”下拉列表中可选择坐标系的编辑方式，对坐标系进行修改。

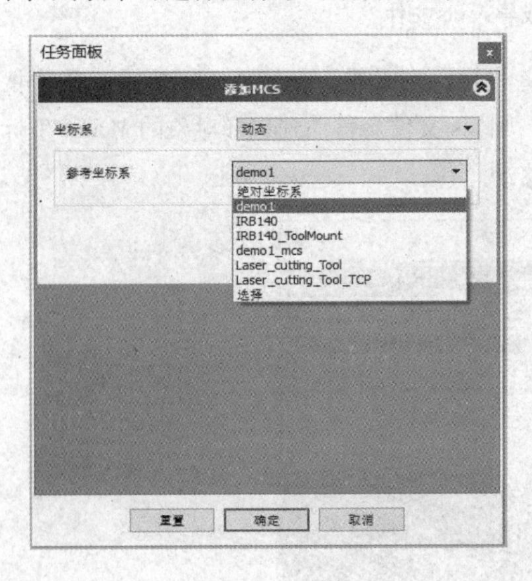

(a)

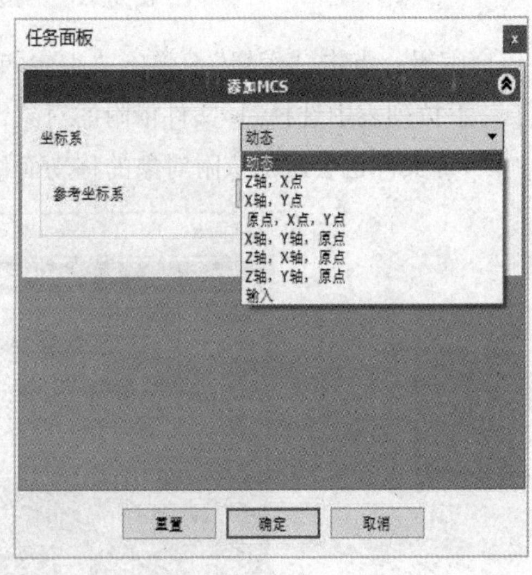

(b)

图 6.113　“添加 MCS”对话框

点击“确定”按钮后，在设计草图下添加 MCS 节点，如图 6.114 所示。

5. 工艺规划

“工艺规划”右键菜单包括“新建工作站”，如图 6.115（a）所示。在“工艺规划”节点有默认“工作站”节点。通过“工艺规划”，可以新建工作站和创建工步。

在“工艺规划”右键菜单中点击“新建工作站”，则会在工作目标下创建“工作站”节点，如图 6.115（b）所示。

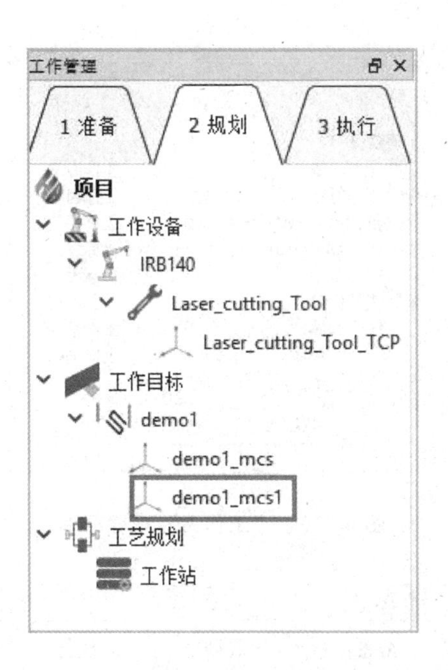

图 6.114　在设计草图下添加 MCS 节点

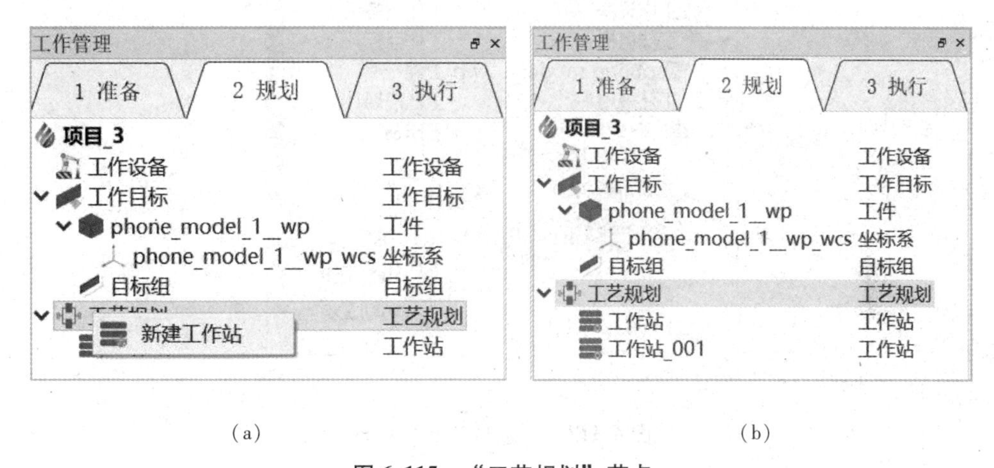

图 6.115　“工艺规划”节点

6. 工作站

“工作站”右键菜单包括“重命名”“删除”“创建工步”，如图 6.116 所示。

“工作站”右键菜单中各部分功能具体如下。

（1）重命名：可重命名工作站。

（2）删除：可删除工作站。

（3）创建工步：可选择多种创建工步的方式。“创建工步”菜单包括“Clsf 工步”“示教工步”“切割工步”“轮廓加工工步”，如图 6.117 所示。

图 6.116 “工作站”右键菜单

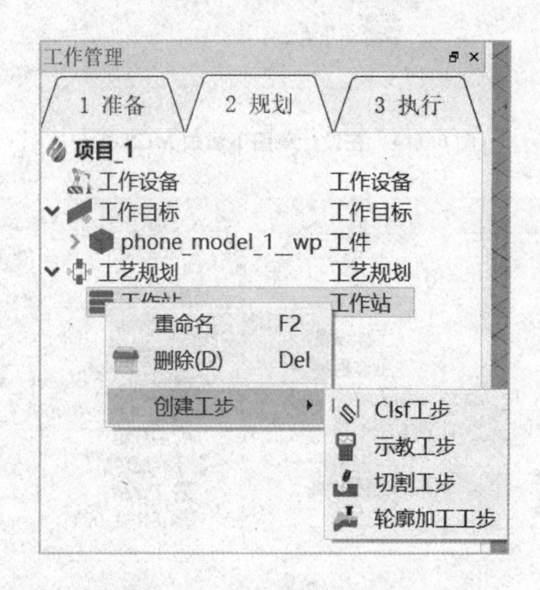

图 6.117 “创建工步”菜单

①Clsf 工步：通过导入外部生成的 Cls 文件，创建操作。

点击图 6.117 中的“Clsf 工步”，弹出“创建 clsf 工步”对话框，如图 6.118 所示。

❖工步名称：默认为“Clsf 工步”，支持用户自定义。

❖选择机器人：选择该工步所需机器人。

❖机器人位姿配置：点击图 6.119 中的“ ”按钮，会弹出“机器人位姿配置”对话框（如图 6.119 所示），默认为“前”“上”“俯”姿态，也可以设置为所需姿态。

❖选择工具：选择该工步所需工具。

❖选择 TCP：选择工具上用于加工的 TCP。

❖选择工件：选择该工步所需的工件。

❖选择加工坐标系：选择该工步所需加工坐标系。

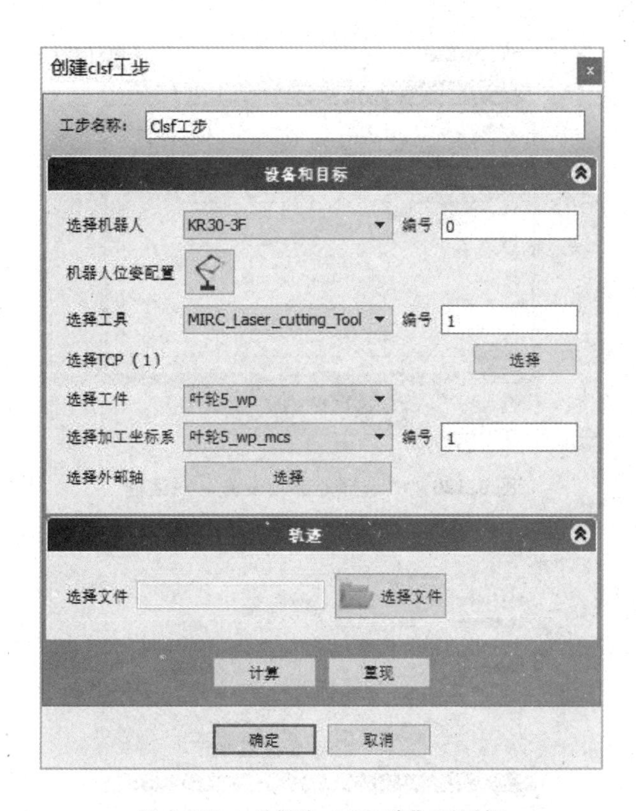

图 6.118　“创建 clsf 工步”对话框

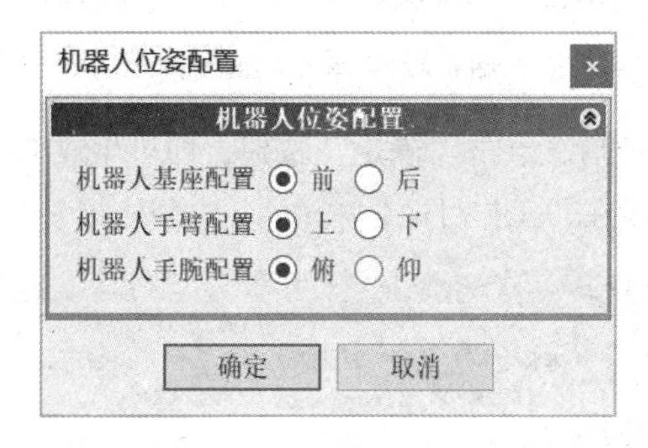

图 6.119　“机器人位姿配置”对话框

❖选择外部轴：选择该工步所需的外部轴，需要设置外部轴则点击“选择”，弹出“选择外部轴设备”对话框（如图 6.120 所示），在该对话框中的“生效”列勾选需要设置的外部轴即可完成选择。

❖选择文件：导入 CLS 文件，如图 6.121 所示。点击“选择文件”按钮，在弹出的“选择文件”对话框中选择所需导入的 CLS 文件，点击“打开”按钮，即可导入轨迹文件。轨迹文件导入后，会将文件路径和名称显示在界面上。

图 6.120 “选择外部轴设备”对话框

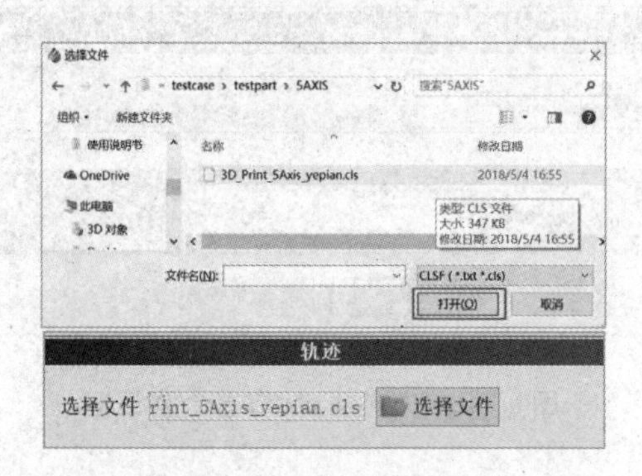

图 6.121 导入 CLS 文件

当所有选项设置完成后，点击“确定”按钮，即可生成 Clsf 工步，如图 6.122 所示。导入的轨迹也会显示在“工作目标”中。

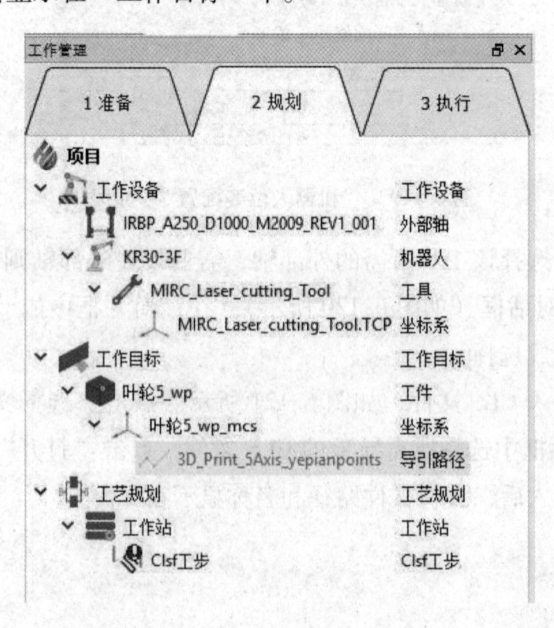

图 6.122 生成 Clsf 工步

“Clsf 工步”右键菜单包括“编辑”“重命名”“删除”，如图 6. 123 所示。点击“编辑”，进入“编辑工步”对话框，如图 6. 124 所示，在该对话框中可以对工步进行编辑。点击“重命名”，可以重命名“Clsf 工步”节点。点击“删除”，可以删除“Clsf 工步”节点。

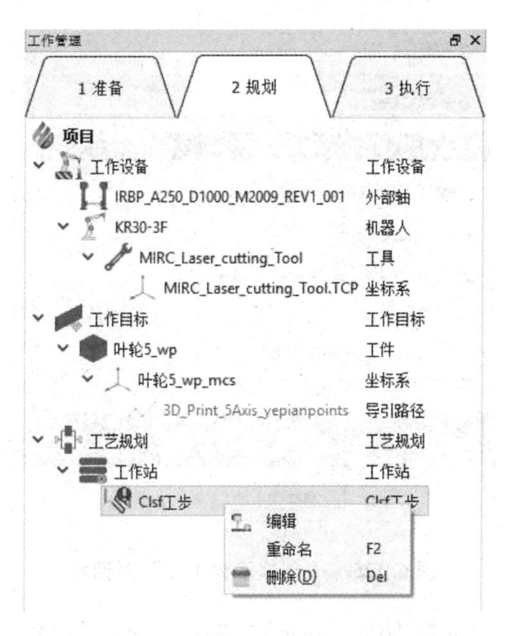

图 6. 123　“Clsf 工步”右键菜单

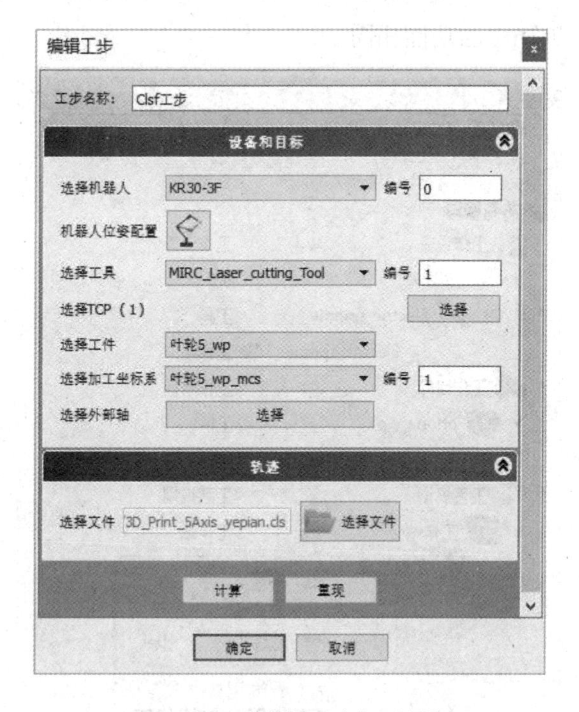

图 6. 124　“编辑工步”对话框

②示教工步：在示教面板中通过移动机器人到示教点、添加示教点和添加示教指令生成示教工步。

点击“示教工步”，弹出“创建示教工步”对话框，如图 6.125 所示。该界面中各项的设置与“Clsf 工步”中各项的设置相同。

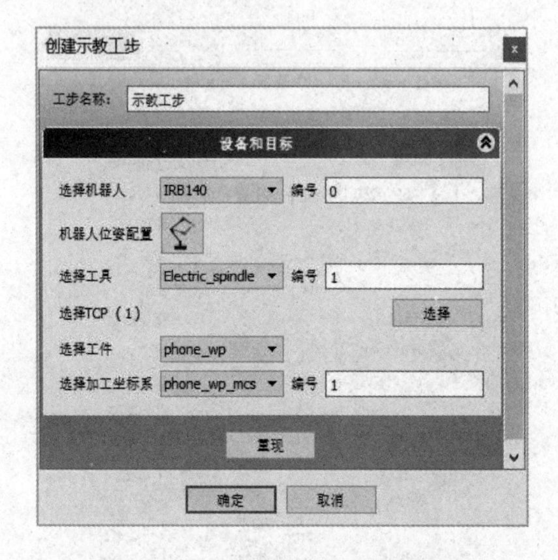

图 6.125　“创建示教工步”对话框

点击“创建操作”对话框中的“确定”按钮，生成“示教工步”。“示教工步”右键菜单包括“编辑”“重命名”“删除”“开始示教”，如图 6.126 所示。前三个菜单选项的功能与“Clsf 工步”中的功能相同。

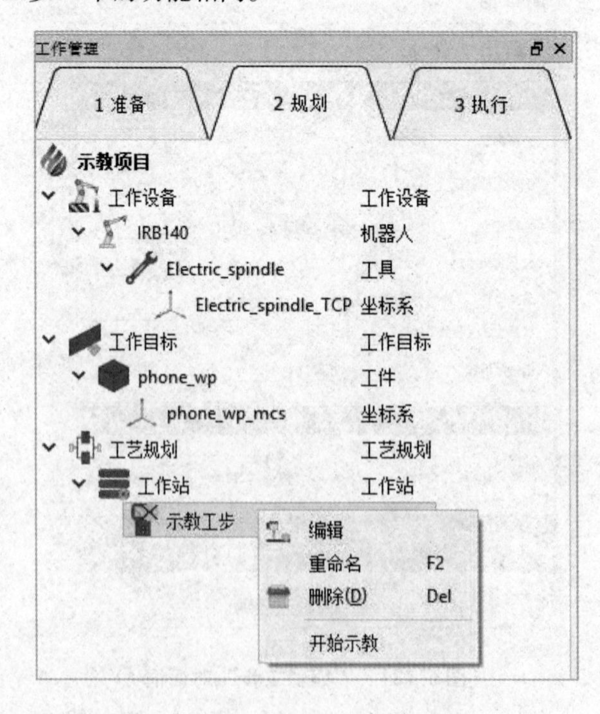

图 6.126　“示教工步”右键菜单

点击“开始示教”，弹出“任务面板”对话框，如图 6. 127 所示。该对话框包括示教指令、示教点坐标和运行键三个部分。

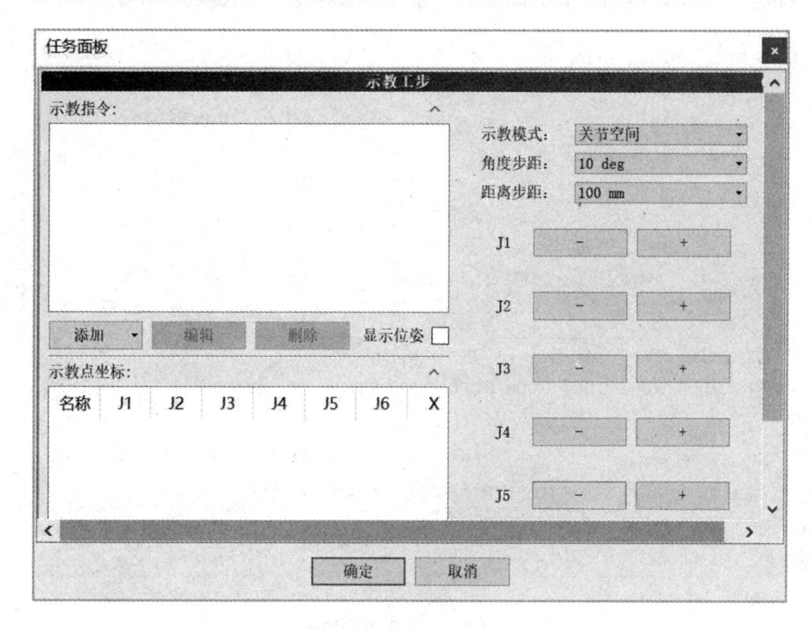

图 6. 127　“任务面板”对话框

“示教指令”列表中显示示教轨迹中的指令。“添加”按钮下拉列表中有“点到点”“直线”“圆弧”“扩展指令”选项用于添加指令。“点到点”是指前一点到当前点的轨迹为点到点轨迹。“直线”是指前一点到当前点的轨迹为直线轨迹。“圆弧”是以当前点、辅助点和目标点三点确定的圆弧轨迹。“扩展指令”是运行过程中的功能指令，如延时指令等。

选择“添加”按钮下拉列表中的“点到点”，弹出“添加 PTP 指令”对话框（如图 6. 128 所示），在“点”下拉列表中选择示教点，设置速度和加速度，然后点击“确定”按钮，则在示教指令中增加一条 PTP 指令，如图 6. 129 所示。如果选择的点是“示教点坐标”列表中没有的点，则会添加到“示教点坐标”列表中。

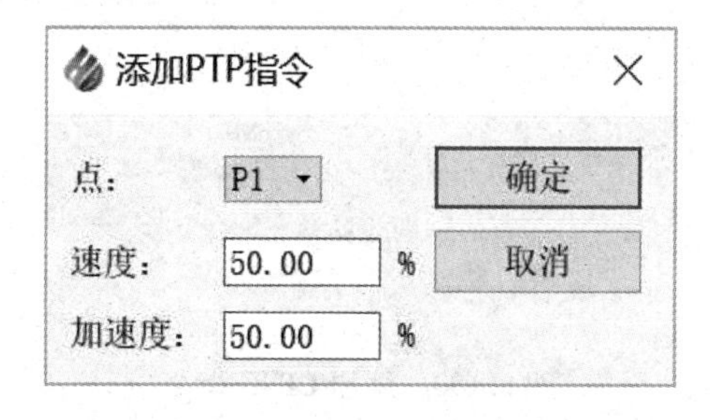

图 6. 128　“添加 PTP 指令”对话框

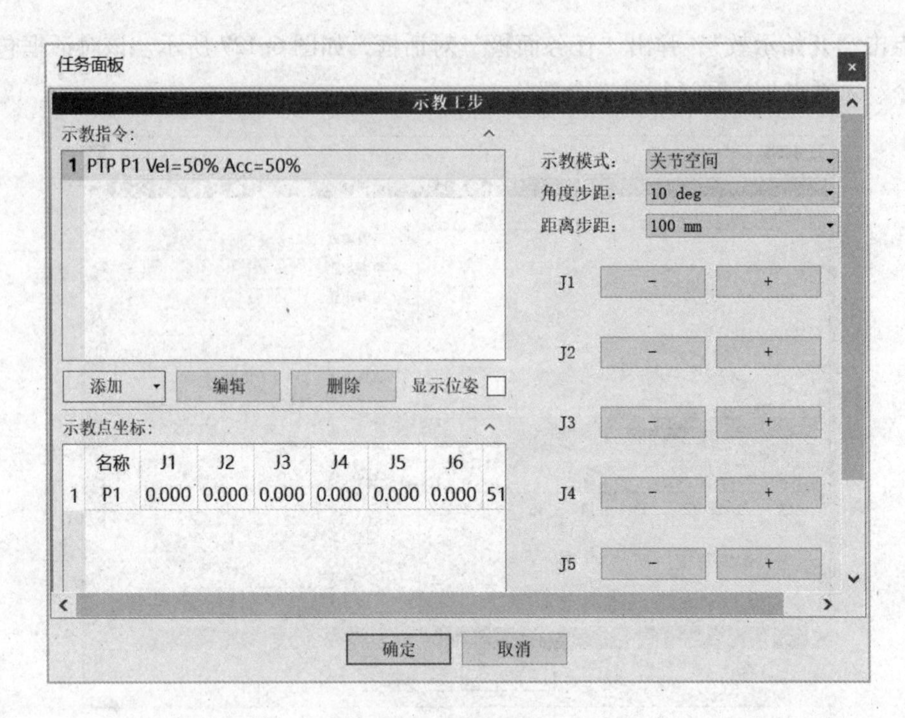

图 6.129　添加 PTP 指令

添加“直线”指令方法同添加“PTP”指令方法。勾选图 6.131 中的“显示位姿”复选框，会显示每一条示教指令中示教点在 WCS 中的表示（x，y，z，i，j，k，u，v，w），如图 6.130 所示。

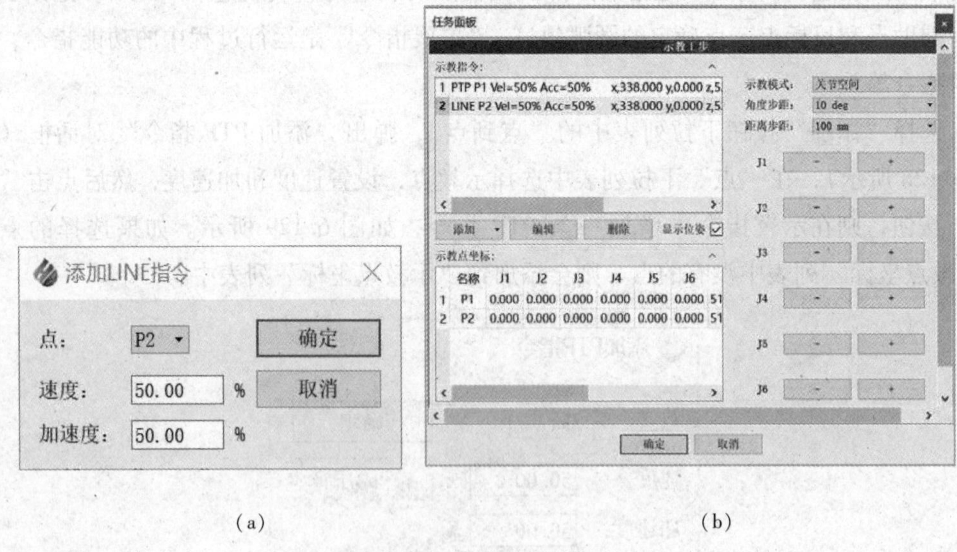

(a)　　　　　　　　　　　　　　　　(b)

图 6.130　添加 LINE 指令

选择下拉列表中“圆弧”，弹出“添加 CIRCLE 指令”对话框，如图 6.131 所示。其中，“辅助点”为圆弧轨迹上一点，可以选择当前点，也可以在列表中选择已有的示教点，选择好后，点击“设定”按钮，则设置好辅助点。然后设置目标点，其设置方法同辅助点设置方法。可设置速度和加速度，设置完成后点击“确定”按钮，即完成 CIRCLE 指令的添加，如图 6.132 所示。

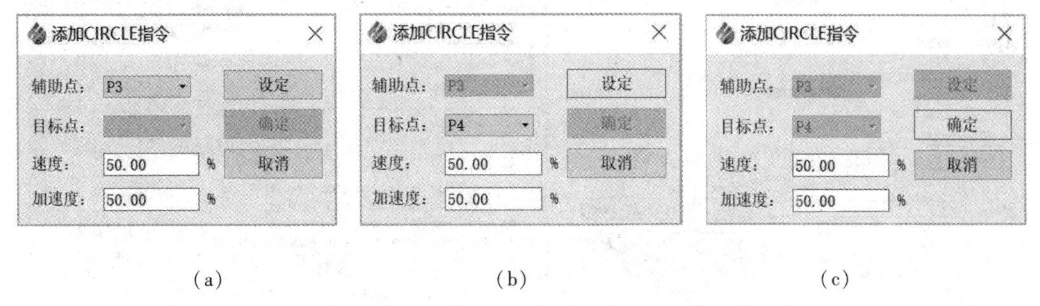

(a)　　(b)　　(c)

图 6.131　“添加 CIRCLE 指令”对话框

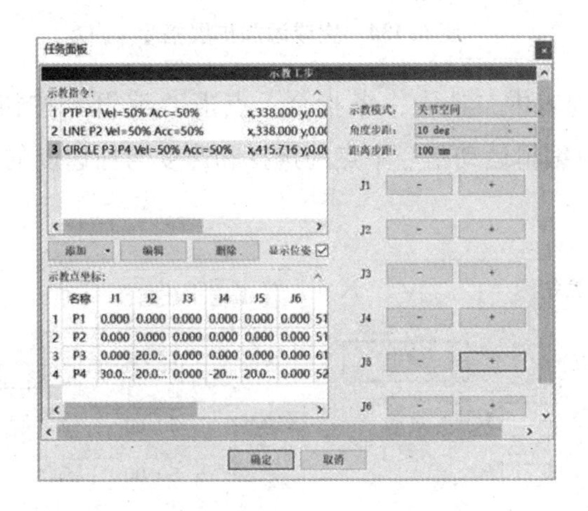

图 6.132　添加 CIRCLE 指令

选择下拉列表中的“扩展指令”，弹出“添加扩展指令”对话框，如图 6.133 所示。在该对话框中，可以选择“通用指令”或“用户自定义指令”中的一个指令，如自定义一个指令，点击“添加到用户自定义指令列表”将自定义的指令添加到“用户自定义指令”列表中，供之后的示教操作使用。完成添加扩展指令如图 6.134 所示。

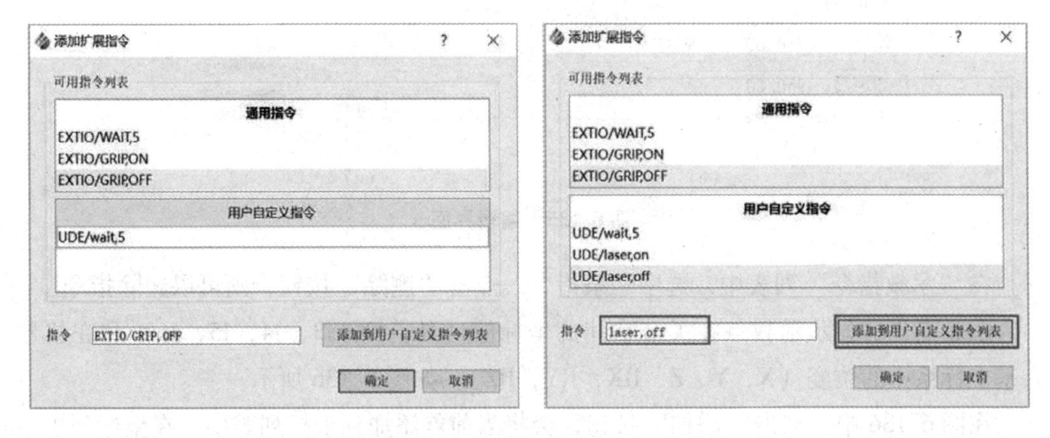

(a)　　(b)

图 6.133　“添加扩展指令”对话框

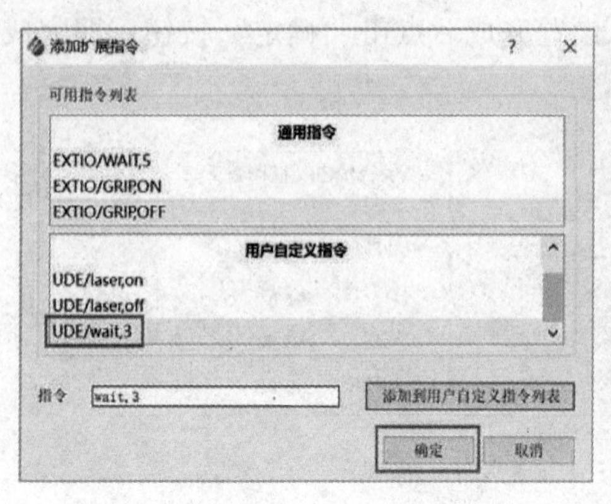

(a)

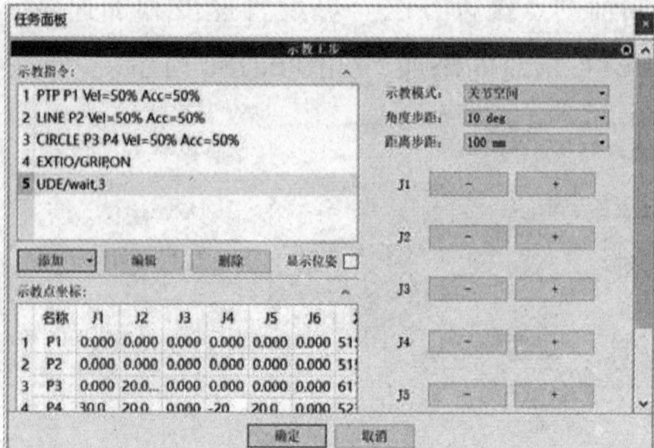

(b)

图 6.134　完成添加扩展指令

在“示教指令”列表中，选中一条指令，点击“编辑”按钮，会弹出编辑界面，如图 6.135 所示，可以编辑运动指令中点的选择和速度与加速度的设置，也可编辑扩展指令。

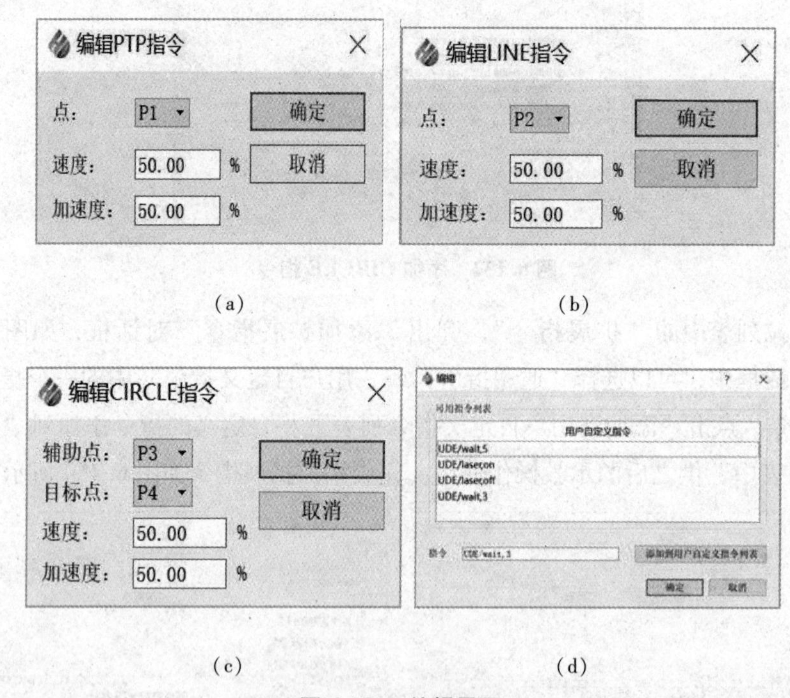

图 6.135　编辑界面

在“示教指令”列表中，选中一条指令，点击“删除”按钮，则可以删除指令。

示教点坐标显示示教点在关节空间的坐标值（J1，J2，J3，J4，J5，J6）和在机器人基坐标系中的位姿（X，Y，Z，RX，RY，RZ），如图 6.136 所示。

在图 6.136 中，点击“添加”按钮，会将当前点添加到坐标列表中。在坐标列表中选择一点，点击“删除”按钮，则将选择的点删除。在坐标列表中选择一点，将机器

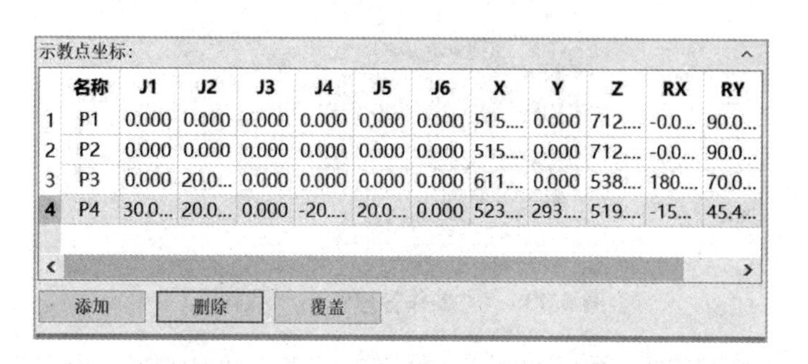

图 6.136 示教点坐标

人运动到某一位姿，点击“覆盖”按钮，则弹出是否覆盖所选点的提示，点击“是”则会覆盖所选点，否则不替换。

运行键可操纵机器人的运动。用户通过点击“J1”到“J6”后的“-”“+”按钮或“X”到“RZ”后的“-”“+”按钮来移动机器人的位姿，可让机器人到达期望的示教点，进而创建示教点和示教指令。“示教模式”可设置在关节空间或在机器人基坐标系中运动，“角度步距”和“距离步距”设置每点击一次“-”“+”按钮移动的角度和距离，如图 6. 137 所示。

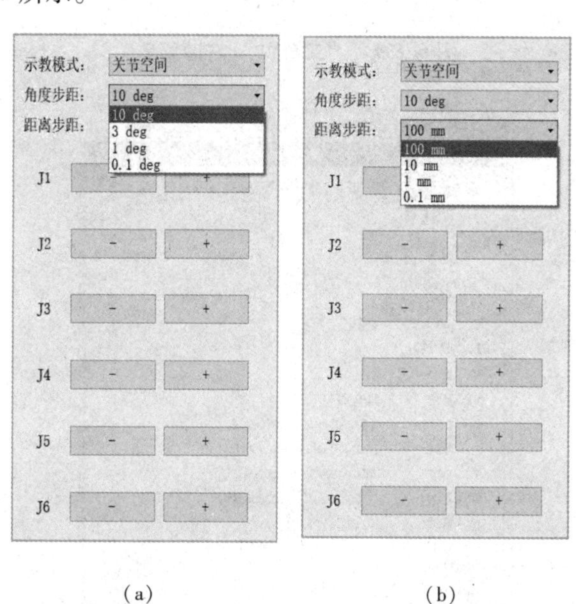

(a) (b)

图 6.137 角度步距和距离步距设置

6.3.3 执行阶段

在“执行”阶段中，系统默认节点有三个，即项目、工艺规划和工作站，如图 6. 138 所示。项目为当前项目的文件名，同第一步准备阶段工作名相同。

在执行阶段，“工艺规划”右键菜单为空。

工作站下没有工步时，“工作站”右键菜单为空。当工作站下有切割工步时，“工

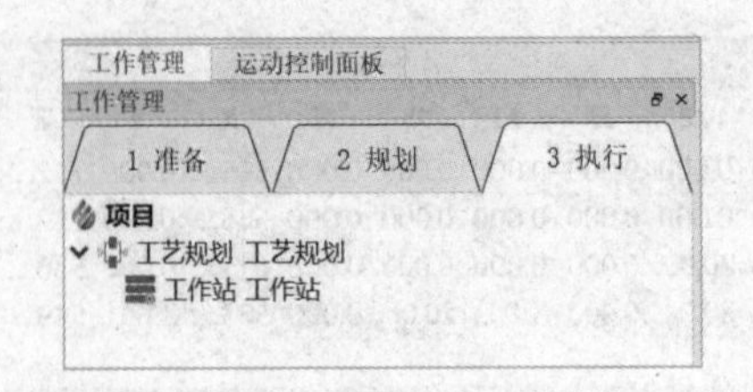

图 6.138　“工作管理”→“执行”

作站”右键会有“仿真”选项，如图 6.139 所示。点击“仿真”，可以对工作站下面的所有工步进行批量仿真，如图 6.140 所示。当同时选中多个工步，单击鼠标右键，在右键菜单中选择“仿真”时，也可以进行批量仿真。

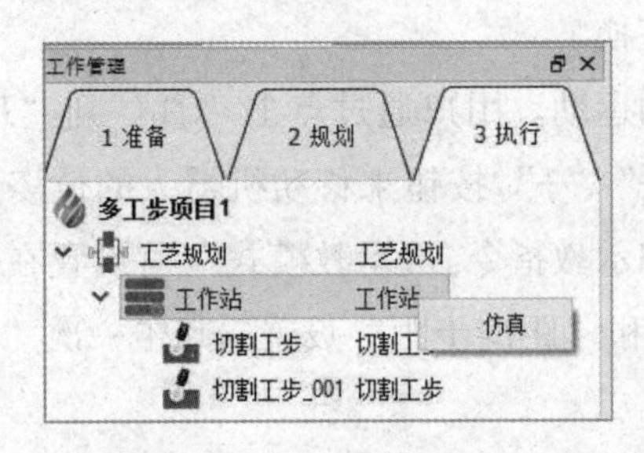

图 6.139　“工作站”右键菜单

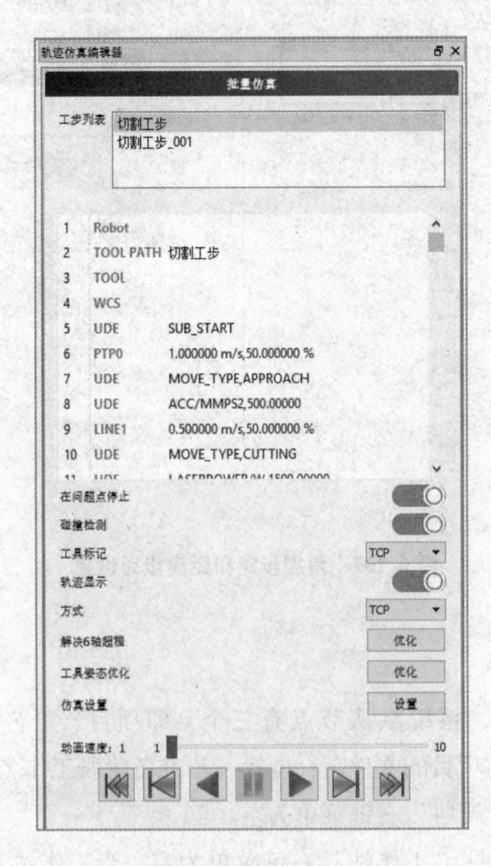

图 6.140　批量仿真界面

当工作站下有振镜加工工步时，“工作站”右键菜单会有“仿真”和“加工”选项，如图 6.141 所示。点击“加工”，可以对工作站下所有振镜工步执行批量加工，如图 6.142 所示。当同时选中多个工步，单击鼠标右键，在右键菜单中选择“加工”，也可以执行批量加工。

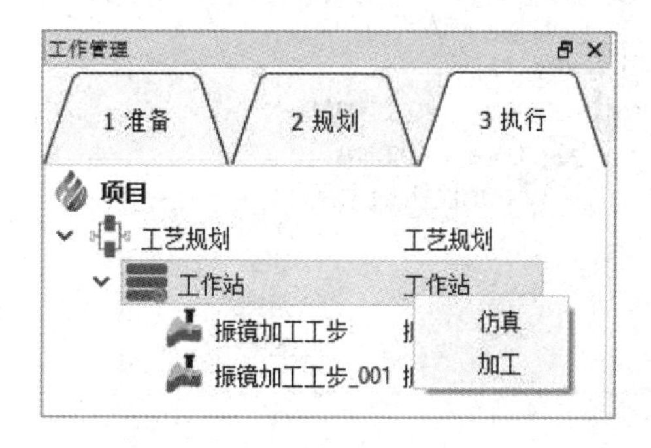

图 6.141　“工作站”右键菜单

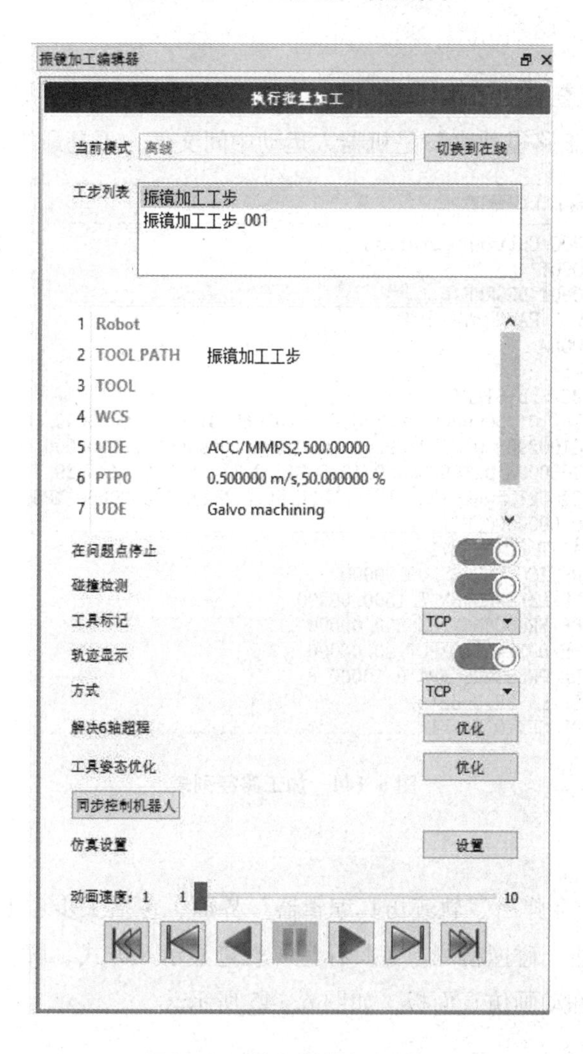

图 6.142　执行批量加工界面

工作站下的“切割工步”右键菜单包括“查看”“仿真”“后处理”“重命名”，如图 6. 143 所示。

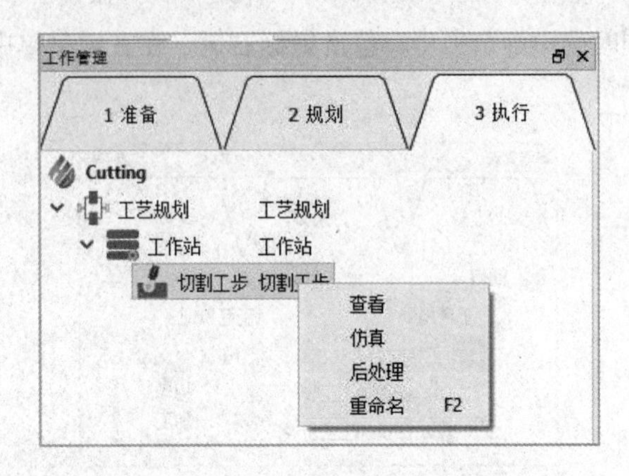

图 6. 143 “切割工步”右键菜单

1. 查看

“查看”选项可查看加工路径的信息。点击“查看”，弹出“加工路径列表”，如图 6. 144 所示。（“加工路径列表”是机器人运动中间文件，不是最终机器人程序。）

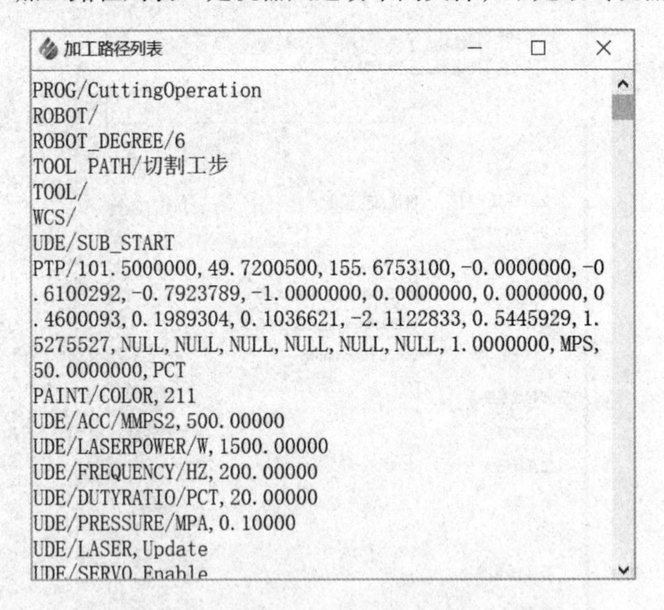

图 6. 144 加工路径列表

2. 仿真

点击“仿真”，会弹出“轨迹仿真编辑器”界面，包括工步、工步列表、自动路径检查、在问题点停止、碰撞检测、工具标记、轨迹显示及方式、解决 6 轴超程、工具姿态优化、仿真设置和动画仿真面板，如图 6. 145 所示。

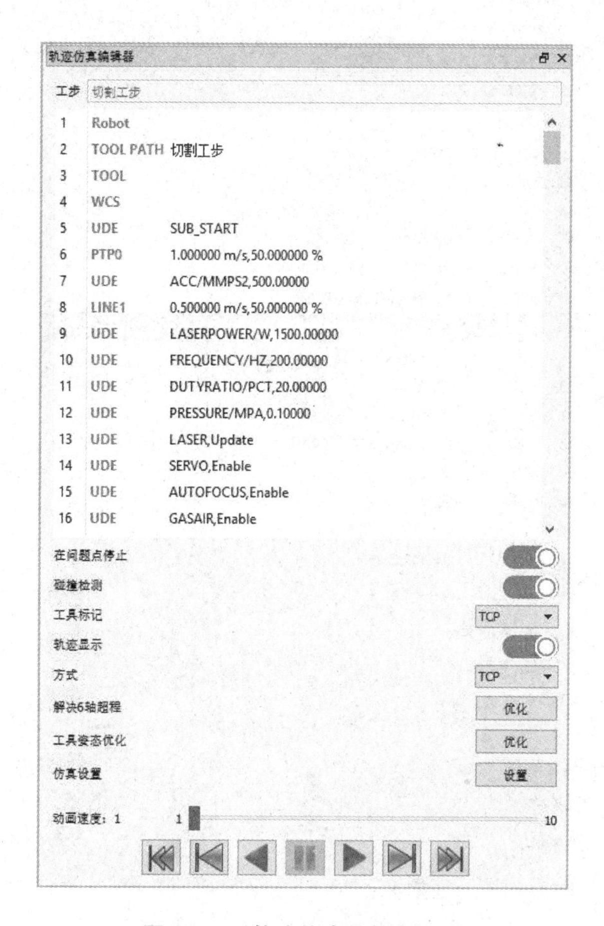

图 6. 145　轨迹仿真编辑器界面

（1）工步。

工步显示当前加工工步的名字。

（2）工步列表。

工步列表中显示机器人程序文件（点的速度和加速度），该列表中显示的点对应于机器人仿真到的点，当鼠标选中某点时，机器人就运动到相应的点位。鼠标右键单击轨迹列表中的刀位点，可进行“编辑”“添加运动指令”“添加扩展指令”“删除”操作，如图 6. 146 所示。

① 编辑。点击“编辑”，可以对该点的信息进行修改。如图 6. 147 所示，能修改运动指令类型，如从“直线”变为“点到点”，或者从“点到点”变为“直线”；角度单位能在“角度”和“弧度”中进行互换；可参考工件坐标系和工具坐标系等，修改机器人末端在直角坐标系和关节坐标中的位姿；可以使用当前位姿作为该点的位姿；能通过三维球和其他移动方式，修改目标点的姿态；可以设置目标点主刀轴；能选择机器人末端在该目标点处对应的不同关节角的解，并且用开关控制是否自动更新后续机器人姿态；能修改速度和加速度。

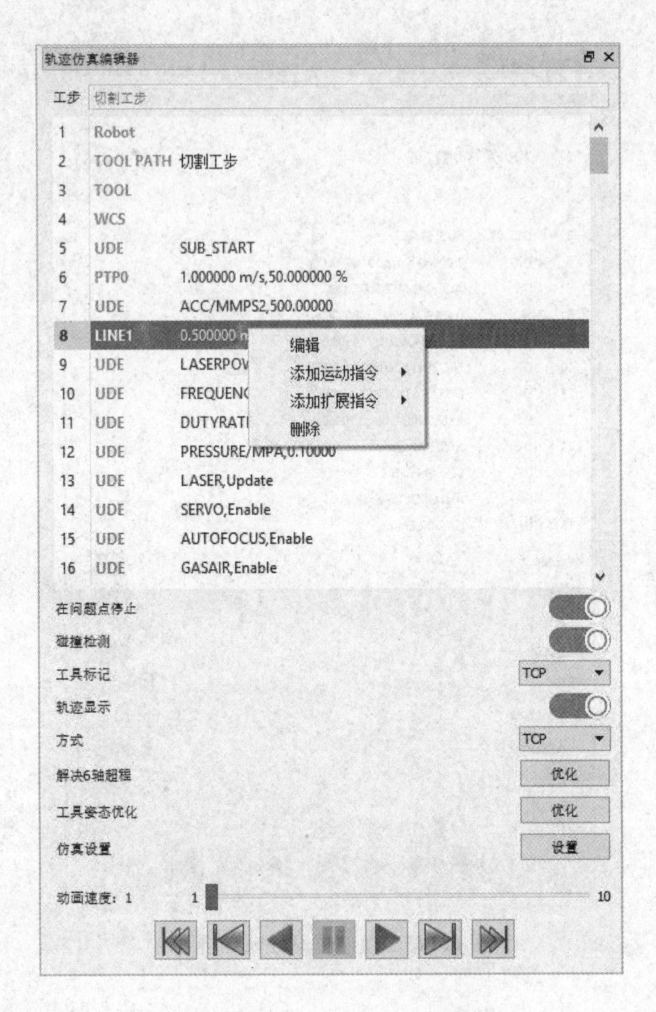

图 6.146 “刀位点”右键菜单

② 添加运动指令。如图 6.148 所示，可以向前或向后添加运动指令，在所选点之前添加运动指令，可以设置以“直线”或“点到点”的方式增加点的位置；可以设置点在直角坐标系或关节坐标系中确定点的位姿；可以使用当前位姿作为新添的运动指令；可以设置添加运动指令的目标点位姿；可以设置添加目标点的主刀轴方向；可以选择机器人末端在该目标点处对应的不同关节角的解；可以设置速度和加速度。在所选点之后添加运动指令与向前添加运动指令设置的参数相同。

③ 添加扩展指令。点击“添加扩展指令”，可以选择向前或向后添加扩展指令。如图 6.149 所示，在所选点之前添加扩展指令，可以添加通用指令，目前支持等待指令“WAI，S”（等待的时间能设置）、抓取指令“GRIP，ON”、释放指令“GRIP，OFF”，选中其中一个指令，点击“确定”按钮即可添加；用户也可以自定义扩展指令，即在“指令”文本框中自行输入标识，点击“添加到用户自定义指令列表”按钮，即可将指令添加到“用户自定义”框中，然后选中一个自定义指令，点击“确定”按钮进行添加。在所选的点之后添加扩展指令与向前添加扩展指令的设置相同。

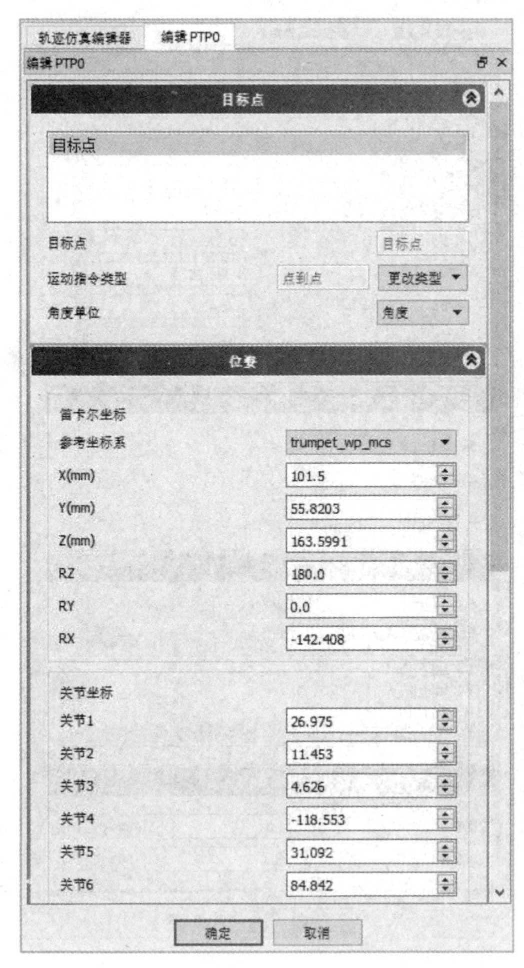

(a)

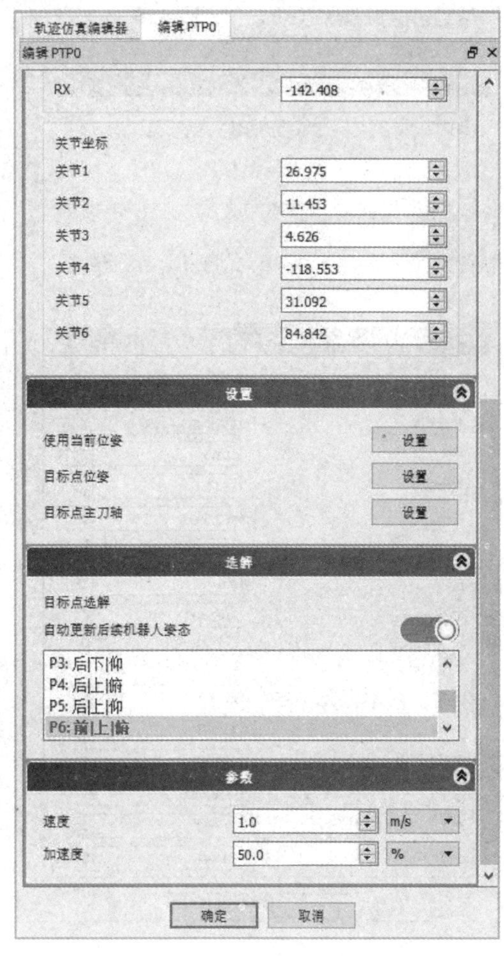

(b)

图 6.147　刀位点编辑

④ 删除。点击“删除”，可删除选中点。

（3）自动路径检查。

路径检查功能用于对仿真过程中的可达性、碰撞、极限和奇异点进行检测，进入“加工路径编辑”界面，就自动进行路径检测，并在“加工路径列表”中以不同颜色来标识检测结果：红色表示点不可达，攻红色表示点超程，橙色表示点发生碰撞，蓝色表示该点是奇异点，黑色表示没有检测到问题。将鼠标放到问题点上会提示产生问题的原因。当对“加工路径列表”中的轨迹进行修改后，点击动画仿真面板中的“▶”按钮，则可以自动对轨迹进行重新检测。

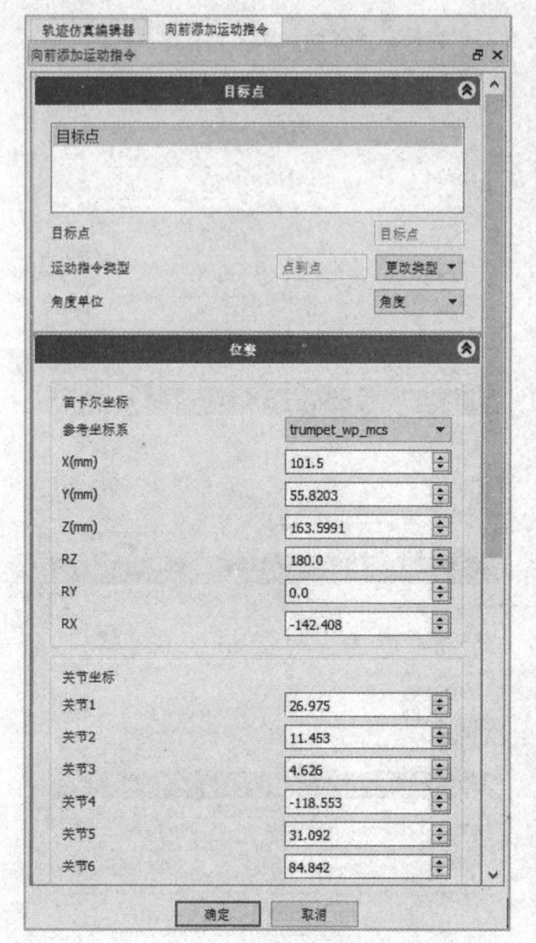

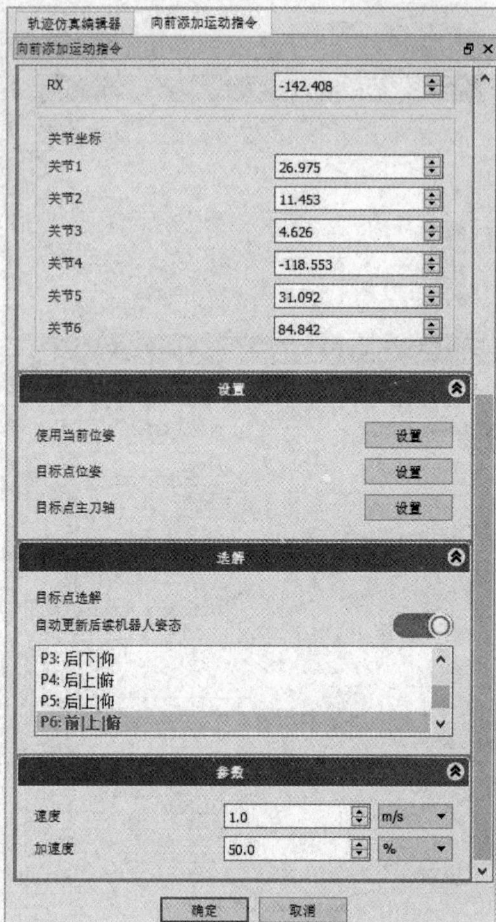

(a) (b)

图 6.148 添加运动指令

图 6.149 向前添加扩展指令

如图 6.150 所示列表中有玫红色显示的超程点，并提示超程的原因。

轨迹仿真编辑器

工步　切割工步

114	LINE94	0.500000 m/s,50.000000 %
115	LINE95	0.500000 m/s,50.000000 %
116	LINE96	0.500000 m/s,50.000000 %
117	LINE97	0.500000 m/s,50.000000 %
118	LINE98	0.500000 m/s,50.000000 %
119	LINE99	0.500000 m/s,50.000000 %
120	LINE100	0.500000 m/s,50.000000 %
121	LINE101	0.500000 m/s,50.000000 %
122	LINE102	0.500000 m/s,50.000000 %
123	LINE103	0.500000 m/s,50.000000 %
124	LINE104	0.500000 m/s,50.000000 %
125	LINE105	0.500000 m/s,50.000000 %

绿色（114～123）　玫红色（124～125）

运动关节超程：joint 5 over limit

在问题点停止

碰撞检测

图 6.150　自动路径检查

（4）在问题点停止。

“在问题点停止”开关用于设置仿真过程中运动到有问题的点处是否停止，如图 6.151 所示。此开关处于关闭状态时，仿真到有问题的点不会停止仿真。

图 6.151　问题点停止

（5）碰撞检测。

“碰撞检测”开关用于设置是否检测碰撞，若开关处于关闭状态，则不检测碰撞问题。

（6）工具标记。

“工具标记”用于设置在仿真时工具的 TCP 和工作点的显示状态，如图 6.152 所示。选择“TCP”时，会显示工具的 TCP；选择“TCP 点”时，会显示工具的 TCP 点；选择“工作点”时，会显示工具的工作点；选择“轴向”时，会显示工具的轴向（TCP 的 Z 轴方向）；选择“副方向”时，会显示工具副方向（TCP 的 X 轴方向）；选择“无”时，不会显示 TCP 和工作点。

图 6.152 工具标记

（7）轨迹显示及方式。

“轨迹显示”用于设置在仿真时轨迹的显示状态，“方式”是设置轨迹点位姿的显示方式。“轨迹显示”开关打开时，视图中会显示轨迹，并且提供轨迹显示方式的选择；“轨迹显示”开关关闭时，视图中会隐藏轨迹，此时不会再提供轨迹方式的选择。

如图 6.153 所示，当轨迹显示方式选择“TCP”时，会显示轨迹上每个目标点对应的 TCP（包含位置与姿态）；选择“主刀轴”时，会显示轨迹上每个目标点对应的 TCP 主刀轴方向；选择“副刀轴”时，会显示轨迹上每个目标点对应的 TCP 副刀轴方向；选择“无”时，只会显示轨迹。

图 6.153 轨迹显示方式

（8）外部轴策略。

“外部轴策略”用于设置外部轴，包括旋转轴和线性轴的仿真策略，如图 6.154 所示。旋转轴的策略包括“固定轴角度”“控制工具方向”“控制工具位置”；线性轴的策略包括“固定轴位置”“轴向工具位置”。

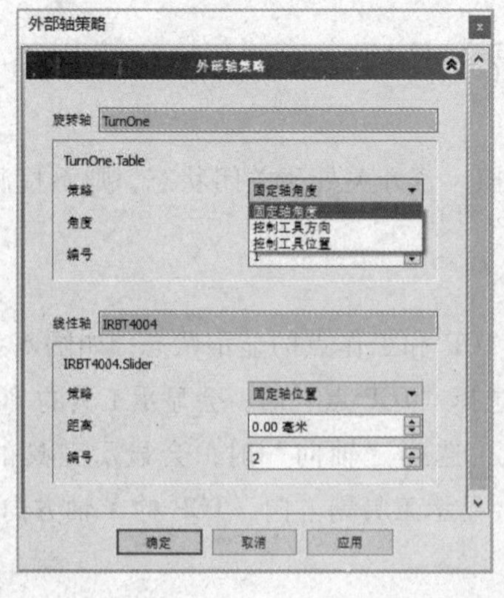

（a）

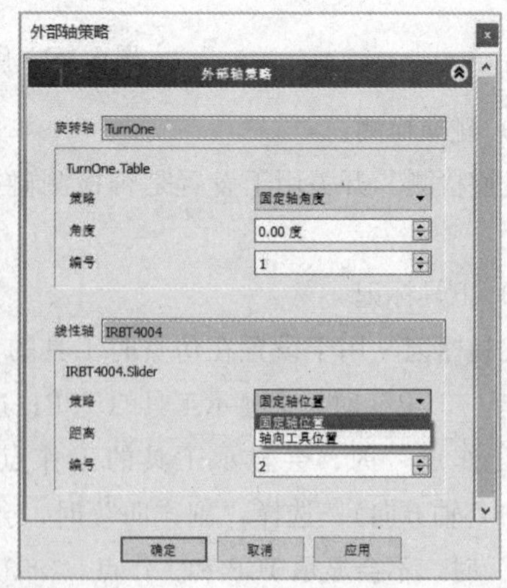

（b）

图 6.154 外部轴策略

（9）解决 6 轴超程。

“解决 6 轴超程”用于解决机器人加工中关节 6 连续旋转造成的 6 轴超程问题，如图 6. 155 所示。若出现了此类 6 轴超程问题，点击“优化”按钮即可解决。

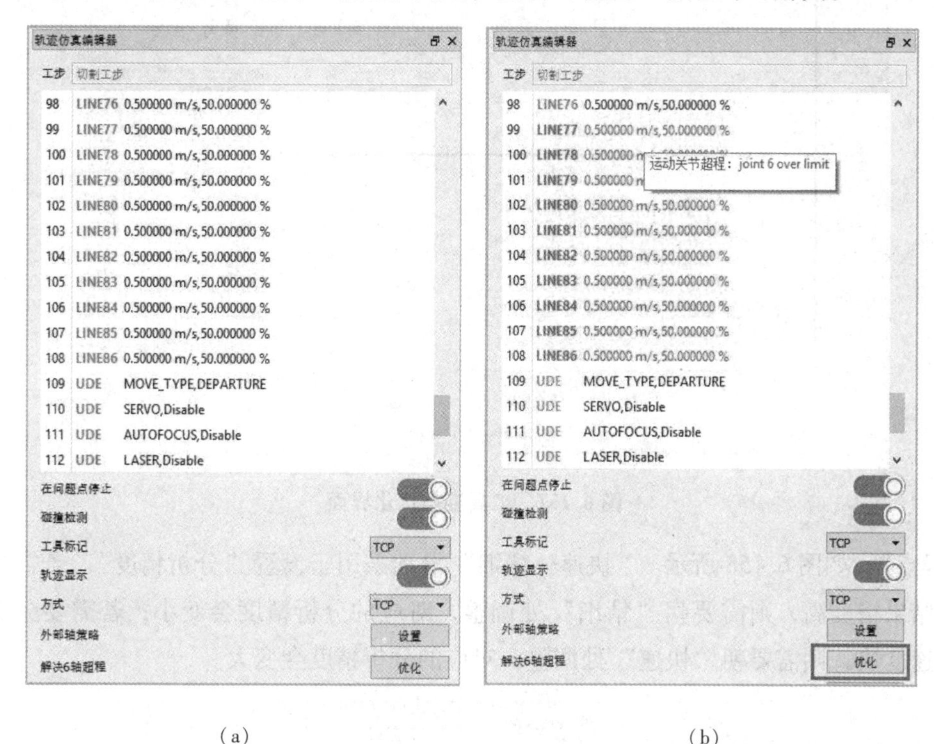

（a）　　　　　　　　（b）

图 6. 155　解决 6 轴超程问题

（10）工具姿态优化。

“工具姿态优化”用于设置仿真过程中的副刀轴的参数，点击“优化”按钮（见图 6. 156）即可打开工具姿态优化界面，如图 6. 157 所示。

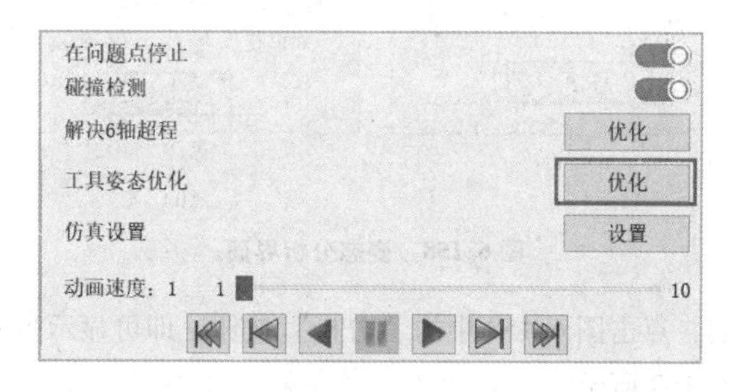

图 6. 156　“工具姿态优化”的“优化”按钮

工具姿态优化界面的视图区域包括横轴“角度”和纵轴“轨迹点”。“角度”是指副刀轴与上次优化前相较的变化角度，“轨迹点”是对应轨迹列表中的每个点。

“姿态分析”区域提供四种轨迹问题的分析功能，包括“不可达”“碰撞”“超程”

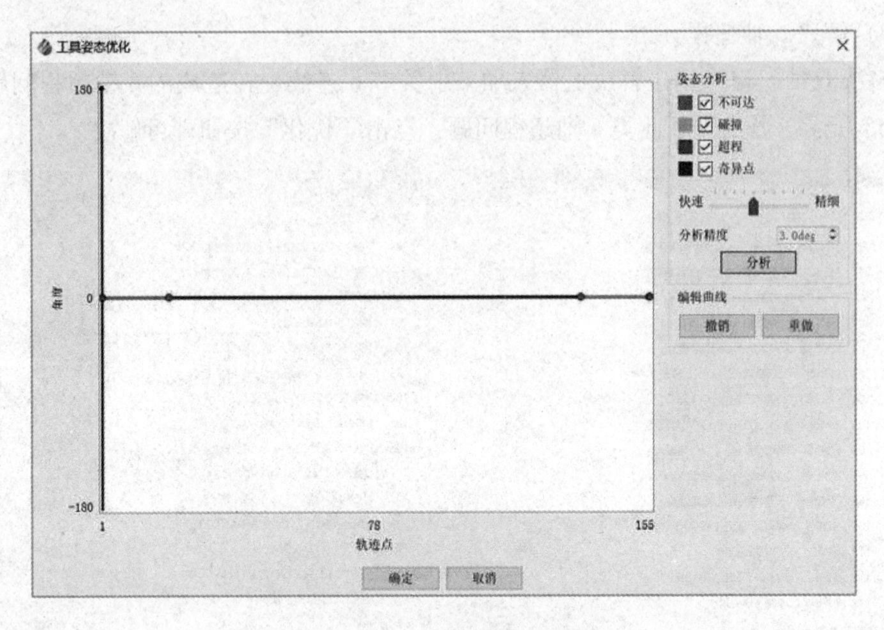

图 6.157　工具姿态优化界面

“奇异点”，如图 6.158 所示。“快速—精细”滑动条用于设置“分析精度”。若需要分析的结果精度高，则需要朝“精细”处调整，对应的分析精度会变小；若需要分析的结果速度快，则需要朝“快速”处调整，对应的分析精度会变大。

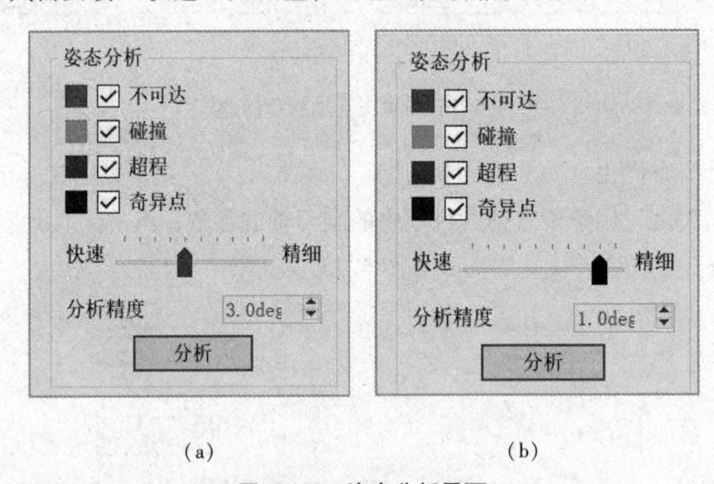

（a）　　　　　　　　（b）

图 6.158　姿态分析界面

参数设置完成后，点击图 6.158 中的“分析”按钮，即可显示当前工具姿态下轨迹的检测结果，如图 6.159 所示。

检测出的轨迹问题用对应颜色表示。如图 6.160 中用红色表示“不可达”问题、橙色表示“超程”问题、白色表示没有检测到问题。可通过拉动控制点来调整曲线，也可以增加和删除控制点。在橙色曲线上单击鼠标右键可添加控制点，如图 6.160（a）所示；在添加的控制点处单击鼠标右键可删除控制点，如图 6.160（b）所示。

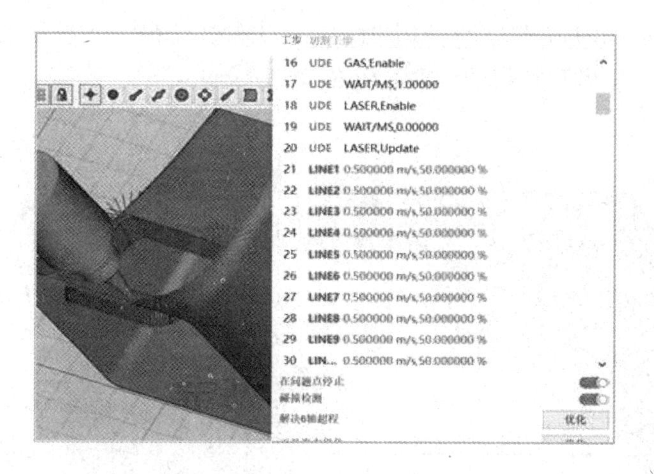

(a)

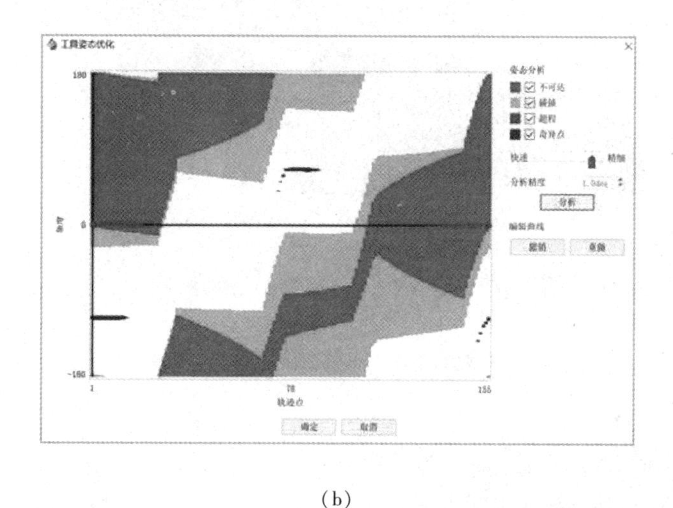

(b)

图 6.159　当前工具姿态下轨迹的检测结果

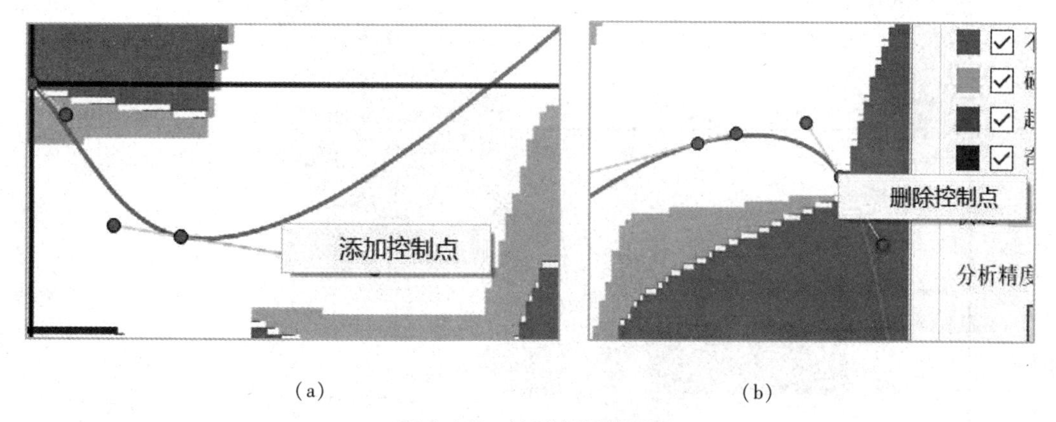

(a)　　　　　　　　　　　　　　(b)

图 6.160　控制点调整界面

调整完工具姿态优化曲线后，可对曲线的调整结果恢复到调整前的状态和返回到最近一次调整的状态，即“工具姿态优化”界面上的“编辑曲线”处的“撤销”和“重做”按钮。调整曲线的结果如图 6. 161 所示。点击两次“撤销”按钮的结果如图 6. 162 所示。点击两次“重做”按钮的结果如图 6. 163 所示。

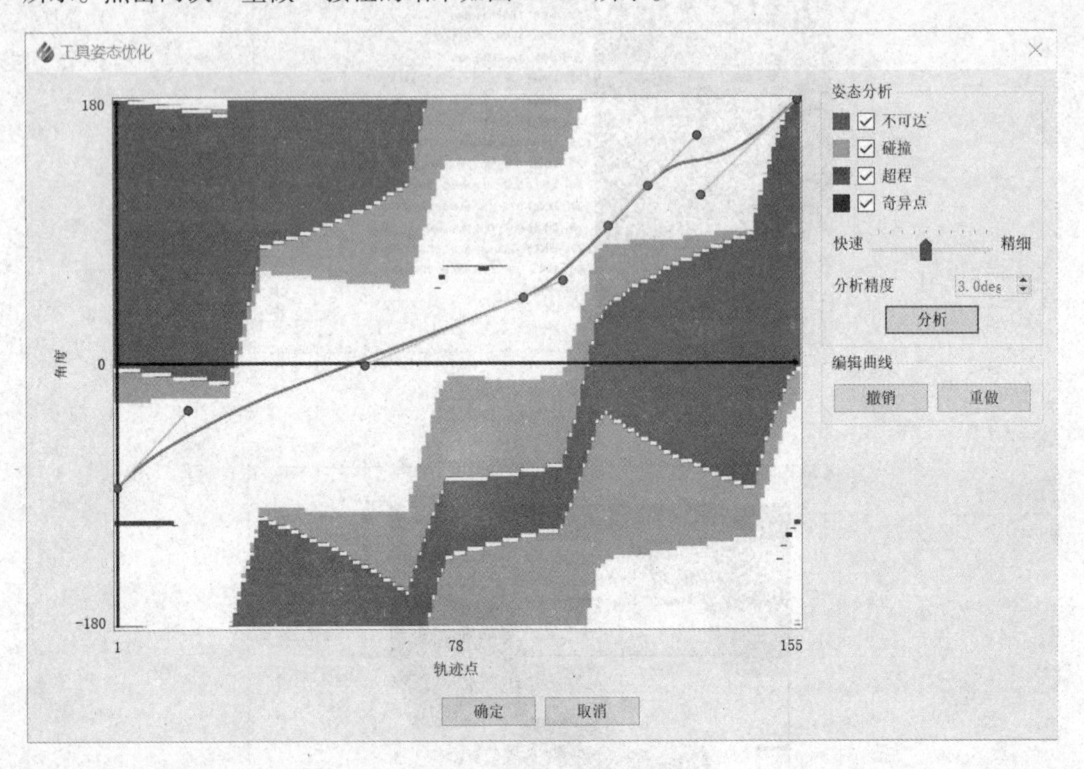

图 6. 161　调整曲线的结果

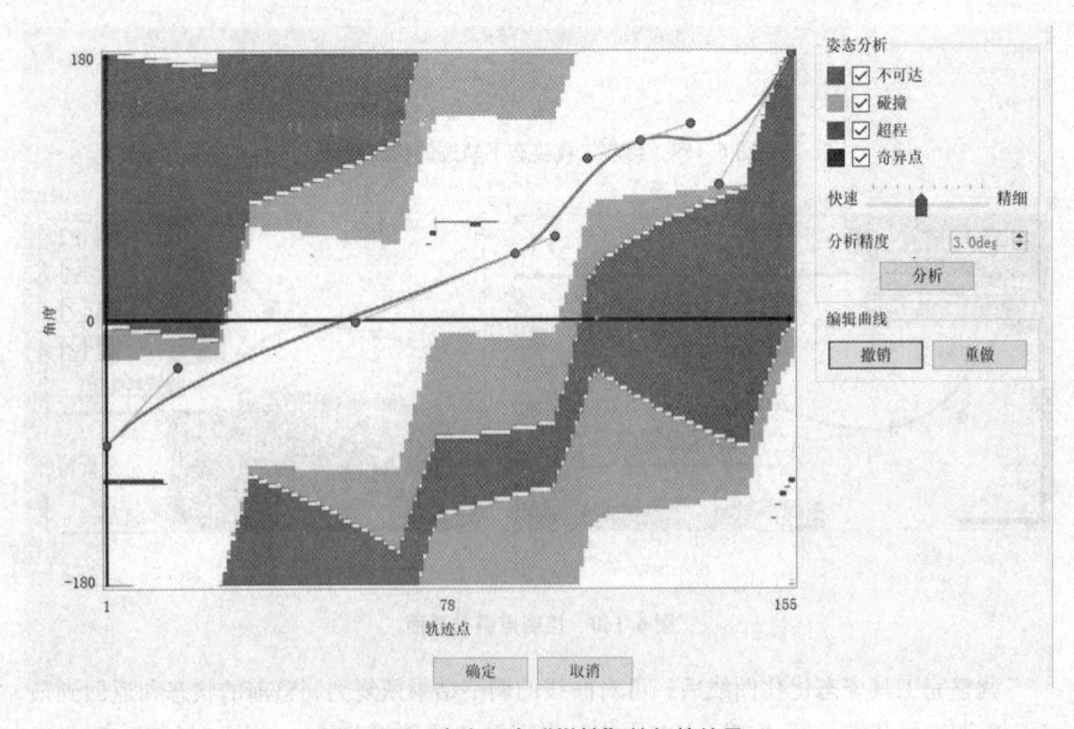

图 6. 162　点击两次“撤销”按钮的结果

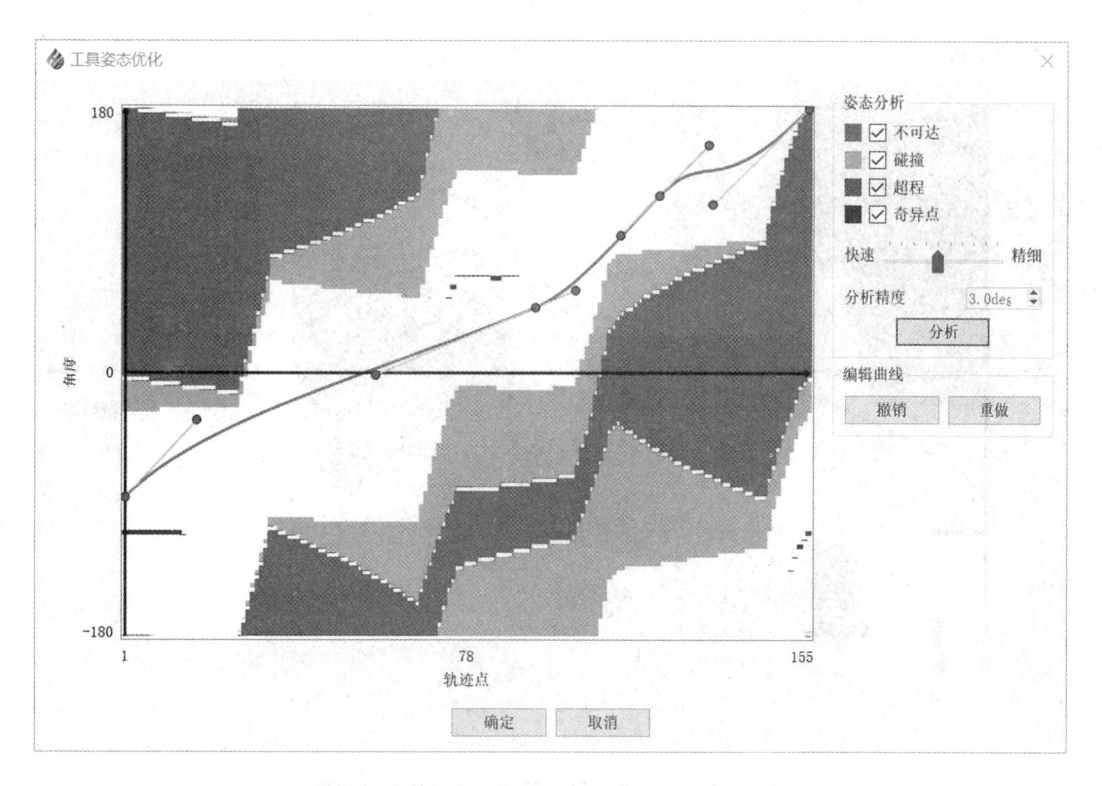

图 6.163　点击两次“重做”按钮的结果

曲线调整完成后，可点击“确定”按钮使用调整后的工具姿态，如图 6.164 所示。优化前检测到的不可达和超程问题已得到优化，视图中工具的姿态是优化后的姿态。再次进入优化界面进行分析，曲线在白色区域，检测到轨迹点都没有问题，如图 6.165 所示。

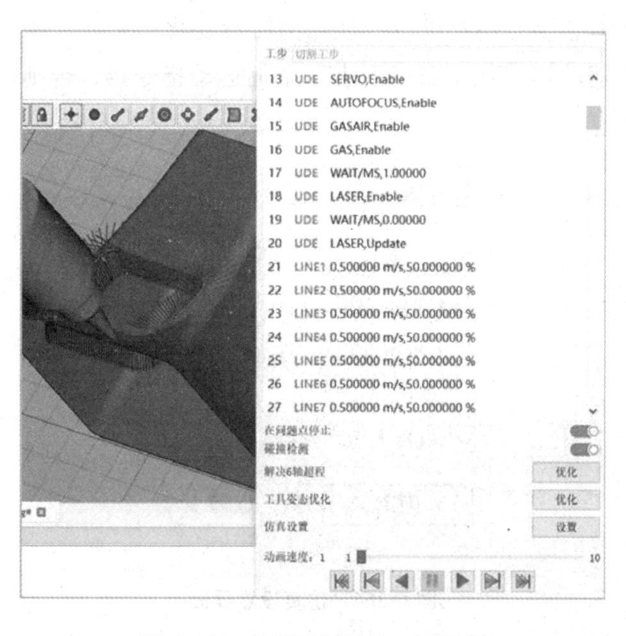

图 6.164　使用调整后的工具姿态

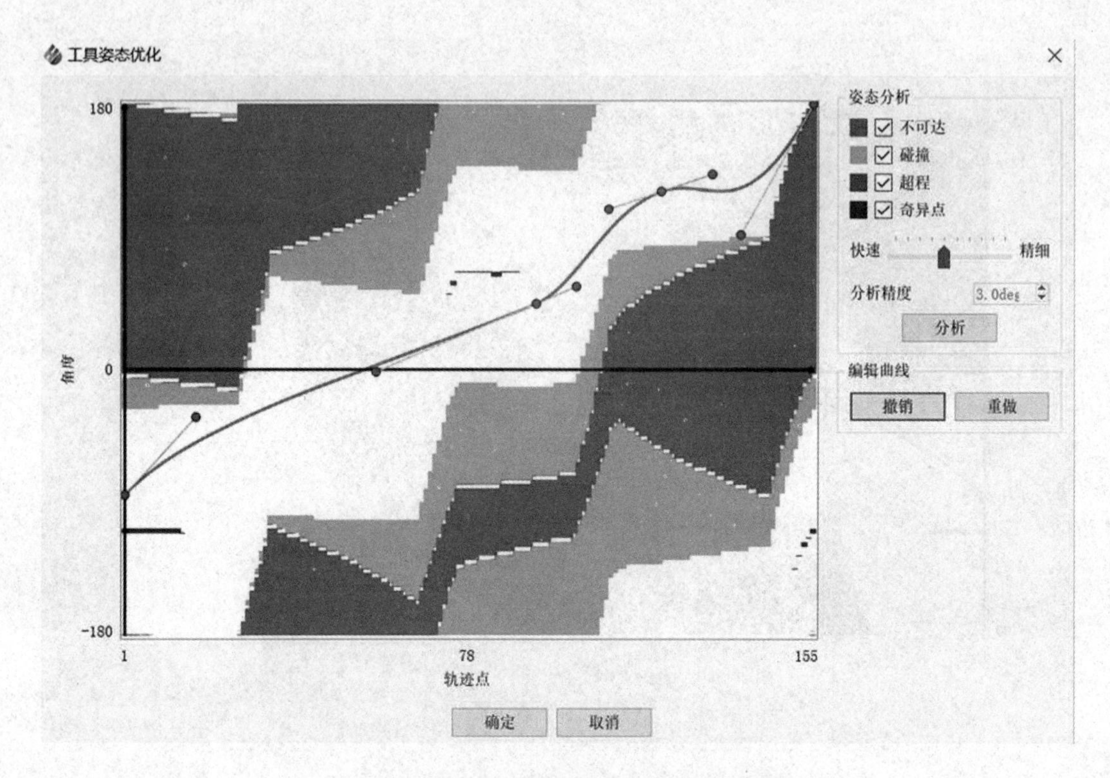

图 6.165　再次进入优化界面，曲线检测无问题

（11）仿真设置。

“仿真设置”用于设置仿真过程中的运动参数，如图 6.166 所示。其中，“插补周期”为轨迹中插值点的时间间隔；“最大线速度”为仿真时默认的线速度；“最大角速度”为仿真时默认的角速度；勾选“使用固定方向”复选框，则插值点直接使用前一个点的姿态进行仿真，姿态不再进行线性插值缓慢变化；勾选“机器人运动到点”复选框，则机器人会运动到“加工路径列表”中的运动指令点，否则仿真时可能不会经过每一个运动指令点。

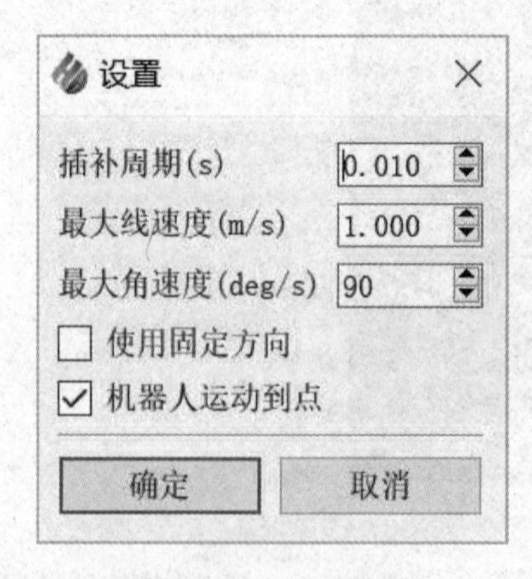

图 6.166　仿真设置界面

（12）动画仿真面板。

点击“▶”按钮后，可进行机器人仿真。仿真控制面板如图 6.167 所示。

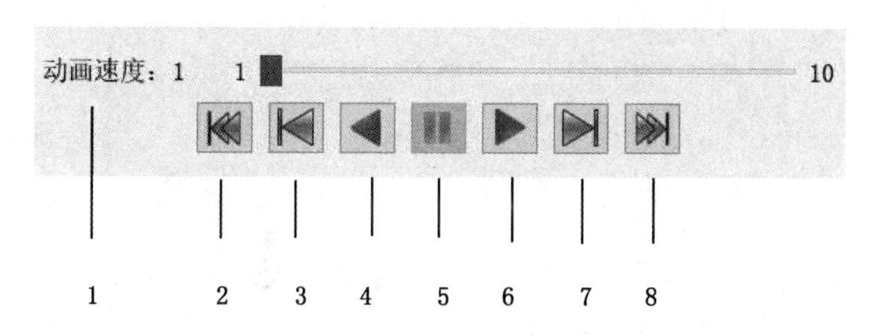

图 6.167　仿真控制面板

1—“动画速度”滑动条；2—开始点；3—上一点；4—反向运行；
5—暂停；6—正向运行；7—下一点；8—结束点

面板上各键功能具体如下。

①“动画速度”滑动条：拖动滑块，可调节仿真速度。

② 开始点：点击此按钮，回到轨迹最开始的点。

③ 上一点：点击此按钮，仿真到上一点。

④ 反向运行：点击此按钮，按照轨迹反方向仿真。

⑤ 暂停：点击此按钮，仿真暂停。

⑥ 正向运行：点击此按钮，按照轨迹顺序仿真。

⑦ 下一点：点击此按钮，仿真到下一点。

⑧ 结束点：点击此按钮，跳到轨迹结束点。

3. 后处理

后处理是生成机器人程序的过程，可以对单个工步后处理，也可以批量工步后处理。

在“加工路径”节点上，鼠标右键点击“后处理”，即可弹出“后处理”对话框，如图 6.168 所示。

（1）处理器。

在“处理器”中，默认选择所选机器人品牌的后处理文件，可在“选择后处理器”下拉列表中选择库中的后处理文件进行后处理。点击“选择后处理器”后面的“ ”按钮，会弹出“选择后处理器”对话框（见图 6.169），可在文件夹中选择所需的后处理文件进行后处理。

（2）输出。

“输出”中包括后处理文件的文件名和输出路径。点击“目录和名称”后面的“ ”按钮，默认输出文件名为加工工步名，选择输出目录，则目录和文件名会显示

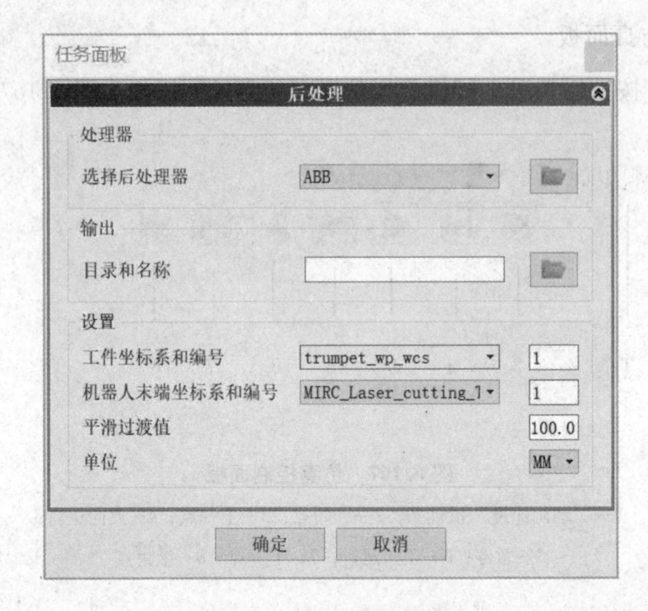

图 6.168 “后处理”对话框

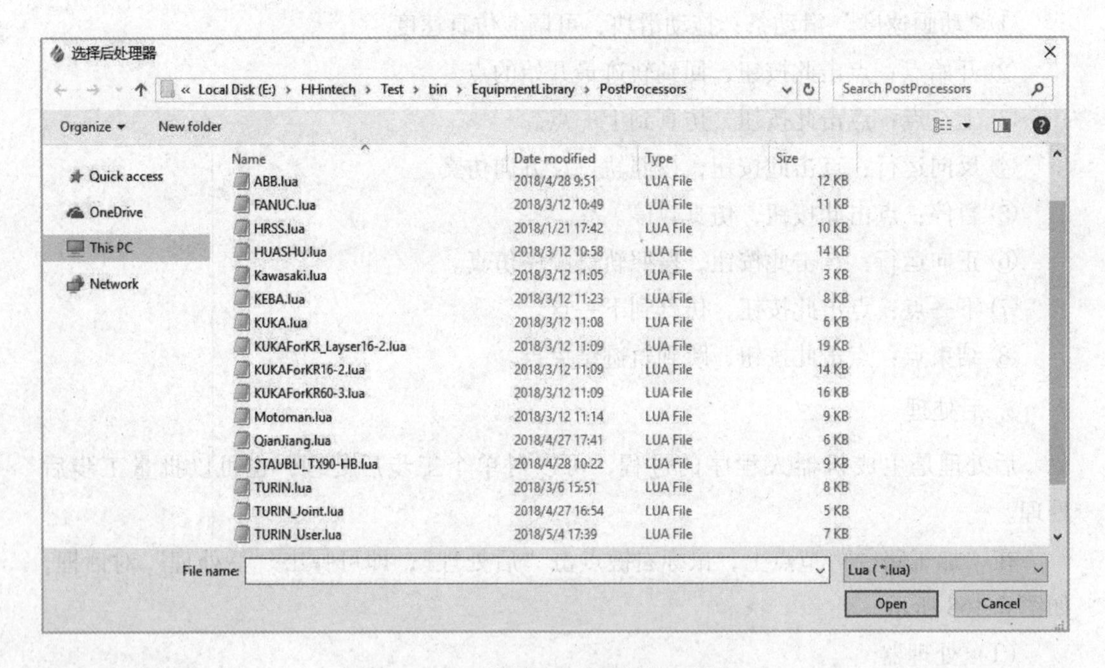

图 6.169 “选择后处理器”对话框

在文件框中。

（3）设置。

在“设置”中，可以设置机器人工件坐标系和编号、机器人末端坐标系和编号、平滑过渡值和单位。

输入文件名，指定输出目录后，点击图 6.168 中的“确定”按钮，则后处理文件被输出到指定文件夹中，如图 6.170 所示。

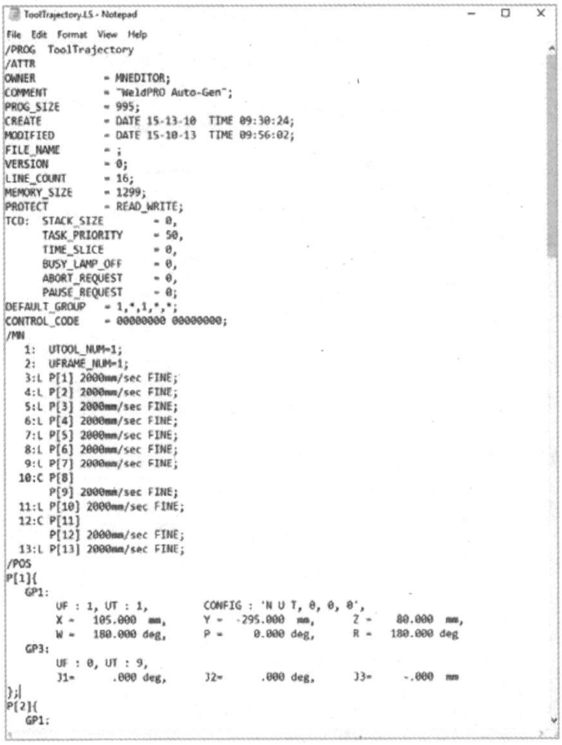

```
ToolTrajectory.LS - Notepad
File  Edit  Format  View  Help
/PROG  ToolTrajectory
/ATTR
OWNER           = MNEDITOR;
COMMENT         = "WeldPRO Auto-Gen";
PROG_SIZE       = 995;
CREATE          = DATE 15-13-10  TIME 09:30:24;
MODIFIED        = DATE 15-10-13  TIME 09:56:02;
FILE_NAME       = ;
VERSION         = 0;
LINE_COUNT      = 16;
MEMORY_SIZE     = 1299;
PROTECT         = READ_WRITE;
TCD:  STACK_SIZE        = 0,
      TASK_PRIORITY     = 50,
      TIME_SLICE        = 0,
      BUSY_LAMP_OFF     = 0,
      ABORT_REQUEST     = 0,
      PAUSE_REQUEST     = 0;
DEFAULT_GROUP   = 1,*,1,*,*;
CONTROL_CODE    = 00000000 00000000;
/MN
   1:  UTOOL_NUM=1;
   2:  UFRAME_NUM=1;
   3:L P[1] 2000mm/sec FINE;
   4:L P[2] 2000mm/sec FINE;
   5:L P[3] 2000mm/sec FINE;
   6:L P[4] 2000mm/sec FINE;
   7:L P[5] 2000mm/sec FINE;
   8:L P[6] 2000mm/sec FINE;
   9:L P[7] 2000mm/sec FINE;
  10:C P[8]
       P[9] 2000mm/sec FINE;
  11:L P[10] 2000mm/sec FINE;
  12:C P[11]
       P[12] 2000mm/sec FINE;
  13:L P[13] 2000mm/sec FINE;
/POS
P[1]{
   GP1:
       UF : 1, UT : 1,        CONFIG : 'N U T, 0, 0, 0',
       X =   105.000  mm,     Y =  -295.000  mm,     Z =    80.000  mm,
       W =   180.000 deg,     P =     0.000 deg,     R =   180.000 deg
   GP3:
       UF : 0, UT : 9,
       J1=       .000 deg,    J2=       .000 deg,    J3=      -.000  mm
};
P[2]{
   GP1:
```

图 6.170　输出结果

6.4　运动控制

在“运动控制面板”界面的“机器人和设备”面板中，用户能够选择需要操作的设备，该设备仅限于外部轴和机器人，如图 6.171 所示。在“关节”面板中，可以通过控件直接操作设备各个关节运动，同时会实时显示各个关节的关节坐标值，如图 6.171（a）所示；在“逆运动”面板中，可以通过控件操作设备的末端坐标系（工具坐标系或机器人末端坐标系）相对于参考坐标系进行运动，同时会实时显示该坐标系在参考坐标系下的值，如图 6.171（b）所示。

在“坐标系”面板中，可以选择工作单元中任意一个坐标系，选择工作单元中另一坐标系为参考坐标系，即可查看该坐标系相对于所选参考坐标系的位置关系，如图 6.173 所示。

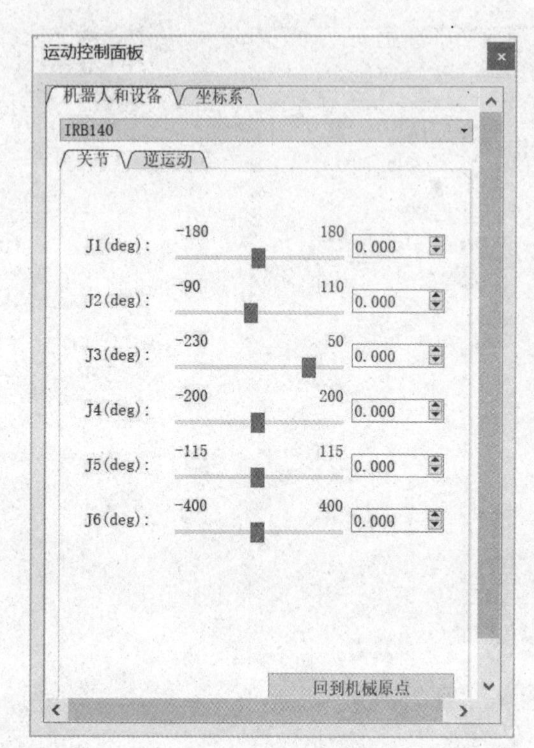

(a)

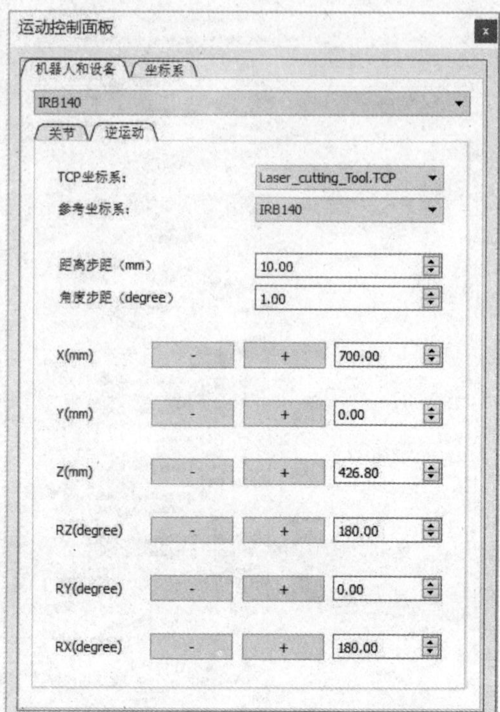

(b)

图 6.171 “运动控制面板”→“机器人和设备”

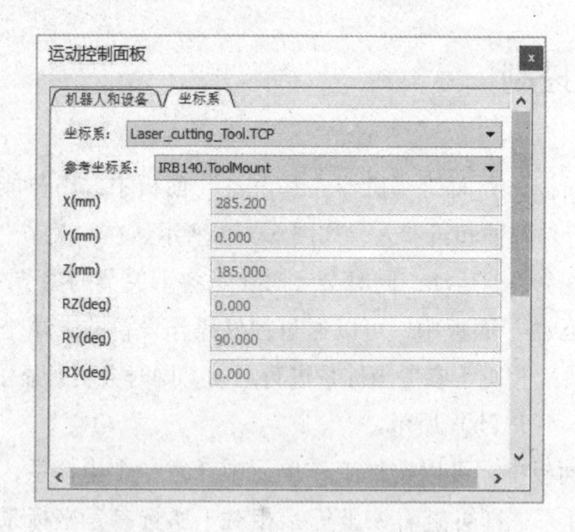

图 6.172 “运动控制面板”→“坐标系”

6.5　报告浏览和状态栏

在“报告浏览器”中，可以显示软件操作中的警告、错误和日志等信息，其显示结果如图 6.173 所示。

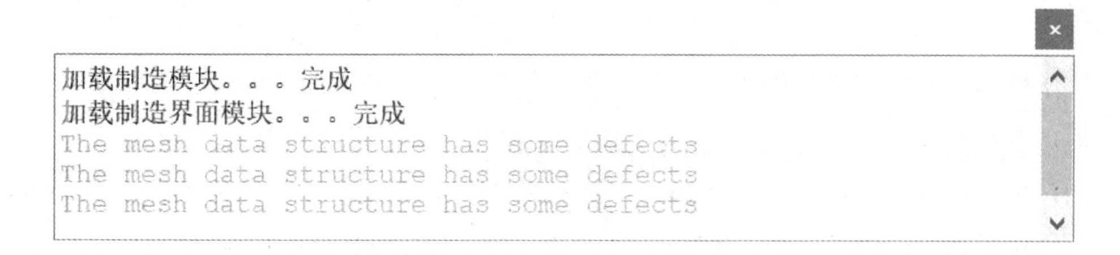

图 6.173　报告浏览器显示结果

在“状态栏”中会显示鼠标所点到的几何模型的名称和模型上该点在世界坐标系中的坐标值，如图 6.174 所示。

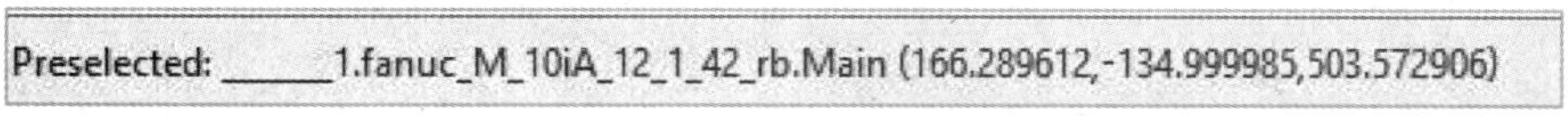

Preselected: ______1.fanuc_M_10iA_12_1_42_rb.Main (166.289612,-134.999985,503.572906)

图 6.174　状态栏显示

第7章　协作机器人典型应用

协作机器人是近年来机器人行业中比较热门的一个细分领域，它是一种可以安全地与人类进行直接交互或接触的机器人，拓展了机器人功能内涵中"人"的属性，具备一定的自主行为和协作能力。可以说，协作机器人是人类默契的合作伙伴，在非结构环境下，协作机器人能够与人相互配合，安全地完成指定作业。协作机器人具有易用性、灵活性和安全性。其中，易用性是协作机器人近年来迅速发展的必备条件，灵活性是协作机器人被人类广泛应用的必要前提，安全性是协作机器人安全工作的基本保障。这三个主要特点决定了协作机器人在工业机器人领域中的重要地位，其应用场景比传统工业机器人更为广阔。

目前，国内外已有不少于30家的机器人厂商推出了协作机器人产品，并将协作机器人引入生产线，完成精密装配、检测、产品包装、打磨、机床上下料等工作。

7.1　智能制造应用

7.1.1　包装码垛应用

包装码垛是协作机器人的典型应用之一。在传统工业中，拆垛、码垛属于重复性较高的劳动，使用协作机器人可以代替人工交替进行包装盒的拆垛和码垛工作，有利于提高物品堆放的有序性和生产效率。新松多可协作机器人先将包装盒从托盘上拆垛并放至输送线上，盒子到达输送线末端后，机器人再吸取盒子，码垛至另一托盘上，如图7.1所示。

7.1.2　打磨抛光应用

新松多可协作机器人的末端安装带有力控技术且可伸缩的智能浮动打磨头，通过气动装置使其保持恒力进行曲面打磨，如图7.2所示。该应用可以用于打磨制造业中的各类毛坯件，根据工艺要求，既可以对工件表面粗糙度进行粗打磨或精打磨，也可以恒定打磨速度，根据打磨表面接触力的大小，实时改变打磨轨迹，使打磨轨迹适应工件表面的曲率，很好地控制材料的去除量。

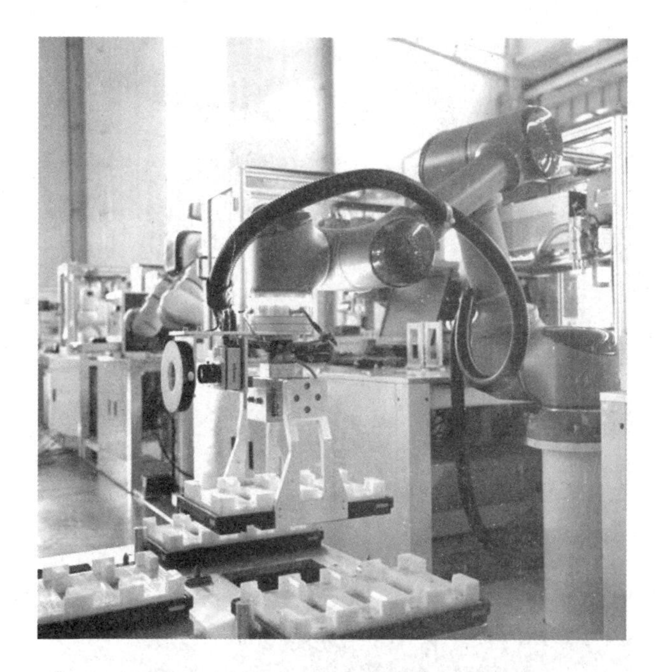

图 7.1　新松多可协作机器人码垛示意图

图 7.2　新松多可协作机器人打磨示意图

7.1.3　涂胶点胶应用

新松多可协作机器人可以代替人工进行涂胶，其从事的工作量大，而且做工精细、质量好，如图 7.3 所示。它按照程序自动点胶，完成规划路径，可按照设定要求控制涂胶出胶量，被保证均匀出胶，被广泛地应用于汽车零部件行业、3C 电子行业等各类需要涂胶的场景。

图 7.3 新松多可协作机器人涂胶示意图

7.1.4 螺丝锁付应用

新松多可协作机器人末端集成螺丝拧紧系统（如拧紧枪或拧紧机构），可以代替人工实现螺丝的自动锁付，如图 7.4 所示。螺丝锁付分为两种情况：一种是人工预拧螺丝，机器人做最终拧紧；另一种是机器人自动供钉并拧紧，这种情况末端需要集成拧紧模块，并配套自动供钉设备实现全自动拧紧。螺丝的扭矩值或角度值是通过拧紧系统进行实时监控的。

图 7.4 新松多可协作机器人螺丝锁付示意图

7.1.5　焊接应用

在目前市场中，优秀的手工焊工已经变得非常稀缺，用协作机器人焊接替代人工焊接是现在不少工厂的优先选择。结合新松多可协作机器人机械臂的柔性轨迹特点，调试摆臂幅度和精度，搭配清枪剪丝系统，可以杜绝焊枪堵塞，减少人工操作流程中的耗损、耗时等弊端。协作机器人焊接系统精度和可重复性都很高，适合长时间生产工艺，并且能确保产品质量的一致性。焊接系统编程操作非常容易上手，即使是缺乏操作经验的工作人员也可以在半小时内完成焊接系统的编程。同时，程序可以保存并重复使用，大幅度降低了新员工的培训时间成本。新松多可协作机器人焊接示意图如图 7.5 所示。

图 7.5　新松多可协作机器人焊接示意图

7.1.6　智能搬运应用

搬运是指使用机器人末端挂载搬运工具抓取工件，将工件按照特定的方式从一个加工位置移动到另一个加工位置的工艺过程。机器人安装不同的末端执行器可以完成各种不同形状和状态的工件搬运工作，大大减轻了操作人员烦琐的体力劳动，被广泛地应用于机床上下料、零件自动化生产线、自动装配流水线、码垛搬运等自动搬运。新松多可协作人搬运示意图如图 7.6 所示。

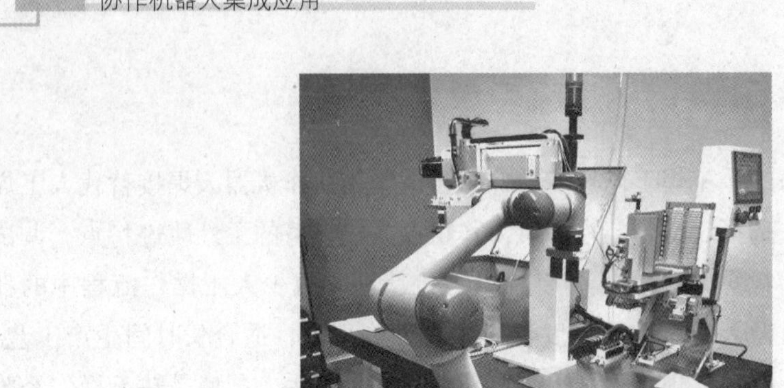

图 7.6　新松多可协作机器人搬运示意图

新松多可协作机器人工作站搬运应用是由倾斜物料贮存台、运输机、水平物料贮存台、换装台和协作机器人共同组成的，其搬运工艺流程见表 7.1。

表 7.1　新松多可协作机器人搬运工艺流程

序号	工序	知识点
1	机器人运行至换装台，挂载搬运工具	① 快换组件的使用； ② 机器人工具 I/O 控制
2	机器人运行至倾斜物料贮存台上对应工件的预抓取位置，开始取件程序	① 倾斜工作台上的用户坐标系定义； ② 机器人坐标系切换指令； ③ 搬运工艺
3	机器人抓取第一个工件	① 机器人工具 I/O 控制程序调用； ② 暂停指令
4	机器人放置第一个工件	① 机器人工具 I/O 控制程序调用； ② 暂停指令
5	运输机运输第一个工件	① 对射传感器触发； ② PLC 加计数器触发
6	运输机运输第一个工件到位挡处停止	① 对射传感器触发； ② PLC 加计数器计数； ③ 运输机积放模式

表7.1(续)

序号	工序	知识点
7	机器人抓取第 n 个工件	① 工件计数程序； ② 行、列、层判断程序； ③ 行、列、层变量设置； ④ 中断程序； ⑤ 机器人工具 I/O 控制程序调用
8	机器人放置第 n 个工件	—
9	运输机运输第 n 个工件	—
10	运输机运输第 n 个工件到位挡处停止	① PLC 加计数器触发机器人取件； ② PLC 加计数器复位； ③ 能力较强的操作人员可以尝试编写 PLC 和机器人之间的通信程序，直接赋值机器人取件程序
11	机器人运行至运输机积放点对应工件的预抓取位置	—
12	机器人抓取第一个工件	知识点同取件程序
13	机器人放置第一个工件	
14	机器人抓取第 n 个工件	
15	机器人放置第 n 个工件	
16	程序反向执行	—

表 7.2 中所列是最基础的搬运程序，仅为操作人员提供思路，能力较强的操作人员可以结合前面的知识点，对程序进行修改或重新设计。

表 7.2　协作机器人搬运程序（仅机器人部分，PLC 部分根据实际能力编写）

movej ([- 50.535, 12.751, - 36.026, 100.463, 7.973, 69.348, 138.891],80,90,-1);	原点
io_out(7,0);	快换气路关闭
io_out(8,1);	
movej([-68.780,30.392,-17.056,74.772,8.792,76.106,147.005],80,90,-1);	快换预插入位置
movel([103.868,-570.021,267.255,179.998,0.000,-53.400],500,500,-1,-9.33967);	高速插入过程
movel ([103.887,-570.018,249.024,179.998,-0.001,-53.397],100,500,-1,-9.33909);	减速插入完成
sleep(300);	暂停
io_out(8,0);	快换气路打开

表7.2(续)

io_out(7,1);	
movel([103.881,-570.021,449.106,179.998,-0.000,-53.399],500,500,-1,-9.33926);	沿插入方向退出
movej([-81.634,24.041,32.250,76.710,-12.661,82.797,38.947],100,100,-1);	取件程序原点
movej([-24.642,21.236,-14.553,81.044,-20.440,61.258,58.830],100,100,-1);	
io_out(1,0);	夹手关初始化
io_out(2,1);	
sleep(200);	
io_out(2,0);	
coordinate_tool(0,0,0,0,0,0,0,0,0,0);	工具坐标系设定
movej([-29.200,24.920,-11.671,81.773,-21.349,56.333,65.567],100,100,-1);	工件1取件预抓取点
movel([436.445,-444.062,369.827,176.969,29.382,83.842],100,500,-1,-4.70664);	抓取点
io_out(2,0);	打开夹手，抓取工件1
io_out(1,1);	
sleep(500);	暂停
movel([436.444,-378.399,485.849,176.971,29.382,83.844],100,500,-1,-7.18785);	返回工件1取件预抓取点
movej([-12.854,39.196,-6.885,44.996,4.369,95.992,78.406],100,100,-1);	运输机放件预放件点
movel([623.568,-177.079,368.477,179.996,0.000,83.852],100,500,-1,-4.93731);	放件点
io_out(1,0);	关闭夹手，放件工件1
io_out(2,1);	
sleep(500);	暂停
movel([623.542,-177.094,468.050,179.999,0.003,83.854],100,500,-1,-4.93614);	返回运输机放件预放件点
movej([-19.508,19.382,-19.219,78.599,-18.693,65.826,63.769],30,90,-1);	工件2取件预抓取点
movel([436.405,-458.867,343.849,176.967,29.382,83.843],100,500,-1,-4.5466);	抓取点
io_out(2,0);	打开夹手，抓取工件2

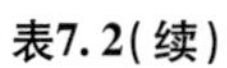
表7.2(续)

io_out(1,1);	
sleep(500);	暂停
movel([436.451,-378.394,485.871,176.965,29.381,83.844],100,500,-1,-7.40716);	返回工件2取件预抓取点
movej([-12.580,38.466,-7.064,48.754,4.389,92.980,78.261],30,90,-1);	运输机放件预放件点
movel([623.554,-177.181,368.495,179.996,0.008,83.843],100,500,-1,-4.93795);	放件点
io_out(1,0);	关闭夹手，放件工件2
io_out(2,1);	
sleep(500);	暂停
movel([623.526,-177.127,468.078,179.994,0.006,83.845],100,500,-1,-4.93726);	返回运输机放件预放件点
movej([9.753,16.875,-41.778,93.225,-16.573,60.004,72.624],100,100,-1);	工件3取件预抓取点
movel([436.416,-341.948,311.342,176.960,29.383,83.837],100,500,-1,-10.4767);	抓取点
io_out(2,0);	打开夹手,抓取工件3
io_out(1,1);	
sleep(500);	暂停
movel([436.383,-260.264,455.649,176.958,29.383,83.832],100,500,-1,-14.1139);	返回工件3取件预抓取点
movej([-12.455,38.476,-7.338,48.756,4.565,92.985,78.181],100,100,-1);	运输机放件预放件点
movel([623.560,-177.101,368.464,179.996,-0.001,83.843],100,500,-1,-5.13037);	放件点
io_out(1,0);	关闭夹手，放件工件3
io_out(2,1);	
sleep(500);	暂停
movel([623.535,-177.105,468.056,179.996,0.000,83.847],100,500,-1,-5.12949);	返回运输机放件预放件点
movej([21.885,17.363,-53.953,91.901,-12.985,63.348,70.797],100,100,-1);	工件4取件预抓取点
movel([436.403,-356.473,285.676,176.965,29.378,83.842],100,500,-1,-12.5892);	抓取点

表7.2(续)

io_out(2,0);	打开夹手,抓取工件4
io_out(1,1);	
sleep(500);	暂停
movel([436.410,-260.230,455.624,176.969,29.380,83.845],100,500,-1,-16.6188);	返回工件4取件预抓取点
movej([-10.846,38.637,-10.831,48.756,6.746,93.084,77.169],30,90,-1);	运输机放件预放件点
movel([623.560,-177.080,368.476,179.998,0.001,83.849],100,500,-1,-7.58483);	放件点
io_out(1,0);	关闭夹手,放件工件4
io_out(2,1);	
sleep(500);	暂停
movel([623.538,-177.087,401.811,179.997,0.000,83.851],100,500,-1,-7.58329);	放件起始点(运输机另一端)
# fangjian	
movej([33.264,46.946,-26.218,46.936,18.831,89.264,110.585],100,100,-1);	运输机取件预抓取点
movel([632.293,260.153,359.339,179.992,-0.000,83.850],100,500,-1,-20.2857);	抓取点
io_out(2,0);	打开夹手,抓取工件1
io_out(1,1);	
sleep(500);	暂停
movel ([632.296,260.145,448.511,179.994,0.003,83.847],100,500,-1,-20.2877);	返回运输机取件预抓取点
movej([72.418,46.365,-44.544,46.614,30.674,95.687,137.751],100,100,-1);	工件1预放件点
movel([385.539,540.606,384.194,179.998,-0.000,83.854],100,500,-1,-34.201);	放件点
io_out(1,0);	关闭夹手,放件工件1
io_out(2,1);	
sleep(500);	暂停
movel([385.546,540.604,449.778,179.996,-0.001,83.853],100,500,-1,-34.202);	返回工件1预放件点
movej([31.697,46.872,-25.565,39.882,18.460,95.878,111.690],100,100,-1);	返回运输机取件预抓取点

表7.2(续)

movel([632.295,260.154,361.152,179.998,0.001,83.850],100,500,-1,-20.2873);	抓取点
io_out(2,0);	打开夹手,抓取工件 2
io_out(1,1);	
sleep(500);	暂停
movel([632.291,260.141,448.518,179.999,-0.002,83.857],100,500,-1,-20.2817);	返回运输机取件预抓取点
movej([72.418,46.366,-44.545,46.614,30.674,95.689,137.749],100,100,-1);	工件 2 预放件点
movel([385.560,540.590,412.881,179.998,0.003,83.847],100,500,-1,-34.2049);	放件点
io_out(1,0);	关闭夹手, 放件工件 2
io_out(2,1);	
sleep(500);	暂停
movel([385.544,540.610,449.803,179.994,-0.000,83.851],100,500,-1,-34.2063);	返回工件 2 预放件点
movej([31.695,46.874,-25.567,39.880,18.461,95.883,111.690],100,100,-1);	返回运输机取件预抓取点
movel([632.294,260.161,361.132,-180.000,0.001,83.852],100,500,-1,-20.286);	抓取点
io_out(2,0);	打开夹手, 抓取工件 3
io_out(1,1);	
sleep(500);	暂停
movel([632.286,260.156,448.541,179.999,-0.000,83.853],100,500,-1,-20.284);	返回运输机取件预抓取点
movej([80.891,34.353,-55.132,71.053,27.604,87.874,126.096],100,100,-1);	工件 3 预放件点
movel([382.654,422.636,381.142,-179.999,-0.002,83.847],100,500,-1,-31.9414);	放件点
io_out(1,0);	关闭夹手,放件工件 3
io_out(2,1);	
sleep(500);	暂停
movel([382.616,422.686,449.394,179.999,-0.004,83.853],100,500,-1,-31.9436);	返回工件 3 预放件点

表7.2(续)

movej([31.695,46.872,-25.568,39.880,18.462,95.878,111.693],100,100,-1);	返回运输机取件预抓取点
movel([632.299,260.161,361.127,179.995,-0.002,83.851],100,500,-1,-20.2863);	抓取点
io_out(2,0);	打开夹手，抓取工件4
io_out(1,1);	
sleep(500);	暂停
movel([632.295,260.143,448.531,179.994,-0.004,83.851],100,500,-1,-20.2849);	返回运输机取件预抓取点
movej([80.893,34.357,-55.134,71.054,27.604,87.877,126.093],100,100,-1);	工件4预放件点
movel([382.660,422.652,403.326,179.998,-0.001,83.850],100,500,-1,-31.9447);	放件点
io_out(1,0);	关闭夹手，放件工件4
io_out(2,1);	
sleep(500);	暂停
movel([382.619,422.688,449.389,179.998,0.000,83.851],100,500,-1,-31.9479);	返回工件4预放件点

7.1.7 装配应用

协作机器人主要用于各种电器（包括家用电器，如电视机、录音机、洗衣机、电冰箱、吸尘器）制造，小型电机、汽车及其部件、计算机、玩具、机电产品及其组件的装配等方面。其中，协作机器人出现最多的场景为螺丝锁付，协作机器人在螺丝锁付领域有着得天独厚的优势。新松多可协作机器人装配示意图如图7.7所示。

螺丝锁付的工艺相对比较简洁，主要通过自动锁螺丝机实现。自动锁螺丝机作为集成设备被应用在机器人行业，又被称为拧紧模组。拧紧模组的选择主要是根据拧螺丝的工况决定的，所以拧紧模组也分为标准拧紧模组、偏置头拧紧模组、直角真空吸拧一体模组、自供钉拧紧模组、快速真空吸拧一体模组、自供钉真空吸拧一体模组等。常见螺丝锁付工况如图7.8所示。

协作机器人能够提供的自动锁螺丝机中常用的有两种，即气吹式和气吸式。

气吹式自动锁螺丝机是由自动送螺丝机系统（即螺丝供料机）与电批组合而成，螺丝通过压缩空气吹到批嘴下面，电批下行进行自动锁进产品上。其中，打螺丝路径由协作机器人编程控制，气动送螺丝系统配合工作，另加螺丝滑牙、浮锁、漏锁等检测装置。整套设备全自动配合完成，这种模式的自动锁螺丝机最大的优点就是灵活稳定、效

图 7.7　新松多可协作机器人装配示意图

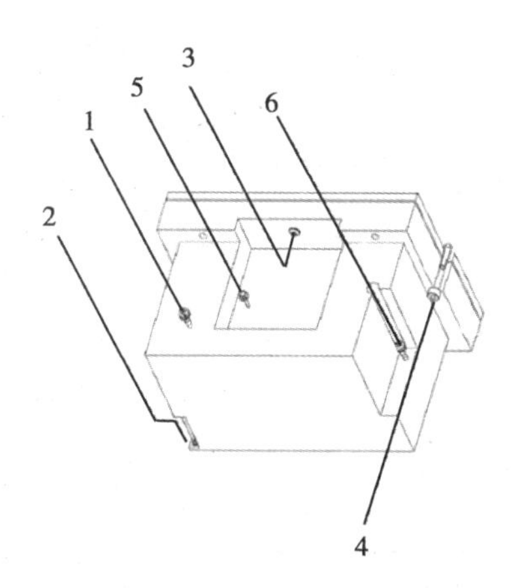

图 7.8　常见螺丝锁付工况

1—标准拧紧模组；2—偏置头拧紧模组；3—直角真空吸拧一体模组；4—自供钉拧紧模组；5—快速真空吸拧一体模组；6—自供钉真空吸拧一体模组

率高。根据设定好的坐标，机器自动完成产品锁付。协作机器人 Z 轴可装 2 或 4 把电批同时锁付，生产效率极高。气吹式自动锁螺丝机对螺丝或螺丝产品有一定的要求，当螺丝的长度大于螺丝帽直径的 1.3 倍时（该参数叫作长径比）可以选择，否则螺丝会在供料管道中翻滚，造成管道堵塞。

气吸式自动锁螺丝机结构相对简单，制造周期比较短。其主要特点如下：如果螺丝太小或太短，气吹式自动锁螺丝机就不能实现自动送钉，需要使用气吸式自动锁螺丝机，由机器人带动电批吸取螺丝并移动锁紧（一颗一颗逐点锁螺丝）。气吸式自动锁螺丝机主要是通过真空发生器在电批头上产生的吸附力，取走单个螺丝，再定位到产品孔位上，电批下行自动锁进产品上。分取料效率与行走距离、运行速度有关，一般为

1.5~2.0 颗/秒。气吸式自动锁螺丝机一般适合长度相对小、重量轻、气吹式自动螺丝机无法实现的螺丝，同时螺丝头部上表面能和电批的真空吸头型腔形成一定的气密性；适用于绝大部分螺丝，特别是不满足长径比要求的螺丝。气吸式自动锁螺丝机是对气吹式自动锁螺丝机的补充。

新松多可协作机器人拧紧应用工艺流程（气吸式锁螺丝机）见表 7.3。

表 7.3　新松多可协作机器人拧紧应用工艺流程（气吸式锁螺丝机）

序号	工序	知识点
1	机器人运行至换装台，挂载搬运用工具	① 快换组件的使用； ② 机器人工具 I/O 控制
2	机器人运行至拧紧台上对应螺丝的预吸取位置，开始吸取程序	① 拧紧台上的用户坐标系定义； ② 机器人坐标系切换指令；
3	机器人吸取第一个螺丝	① 机器人工具 I/O 控制程序调用； ② 暂停指令； ③ 中断
4	机器人携带吸取的螺丝退回预吸取位置	—
5	机器人运行至拧紧台上对应螺丝的预拧紧位置，开始拧紧程序	—
6	机器人拧紧第一个螺丝	① 机器人工具 I/O 控制程序调用； ② 暂停指令； ③ 中断
7	机器人携带吸取的螺丝退回预拧紧位置	—
8	其他螺丝处理方式同上	—

表 7.4 所列是最基础的拧紧程序，仅为操作人员提供思路，能力较强的操作人员可以结合前面的知识点，对程序进行修改或重新设计。

表 7.4　协作机器人拧紧程序（气吸式锁螺丝机）

程序	说明
movej([-50.533,12.751,-36.026,100.465,7.973,69.348,-40.102],100,90,-1);	快换预插入位置
io_out(7,0);	快换气路关闭
io_out(8,1);	
movel([-35.158,-562.697,285.089,-179.994,0.004,131.388],800,90,-1,-3.23216);	高速插入过程
movel([-35.156,-562.692,249.064,-179.995,-0.000,131.397],100,90,-1,-0.119556);	减速插入完成
sleep(300);	暂停
io_out(3,0);	

表7.4(续)

io_out(8,0);	快换气路打开
io_out(7,1);	
movel([-35.147,-562.682,472.386,-179.998,0.000,131.389],800,90,-1,-3.23138);	移动到第一个螺丝预吸取点
movel([-189.046,-444.570,472.428,-179.998,0.001,131.390],800,90,-1,7.06208);	机器人高速进给
movel([-189.043,-444.566,360.164,-180.000,-0.001,131.387],100,90,-1,7.04411);	机器人低速进给
io_out(3,0);	
io_out(5,0);	真空开吸取
io_out(4,1);	
movel([-189.050,-444.562,385.559,-179.997,-0.001,131.390],500,90,-1,7.06157);	退回第一个螺丝预吸取点
movel([-189.635,-472.886,379.697,-179.999,0.000,131.390],500,90,-1,6.52402);	移动到第一个螺丝预拧紧点
movel([-189.642,-472.862,356.566,179.999,-0.002,131.389],100,90,-1,6.52334);	机器人低速进给
io_out(3,1);	电批进给
io_out(4,0);	
sleep(1000);	暂停
movel([-189.654,-472.876,387.077,-179.998,-0.002,131.391],500,90,-1,6.52406);	退回到第一个螺丝预拧紧点
movel([-224.314,-444.322,387.131,-179.994,-0.002,131.385],800,90,-1,8.55239);	移动到第二个螺丝预拧紧点
movel([-223.929,-444.328,363.310,-179.998,-0.002,131.387],500,90,-1,8.53834);	机器人高速进给
movel([-223.915,-444.339,359.622,-179.998,-0.003,131.387],100,90,-1,8.53805);	机器人低速进给
io_out(3,0);	
io_out(5,0);	真空开吸取
io_out(4,1);	
⋮	

7.2 人机交互应用

7.2.1 轨迹模拟应用

搬运或装配等应用，按照轨迹分类，被定义为点到点运动；而涂胶、焊接等应用，被定义为连续轨迹运动。从轨迹规划的角度来看，点到点运动只关心起始点和终点，控制函数是基于时间与关节角度构成的。连续轨迹运动则相对复杂很多，其控制函数由时间与位姿、加速度、速度共同构成，类似于 CNC 中的插补原理。

本节以涂胶应用为例，机器人操作者可以通过示教和离线编程两种方式实现预设轨迹的运行。

运行轨迹设定采用成熟的控制软件，以示教的方式进行编程。在实物的涂胶轨迹上，先描出数个特征点，再采用示教器操作涂胶枪，寻找这些点迹，并确认、记忆这些点的坐标；完成特征点寻迹工作后，再启动自动运行，设备将以样条曲线插补的方式自动把这些点连接成光滑过渡的曲线。该曲线就是工件需要涂胶的运动轨迹。机器人示教编程方式使设备的操作更趋柔性化与智能化，可以随意调用和修改涂胶程序。

离线编程方式更加适合具有准确数模的应用场合，能够在 PC 端通过 CAM 软件自动生成涂胶轨迹，省去示教编程和涂胶轨迹数据输入过程，仅需工件数模即可快捷、方便地完成编程。其适用于三维空间内任意曲线轨迹的涂胶和材料均匀涂布。

新松多可协作机器人轨迹模拟工作台如图 7.9 所示。

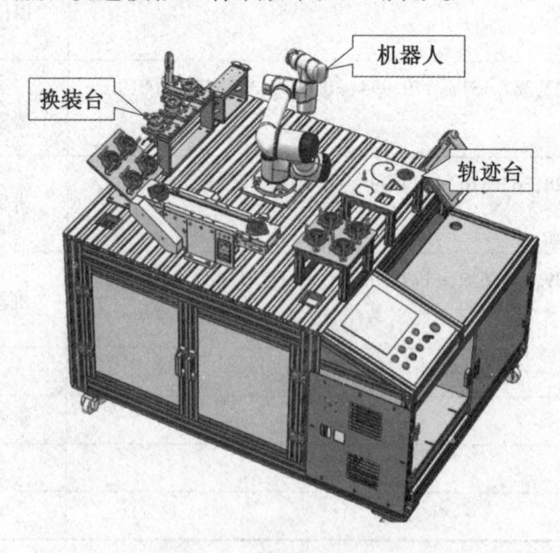

图 7.9 新松多可协作机器人轨迹模拟工作台

轨迹应用相对比较简单，复杂之处是对样条曲线进行编程，此时应灵活应用 spline 程序。

7.2.2　牵引示教应用

操作人员可通过直接手动牵引协作机器人到达指定位姿或沿特定轨迹移动，同时记录示教过程的位姿数据，以直观方式对机器人应用任务进行示教，这样可大幅度降低协作机器人在应用部署阶段的编程效率，降低对操作人员的要求，达到降本增效的目的。新松多可协作机器人牵引示教示意图如图 7.10 所示。

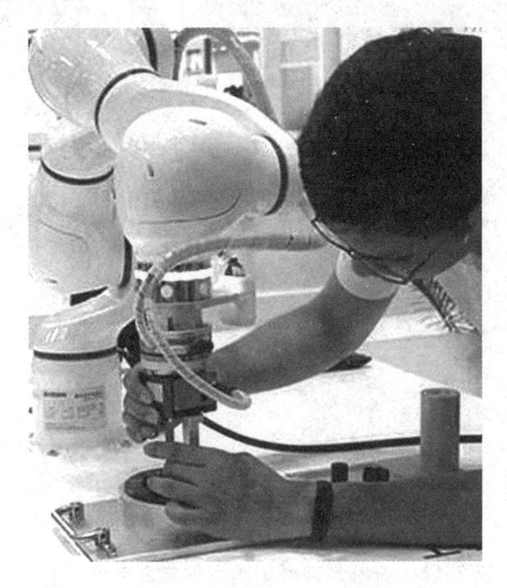

图 7.10　新松多可协作机器人牵引示教示意图

7.3　医疗行业应用

7.3.1　微创脑立体定向手术

中国微创手术机器人生产商华志微创医疗科技（北京）有限公司（简称华志微创公司）与国内机器人研发商中科新松有限公司达成战略合作。双方将依托新松多可协作机器人在脑立体定向手术领域展开全面、深入的合作。依托华志微创公司多年的医疗机器人解决方案和新松机器人健全的研发产品线，将国产医疗机器人广泛应用到疾病治疗中。

传统的脑外科手术一般需要进行开颅，手术创伤大，不仅给病人造成很大的痛苦，术后恢复慢，而且医疗费用也很高。定向脑外科手术是近年来取得迅速发展的微创伤脑外科手术方法。手术时，首先将一个金属框架固定在病人的颅骨上，医生通过 CT 图片计算出病灶点在框架坐标系中的三维坐标位置；然后在病人颅骨上钻一个小孔，将探针头或其他复杂的外科手术器械通过探针导管插入病人脑中；最后对病灶点进行活检、放疗、切除等手术操作。以微创伤为主要目标的现代立体定向神经外科正朝着精细化、程序化方向发展。微创脑立体定向手术机器人代表了这一发展趋势。

新松公司与华志微创公司合作设计的微创脑立体定向手术机器人可进行开颅手术，有效提升手术实施的精准度。新松多可微创脑立体定向手术机器人如图 7. 11 所示。

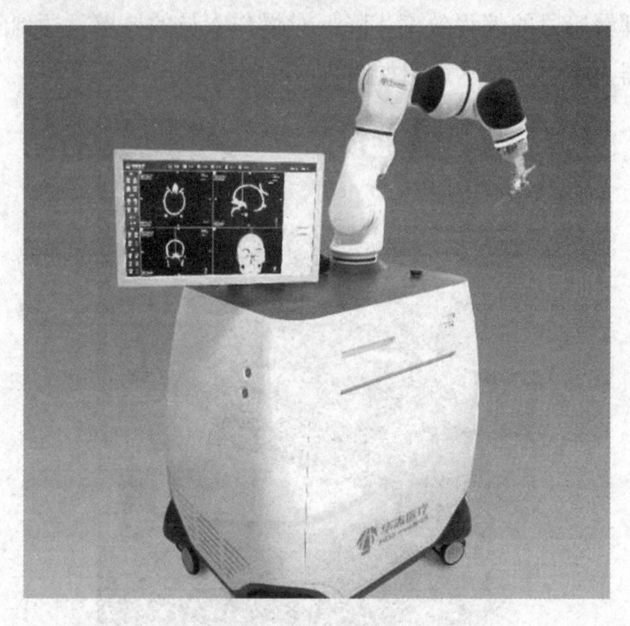

图 7. 11　新松多可微创脑立体定向手术机器人

7. 3. 2　试剂搬运

在医疗场所，人员较为密集，如何安全地搬运试剂是提高医疗安全的重大问题。采用协作机器人搬运医疗试剂，可依据实际情况独自编制操作计划，确定动作程序，然后将动作变为实际行动的过程。此过程中避免了试剂容器破损、试剂遭到医疗感染等严重问题。

目前，全球新型冠状病毒肺炎疫情形势依然严峻，核酸检测成为防止病毒大范围传染的有效手段之一，也成为人们生活的一种“常态”。核酸检测需要手动提取试剂，不仅效率低，而且存在高危险性。通过新松多可协作机器人搬运待检测试剂样本，能够有效提高样本检测效率，且无接触、安全性高，能够帮助医护人员更快、更高效地检出感染者，并对疫情加以控制。图 7. 12 所示为新松多可试剂搬运机器人。

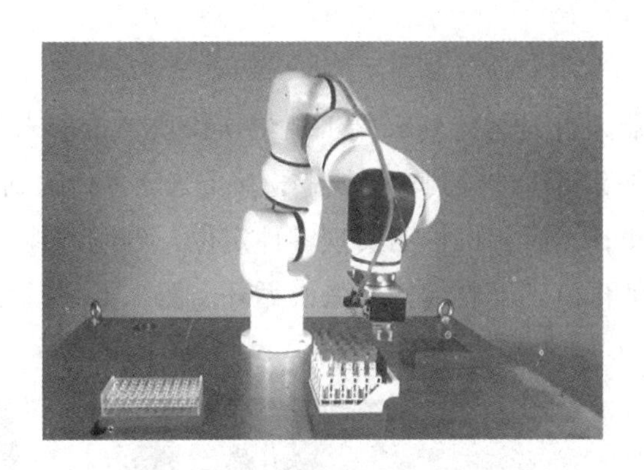

图 7.12　新松多可试剂搬运机器人

7.4　教育行业应用

新松多可协作机器人在教育领域创新性地开发了协作机器人教室、机器人实践教学工作台，用于机器人常见应用的编程调试实操练习，学习机器人和周边生态配件的使用。

7.4.1　六合一实训台

新松多可协作机器人六合一实训台如图 7.13 所示。该实训含有六个功能模块，即搬运码垛、螺丝锁紧、2D 视觉定位、平面涂胶轨迹模拟、空间轨迹模拟和伺服电机控制，它们的具体内容如下。

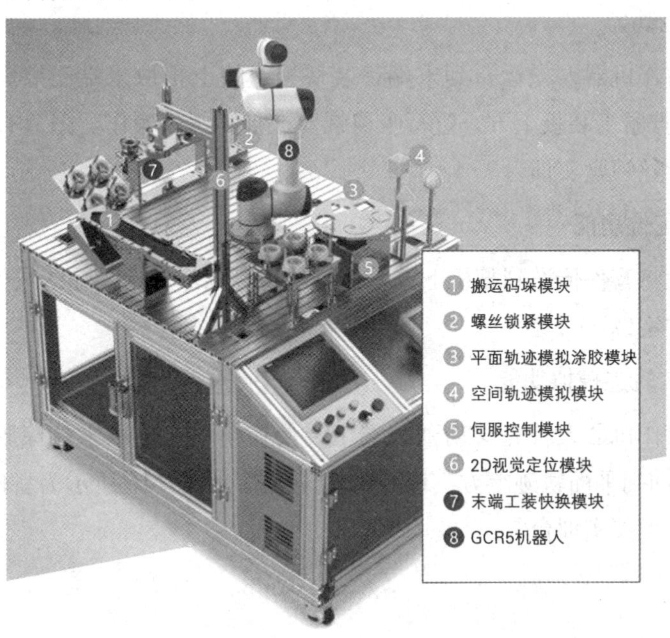

图 7.13　新松多可协作机器人六合一实训台

1. 搬运码垛功能

新松多可协作机器人首先运行到末端工装快换模块上拾取末端工装夹具（气爪）；然后从上料台上取零件，将零件放到输送线上；接下来零件传送到相机下方，传感器检测到零件后传输线停止；然后相机拍照实现零件定位，再通过视觉引导机器人取零件；最后协作机器人将零件再放到下料台上；依次循环。图 7. 14 所示为新松多可协作机器人搬运码垛实训台。

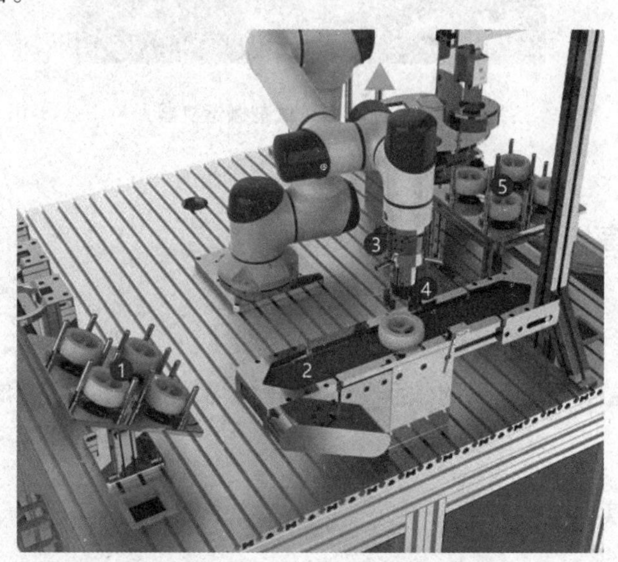

图 7. 14　新松多可协作机器人搬运码垛实训台

①—下料台；②—输送线；③—快换法兰；④—气爪；⑤—上料台

2. 螺丝锁紧功能

新松多可协作机器人先运行到末端工装快换模块上拾取末端工装夹具（电动拧紧枪），再移动到拧紧工装板上方，进行吸取螺丝、拧紧螺丝操作。图 7. 15 所示为新松多可协作机器人螺丝锁紧实训台。

3. 2D 视觉定位功能

协作机器人将零件传送到相机下方，传感器检测到零件后，输送线停止；然后用相机拍照实现零件定位。

4. 平面涂胶轨迹模拟功能

新松多可协作机器人首先移动到末端工装快换模块上拾取末端涂胶工装（模拟胶枪），然后用移动到平面轨迹上方实现精确轨迹模拟。图 7. 16 所示为新松多可协作机器人平面涂胶轨迹模拟实训台。

图 7.15　新松多可协作机器人螺丝锁紧实训台

①—快换盘；②—电动拧紧枪；③—拧紧工装

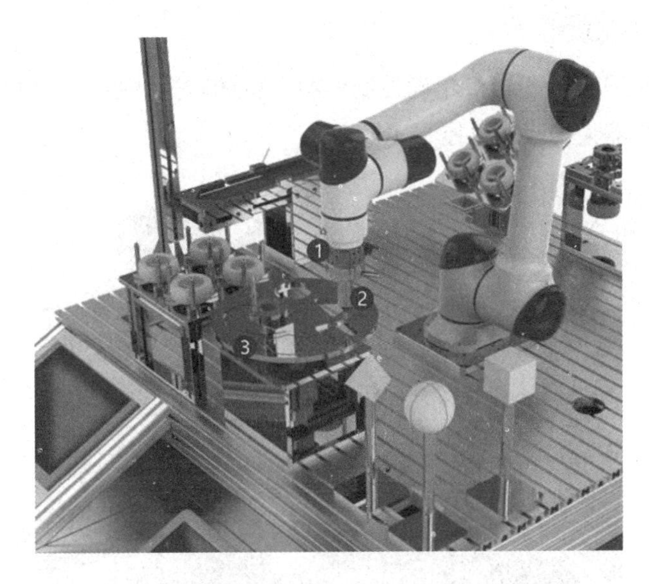

图 7.16　新松多可协作机器人平面涂胶轨迹模拟实训台

①—快换盘；②—涂胶棒；③—平面轨迹工装

5. 空间轨迹模拟功能

新松多可协作机器人首先移动到末端工装快换模块上拾取末端涂胶工装（模拟胶枪），然后移动到空间几何体上方实现精确轨迹模拟。图 7.17 所示为新松多可协作机器人空间轨迹模拟实训台。

图 7.17　新松多可协作机器人空间轨迹模拟实训台

①—快换盘；②—涂胶棒；③—空间几何体工装

6. 伺服电机控制功能

该场景主要是展示通过 PLC 精确控制伺服电机的转速、位置等功能。图 7.18 所示为新松多可协作机器人伺服电机控制实训台。

图 7.18　新松多可协作机器人伺服电机控制实训台

①—伺服转台

7.4.2　任意组合模块化实训台

任意组合模块化实训台包括1个标配的机器人工作台和6个选配的应用工作台，包括力控装配、螺丝锁付、2D视觉检测分拣、3D视觉分拣、轨迹模拟涂胶、搬运码垛，如图7.19所示。

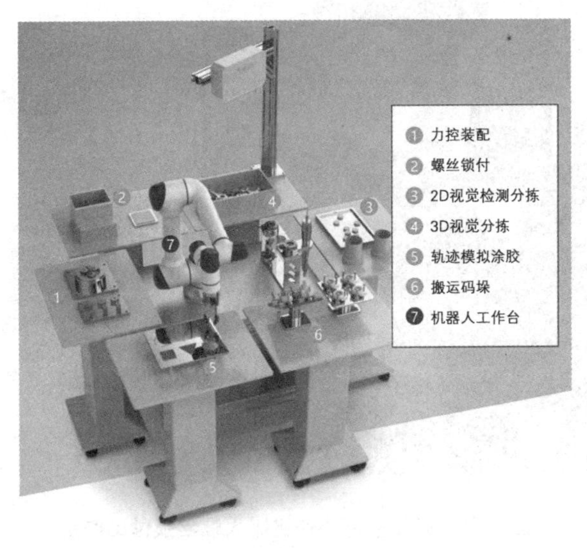

图7.19　新松多可协作机器人任意组合模块化实训台

1. 力控装配工作台

新松多可协作机器人末端安装六维力传感器和电爪，从上料工装中抓取行星齿轮，运用力控将齿轮装入装配工装中，实现齿圈和行星齿轮的精准啮合。其力控装配工作台如图7.20所示。

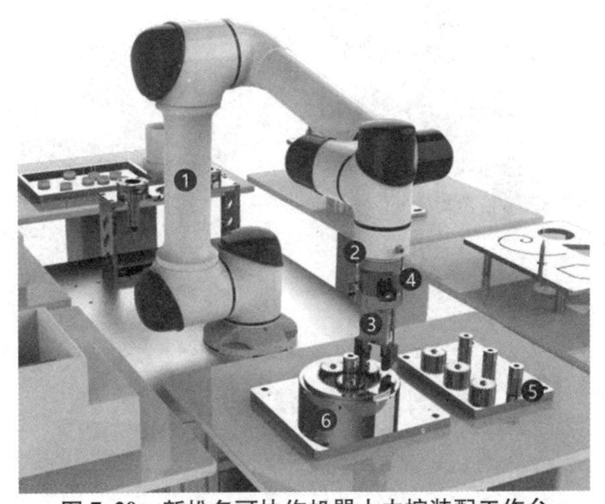

图7.20　新松多可协作机器人力控装配工作台

①—GCR5机器人；②—力传感器；③—电爪；

④—快换盘；⑤—上料工装；⑥—装配工装

2. 螺丝锁付工作台

新松多可协作机器人末端安装电动螺丝刀，从螺丝料盘中吸取螺丝，将螺丝在工装中拧紧。其螺丝锁付工作台如图 7. 21 所示。

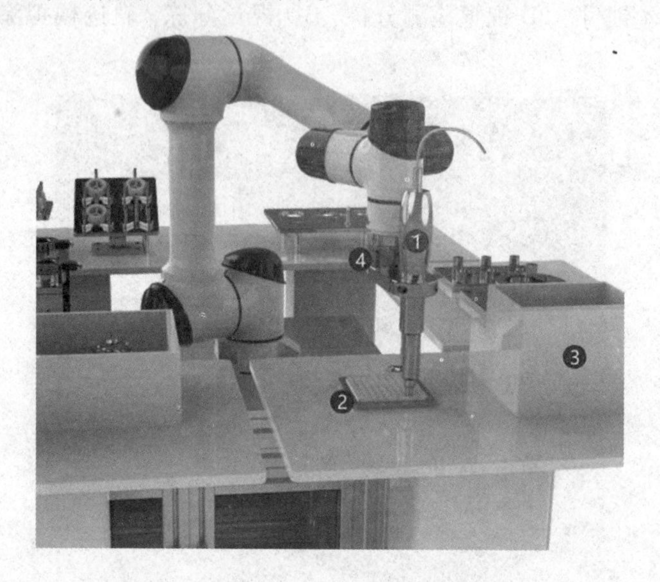

图 7. 21　新松多可协作机器人螺丝锁付工作台

①—电动螺丝刀；②—锁螺丝工装；③—螺丝料盘；④—快换盘

3. 2D 视觉分拣工作台

新松多可协作机器人末端安装 2D 相机和吸盘工装相机，扫描识别料盘中物料上的二维码，并检测物料状态（“OK”或“NG”），吸盘将物料吸起放入对应的分类料盒中。其 2D 视觉分拣工作台如图 7. 22 所示。

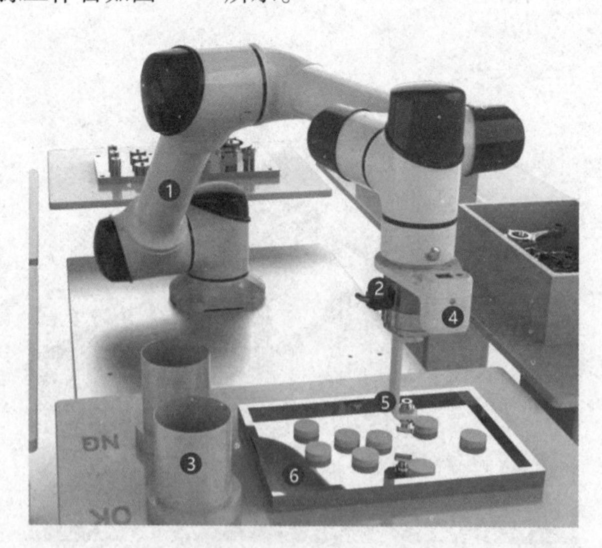

图 7. 22　新松多可协作机器人 2D 视觉分拣工作台

①—GCR5 机器人；②—快换盘；③—分类料盒；④—相机；⑤—吸盘工装；⑥—料盘

4. 3D 视觉分拣工作台

新松多可协作机器人末端安装电爪，分拣料盘中装有散乱摆放的连杆工件，3D 相机固定在分拣料盘正上方；3D 相机定位工件后，机器人用电爪抓取工件整齐放在平台上。其 3D 视觉分拣工作台如图 7. 23 所示。

图 7. 23　新松多可协作机器人 3D 视觉分拣工作台

①—GCR5 机器人；②—电爪；③—3D 相机；④—快换盘；⑤—分拣料盘

5. 轨迹模拟涂胶工作台

新松多可协作机器人末端安装涂胶棒，可对涂胶工装的多种轨迹进行描画，模拟涂胶过程。其轨迹模拟涂胶工作台如图 7. 24 所示。

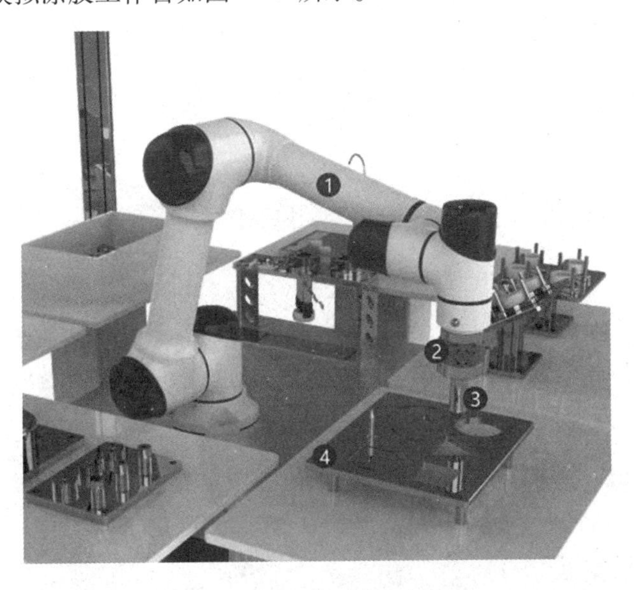

图 7. 24　新松多可协作机器人轨迹模拟涂胶工作台

①—GCR5 机器人；②—快换盘；③—涂胶棒；④—涂胶工装

6. 搬运码垛工作台

新松多可协作机器人末端安装电爪，可把工件在两个码垛工装上交替搬运并码垛整齐。其搬运码垛工作台如图 7.25 所示。

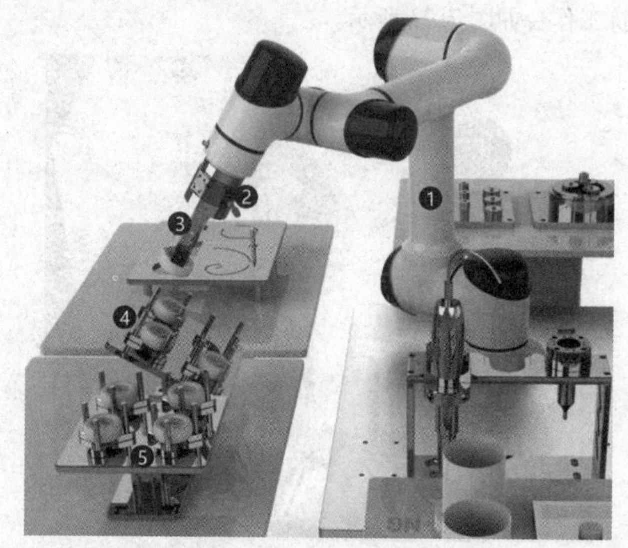

图 7.25　新松多可协作机器人搬运码垛工作台

①—GCR5 机器人；②—快换盘；③—电爪；④—码垛工装 1；⑤—码垛工装 2

第 8 章　视觉应用

机器视觉是人工智能正在快速发展的一个分支。视觉用途有定位、测量、检测、识别。机器视觉系统是通过机器视觉产品将被摄取目标转换成图像信号并传送给专用的图像处理系统，得到被摄目标的形态信息，根据像素分布和亮度、颜色等信息，转变成数字化信号；图像系统对这些信号进行各种运算来抽取目标的特征，进而根据判别结果来控制现场的设备动作。

机器视觉是一项综合技术，包括图像处理、机械工程技术、控制、电光源照明、光学成像、传感器、模拟与数字视频技术、计算机软硬件技术（图像增强和分析算法、图像卡、I/O 卡等）。一个典型的机器视觉应用系统包括图像捕捉、光源系统、图像数字化模块、数字图像处理模块、智能判断决策模块和机械控制执行模块。图 8.1 所示为机器视觉系统。

图 8.1　机器视觉系统示意图

8.1　图像基本理论

人类视觉可感知外部世界的位置、色彩、纹理等大量信息，约占人类所有感官信息的 80%。机器人的智能化发展必然依赖机器人视觉技术的发展，而机器视觉中，图像处理是机器人视觉技术的基础。

8.1.1 图像传感器

图像传感器是利用光电器件的光电转换功能，将感光面上的光像转换为与光像成相应比例关系的电信号。与光敏二极管、光敏三极管等“点”光源的光敏元件相比，图像传感器是将其受光面上的光像分成许多小单元，并将其转换成可用的电信号的一种功能器件。图像传感器分为光导摄像管和固态图像传感器。与光导摄像管相比，固态图像传感器具有体积小、重量轻、集成度高、分辨率高、功耗低、寿命长、价格低等特点，因此，在各个行业得到了广泛应用。

1. CCD 传感器

CCD（charged coupled device）传感器于 1969 年在贝尔试验室研制成功，之后由日系厂商开始量产，其发展历程已有 50 多年。CCD 传感器又可分为线型（linear）与面型（area）两种，其中线型应用于影像扫描器及传真机上，而面型主要应用于数码相机（DSC）、摄录影机、监视摄影机等多项影像输入产品上。图 8.2 为 CCD 传感器。

图 8.2　CCD 传感器

一般认为，CCD 传感器有以下优点。

（1）高解析度（high resolution）。

CCD 传感器像点的大小为微米级，可感测及识别精细物体，提高影像品质。从 1 寸、1/2 寸、2/3 寸、1/4 寸到新推出的 1/9 寸，像素数目从 10 多万增加到 400 万~500 万。

（2）低杂讯（low noise）高敏感度。

CCD 传感器具有很低的读出杂讯和暗电流杂讯，因此，提高了信噪比（SNR）；同时具有高敏感度，能侦测到很低光度的入射光，其信号不会被掩盖，使 CCD 传感器的应用不受气象条件的限制。

（3）动态范围广（high dynamic range）。

CCD 传感器可同时侦测及分辨强光和弱光，提高系统环境的使用范围，不因亮度差异大而造成信号反差现象。

（4）良好的线性特性曲线（linearity）。

CCD 传感器可入射光源强度和输出信号大小成良好的正比关系，物体资讯不致损失，降低信号补偿处理成本。

（5）高光子转换效率（high quantum efficiency）。

很微弱的入射光照射都能被 CCD 传感器记录下来，若配合影像增强管及投光器，即使在暗夜远处的景物仍然可以被其侦测到。

（6）大面积感光（large field of view）。

利用半导体技术已可制造大面积的 CCD 晶片，与传统底片尺寸相当的 35 mm 的 CCD 传感器已经开始被应用在数码相机中，成为取代专业有利光学相机的关键元件。

（7）光谱响应广（broad spectral response）。

CCD 传感器能检测很宽波长范围的光，增加系统使用弹性，扩大系统应用领域。

（8）低影像失真（low image distortion）。

使用 CCD 传感器，其影像处理不会有失真的情形，可以忠实地反映原物体资讯。

（9）体积小、重量轻。

CCD 传感器具备体积小且重量轻的特性，因此，可以容易地装置在人造卫星及各式导航系统上。

（10）低耗电力。

CCD 传感器不受强电磁场影响。

（11）电荷传输效率佳。

电荷传输效率系数影响信噪比、解像率，若电荷传输效率不佳，影像将变得较为模糊。

（12）可大批量生产。

CCD 传感器品质稳定，坚固，不易老化，使用方便且保养容易，故可大批量生产。

2. CMOS 传感器

CMOS 是“complementary metal oxide semiconductor”的缩写，是指制造大规模集成电路芯片使用的一种技术或用这种技术制造出来的芯片。CMOS 并非为视觉系统专门研发的，只是为了区分 CCD，常用 CMOS 直接指代采用 CMOS 芯片的图像传感器。图 8.3 所示为 CMOS 传感器。

3. CCD 传感器与 CMOS 传感器的差异

CCD 传感器与 CMOS 传感器是被普遍采用的两种图像传感器，两者都是利用感光二极管（photodiode）进行光电转换，将图像转换为数字数据，而两者的主要差异是数字数据传送的方式不同。在 CCD 传感器中，每一行中每一个像素的电荷数据都会依次传送到下一个像素，由最底端部分输出，再经由传感器边缘的放大器进行放大输出；而在 CMOS 传感器中，每个像素都会邻接一个放大器及 A/D 转换电路，用类似内存电路的方

图 8.3　CMOS 传感器

式将数据输出。造成这种差异的原因：CCD 的特殊工艺可保证数据在传送时不会失真，因此，各个像素的数据可汇聚至边缘再进行放大处理；而 CMOS 工艺的数据在传送距离较长时会产生噪声，因此，必须先放大再整合各个像素的数据。

由于数据传送方式不同，所以 CCD 传感器与 CMOS 传感器在效能与应用上也有诸多差异。这些差异具体如下。

（1）灵敏度。

由于 CMOS 传感器的每个像素是由四个晶体管与一个感光二极管构成（含放大器与 A/D 转换电路）的，使得每个像素的感光区域远小于像素本身的表面积。因此，在像素尺寸相同的情况下，CMOS 传感器的灵敏度要低于 CCD 传感器的灵敏度。

（2）成本。

由于 CMOS 传感器采用一般半导体电路最常用的 CMOS 工艺，可以轻易地将周边电路（如 AGC、CDS、Timing generator 或 DSP 等）集成到传感器芯片中，因此，可以节省外围芯片的成本。除此之外，由于 CCD 传感器采用电荷传递的方式传送数据，只要其中有一个像素不能运行，就会导致一整排的数据不能传送，因此，控制 CCD 传感器的成品率比 CMOS 传感器要困难许多，即使有经验的厂商也很难在产品问世的半年内突破 50%的水平。因此，CCD 传感器的成本会高于 CMOS 传感器的成本。

（3）分辨率。

CMOS 传感器的每个像素都比 CCD 传感器复杂，其像素尺寸很难达到 CCD 传感器的水平，因此，当比较相同尺寸的 CCD 传感器与 CMOS 传感器时，CCD 传感器的分辨率通常会优于 CMOS 传感器的分辨率。但目前也有很多高像素的 CMOS 产品，只是通常其成本较高。

（4）噪声。

由于 CMOS 传感器的每个感光二极管都需搭配一个放大器，而放大器属于模拟电路，很难让每个放大器所得到的结果保持一致。因此，与只有一个放大器放在芯片边缘的 CCD 传感器相比，CMOS 传感器的噪声就会增加很多，从而影响图像品质。

（5）功耗。

CMOS 传感器的图像采集方式为主动式，感光二极管所产生的电荷会直接由晶体管放大输出；但 CCD 传感器为被动式采集，需外加电压让每个像素中的电荷移动，而此外加电压通常需要达到 12~18 V。因此，CCD 传感器除了在电源管理电路设计上的难度更高（需外加 power IC），高驱动电压更使其功耗远高于 CMOS 传感器的功耗。

综上所述，CCD 传感器在灵敏度、分辨率、噪声控制等方面都优于 CMOS 传感器，而 CMOS 传感器则具有低成本、低功耗及高整合度的特点。不过，随着 CCD 传感器与 CMOS 传感器技术的进步，两者的差异有逐渐缩小的态势。例如，CCD 传感器一直在功耗上做改进，以应用于移动通信市场（这方面的代表业者为 Sanyo）；CMOS 传感器则致力于改善分辨率与灵敏度方面的不足，以应用于更高端的图像产品。

8.1.2　数字图像基本知识

常见的数字图像格式有 BMP，JPG，PNG 等，在视觉领域，使用最为广泛的是 JPG 格式图像。JPG（joint photographic experts group）是一种图像压缩格式，全称为联合图像专家组。数字图像的本质是图像文件，数字图像文件大小的计算公式如下：图像文件大小（byte）= 长分辨率×宽分辨率×图像位深÷8。由此引出图像的重要参数。

1. 分辨率

对于一幅数字图像，人们肉眼可见的是一张“照片”，但是在计算机看来，这幅图像只是一组亮度各异的像素点。一幅尺寸为 $M \times N$ 的图像可以用一个 $M \times N$ 的像素点矩阵表示。图 8.4 所示为 20 像素×20 像素矩阵图像。

图 8.4　20 像素×20 像素矩阵图像

由图 8.4 可知，如果图像的边长不变，分辨率越高，意味着像素越密集，单个像素的尺寸越小，但能够带来更优质的图像素质。

2. 位深

记录数字图像的颜色时，计算机实际上是用每个像素需要的位深度来表示的。计算机之所以能够显示颜色，是采用了位（bit）这一记数单位来记录所表示颜色的数据。当这些数据按照一定的编排方式被记录在计算机中，就构成了一个数字图像的计算机文件。位是计算机存储器里的最小单元，它用来记录每一个像素颜色的值。图像的色彩越丰富，位就越多。每一个像素在计算机中所使用的位数就是位深度。这个颜色的值，叫作灰度等级，灰度等级是指每种颜色的明暗程度。

一幅完整的图像，是由红色（R）、绿色（G）、蓝色（B）三条通道组成的。红色、绿色、蓝色三条通道的缩览图都是以灰度显示的，用不同的灰度色阶来表示红、绿、蓝在图像中的比重。如图 8.5 所示，各通道中的纯色（纯红、纯绿、纯蓝）代表了该色光在此处为最高亮度，亮度级别是 255；各通道中的纯黑，代表了该色光在此处为最低亮度，亮度级别是 0；从 0~255，即每条通道有 2^8 级亮度，通过三条通道不同的灰度值叠加，可表示出各种颜色，即 $2^8\times2^8\times2^8=16.77$ 百万色。

图 8.5　RGB 通道的灰度等级示意图

常见的位深有 8 位和 10 位，位深越多，灰度等级越多。其核心意义是使图像不同颜色之间，尤其是明暗反差特别大的颜色之间的过渡更加自然，否则极易出现色彩断层现象，如图 8.6 所示。

通常所说的 8 位深，指的是单通道的位深，也就是 R，G，B 每 10 条通道有 2^8 级亮度，而 16.77 百万色被称为色深（极易与位深混淆）。10 位深的图像有 $2^{10}\times2^{10}\times2^{10}=$ 10.73 亿色，远超 8 位深的 16.77 百万色深。色深是显示设备的参数，经常能够在显示器参数上看到“24 位真彩色”，其含义就是将 R，G，B 每条通道的 8 位位深相加，得到 $8\times3=24$ 位，也就是人们常说的 16 万色显示器的由来。当前的显示设备出现了 16 位色深甚至 32 位色深的参数，它们并不是 3 的倍数，也就是说 16 位色并不是单纯地用 R，G，B 通道叠加而成的。用 PS 软件新建高级位图（如图 8.7 所示）中，除了 R，G，B 通道，还多出了一条 X 通道，16 位由 X1，R5，G5，B5 组成，32 位由 X8，R8，G8，B8 组成。随着技术的发展，显示设备的参数会越来越进步，但这些参数都是针对机器而言的，人眼最大的分辨能力只有 24 位色深，也就是真彩色的由来。

图 8.6 色彩断层现象

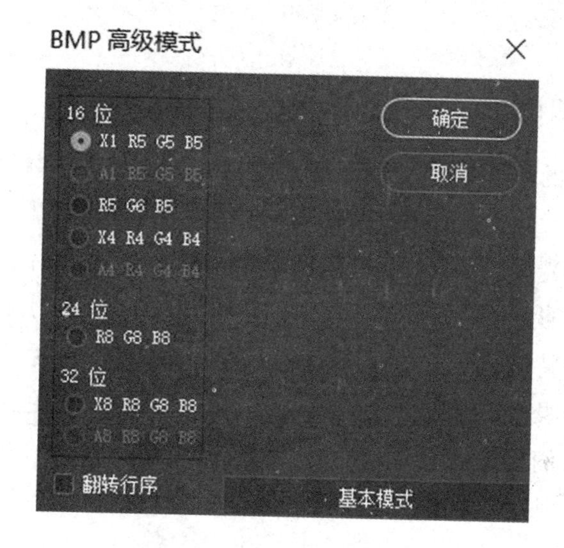

图 8.7 四通道高级位图模式

3. 灰度图像

灰度图像是一种特殊的图像模式，前文提到的图像是基于 R，G，B 三通道混合而成的彩色图像，而灰度图像通常只有一个通道，即 Gray 通道。Gray 通道将纯黑到纯白分成了 0~255 个亮度等级。灰度图像相比于彩色图像，它存在的意义就是减少图像的数据量，同时保留图像的明暗信息。在图像处理过程中，最常见的流程为：彩色图像采集→灰度化→二值化。彩色图像的 R，G，B 可以通过以下几种计算方法转化为灰度图像。

（1）浮点法。

$$Gray=R\times0.3+G\times0.59+B\times0.11$$

（2）整数法。

$$Gray=\frac{R\times30+G\times59+B\times11}{100}$$

（3）移位法。

$$Gray=R\times77+G\times151+B\times28>>8$$

（4）平均值法。

$$Gray=\frac{R+G+B}{3}$$

（5）仅取绿色。

$$Gray=G$$

灰度图像的最终目的是获得二值化图像。所谓二值化图像，就是该图像只有纯黑和纯白两种像素，因为计算机内存储单元以 0，1 两个值来记录，二值化图像可以通过纯黑代表 0（像素不发光）、纯白代表 1（像素最亮），所以二值化图像是理想的机器视觉图像文件。

8.1.3 色彩基本知识

前面介绍了图像的基本参数，这针对的是被采集成功之后的数字图像，下面则介绍物体自身的色彩特性。颜色是通过眼、脑和人们的生活经验所产生的一种对光的视觉效应，人们肉眼见到的光线，是由波长范围很窄的电磁波产生的，不同波长的电磁波表现为不同的颜色，对色彩的辨认是肉眼受到电磁波辐射能刺激后所引起的一种视觉神经的感觉。颜色具有三个特性，即色相（H）、饱和度（S）和明亮度（V）。简单地讲，光线照到物体再反射到眼中的部分被大脑感知，引起一种感觉。颜色通过色相、饱和度和明亮度来表示，即人们常说的 HSV。当然，颜色有不止一种表示方法，RGB 三原色即另外一种表示方法。但是人类感受最直观的方式是 HSV。

1. 色相

如果将色彩进行分类，可分为有彩色与无彩色（黑、白、灰）两种。在有彩色中，红、蓝、黄等颜色的种类即称为色相。例如，口红有很多颜色种类，可以被辨认为红色的就有数十种甚至更多，如图 8.8 所示，这种现象就是色相。

图 8.8　红色口红系列

色彩的主要色相有红、黄、绿、蓝、紫。以这些色相为中心，按照颜色的光谱将颜色排列成环状的图形称为色相环，如图 8.9 所示。使用色相环即可求得中间色与补色（红与绿、蓝与橙等，在色相环中位于相对位置的色相组称为补色）。具有互补关系的颜色混合后变成无彩色。颜料混合（减色法）时呈黑色，色光混合（加色法）时呈白色。

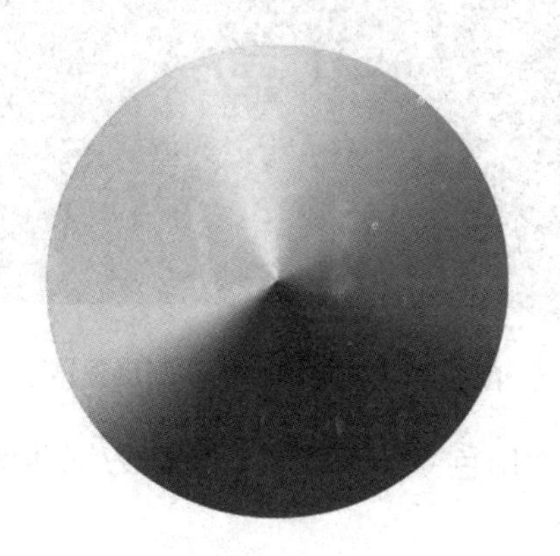

图 8.9　色相环

2. 饱和度

饱和度是指颜色的鲜艳程度，表示色相的强弱，饱和度色卡如图 8.10 所示。颜色较深、鲜艳的色彩表示饱和度较高；相反，颜色较浅、发暗的色彩表示饱和度较低。饱和度最高的颜色称为纯色，饱和度最低的颜色（完全没有鲜艳度可言的颜色）即无彩色。

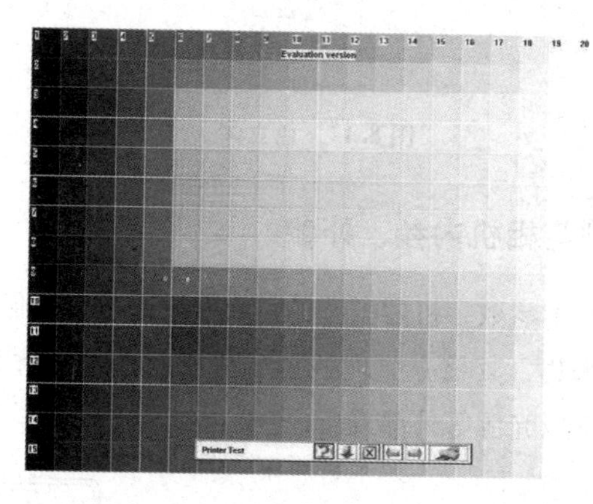

图 8.10　饱和度色卡

3. 明亮度

明亮度表示颜色的明暗程度。无论是有彩色还是无彩色，都具有明亮度。明亮的颜色表示明亮度较高；相反，暗的颜色表示明亮度较低。无论是有彩色还是无彩色，明亮度最高的颜色即为白色，明亮度最低的颜色即为黑色。也就是说，有彩色的明亮度可用与该亮度对应的无彩色的程度进行表示。这也解释了，彩色图像转化为灰度图像之后，依然能分辨出图像中的物体，因为其保留了色彩的明亮度，如图 8.11 所示。

图 8.11　灰度图像的明亮度保留

将上面 H，S，V 的特性用色立体来表示，横向为饱和度，纵向为明亮度，环形为色相，如图 8.12 所示。

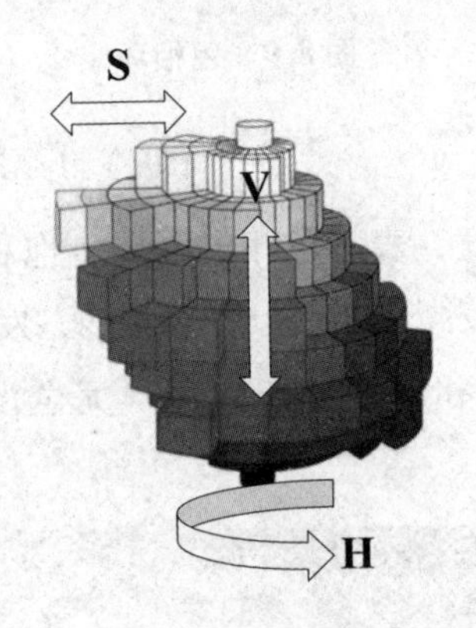

图 8.12　色立体

8.1.4　相机成像模型与相机内参、外参

前面介绍了图像的基本参数，机器视觉的重要步骤是进行图像采集，当前普遍的方案是通过相机进行图像采集，其核心原理就是小孔成像，如图 8.13 所示。图像采集系统由相机和镜头组成，辅以光源等外部设备。

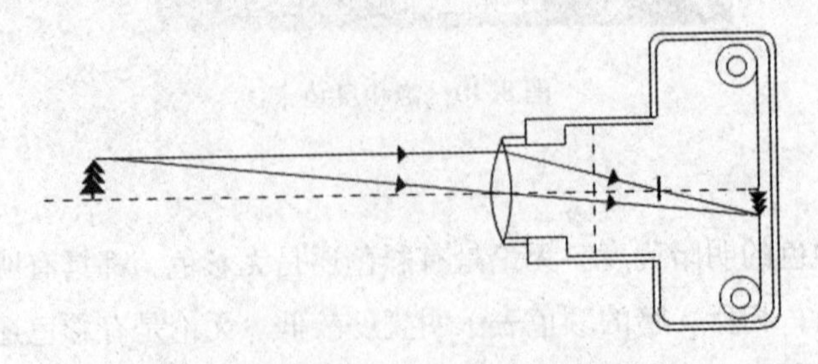

图 8.13　小孔成像

在图像测量过程及机器视觉应用中，为确定空间物体表面某点的三维几何位置与其在图像中对应点之间的相互关系，必须建立相机成像的几何模型，这些几何模型的参数称为相机参数。在大多数条件下，这些参数必须通过实验与计算才能得到，这个求解参数的过程就称为相机标定。无论是在图像测量还是在机器视觉应用中，相机参数的标定都是非常关键的环节，其标定结果的精度及算法的稳定性直接影响相机工作产生结果的准确性。相机成像的基本模型如图 8.14 所示。

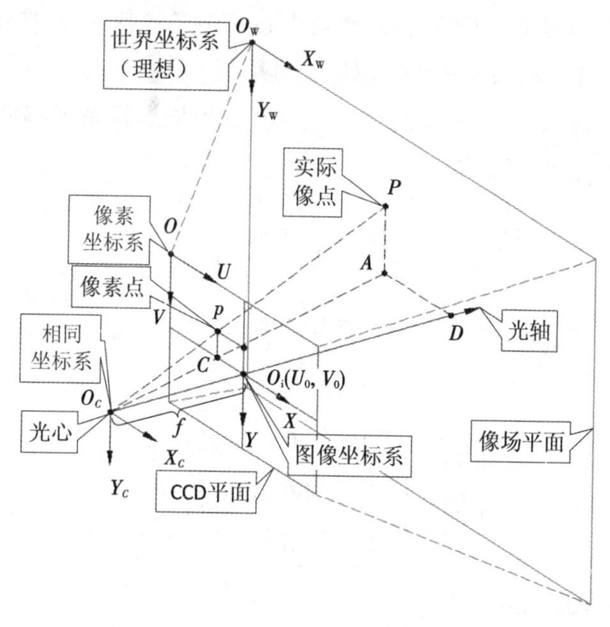

图 8.14　相机成像模型

成像模型中共有四个坐标系，即相机坐标系、图像坐标系、像素坐标系和世界坐标系，它们之间存在相应的变换，类似机器人坐标系的齐次变换。

1. 像素坐标系和图像坐标系

像素坐标系和图像坐标系都在 CCD 平面上，如图 8.15 所示。当然，CCD 可以换成 CMOS，这里代指图像传感器平面。

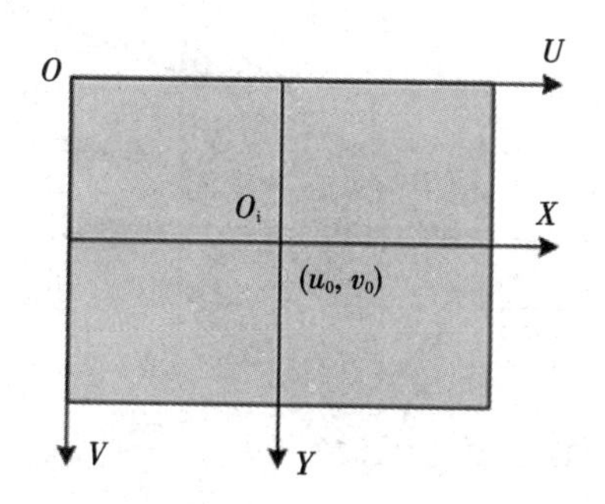

图 8.15　像素坐标系和图像坐标系变换关系

(1) 像素坐标系(O-UV)。

像素坐标系是一个二维直角坐标系，反映了相机 CCD 芯片中像素的排列情况。其原点 O 位于图像传感器的左上角，U，V 轴分别与图像传感器的两条边重合。像素坐标为离散值(0，1，2，…)，以像素为单位。

(2) 图像坐标系(O_i-XY)。

图像坐标系是一个二维直角坐标系，为了将图像与物理空间相关联，需要将图像转换到物理坐标系下。原点 O_i 位于图像传感器中心(理想状态下)，是相机光轴与像场平面的交点(称为主点)。X，Y 轴分别与 U，V 轴平行。

两坐标系实为平移关系，平移量为(u_0，v_0)。根据坐标系平移原理，设传感器上每个像素的尺寸为 d_x，d_y，则有

$$\begin{cases} u = \dfrac{x}{d_x} + u_0 \\ v = \dfrac{y}{d_y} + v_0 \end{cases} \tag{8.1}$$

写成齐次矩阵式为

$$\begin{bmatrix} u \\ v \\ 1 \end{bmatrix} = \begin{bmatrix} 1/d_x & 0 & u_0 \\ 0 & 1/d_y & v_0 \\ 0 & 0 & 1 \end{bmatrix} \begin{bmatrix} x \\ y \\ 1 \end{bmatrix} \tag{8.2}$$

2. 图像坐标系和相机坐标系

图像坐标系和相机坐标系之间只涉及坐标的原点变化，从图像坐标系变换到相机坐标系(O_C-$X_CY_CZ_C$)，是围绕焦距展开的。

相机坐标系是一个三维直角坐标系，如图 8.16 所示。其原点位于镜头光心处，X_C，Y_C 轴分别与 U，V 轴平行，Z_C 轴为镜头的光轴，正方向指向被摄物体，与 CCD 平面垂直。

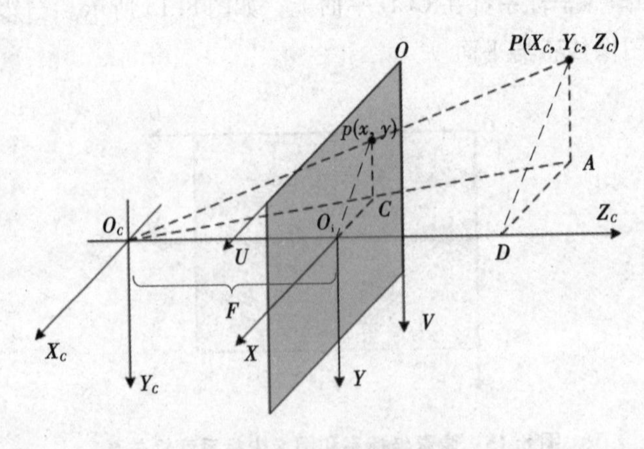

图 8.16 相机坐标系

点 P（X_C，Y_C，Z_C）是像场平面上的任意一点，其通过投影中心的光线投影到图像平面上。在图像传感器上，其投影在图像坐标系中以 p（x，y）表示，线段 O_CO_i 为相机焦距，用 f 表示，根据相似三角形 $\triangle O_CAP$ 和 $\triangle O_CAD$，则有

$$\frac{x}{X_C}=\frac{O_iC}{DA}=\frac{O_CC}{O_CA}=\frac{pC}{PA}=\frac{y}{Y_C} \tag{8.3}$$

又 $\triangle O_CAP$ 中有

$$\frac{O_CO_i}{O_CD}=\frac{O_CC}{O_CA}=\frac{f}{Z_C} \tag{8.4}$$

所以有

$$\frac{x}{X_C}=\frac{y}{Y_C}=\frac{f}{Z_C} \tag{8.5}$$

即

$$\begin{cases} x=\dfrac{f}{Z_C}X_C \\ y=\dfrac{f}{Z_C}Y_C \\ 1=\dfrac{1}{Z_C}Z_C \end{cases} \tag{8.6}$$

写成齐次矩阵式为

$$\begin{bmatrix} x \\ y \\ 1 \end{bmatrix}=\begin{bmatrix} \dfrac{f}{Z_C} & 0 & 0 \\ 0 & \dfrac{f}{Z_C} & 0 \\ 0 & 0 & \dfrac{1}{Z_C} \end{bmatrix}\begin{bmatrix} X_C \\ Y_C \\ Z_C \end{bmatrix} \tag{8.7}$$

提取 Z_C 后，得到最终式：

$$Z_C\cdot\begin{bmatrix} x \\ y \\ 1 \end{bmatrix}=\begin{bmatrix} f & 0 & 0 \\ 0 & f & 0 \\ 0 & 0 & 1 \end{bmatrix}\begin{bmatrix} X_C \\ Y_C \\ Z_C \end{bmatrix} \tag{8.8}$$

3. 相机坐标系和世界坐标系

相机坐标系和世界坐标系的关系很像机器人基坐标系和手坐标系的关系，目的就是在世界坐标系中描述相机坐标系。

世界坐标系（$O_w-X_wY_wZ_w$）也称测量坐标系、参考坐标系，是一个三维直角坐标系，以其为基准可以描述相机和待测物体的空间位置。世界坐标系的位置可以根据实际情况自由确定。世界坐标系到相机坐标系的变换，实际上就是一个刚体变换，可以由旋

转矩阵 $\boldsymbol{R}$ 和平移矢量 $\boldsymbol{t}$ 来表示：

$$\begin{bmatrix} X_C \\ Y_C \\ Z_C \end{bmatrix} = \boldsymbol{R}\begin{bmatrix} X_w \\ Y_w \\ Z_w \end{bmatrix} + \boldsymbol{t} \tag{8.9}$$

写成齐次矩阵式为

$$\begin{bmatrix} X_C \\ Y_C \\ Z_C \\ 1 \end{bmatrix} = \begin{bmatrix} \boldsymbol{R}_{3\times3} & \boldsymbol{t}_{3\times1} \\ 0_{1\times3} & 1 \end{bmatrix}\begin{bmatrix} X_w \\ Y_w \\ Z_w \\ 1 \end{bmatrix} \tag{8.10}$$

相机模型的最终目的就是将传感器上的每一个像素点和所拍摄的图像像素相互映射，一一对应起来。综上所述，得到相机模型的完成变换矩阵如下：

$$Z_C\begin{bmatrix} u \\ v \\ 1 \end{bmatrix} = \underbrace{\begin{bmatrix} \frac{1}{d_x} & \gamma & u_0 \\ 0 & \frac{1}{d_y} & v_0 \\ 0 & 0 & 1 \end{bmatrix}}_{\text{图像坐标系转换到像素坐标系}}\underbrace{\begin{bmatrix} f & 0 & 0 \\ 0 & f & 0 \\ 0 & 0 & 1 \end{bmatrix}}_{\text{相机坐标系转换到图像坐标系}}\underbrace{\begin{bmatrix} \boldsymbol{R}_{3\times3} & \boldsymbol{t}_{3\times1} \\ 0_{1\times3} & 1 \end{bmatrix}\begin{bmatrix} X_w \\ Y_w \\ Z_w \\ 1 \end{bmatrix}}_{\text{世界坐标系转换到相机坐标系}} \tag{8.11}$$

式中，γ 为扭曲因子，一般为0，在标定时，可能不是纯0，需要注意。

通常，将

$$\boldsymbol{M}_1 = \begin{bmatrix} \frac{1}{d_x} & \gamma & u_0 \\ 0 & \frac{1}{d_y} & v_0 \\ 0 & 0 & 1 \end{bmatrix}\begin{bmatrix} f & 0 & 0 \\ 0 & f & 0 \\ 0 & 0 & 1 \end{bmatrix} = \begin{bmatrix} \frac{f}{d_x} & \gamma & u_0 \\ 0 & \frac{f}{d_y} & v_0 \\ 0 & 0 & 1 \end{bmatrix} \tag{8.12}$$

称为内参矩阵，设 $f/d_x = f_x$，$f/d_y = f_y$，则相机的内参有 f_x，f_y，u_0，v_0，γ。其中，f_x，f_y 称为相机在 u 轴和 v 轴方向上的尺度因子；u_0，v_0 称为主点（主视线与透视面的交点），表示图像的中心像素坐标和图像原点像素坐标之间相差的横向和纵向像素数。

相对地，将

$$\boldsymbol{M}_2 = \begin{bmatrix} \boldsymbol{R}_{3\times3} & \boldsymbol{t}_{3\times1} \\ 0_{1\times3} & 1 \end{bmatrix} \tag{8.13}$$

称为外参矩阵。

8.2　视觉系统组成

视觉系统包括硬件部分与软件部分，新松多可机器人视觉系统如图8.17所示。

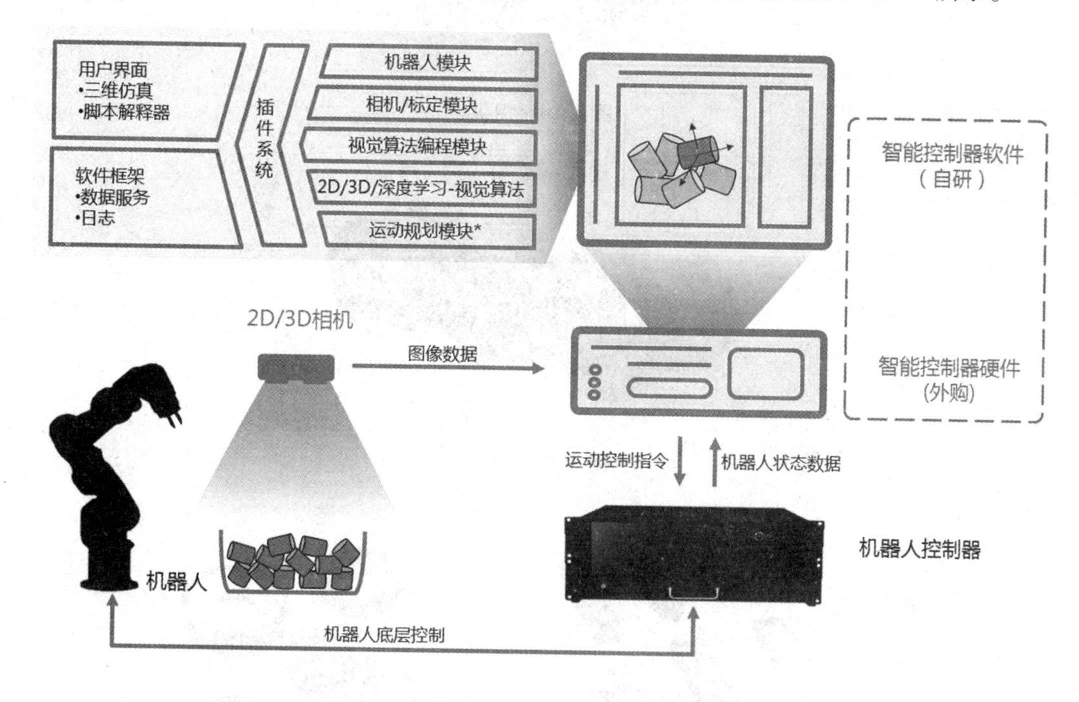

图8.17　新松多可机器人视觉系统示意图

8.2.1　视觉系统组件

以较为典型的物品传送视觉定位跟随应用为例，整套视觉系统的主要硬件包括相机、镜头、光源、光源控制器、视觉控制器、路由器及连接线缆等。

1. 相机与镜头

相机与镜头属于成像器件，通常的视觉系统都是由一套或多套这样的成像系统组成的，如果有多路相机，可能通过切换图像卡来获取图像数据，也可能由同步控制同时获取多相机通道的数据。根据应用的需要，相机可能是输出标准的单色视频（RS-170/CCIR）、复合信号（Y/C）、RGB信号，也可能是非标准的逐行扫描信号、线扫描信号、高分辨率信号等。图8.18所示为相机，图8.19所示为镜头。

2. 光源

光源作为辅助成像器件，对成像质量往往能起到至关重要的作用。从各种形状的LED灯、高频荧光灯、光纤卤素灯等中，都容易得到光源。图8.20所示为光源。

图 8.18　相机

图 8.19　镜头

图 8.20　光源

3. 光源控制器

光源控制器的主要用途是给光源供电、控制光源的亮度并控制光源照明状态（亮/灭），还可以通过控制器触发射信号来实现光源的频闪。市面上常用的控制器有模拟控制器和数字控制器，模拟控制器通过手动调节，数字控制器可以通过电脑或其他设备远程控制。图 8.21 所示为光源控制器。

4. 视觉控制器

视觉控制器可以理解为一个高度集成的工控机系统，具有用于连接人机界面的 VGA 和 DVI 端口，以及用于连接鼠标和键盘的 USB 端口、用于通信的以太网口和串口、内置图像采集模块、算法软件、SDK 等。图像采集模块把相机输出的图像转换成一定格式的图像数据流，同时控制相机的一些参数，如触发信号、曝光/积分时间、快门速度等，图像数据经由算法软件完成分析，然后和外部单元进行通信以完成对生产过程的控

图 8.21　光源控制器

制。简单的控制可以直接利用数字 I/O 实现，相对复杂的逻辑/运动控制则必须依靠附加可编程逻辑控制单元来实现。图 8.22 所示为视觉控制器。

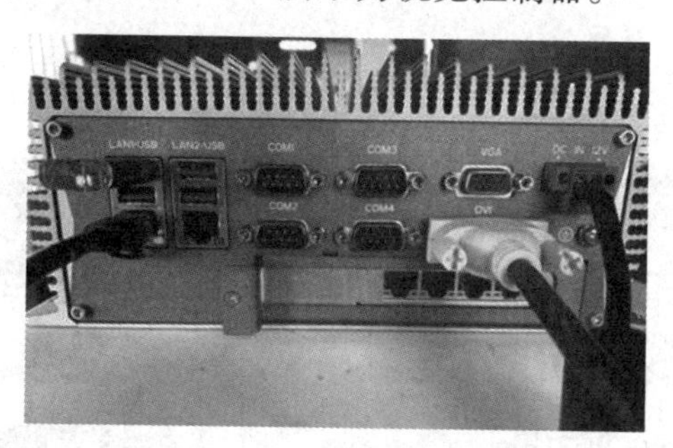

图 8.22　视觉控制器

5. 路由器

路由器的作用是将整个视觉系统组建在一个网络当中，起到交换机的作用（两者虽原理不同，但作用类似）。路由器如图 8.23 所示。

图 8.23　路由器

8.2.2　视觉系统工作流程

视觉系统连接示意图如图 8.24 所示。新松多可协作机器人视觉系统示意图如图 8.25 所示。

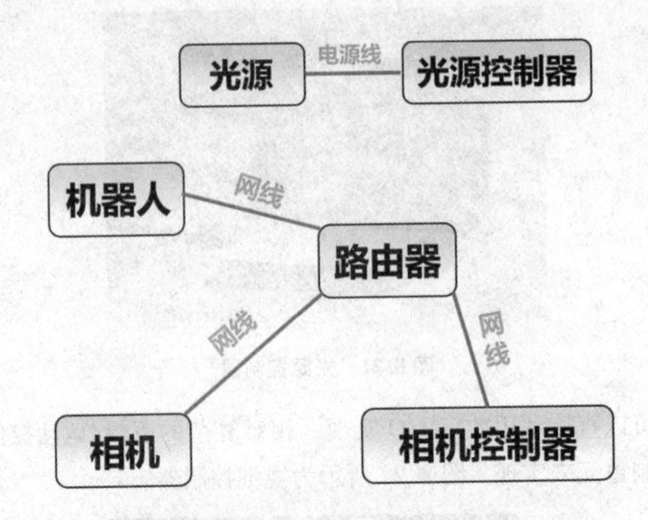

图 8.24 视觉系统连接示意图

图 8.25 新松多可协作机器人视觉系统示意图

一个完整的机器视觉系统的主要工作过程如下。

(1) 工件定位检测器探测到物体已经运动至接近摄像系统的视野中心，向图像采集部分发送触发脉冲。

(2) 图像采集部分按照事先设定的程序和延时，分别向摄像机和照明系统发出启动脉冲。

(3) 摄像机停止目前的扫描，重新开始新一帧扫描，或者摄像机在启动脉冲来到之前处于等待状态，启动脉冲到来后启动新一帧扫描。

(4) 摄像机开始新一帧扫描之前打开曝光机构，曝光时间可以事先设定。

(5) 另一个启动脉冲打开灯光照明，灯光的开启时间应与摄像机的曝光时间匹配。

(6) 摄像机曝光后，正式开始一帧图像的扫描和输出。

（7）图像采集部分接收模拟视频信号，通过A/D将其数字化，或者是直接接收摄像机数字化后的数字视频数据。

（8）图像采集部分将数字图像存放在处理器或计算机的内存中。

（9）处理器对图像进行处理、分析、识别，获得测量结果或逻辑控制值。

（10）处理结果控制执行设备的动作、进行定位、纠正运动的误差等。

8.3 视觉编程

8.3.1 脚本界面

脚本界面负责控制与机器人之间的业务逻辑，通过输入不同的功能进行操作，如图8.26所示。

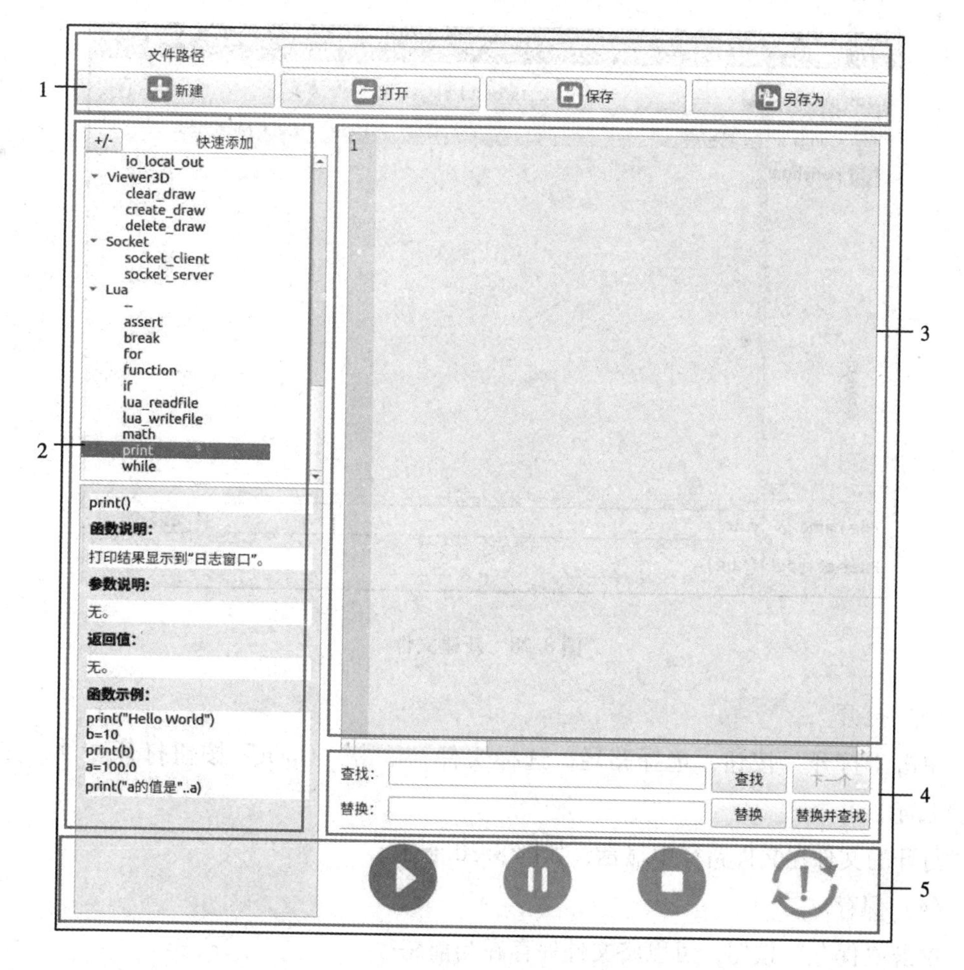

图8.26 脚本界面

1—文件操作界面；2—快速添加工具栏；3—脚本编辑器；4—查找和替换；5—运行相关操作

1. 文件操作界面

在文件操作界面中，可以进行文件的新建、打开、保存和另存为操作，如图 8.27 所示。

图 8.27 文件操作界面

（1）文本路径。

文本路径用于显示文本所在位置。

（2）新建。

单击“新建”按钮，选择路径，输入文件名，单击“Save”按钮，完成新建文件，如图 8.28 所示。

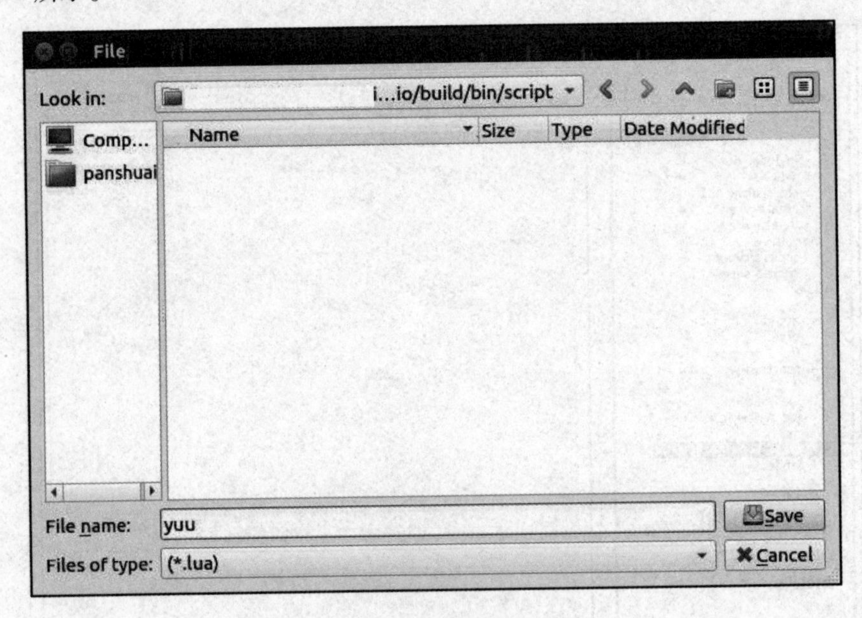

图 8.28 新建文件

（3）打开。

单击“打开”按钮，选择路径，选择文件，单击“Open”按钮打开文件，如图 8.29 所示。

打开的文件在文件路径中显示，如图 8.30 所示。

（4）保存。

单击“保存”按钮，可以将文件保存在当前路径。

（5）另存为。

单击“另存为”按钮，选择保存路径，输入新的文件名，单击“Save”按钮，即

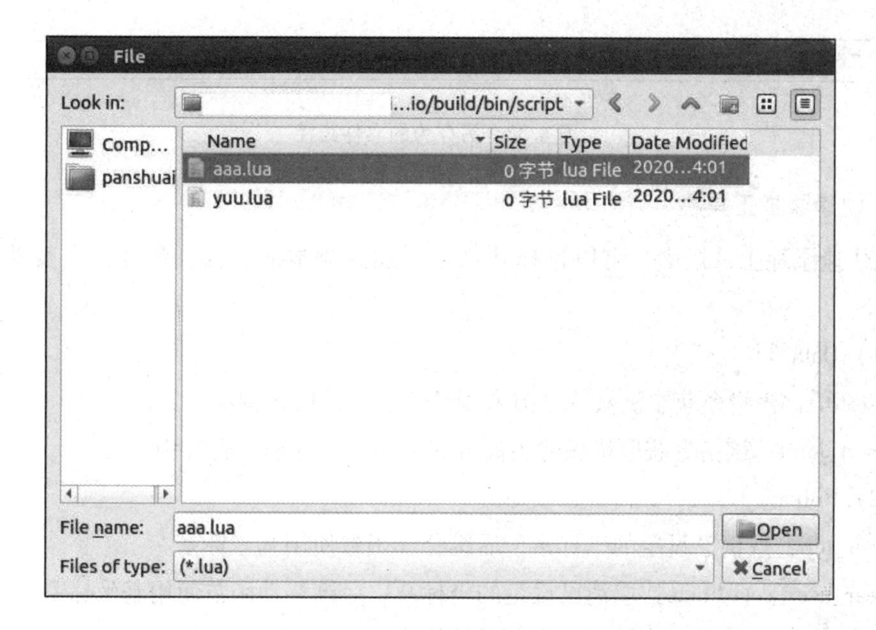

图 8.29　文件打开

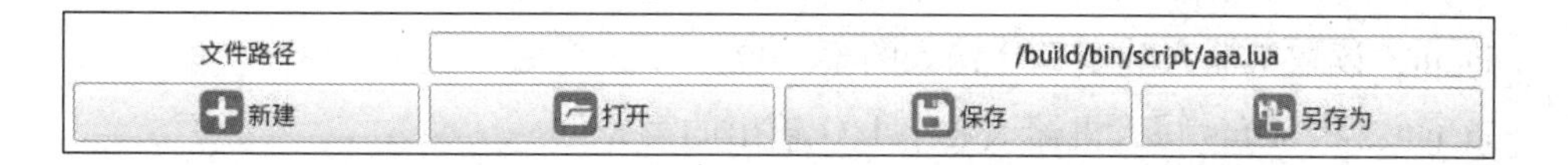

图 8.30　打开的文件路径

可保存文件，如图 8.31 所示。

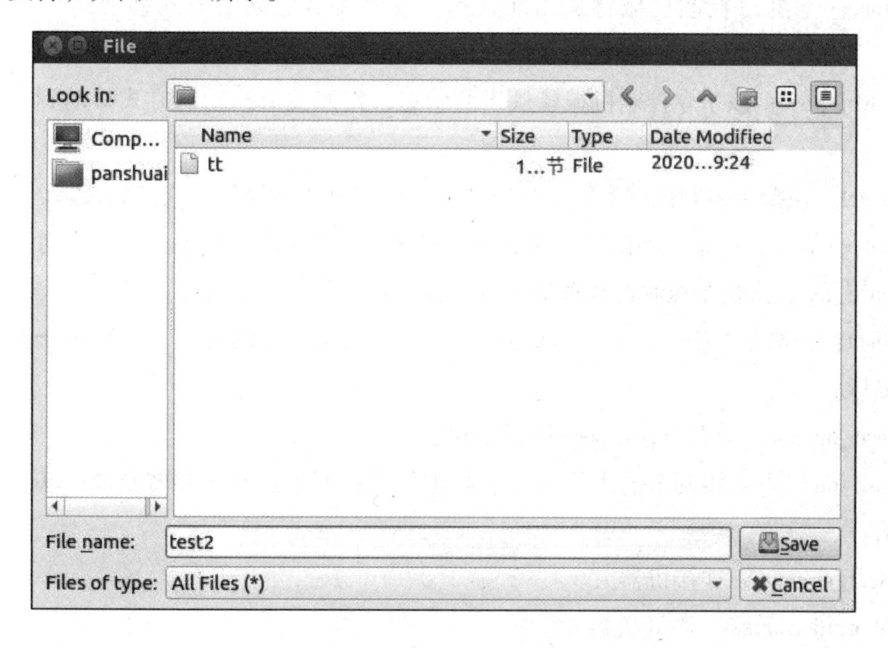

图 8.31　输入文件名并保存

另存为的文件在文件路径中显示，如图 8.32 所示。

文件路径	/test2.lua

图 8.32　另存为的文件路径

2. 快速添加工具栏

在快速添加工具栏中，可以选择并双击添加到脚本的文件。各种指令及功能介绍如下。

（1）Data。

insert6D：该指令获取机械臂当前末端的位姿，并插入脚本中。

insert_joint：该指令获取机械臂当前各关节角度，并插入脚本中。

（2）Robot。

clear_tcp：取消已设定的坐标系，后续移动函数使用基坐标系。

clear_user_coordinate：取消已设定的坐标系，后续移动函数使用基坐标系。

get_joint_pose：获取当前机器人的关节姿态。

get_tcp_pose：获取当前机器人末端工具在基坐标系下的位姿。

io_in：读取机器人数字 I/O 输入的第 n 位。

io_out：将 status 写入机器人数字 I/O 输出的第 n 位。

io_v_in：读取机器人虚拟输出位寄存器的第 n 位。

io_v_out：将 status 写入机器人虚拟输入位寄存器的第 n 位。

movej：该指令控制机械臂从当前状态，按照关节运动的方式移动到目标关节角状态。

movej_pose：该指令控制机械臂从当前状态，按照关节运动的方式移动到末端目标位置。

movel：该指令控制机械末端从当前状态，按照直线路径移动到目标状态。

move_spline：样条运动函数，使机器人根据一条样条轨迹的路点进行运动。

move_tcp：该指令控制机械臂沿工具坐标系直线移动一个增量。

offset：对给定位姿，在相对坐标系下，进行 X，Y，Z 的偏移，一般用于对抓取点进行偏移。

pose_inverse：计算 input_pose 的逆变换。

pose_multiply：将两个输入的 pose 相叠加，并将两个运动步骤转换成一步，用于提升节拍。

robot_connect：连接机器人。

robot_disconnect：断开机器人。

robot_script：对机器人直接发送机器人的脚本字符串。

robot_sleep：机器人延时函数（发给机器人执行）。

set_overtime：机器人控制指令超时时间，当机器人执行运动指令超过指定时间时，脚本报错。

set_tcp：设置工具末端相对于法兰面坐标系的位移，设置后，后续运动函数中的位置均使用此工具坐标系。

set_user_coordinate：设置用户坐标系相对于基坐标系的位移，设置后，后续运动函数中的位置均使用此工具坐标系。

start_script-end_script：两条脚本之间的脚本，打包一次性下发给机器人，减少通信交互时间。

tool_io_out：该函数可控制机械臂末端的 I/O 输出口的高低电平。

（3）Camera。

camera_capture：相机拍照。

camera_connect：连接相机。

camera_disconnect：断开相机。

（4）Calibration。

标定相关的自动化脚本示例。

（5）Vision。

sleep：视觉控制器延时函数。

threadCreate：创建线程。

threadWait：等待线程执行结束。

time：当前时间戳（ms），不包括年、月、日及小时。

vision：运行整个视觉编程模块，并返回结果。

vision_set_data：脚本插件对视觉插件中输入值配置的变量进行赋值设置。

（6）Collision。

检查已经加载的碰撞对象在指定位置下是否与环境发生碰撞。

（7）Viewer3D。

仿真环境中清除、创建、删除对象。

（8）Socket。

Socket 通信示例。

（9）Lua。

Lua 常用命令示例。

3. 脚本编辑器

脚本编辑器用来编辑脚本，如图 8.26 所示。

4. 查找和替换

（1）字符查找。

输入要查找的字符，单击“查找”按钮，脚本编辑器会显示查找到的字符，单击“下一个”按钮，光标显示下一个查找到的字符，如图 8.33 所示。

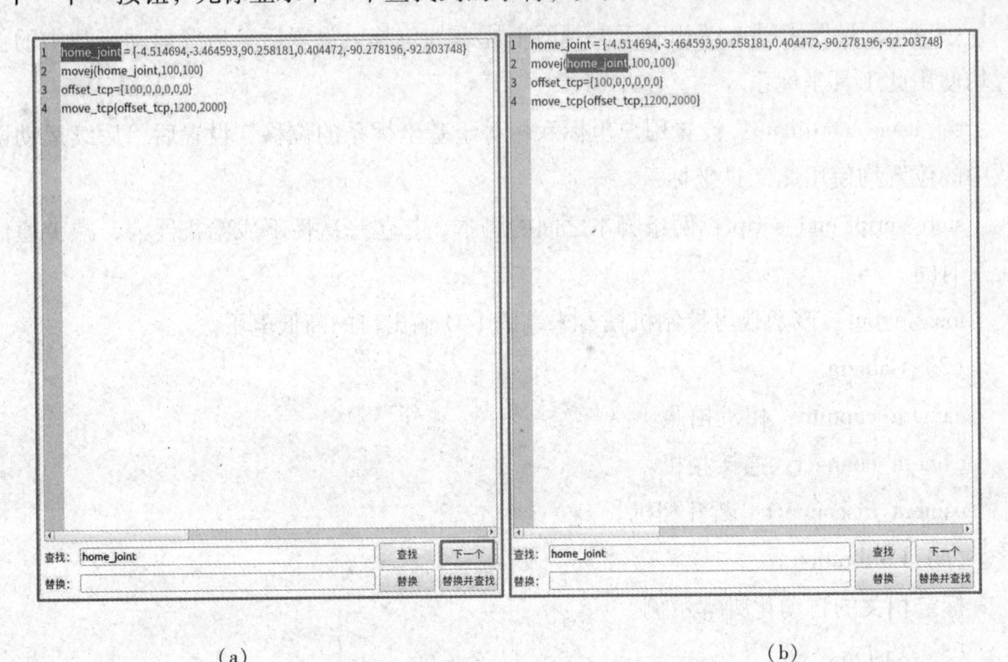

（a）　　（b）

图 8.33　字符查找

（2）字符替换。

输入要替换的字符，单击“查找”按钮，将当前查找到的字符替换为输入的字符。单击“替换并查找”按钮，光标显示下一个要替换的字符，当前字符替换完成后，继续查找下一个字符并替换，如图 8.34 所示。

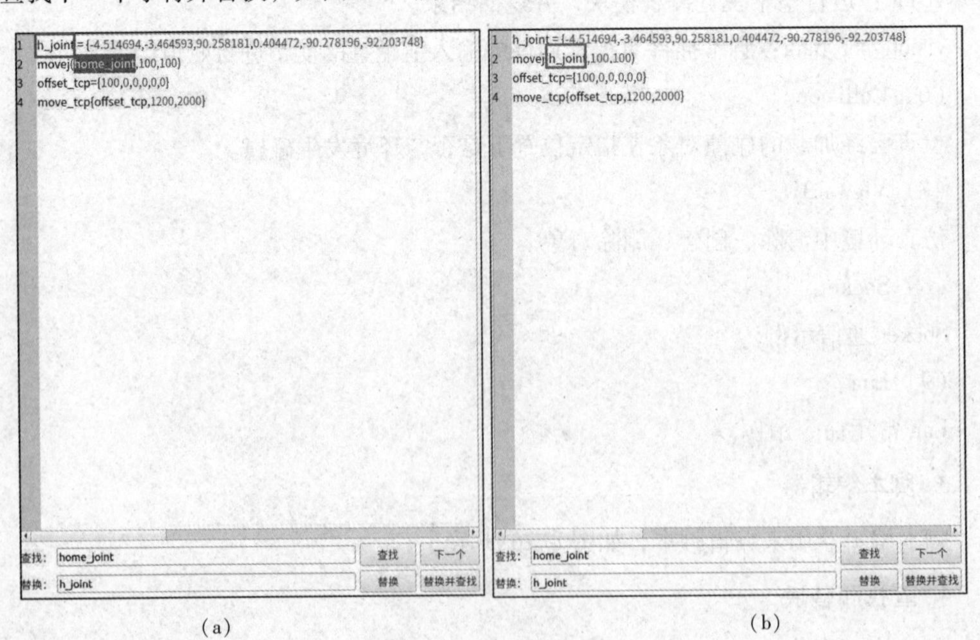

（a）　　（b）

图 8.34　字符替换

5. 运行相关操作

运行相关操作如图 8. 35 所示。

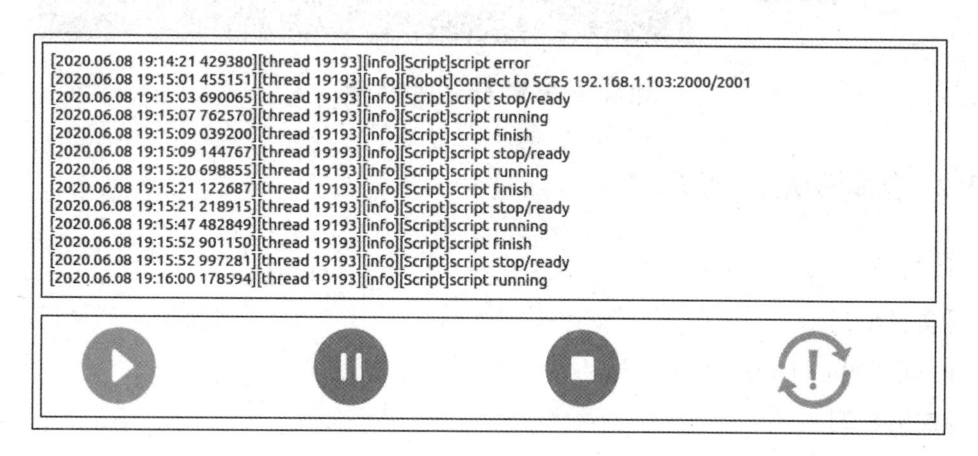

图 8. 35　运行相关操作

（1）“ ”（运行）按钮：单击该按钮，机器人开始运行。

（2）“ ”（暂停）按钮：在运行过程中单击该按钮，则暂停当前操作；点击“ ”按钮，则继续当前操作。

（3）“ ”（停止）按钮：在运行过程中单击该按钮，则停止运行。

（4）“ ”（重置）按钮：单击该按钮进行重置。单击“ ”按钮，当运行出错时，则点击“ ”按钮，如图 8. 36 所示。如图 8. 37 所示，日志中报错，则单击“ ”按钮进行重置。

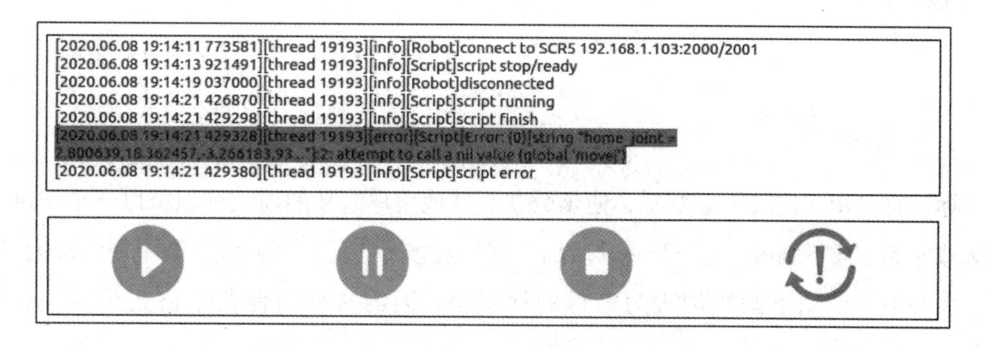

图 8. 36　重置操作

- 脚本编写出现问题，导致运行出错，需要重置。
- 机器人连接失败，导致运行出错，需要重置。

图 8.37　重置操作的注意事项

8.3.2　基本语法

1. 打印

【实例 8.1】

```
print("Hello World!")
```

【实例 8.2】

```
b=10
print(b)
--打印结果会显示到“日志窗口”中。
```

2. 注释

（1）单行注释。

两个减号是单行注释，其格式如下：

```
--注释内容
```

（2）多行注释。

多行注释格式如下：

```
--[[
注释内容
注释内容
]]--
```

3. 标识符

标识符是用于定义一个变量，使函数获取其他用户定义的项。标识符以一个字母 A 到 Z 或 a 到 z 或下画线“_”开头，后加上零个或多个字母、下画线、数字（0 到 9）。

最好不要使用下画线加大写字母的标识符，因为这样与保留字格式相同，不易区分。

不允许使用特殊字符，如“@”“$”“%”来定义标识符。标识符区分大小写，因此，Siasun 与 siasun 是两个不同的标识符。下面列出了一些正确的标识符：

```
mohd        zara     abc    move_name   a_123
myname50    _temp    j      a23b9       retVal
```

4. 关键词

表8.1中列出了系统保留关键字。保留关键字不能作为常量或变量或其他用户自定义标识符。

表8.1　系统保留关键字

and	break	do	else
elseif	end	false	for
function	if	in	local
nil	not	or	repeat
return	then	true	until
while	goto		

一般约定，以下画线开头连接一串大写字母的名字（如_VERSION）被保留用于系统内部全局变量。

8.3.3　数据类型

本脚本系统为动态类型语言，变量不要类型定义，只需要为变量赋值。值可以存储在变量中，作为参数传递或结果返回。

本脚本系统有6种基本数据类型，分别为nil，boolean，number，string，function，table，见表8.2。

表8.2　基本数据类型

数据类型	描述
nil	只有值nil属于该类，表示一个无效值（在条件表达式中相当于false）
boolean	包含两个值：false和true
number	表示双精度类型的实浮点数
string	字符串由一对双引号或单引号来表示
function	编写的函数
table	表（table）其实是一个关联数组（associative arrays），数组的索引可以是数字、字符串或表类型。table的创建是通过构造表达式来完成的，最简单的构造表达式是{}，用来创建一个空表

可以使用type函数测试给定变量或值的类型：

```
print(type("Hello World"))          -->string
print(type(10.4* 3))                -->number
print(type(print))                  -->function
print(type(type))                   -->function
print(type(true))                   -->boolean
```

```
print(type(nil))                   -->nil
print(type(type(X)))               -->string
```

8.3.4 变量

变量在使用前，必须在代码中进行声明，即创建该变量。

编译程序执行代码之前，编译器需要知道如何给语句变量开辟存储区，用于存储变量的值。

变量有三种类型，即全局变量、局部变量、表中的域。变量默认为都是全局变量，哪怕是在语句块或是函数里，除非用 local 显式声明为局部变量。局部变量的作用域为从声明位置开始到所在语句块结束。变量的默认值均为 nil。

【实例 8.3】

```
--test 文件脚本
a=5              --全局变量
local b=5        --局部变量
function joke()
    c=5          --全局变量
    local d=6    --局部变量
end

joke()
print(c,d)       -->5 nil
do
    local a=6    --局部变量
    b=6          --对局部变量重新赋值
    print(a,b);  -->6 6
end
```

8.3.5 循环

1. 循环语句 while

在条件为 true 时，让程序重复地执行某些语句。执行 while 语句前会先检查条件是否为 true。

【实例 8.4】

```
while(true)
do
    print("循环将永远执行下去")
```

```
end
```

2. 循环语句 for

重复执行指定语句，重复次数可在 for 语句中控制。

【实例 8.5】

```
for i=10,1,-1 do
print("for 循环")
end
```

注：10 表示起始值，1 表示终止值，-1 表示步长。

3. 循环控制语句 break

循环控制语句用于控制程序的流程，以实现程序的各种结构方式。

break 语句：退出当前循环或语句，并使脚本执行紧接着的语句。

【实例 8.6】

```
for i=10,1,-1 do
    if i==5 then
        print("continue code here")
        break
    end
end
```

8.3.6　流程控制

流程控制语句通过程序设定一个或多个条件语句。在条件为 true 时执行指定程序代码，在条件为 false 时执行其他指定程序代码。

控制结构的条件表达式结果可以是任何值，系统认为 false 和 nil 为假，true 和非 nil 为真。需要注意的是，本系统中 0 为 true。

【实例 8.7】

```
$-- [0 为 true]
if (0)
then
   print ("0 为 true")
end
```

以上代码输出结果如下：

0 为 true

本系统提供的控制结构语句见表 8.3。

表 8.3 控制结构语句

语句	描述
if 语句	if 语句由一个布尔表达式作为条件判断，其后紧跟其他语句组成
if...else 语句	if 语句可以与 else 语句搭配使用，在 if 条件表达式为 false 时执行 else 语句代码
if 嵌套语句	可以在 if 或 else if 中使用一个或多个 if 或 else if 语句

【实例 8.8】

```
--[定义变量--]
a=100
--[检查布尔条件--]
if(a==10)
then
    --[如果条件为 true 打印以下信息--]
    print("a 的值为 10")
elseif(a==20)
then
    --[如果 else if 条件为 true 时打印以下信息--]
    print("a 的值为 20")
elseif(a==30)
then
    --[如果 else if condition 条件为 true 时打印以下信息--]
    print("a 的值为 30")
else
    --[以上条件语句没有一个为 true 时打印以下信息--]
    print("没有匹配 a 的值")
end
print("a 的真实值为:",a)
```

8.3.7 函数

本系统中，函数是对语句和表达式进行抽象的主要方法，既可以用来处理一些特殊的工作，也可以用来计算一些值。

本系统提供了许多的内建函数，用户可以很方便地在程序中调用它们，如 print（）函数可以将传入的参数打印在控制台上。

函数主要有以下两种用途：

① 完成指定的任务，这种情况下函数作为调用语句使用；

② 计算并返回值，这种情况下函数作为赋值语句的表达式使用。

编程语言函数定义格式如下：

```
optional_function_scope function function_name ( argument1, argument2, argument3, ..., argumentn )
function_body
return result_params_comma_separated
end
```

函数定义格式解析如下。

① optional_function_scope：该参数是可选的，用于制定函数是全局函数还是局部函数，未设置该参数默认为全局函数，如果设置函数为局部函数，需要使用关键字 local。

function_name：指定函数名称。

argument1，argument2，argument3，…，argumentn：函数参数，多个参数以逗号隔开，函数也可以不带参数。

function_body：函数体，函数中需要执行的代码语句块。

result_params_comma_separated：函数返回值，可以返回多个值，每个值以逗号隔开。

实例 8.9 定义了函数 max()，参数为 num1，num2，用于比较两值的大小，并返回最大值。

【实例 8.9】

```
--[[函数返回两个值的最大值]]--
function max(num1,num2)
    if(num1>num2)then
        result=num1;
    else
        result=num2;
    end
    return result;
end
--调用函数
print("两值比较最大值为",max(10,4))
print("两值比较最大值为",max(5,6))
```

以上代码执行结果如下：

两值比较最大值为 10，两值比较最大值为 6

8.3.8　运算符

运算符是一种特殊的符号，用于告诉解释器执行特定的数学或逻辑运算。本系统提供了以下几种运算符类型：算术运算符、关系运算符、逻辑运算符、其他运算符。

1. 算术运算符

表 8.4 中列出了常用算术运算符，设定 A 的值为 10，B 的值为 20。

表 8.4　常用算术运算符

操作符	描述	实例
+	加法	A+B，输出结果 30
-	减法	A-B，输出结果-10
*	乘法	A * B，输出结果 200
/	除法	B/Aw，输出结果 2
%	取余	B%A，输出结果 0
^	乘幂	A^2，输出结果 100
-	负号	-A，输出结果-10

下面可以通过实例 8.10 来更加透彻地理解算术运算符的应用。

【实例 8.10】

```
a=21
b=10
c=a+b
print("Line 1-c 的值为",c)
c=a-b
print("Line 2-c 的值为",c)
c=a* b
print("Line 3-c 的值为",c)
c=a/b
print("Line 4-c 的值为",c)
c=a% b
print("Line 5-c 的值为",c)
c=a^2
print("Line 6-c 的值为",c)
c=-a
print("Line 7-c 的值为",c)
```

以上程序执行结果如下：

```
Line 1-c 的值为     31
Line 2-c 的值为     11
Line 3-c 的值为     210
```

```
Line 4-c 的值为     2.1
Line 5-c 的值为     1
Line 6-c 的值为     441
Line 7-c 的值为    -21
```

2. 关系运算符

表 8.5 中列出了常用关系运算符，设定 A 的值为 10，B 的值为 20。

表 8.5　常用关系运算符

操作符	描述	实例
==	等于，检测两个值是否相等，相等返回 true，否则返回 false	(A==B) 为 false
~=	不等于，检测两个值是否相等，相等返回 false，否则返回 true	(A~=B) 为 true
>	大于，如果左边的值大于右边的值，返回 true，否则返回 false	(A>B) 为 false
<	小于，如果左边的值大于右边的值，返回 false，否则返回 true	(A<B) 为 true
>=	大于或等于，如果左边的值大于等于右边的值，返回 true，否则返回 false	(A>=B) 返回 false
<=	小于或等于，如果左边的值小于等于右边的值，返回 true，否则返回 false	(A<=B) 返回 true

下面可以通过实例 8.11 来更加透彻地理解关系运算符的应用。

【实例 8.11】

```
a=21
b=10

if(a==b)
then
   print("Line 1-a 等于 b")
else
   print("Line 1-a 不等于 b")
end

if(a~=b)
then
   print("Line 2-a 不等于 b")
else
```

```
    print("Line 2-a 等于 b")
end
if(a<b)
then
    print("Line 3-a 小于 b")
else
    print("Line 3-a 大于或等于 b")
end

if(a>b)
then
   print("Line 4-a 大于 b")
else
   print("Line 5-a 小于或等于 b")
end
--修改 a 和 b 的值
a=5
b=20

if(a<=b)
then
    print("Line 5-a 小于或等于  b")
end

if(b>=a)
Then
    print("Line 6-b 大于或等于 a")
end
```

以上程序执行结果如下：

Line 1-a 不等于 b

Line 2-a 不等于 b

Line 3-a 大于或等于 b

Line 4-a 大于 b

Line 5-a 小于或等于 b

Line 6-b 大于或等于 a

3. 逻辑运算符

表8.6中列出了常用逻辑运算符，设定A的值为true，B的值为false。

表8.6 常用逻辑运算符

操作符	描述	实例
and	逻辑与操作符。若A为false，则返回A；否则，返回B	(A and B) 为false
or	逻辑或操作符。若A为true，则返回A；否则，返回B	(A or B) 为true
not	逻辑非操作符。与逻辑运算结果相反，如果条件为true，逻辑非为false	not (A and B) 为true

下面可以通过实例8.12来更加透彻地理解逻辑运算符的应用。

【实例8.12】

```
a=true
b=true
if(a and b)
then
    print("a and b-条件为true")
end
if(a or b)
then
    print("a or b-条件为true")
end
print("---------分割线---------")

--修改a和b的值
a=false
b=true

if(a and b)
then
    print("a and b-条件为true")
else
    print("a and b-条件为false")
end

if(not(a and b))
```

```
then
    print("not(a and b)-条件为 true")
else
    print("not(a and b)-条件为 false")
end
```

以上程序执行结果如下：

a and b-条件为 true

a or b-条件为 true

----------分割线---------

a and b-条件为 false

not（a and b）-条件为 true

4. 其他运算符

表 8.7 中列出了连接运算符与计算表或字符串长度的运算符。

表 8.7 其他运算符

操作符	描述	实例
..	连接两个字符串	如“a..b”，其中 a 为"Hello"，b 为"World"，输出结果为"Hello World"
#	一元运算符，返回字符串或表的长度	#"Hello"返回 5

下面可以通过实例 8.13 来更加透彻地理解连接运算符与计算表或字符串长度的运算符的应用。

【实例 8.13】

```
a="Hello"
b="World"
print("连接字符串 a 和 b",a..b)
print("b 字符串长度",#b)
print("字符串 Test 长度",#"Test")
print("新松英文名长度",#"siasun")
```

以上程序执行结果如下：

连接字符串 a 和 b　　Hello World

b 字符串长度　　5

字符串 Test 长度　　4

新松英文名长度　　6

5. 运算符优先级

运算符优先级从高到低的顺序如表 8.8 所列

表 8.8　运算符优先级

顺序（从高到低）	运算符
1	^
2	not　　- (unary)
3	*　　/
4	+　　-
5	..
6	<　　>　　<=　　>=　　~=　　==
7	and
8	or

除了“^”和“..”，所有二元运算符都是左连接的。例如：

```
a+i<b/2+1          <-->          (a+i)<((b/2)+1)
5+x^2 * 8          <-->          5+((x^2) * 8)
a<y and y<=z       <-->          (a<y)and(y<=z)
-x^2               <-->          -(x^2)
x^y^z              <-->          x^(y^z)
```

下面可以通过实例 8.14 来更加透彻地了解运算符的优先级。

【实例 8.14】

```
$a=20
b=10
c=15
d=5

e=(a+b) * c/d; --(30* 15) /5
print("(a+b) * c/d 运算值为 :", e)
e=((a+b) * c) /d; --(30* 15) /5
print("((a+b) * c) /d 运算值为:", e)

e=(a+b) * (c/d); --(30) * (15/5)
print("(a+b) * (c/d) 运算值为:", e)

e=a+(b* c) /d;  --20+(150/5)
```

```
print ("a+ (b* c)  /d运算值为:", e)
```

以上程序执行结果如下：

(a+b)＊c/d运算值为　90.0

((a+b)＊c)/d运算值为　90.0

(a+b)＊(c/d)运算值为　90.0

a+(b＊c)/d运算值为　50.0

8.3.9 字符串

字符串或串（string）是由数字、字母、下画线组成的一串字符。

中字符串可以使用三种方式来表示：单引号间的一串字符；双引号间的一串字符；“[[”和“]]”间的一串字符。

以上三种方式的字符串实例如实例8.15所示。

【实例8.15】

```
string1="Siasun"
print("\"字符串1是\"",string1)
string2='DUCO Mind'
print("字符串2是",string2)
string3=[["DUCO Mind教程"]]
print("字符串3是",string3)
```

以上代码执行输出结果如下：

"字符串1是"Siasun

字符串2是DUCO Mind

字符串3是"DUCO Mind教程"

本系统提供了string.format（）函数来生成具有特定格式的字符串。该函数的第一个参数是格式，之后是对应格式中每个代号的各种数据。

由于格式字符串的存在，使得产生的长字符串可读性大大提高。这个函数的格式很像C语言中的printf（）。

格式字符串可能包含以下的转义码：

① %c：接受一个数字并将其转化为ASCII码表中对应的字符；

② %d,%i：接受一个数字并将其转化为有符号的整数格式；

③ %o：接受一个数字并将其转化为八进制数格式；

④ %u：接受一个数字并将其转化为无符号整数格式；

⑤ %x：接受一个数字并将其转化为十六进制数格式，使用小写字母；

⑥ %X：接受一个数字并将其转化为十六进制数格式，使用大写字母；

⑦ %e：接受一个数字并将其转化为科学记数法格式，使用小写字母e；

⑧ %E：接受一个数字并将其转化为科学记数法格式，使用大写字母 E；

⑨ %f：接受一个数字并将其转化为浮点数格式；

⑩ %g（%G）：接受一个数字并将其转化为%e（%E，对应%G）及%f 中较短的一种格式；

⑪%q：接受一个字符串并将其转化为可安全被系统编译器读入的格式；

⑫%s：接受一个字符串并按照给定的参数格式化该字符串。

为进一步细化格式，可以在“%”号后添加参数，参数将以如下的顺序读入。

① 符号：一个“+”号表示其后的数字转义符将让正数显示正号。默认情况下只有负数显示负号。

② 占位符：一个0，在后面指定了字串宽度时用于占位。不填字串宽度时的默认占位符是空格。

③ 对齐标识：在指定了字串宽度时，默认为右对齐，增加“-”号可以改为左对齐。

④ 宽度数值。

⑤ 小数位数/字串裁切：在宽度数值后增加的小数部分 n。若后接 f（浮点数转义符，如%6.3f)，则设定该浮点数的小数只保留 *n* 位；若后接 s（字符串转义符，如%5.3s)，则设定该字符串只显示前 *n* 位。

实例 8.16 演示了如何对字符串进行格式化操作。

【实例 8.16】

实例：

```
string1="DUCO Mind"
string2="Tutorial"
number1=10
number2=20
--基本字符串格式化
print(string.format("基本格式化% s % s",string1,string2))
--日期格式化
date=2;month=1;year=2014
print(string.format("日期格式化% 02d/% 02d/% 03d",date,month,year))
--十进制格式化
print(string.format("% .4f",1/3))
```

以上代码执行结果如下：

基本格式化 DUCO Mind Tutorial

日期格式化 02/01/2014

0.3333

其他字符串格式化例子见实例 8.17。

【实例 8.17】

```
string.format("% c",83)                 --输出 S
string.format("% +d",17.0)              --输出+17
string.format("% 05d",17)               --输出 00017
string.format("%o",17)                  --输出 21
string.format("% u",3.14)               --输出 3
string.format("% x",13)                 --输出 d
string.format("% X",13)                 --输出 D
string.format("% e",1000)               --输出 1.000000e+03
string.format("% E",1000)               --输出 1.000000E+03
string.format("% 6.3f",13)              --输出 13.000
string.format("% q","One \nTwo")        --输出"One \
                                        --Two"
string.format("% s","monkey")           --输出 monkey
string.format("% 10s","monkey")         --输出    monkey
string.format("% 5.3s","monkey")        --输出  mon
```

实例 8.18 演示了其他字符串操作，如计算字符串长度、字符串连接、字符串复制等。

【实例 8.18】

```
string1=www.
string2="siasun"
string3=".com"
--使用".."进行字符串连接
print("连接字符串",string1..string2..string3)
--字符串长度
print("字符串长度",string.len(string2))
--字符串复制 2 次
repeatedString=string.rep(string2,2)
print(repeatedString)
```

以上代码执行结果如下：

连接字符串　　www.siasun.com

字符串长度　　6

siasunsiasun

8.3.10　数组

数组就是相同数据类型的元素按照一定顺序排列的集合，可以是一维数组和多维数组。

数组的索引键值可以使用整数表示，数组的大小不是固定的。

1. 一维数组

一维数组是最简单的数组，其逻辑结构是线性表。一维数组可以用 for 循环出数组中的元素。

【实例 8.19】

```
array={"DUCO Mind","Tutorial"}
for i=0,2 do
    print(array[i])
end
```

以上代码执行输出结果如下：

nil

DUCO Mind

Tutorial

综上所述，可以使用整数索引来访问数组元素，如果知道的索引没有值，则返回 nil。

索引值是以 1 为起始，但也可以指定 0 为起始，除此之外，还可以以负数为数组索引值。

【实例 8.20】

```
array={}
for i=-2,2 do
    array[i]=i * 2
end

for i=-2,2 do
    print(array[i])
end
```

以上代码执行输出结果如下：

-4

-2

0

2

4

2. 多维数组

多维数组即数组中包含数组或一维数组的索引键对应一个数组。

实例 8.21 是一个三行三列的阵列多维数组。

【实例 8.21】

```
--初始化数组
array={}
for i=1,3 do
   array[i]={}
      for j=1,3 do
         array[i][j]=i* j
      end
end
--访问数组
for i=1,3 do
   for j=1,3 do
      print(array[i][j])
   end
end
```

以上代码执行输出结果如下:

1

2

3

2

4

6

3

6

9

实例 8.22 是不同索引键的三行三列阵列多维数组。

【实例 8.22】

```
--初始化数组
```

```
array={}
maxRows=3
maxColumns=3
for row=1,maxRows do
    for col=1,maxColumns do
        array[row* maxColumns+col]=row* col
    end
end
--访问数组
for row=1,maxRows do
    for col=1,maxColumns do
        print(array[row* maxColumns +col])
    end
end
```

以上代码执行输出结果如下：

```
1
2
3
2
4
6
3
6
9
```

综上所述，实例8.21和实例8.22中，数组设定了指定的索引值，这样可以避免出现nil值，有利于节省内存空间。

8.3.11　常用函数

常用函数见表8.9。

表8.9　常用函数

1. camera_capture（int：n）	
功能说明	指定相机进行拍照
参数说明	n：相机ID
返回值	int数组：返回不同相机的状态

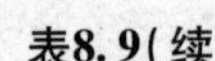

表8.9(续)

示例	camera_capture（1）：相机1拍照； camera_capture（1，2，3）：相机1，2，3同时拍照
备注	—
2. vision（int：n）	
功能说明	运行整个视觉编程模块，并返回结果
参数说明	n：视觉编程模块工程号
返回值	该工程对应的返回值
示例	若视觉编程模块工程1配置了2个返回值： row_col，x_y=vision（1） 若视觉编程模块工程2配置了1个返回值： aa==vision（2）
备注	判断返回值是否有值： if #row_col<=0 or#x_y<=0　then 　　assert（） end
3. camera_connect（）	
功能说明	连接相机
参数说明	—
返回值	bool：是否连接成功
示例	camera_connect（）
备注	如果无法连接将会触发脚本异常
4. camera_disconnect（）	
功能说明	断开相机
参数说明	—
返回值	bool：是否断连成功
示例	camera_disconnect（）
备注	如果无法断开将会触发脚本异常
5. camera_set_param（int：ID，string：name，value：number）	
功能说明	设置相机参数
参数说明	ID：相机的ID； name：待更改的相机的参数； number：待设置相机参数的值，number的类型要跟相机参数类型一致
返回值	—
示例	camera_set_param（1，“曝光”，2000）

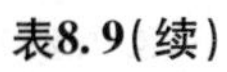

表8.9(续)

备注	如果无法断开将会触发脚本异常
6. robot_connect（）	
功能说明	连接机器人
参数说明	—
返回值	bool：是否连接成功
示例	robot_connect（）
备注	如果无法连接将会触发脚本异常
7. robot_disconnect（）	
功能说明	断开机器人
参数说明	—
返回值	bool：是否断连成功
示例	robot_disconnect（）
备注	如果无法断开将会触发脚本异常
8. movej（array：axis，float：v，float：a）；	
功能说明	该指令控制机械臂从当前状态按照关节运动的方式移动到目标关节角状态
参数说明	axis：axis 数组对应 1~6 关节的目标关节角度，单位为 deg； v：关节角速度，系统设定速度百分比（%），取值范围（0，100]； a：关节加速度，系统设定加速度百分比（%），取值范围（0，100]
返回值	—
示例	joint_home= {9，-10.3，11.2，-21.06，-98，-3.1} movej（joint_home，100，100）
备注	—
9. movel（pose：p，float：v，float：a）；	
功能说明	该指令控制机械臂末端从当前状态按照直线路径移动到目标状态
参数说明	p：pose 数据结构，或者长度为 6 的 float 型数组，对应末端的位姿，位置单位为 mm，姿态以 Rx，Ry，Rz 表示，单位为 deg； v：末端速度，单位为 mm/s； a：末端加速度，单位为 mm/s^2
返回值	—
示例	target_up= {859.67，165.67，350，180，0，-90} movel（target_up，800，2000）
备注	—

表8.9(续)

10. move_tcp（pose：off_set，float：v，float：a）;	
功能说明	该指令控制机械臂沿工具坐标系直线移动一个增量
参数说明	off-set：pose 数据类型，或者长度为 6 的 float 型数组，表示工具坐标系下的位姿偏移量； v：直线移动的速度，单位为 mm/s，当 x，y，z 均为 0 时，线速度按比例换算成角速度； a：加速度，单位为 mm/s^2，可选填，默认为 500 mm/s^2
返回值	—
示例	offset_tcp = {48.33，-27.30，50.03，0.0，10.00，19.51} move_tcp（offset_tcp，800，2000）
备注	—
11. set_tcp（float：x，float：y，float：z，float：rx，float：ry，float：rz）;	
功能说明	设置工具末端相对于法兰面坐标系的位移；设置后，后续运动函数中的位置均使用此工具坐标系
参数说明	x，y，z，rx，ry，rz：工具末端相对于法兰面坐标系的位移，单位为 mm 或 rad
返回值	—
示例	start_script（） tcp0 = {0，0，150，0，0，0} set_tcp（tcp0） "--do something" clear_tcp（） end_script（）
备注	该指令必须结合打包指令 start_script（）和 end_script（）使用。该 tcp 只在打包指令之间的语句中生效
12. clear_tcp（）;	
功能说明	取消已设定的坐标系，后续移动函数使用基坐标
参数说明	—
返回值	—
示例	tcp0 = {0，0，150，0，0，0} set_tcp（tcp0） "--do something" clear_tcp（）
备注	—

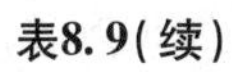
表8.9(续)

13. pose_multiply（pos：target，pos：offset）	
功能说明	将两个输入的 pos 相叠加，将两个运动步骤转换成一步，用于提升节拍
参数说明	pos：target 为需要变换的位姿；pos：offset 为偏置量
返回值	pos：final_target：两个 pos 叠加后的六自由度位姿
示例	原本需要运行 3 步骤的机器人运动指令： target_up＝｛859.67，165.67，350，180，0，-90｝ offset_rz＝｛0，0，0，0，0，10｝ offset_tcp＝｛48.33，-27.30，50.03，0.0，10.00，19.51｝ movel（target_up，800，2000，10） move_tcp（offset_rz，800，2000，10） move_tcp（offset_tcp，800，2000，10） 通过 pose_multiply 转换后，可以直接运动到最终姿态，节约节拍时间： target_up＝｛859.67，165.67，350，180，0，-90｝ offset_rz＝｛0，0，0，0，0，10｝ offset_tcp＝｛48.33，-27.30，50.03，0.0，10.00，19.51｝ pose2＝pose_multiply（target_up，offset_rz） pose3＝pose_multiply（pose2，offset_tcp） movel（pose3，800，2000）
备注	—
14. pose_inverse（pos：input_pose）	
功能说明	计算 input_pose 的逆变换
参数说明	pos：input_pose 为输入位姿
返回值	pos：output_target 逆变换后的位姿
示例	p＝pose_inverse（｛1，2，3，4，5，6｝） p 的结果为｛-0.937，-2.096，-2.95，-3.472，-5.38，-5.662｝
备注	—
15. start_script（）和 end_script（）	
功能说明	两条脚本之间的脚本，打包一次性下发给机器人，减少通信交互时间
参数说明	—
返回值	—
示例	start_script（） movel（pose1，v1，a1）； movel（pose2，v2，a2）； movel（pose3，v3，a3）； end_script（） 机器人将一次性收到 3 条 movel 指令

表8.9(续)

备注	—
16. robot_sleep（int：t）	
功能说明	机器人延时函数（发给机器人执行）
参数说明	t：延时时间，单位为 ms
返回值	—
示例	robot_sleep（350）
备注	—
17. sleep（int：t）	
功能说明	视觉控制器延时函数（在视觉控制器端执行）
参数说明	t：延时时间，单位为 ms
返回值	—
示例	sleep（350）
备注	—
18. io_local_in（int：io_group，int：n）	
功能说明	读取控制器数字 I/O 输入的第 *n* 个 DI
参数说明	io_group：DIO 组号为 1 或者 2，分别对应 DIO1 和 DIO2； n：控制器 DI 的序号
返回值	控制器对应 DIO 接口的第 *n* 个 DI 的状态（bool 值）
示例	IO_status = io_local_in（1，8） 获取控制器 DIO1 的第 8 个 DI 状态（ture/false），存入变量，IO_status
备注	—
19. io_local_out（int：io_group，int：n，bool：status）	
功能说明	写入控制器数字 I/O 输入的第 *n* 个 DO
参数说明	io_group：DIO 组号 = 1 或者 2，分别对应 DIO1 和 DIO2； n：控制器 DO 的序号； status：需要写入的状态（ture/false）
返回值	—
示例	io_local_out（1，8，true） 写入控制器 DIO1 的第 8 个 DO 状态为 true
备注	
20. io_in（int：n）	
功能说明	读取机器人数字 I/O 输入的第 *n* 位
参数说明	n：机器人数字 I/O 的位数
返回值	机器人数字 I/O 的第 *n* 位的状态（bool 值）

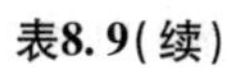
表8.9(续)

示例	IO_status=io_in（8） 获取机器人虚拟输出位寄存器的第 8 位的状态（ture/false），存入变量，IO_status
备注	数字 I/O 即机器人控制器上的硬件 I/O
21. io_out（int：n，bool：status）	
功能说明	将 status 写入机器人数字 I/O 输出的第 *n* 位
参数说明	n：机器人数字 I/O 的位数； status：需要写入的状态（ture/false）
返回值	—
示例	io_out（6，true） 将机器人数字 I/O 第 6 位写成 true
备注	数字 I/O 即机器人控制器上的硬件 I/O
22. io_v_in（int：n）	
功能说明	读取机器人虚拟输出位寄存器的第 *n* 位
参数说明	n：机器人虚拟输出位寄存器的位数
返回值	机器人虚拟输出位寄存器的第 *n* 位的状态（bool 值）
示例	IO_status=io_v_in（12） 获取机器人虚拟输出位寄存器的第 12 位的状态（ture/false），存入变量，IO_status
备注	—
23. io_v_out（int：n，bool：status）	
功能说明	将 status 写入机器人虚拟输入位寄存器的第 *n* 位
参数说明	n：机器人虚拟输入位寄存器的位数； status：需要写入的状态（ture/false）
返回值	—
示例	io_v_out（9，true） 将机器人虚拟输入位寄存器第 9 位写成 true
备注	—
24. threadCreate（function：func）	
功能说明	创建线程
参数说明	func：线程需要执行的函数
返回值	线程 ID（int）

表8.9(续)

<table>
<tr><td>示例</td><td>--1. 定义全局变量
thread_id=-1
x_y= {}
--2. 定义需要线程并行运算的函数
function vision2d ()
    capture ()
    x_y=vision (1)
end
--3. 在可以执行的时刻开启线程，譬如调角器项目，在 home 点开启线程
x_y= {}
thread_id=threadCreate (vision2d)
线程结束后，结果就已经保存在变量 x_y 中：
print (x_y)</td></tr>
<tr><td>备注</td><td>—</td></tr>
<tr><td colspan="2">25. threadWait (int: thread_id)</td></tr>
<tr><td>功能说明</td><td>等待线程执行结束</td></tr>
<tr><td>参数说明</td><td>thread_id：等待线程的 ID</td></tr>
<tr><td>返回值</td><td>—</td></tr>
<tr><td>示例</td><td>--1. 定义全局变量
thread_id=-1
x_y= {}
--2. 定义需要线程并行运算的函数
function vision2d ()
    capture ()
    x_y=vision (1)
end
--3. 在可以执行的时刻开启线程，譬如调角器项目，在 home 点开启线程
x_y= {}</td></tr>
<tr><td>示例</td><td>thread_id=threadCreate (vision2d)
--4. 机器人运动执行完一定动作后，获取线程运行结果，取值
threadWait (thread_id)
运行此条脚本之后，保证线程一定已经结束，结果已经保存在变量x_y 中：
print (x_y)</td></tr>
</table>

表8.9（续）

备注	—
26. time（）	
功能说明	当前时间戳（ms），不包括年、月、日及小时
参数说明	—
返回值	返回当前时间戳，以 ms 为单位，类型为 int
示例	当前系统时间：yyyy. mm. dd. hh. mm. ss. ms（年. 月. 日. 时. 分. 秒. 毫秒） T=time（）; Print（T） 则 T=mm×60×1000+ss×1000+ms
备注	无
27. get_tcp_pose（）	
功能说明	获取当前机器人末端工具在基坐标系下的位姿
参数说明	—
返回值	返回六维 float 数组，代表 X，Y，Z，Rx，Ry，Rz
示例	print（"tcp pose=========="） tcp_pose=get_tcp_pose（） for i=1，#tcp_pose，1 do print（tcp_pose［i］） end
备注	—
28. get_joint_pose（）	
功能说明	获取当前机器人关节姿态
参数说明	—
返回值	返回 n 维 float 数组，机器人每个关节的角度，n 为机器人自由度数
示例	print（"joint pose=========="） joint_pose=get_joint_pose（） for i=1，#joint_pose，1 do print（joint_pose［i］） end
备注	—
29. calib_3d_handeye_add_data（Pose6D：pose，Vector3D：center）	
功能说明	添加标定数据
参数说明	pose：机器人末端位姿； center：球中心

表8.9(续)

返回值	—
示例	calib_3d_handeye_add_data（{1，2，3，4，5，6}，{1，2，3}）
备注	—
30. calib_3d_handeye_clear_data（）	
功能说明	清除标定数据
参数说明	—
返回值	—
示例	calib_3d_handeye_clear_data（）
备注	—
31. calib_3d_handeye_do_calib（）	
功能说明	运行标定算法
参数说明	—
返回值	bool：是否成功
示例	calib_3d_handeye_do_calib（）
备注	—
32. calib_3d_handeye_set_type（string：type）	
功能说明	设置标定类型
参数说明	—
返回值	type： -ETH：眼在手外 -EIH：眼在手上
示例	calib_3d_handeye_set_type（“EIH”）
备注	—
33. calib_3d_handeye_save（string：name）	
功能说明	保存标定结果
参数说明	name：标定文件名称
返回值	bool：是否成功
示例	calib_3d_handeye_save（" calib_file"）
备注	—
34. calib_3d_handeye_get_size（）	
功能说明	获得生成标定位姿的数量
参数说明	—
返回值	int：生成标定位姿的数量

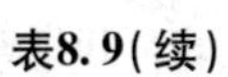

表8.9(续)

示例	P=calib_3d_handeye_get_size ()
备注	—
35. calib_3d_handeye_get_data (int: k)	
功能说明	获得第 *k* 个标定位姿
参数说明	k：第 *k* 个标定位姿
返回值	Pose6D：获得第 *k* 个标定位姿
示例	P=calib_3d_handeye_get_data (k)
备注	—
36. calib_3d_handeye_set_data (int: k, Pose6D: pose, Vector3D: center)	
功能说明	输入第 *k* 个标定位姿和球心
参数说明	k：第 *k* 个标定位姿； pose：第 *k* 个机器人末端位姿； center：第 *k* 个球中心
返回值	—
示例	calib_3d_handeye_set_data (0, {1, 2, 3, 4, 5, 6}, {1, 2, 3})
备注	—
37. rpy_to_axis_angle (array: rpy)	
功能说明	将 rpy 角度转换为轴角表示
参数说明	—
返回值	Axis 和 angle，　前者表示旋转轴，后者表示旋转角度
示例	Axis, Angle=rpy_to_axis_angle ({90, 0, 0}) #Axis= {-1, 0, 0} #Angle=90
备注	—

8.3.12　3D 图形仿真相关函数

3D 图形仿真相关函数见表 8.10。

表 8.10　3D 图形仿真相关函数

1. clear_draw ()	
功能说明	清除所有对象
参数说明	—
返回值	—
示例	cleardraw ()

表8.10(续)

备注	—

2. delete_draw（string：name）

功能说明	删除指定的对象
参数说明	name：需要删除的对象名
返回值	—
示例	delete_draw（“point1”）删除名字为 point1 的对象
备注	—

3. create_draw（string：type，string：name，string：coordinate，vector<double>（6）：pos，vector<double>（3）：color，double：radius）

功能说明	仿真环境中插入点对象
参数说明	type：对象类型，此处创建点，固定输入“Point”； name：点对象的名字； coordinate：点对象所在的坐标系名字； pos：点对象在上述坐标系中的位置，x，y，z，r，p，y 六个数值； color：点对象的颜色，R，G，B 三个数值； radius：点的半径，单位为 mm
返回值	—
示例	create_draw（"Point","point1","World", {0，0，0，0，0，0}，{255，0，0}，150） 在“World”坐标系的原点，创建一个名字为“point1”的点
备注	—

4. create_draw（string：type，string：name，string：coordinate，vector<double>（6）：pos，vector<double>（3）：color，vector<double>（3）：point_start，vector<double>（3）：point_end，double：width）

功能说明	仿真环境中插入线对象
参数说明	type：对象类型，此处创建线，固定输入“Line”； name：线对象的名字； coordinate：线对象所在的坐标系名字； pos：线对象在上述坐标系中的位置，x，y，z，r，p，y 六个数值； color：线对象的颜色，R，G，B 三个数值； point_start：线的起始点； point_end：线的终点； width：线宽度
返回值	—

表8.10(续)

示例	create_draw ("Line","line1","World", {0, 0, 1000, 0, 0, 0}, {255, 0, 0}, {500, 500, 500}, {-500, -500, -500}, 3)
备注	—

5. create_draw (string: type, string: name, string: coordinate, vector<double> (6): pos, vector<double> (3): color, vector<double> (2): width_lenth, string: center_corner)

功能说明	仿真环境中插入一个平面
参数说明	type：对象类型，此处创建平面，固定输入“Plane”； name：平面对象的名字； coordinate：平面对象所在的坐标系名字； pos：平面对象在上述坐标系中的位置，x，y，z，r，p，y 六个数值； color：平面对象的颜色，R，G，B 三个数值； width_lenth：平面的长宽； center_corner：指定的点（pos）是中心点还是角点（“center”或者“corner”）
返回值	—
示例	create_draw ("Plane","plane1","World", {0, 1000, 0, 0, 0, 0}, {255, 255, 0}, {1000, 1000},"center")
备注	—

6. create_draw (string: type, string: name, string: coordinate, vector<double> (6): pos, vector<double> (3): color, vector<double> (3): width_lenth_hight, string: center_corner)

功能说明	仿真环境中插入一个盒体
参数说明	type：对象类型，此处创建盒体，固定输入“Box”； name：盒体对象的名字； coordinate：盒体对象所在的坐标系名字； pos：盒体对象在上述坐标系中的位置，x，y，z，r，p，y 六个数值； color：盒体对象的颜色，R，G，B 三个数值； width_lenth_hight：盒体的长宽高； center_corner：指定的点（pos）是中心点还是某一个角点，输入可以是五种中的一种
返回值	—
示例	create_draw ("Box","box1","World", {0, 1000, 0, 0, 0, 0}, {255, 0, 0}, {200, 200, 200},"center")
备注	—

表8.10(续)

7. create_draw (string: type, string: name, string: coordinate, vector<double> (6): pos, vector<double> (3): color, string: point_clould, double: size)	
功能说明	仿真环境中插入点云
参数说明	type：对象类型，此处创建点云，固定输入“PointCloud”； name：点云对象的名字； coordinate：点云对象所在的坐标系名字； pos：点云对象在上述坐标系中的位置，x，y，z，r，p，y 六个数值； color：点云对象的颜色，R，G，B 三个数值； point_clould：需要插入的点云变量的名字； size：点云缩放比例
返回值	—
示例	create_draw ("PointCloud","pc1","World", {0, 0, 0, 0, 0, 0}, {255, 0, 0},"camera_pointcloud", 0.6)
备注	—
8. create_draw (string: type, string: name, string: coordinate, vector<double> (6): pos, vector<double> (3): color, vector<vector<double> (3) > (n): points, double: width)	
功能说明	仿真环境中插入运动轨迹
参数说明	type：对象类型，此处创建轨迹，固定输入“Path”； name：轨迹对象的名字； coordinate：轨迹对象所在的坐标系名字； pos：轨迹对象在上述坐标系中的位置，x，y，z，r，p，y 六个数值； color：轨迹对象的颜色，R，G，B 三个数值； points：轨迹经过的路点，一个 3 * n 的数组，n 组 (x，y，z)； width：轨迹显示宽度
返回值	—
示例	create_draw ("Path","path1","World", {0, 0, 0, 0, 0, 0}, {255, 0, 255}, { {-1000, 0, -1000}, {0, 0, 0}, {1000, 1000, 1000} }, 5)
备注	—
9. create_draw (string: type, string: name, string: coordinate, vector<double> (6): pos)	
功能说明	仿真环境中插入坐标系

表8.10(续)

参数说明	type：对象类型，此处创建坐标系，固定输入“Frame”； name：坐标系对象的名字； coordinate：坐标系对象所在的坐标系名字； pos：坐标系对象在上述坐标系中的位置，x，y，z，r，p，y 六个数值
返回值	—
示例	create_draw （"Frame"，"frame1"，"World"，｛0，0，1000，0，45，0｝）
备注	

10. create_draw（string：type，string：name，string：coordinate，vector<double>（6）：pos，vector<double>（3）：color，string：Dir）	
功能说明	仿真环境中插入用户自定义 STL 模型
参数说明	type：对象类型，此处创建格式为 STL 的 Mesh 模型，固定输入“Mesh”； name：Mesh 对象的名字； coordinate：Mesh 对象所在的坐标系名字； pos：Mesh 对象在上述坐标系中的位置，x，y，z，r，p，y 六个数值 color：Mesh 对象的颜色，R，G，B 三个数值； Dir：需要插入的 STL 模型的路径
返回值	—
示例	create_draw （"Mesh"，"Mesh1"，"World"，｛0，0，0，0，0，0｝，｛255，255，0｝，"/user/project/tool. STL"）
备注	—

8.3.13　碰撞检测相关函数

碰撞检测相关函数见表 8.11。

表 8.11　碰撞检测相关函数

collision（string：obj_name，vector<double>（6）：pos，double：thresh）	
功能说明	检查已经加载的碰撞对象在指定位置下是否与环境发生碰撞
参数说明	obj_name：对象名称； pos：对象的六自由度位姿； thresh：碰撞阈值，单位为 mm
返回值	返回是否发生碰撞，类型为 int

表8.11(续)

示例	pose= {500, 0, 100, 0, 0, 0}
	result=collision ("tool", pose2, 0.0)
	if result then
	    --如果碰撞…
	else
	    --如果不碰撞…
	end

备注	所有由脚本 create_draw () 创建的物体不参与碰撞检测；如果 obj_name 不存在会触发脚本报错

8.3.14 对外通信

本软件的脚本编程模块支持 TCP/IP 通信，可以通过脚本编程实现 TCP/IP 的服务器和客户端。

1. 函数说明

对外通信函数见表 8.12。

表 8.12 对外通信函数

1. require ("socket")	
功能说明	引用 Socket 库
参数说明	无须更改参数
返回值	Socket 实例
备注	所有用到 TCP/IP 通信的脚本必须写这一句
2. socket. bind (string: host, int: port)	
功能说明	绑定服务器地址与端口号
参数说明	host：服务器 IP 地址； port：端口号
返回值	—
示例	socket. bind ("192.168.1.12", 9999)
备注	—
3. server: settimeout (float: time) /clinet: settimeout (float: time)	
功能说明	设置服务器/客户端超时时间
参数说明	time：超时时间，单位为 s
返回值	—
示例	clinet: settimeout (1.5)

表8.12(续)

备注	—
4. client：receive（int：byte）	
功能说明	接收数据
参数说明	byte：接收数据长度，单位为 B
返回值	string：message，string：status，string：partial（接收到的数据，接收状态，本次接收后消息缓存区剩余的数据）
示例	local message，status，partial = client：receive（4）
备注	—
5. client：send（string：data）	
功能说明	发送数据
参数说明	data：需要发送的字符
返回值	如果发送成功，返回发送字节数；如果发送失败，返回 nil
示例	sclient：send（"B"）
备注	—
6. socket. connect（string：host，int：port）	
功能说明	客户端连接目标服务器
参数说明	host：服务器地址； port：服务器端口号
返回值	返回一个 tcp 客户端对象
示例	socket. connect（" 192.168.1.12"，9999）
备注	—
7. server：close（）/client：close（）	
功能说明	关闭当前端口
参数说明	—
返回值	—
示例	client:close()
备注	—

2. 二进制数据打包和解包

本系统提供二进制数和基本数据类型（数值和字符串类型）之间进行转换的函数。函数 string.pack 会把值打包成二进制字符串，而函数 string.unpack 则从字符串中提取这些值。

函数 string.pack/string.unpack 的第一个参数是格式化字符串，用于描述如何打包/解包数据。例如：

```
S=string.pack("iii",3,-27,250)
#S                       --------->12
String.unpack("iii",S)   --------->3  -27   450   13
```

调用函数 string.pack 将创建一个字符串，其中为 3 个整型数的二进制代码（根据"iii"），每个 i 对应一个整型数，最后返回的字符串 S 的长度为 3 个整型数的长度（在笔者的计算机上是 3×4 个字节）。调用 string.unpack 对字符串 S 按照 3 个整型数（还是根据"iii"）进行解码，得到原结果。

格式字符串定义见表 8.13。

表 8.13　格式字符串定义

b	char
h	short
i	int
l	long
f	float
d	double
<	大端模式
>	小端模式

如果要使用固定的、与机器无关的大小，可以在选项 i 后面加上一个 1～16 的数，例如，i7 会生成 7 个字节的整型数。所有的大小都会被检测是否存在溢出情况：

```
x=string.pack("i7",1<<54)
string.unpack("i7",x)        ----------->  18014398509481984
x=string.pack("i7",-(1<<54))
string.unpack("i7",x)        ----------->  -18014398509481984
x=string.pack("i7",1<<55)
string.unpack("i7",x)          ------->stdin:1:bad argument #2 to
'pack'(integer overflow)
```

"i7"表示 7 个字节打包整型数，一共 55 位（7×8 位中，有一位是符号位），所以 1 左移 55 位后溢出。

每一个格式字符串都对应有一个大写版本，表示对应大小的无符号整型：

```
$s="\xFF"
string. upack ( "b", s )      ----------->  -1
string. upack ( "B", s )      ----------->  255
```

对于浮点数，f表示单精度浮点数，d表示双精度浮点数。

格式字符串可以用来控制大小端。在默认情况下，系统使用本计算机原生的大小端模式。选项“<”把所有后续的编码转换为大端模式：

```
s=string.pack(“>i4”,1000000)
for i,#s do pring((string.unpack(“B”,s,i)))  end
-------->0
-------->15
-------->66
-------->64
```

选项“>”把所有后续的编码转换为小端模式：

```
s=string.pack(“<i2 i2”,500,24)
for i,#s do pring((string.unpack(“B”,s,i)))  end
-------->244
-------->1
-------->24
-------->0
```

由此可见，为了便于迭代，函数string.unpack会返回最后一个读取的元素在字符串中的位置。相应地，该函数还有一个可选的第三个参数，这个参数用于指定开始读取的位置。例如，下面这个例子输出了一个指定字符串中所有被打包的字符串：

```
s=“hello\0siasun\0world\0”
local i=1
while i <=#s do
    local res
    res,i=string.unpack(“z”,s,i)
    print(res)
end
----------->hello
----------->siasun
----------->world
```

字符串打包有三种形式：\0结尾的字符串、定长字符串和使用显式长度的字符串。选项“z”表示一个以\0结尾的字符串；选项“cn”表示定长字符串（其中n是被打包字符串的字节数）；选项“sn”表示显式长度字符串解析，显式长度的字符串在储存时会在字符串前加上该字符串的长度，其中n是保存字符串长度的无符号整型数的大小。例如，选项s1表示把字符串长度保存在一个字节中：

```
s=string.pack("s1","hello")
for i=1,#s do print((string.unpack("B",s,i)))end
----------->5            (hello)
----------->104          ("h")
----------->101          ("e")
----------->108          ("l")
----------->108          ("l")
----------->111          ("o")
```

8.4 视觉技术应用

机器视觉是一项综合技术，包括图像处理、机械工程技术、控制、电光源照明、光学成像、传感器、模拟与数字视频技术、计算机软硬件技术（图像增强和分析算法、图像卡、I/O 卡等）。一个典型的机器视觉应用系统包括图像捕捉、光源系统、图像数字化模块、数字图像处理模块、智能判断决策模块和机械控制执行模块。机器视觉是实现工业自动化和智能化的必要手段，相当于人类视觉在机器上的延伸。机器视觉具有高度自动化、高效率、高精度和适应较差环境等优点，将在我国工业自动化的实现过程中产生重要作用。视觉图像技术需要重点构建以下四大核心能力。

① 智能识别：海量信息快速收敛，从大量信息中找到关键特征，其准确度和可靠度是关键。

② 智能测量：测量是工业的基础，要求精准度。

③ 智能检测：在测量的基础上，综合分析判断多信息、多指标，关键点上是基于复杂逻辑的智能化判断。

④ 智能互联：图像的海量数据在多节点采集互联，同时将人员、设备、生产物资、环境、工艺等数据互联，衍生出深度学习、智能优化、智能预测等创新能力，真正展示了工业互联网和智能制造的威力。

常见的视觉应用场景如图 8.38 所示。

综合目前的视觉技术，按照原理可分为 2D 视觉与 3D 视觉两种。通过 CCD 传感器或 CMOS 传感器最终输出一个像素矩阵，每个像素代表一个色值，即 2D 视觉技术。3D 视觉技术是指除了捕捉目标的空间位置（“X”轴和“Y”轴）和颜色，还需要捕捉目标的深度（又称 Z 轴、范围、距离）及其周围环境的视觉技术。

图 8.38　常见的视觉应用场景

8.4.1　2D 视觉

2D 视觉是两种视觉技术中较为成熟的技术，它在自动化和产品质量控制过程中非常有效。2D 视觉技术根据灰度或彩色图像中对比度的特征提供结果。2D 视觉适用于缺失/存在检测、离散对象分析、图案对齐、条形码和光学字符识别（OCR）及基于边缘检测的各种二维几何分析，可用于拟合线条、弧线、圆形及其关系（如距离、角度、交叉点等）。因此，2D 视觉经常用于以下作业。

1. 一维条码和二维码读取

一维条码和二维码读取可确保产品的序列化和可追溯性，多用于物流分拣行业。条码读取是所有跟踪和追溯措施的关键。大多数产品都包含独特的一维条码或二维码序列号，用于在从生产到最终用户的供应链中对产品进行跟踪和追溯。在整个产品生命周期中记录此监管链可以验证产品的位置，以及在召回时查找产品。同人类一样，视觉系统可以“读取”信息，然后做出相应的反应。这些信息包括文本和包装上的一维条码和二维码，以及电子显示屏上的图像文本。集成数据捕获技术、机器人技术、计算机视觉和质量控制系统都可以处理所提取的数据，同时与数据库中的条目相比较来启动系统，并采取适当的行动。图 8.39 所示为物流扫码系统。

图 8.39　物流扫码系统

2. 标签和包装检测

标签和包装检测可以纠正打印错误并分析未读取事件，以确保整个供应链的可读性，制造商必须诊断并纠正代码标记过程中发生的错误。这对于防止机器辅助和停机，以及确保产品分销链中的其他读码器可以读取代码较为重要。视觉系统可验证标签上的或直接标记在产品上的代码是否存在、准确和可读，将缺陷和打印到视野外的内容标记出来。视觉系统还可验证产品内容是否与其标签匹配。发生未读取事件时，视觉工具会分析存档的图像以揭示根本原因，如打印对比度低、位置错误或损坏等。图 8. 40 所示为条码破损检测。

图 8. 40　条码破损检测

3. 表面缺陷检测

产品的表面缺陷检测是机器视觉检测的一个重要部分，其检测的准确程度直接影响产品最终的质量优劣。由于使用人工检测的方法早已不能满足生产和现代工艺生产制造的需求，而利用机器视觉检测可以很好地克服这一点。利用图像采集系统对图像表面的纹理图像进行采集分析，对采集过来的图像进行一步步分割处理，使得产品表面缺陷图像能够按照其特有的区域特征进行分类；在以上分类区域中进一步分析划痕的目标区域，使得范围更加准确和精确。通过以上的步骤处理之后，产品表面缺陷区域和特征能够得到进一步确认，完成表面缺陷检测。表面缺陷检测系统的广泛应用，促进了企业工厂产品高质量的生产与制造业智能自动化的发展。图 8. 41 所示为轴承缺陷推测。

图 8.41　轴承缺陷检测

4. 基本尺寸测量

在传统的自动化生产中，对于尺寸的测量，典型的方法就是用测量工具进行测量，如千分尺、游标卡尺、塞尺等；而这些测量手段测量精度低、速度慢，无法满足大规模的自动化生产需求。基于机器视觉的尺寸测量属于非接触式的测量，具有检测精度高、速度快、成本低、安装简便等优点，可以检测零件的各种尺寸，如长度、圆、角度、线弧等测量。图 8.42 所示为法兰孔特征测量。

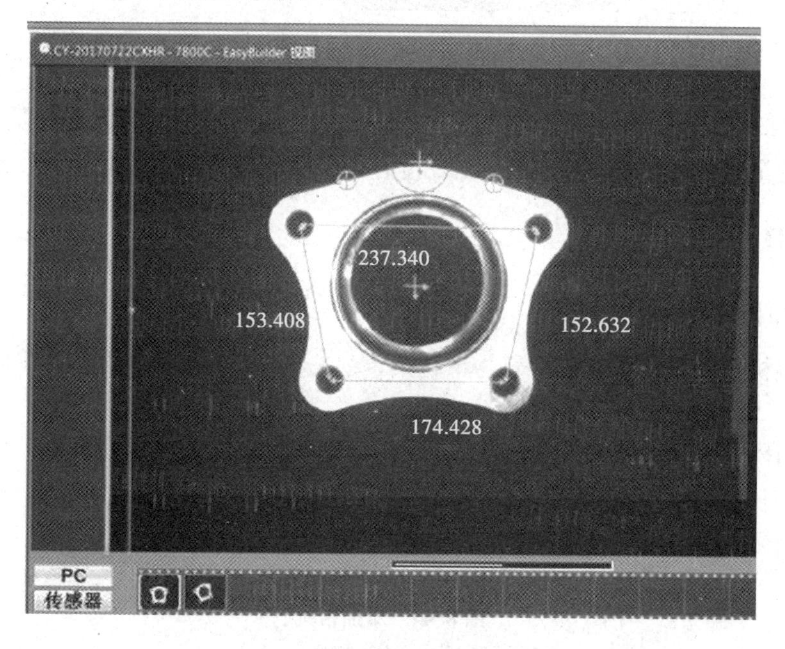

图 8.42　法兰孔特征测量

5. 引导定位

视觉引导与定位是工业机器人应用领域中广泛存在的问题。对于工作在自动化生产线上的工业机器人来说，其完成最多的一类操作是“抓取—放置”动作。为了完成这类操作，需要知道物体被操作前的位姿和操作后的位姿，以保证机器人可以准确地抓取和放置。传统的采用固定程序操作机器人的方式会导致生产线相对固定，对机械装置精度要求高，不便于展开柔性生产。引入视觉引导和定位正好可以解决上述问题。机器人通过视觉系统实时了解工作环境的变化，相应调整动作，保证任务的顺利完成。即便生产线进行调整或机械装置由于磨损等原因导致精度降低，都不会影响机器人的准确作业。图 8.43 所示为视觉引导抓取。

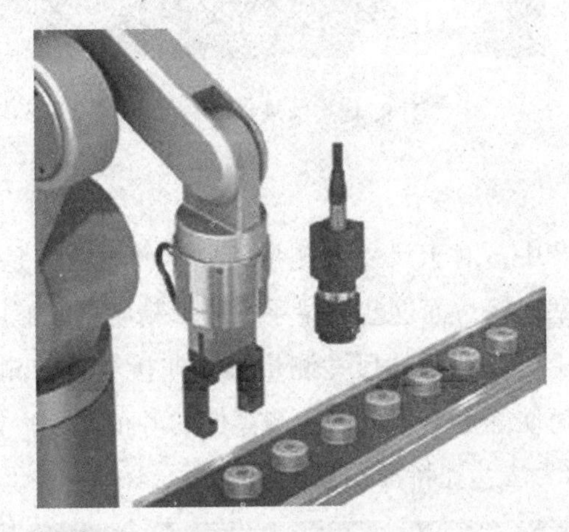

图 8.43　视觉引导抓取

2D 视觉虽然应用十分广泛，但它仍存在一些客观局限性，如无法测量立体形状、容易受到变量照明条件的影响、黑色对比度补偿受限、对被测物体运动十分敏感等。

8.4.2　2D 相机设置

1. 添加相机

进入相机页面，在“相机型号”下拉菜单中选择“Cam2D”，点击“添加相机”按钮，如图 8.44 所示。

图 8.44　添加相机

相机添加成功后，如图 8.45 所示。

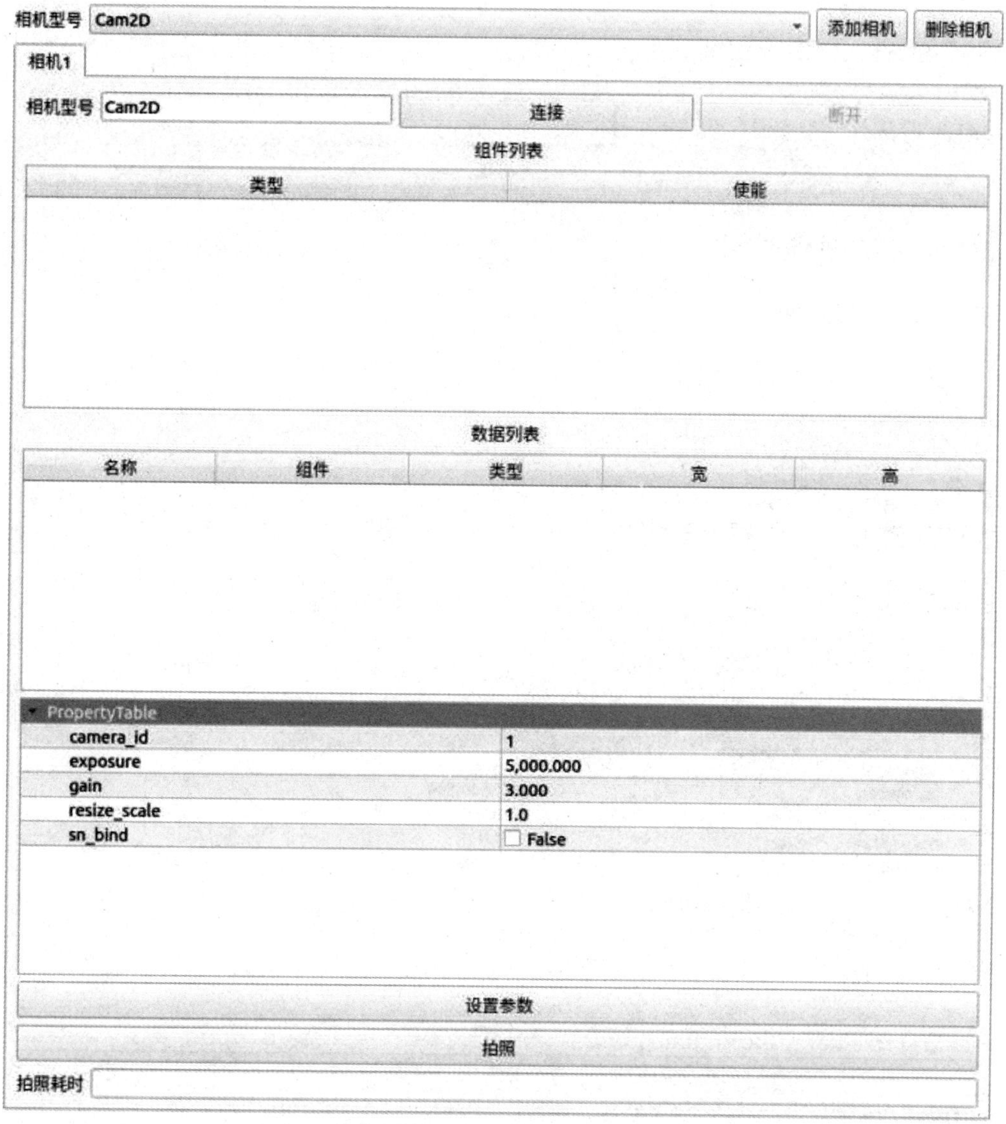

图 8.45　添加相机成功

2. 连接相机

如图 8.46 标号 2 所示，点击“连接”按钮，相机连接成功。

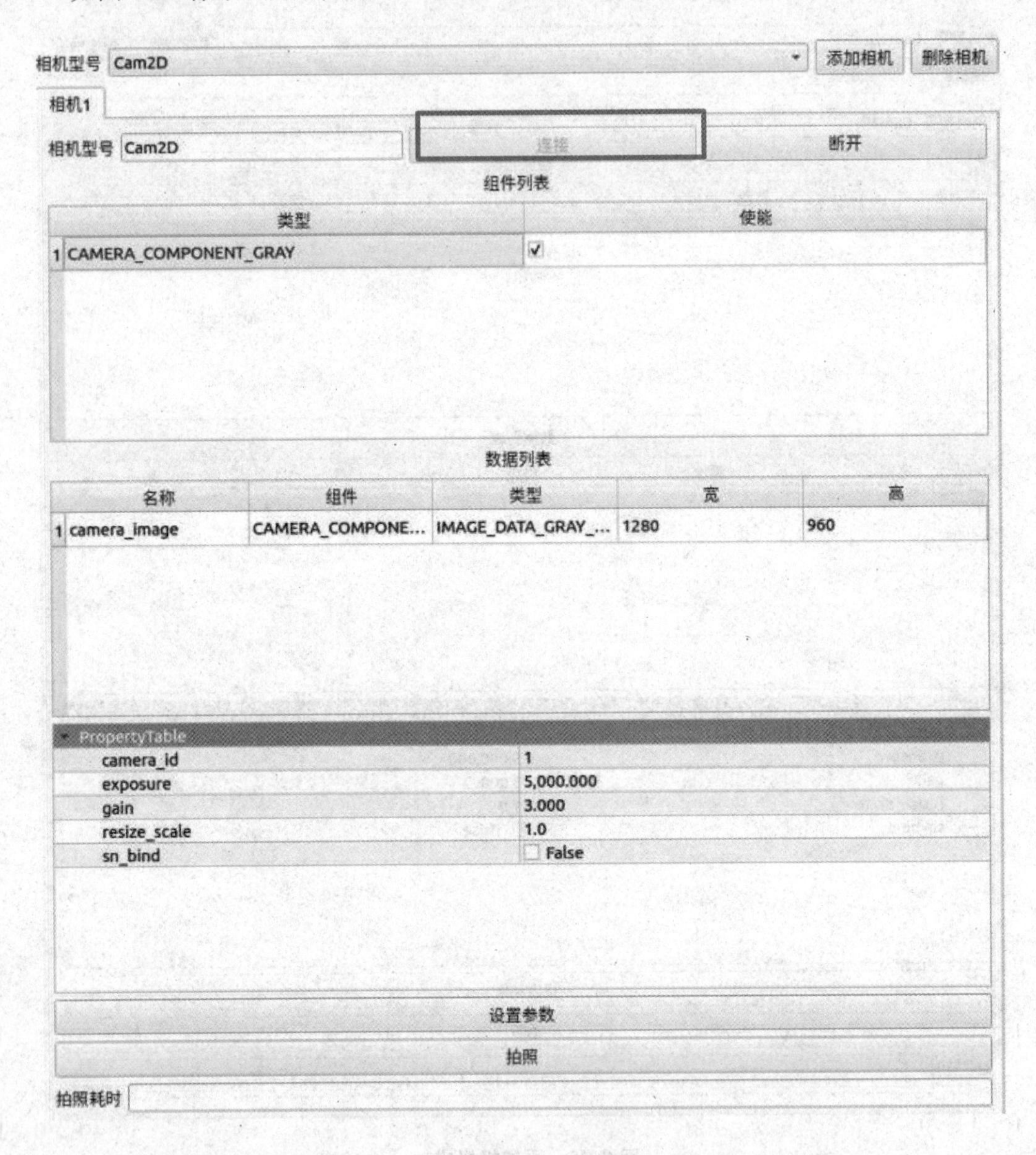

图 8.46　相机连接成功

3. 查看日志

切换到“日志”页面，查看相机连接后的状态。如图 8.47 所示，已经显示相机连接成功，但是“日志”页面显示 gain 3.0 的参数应该在最小值 300.0 和最大值 850.0 之间。

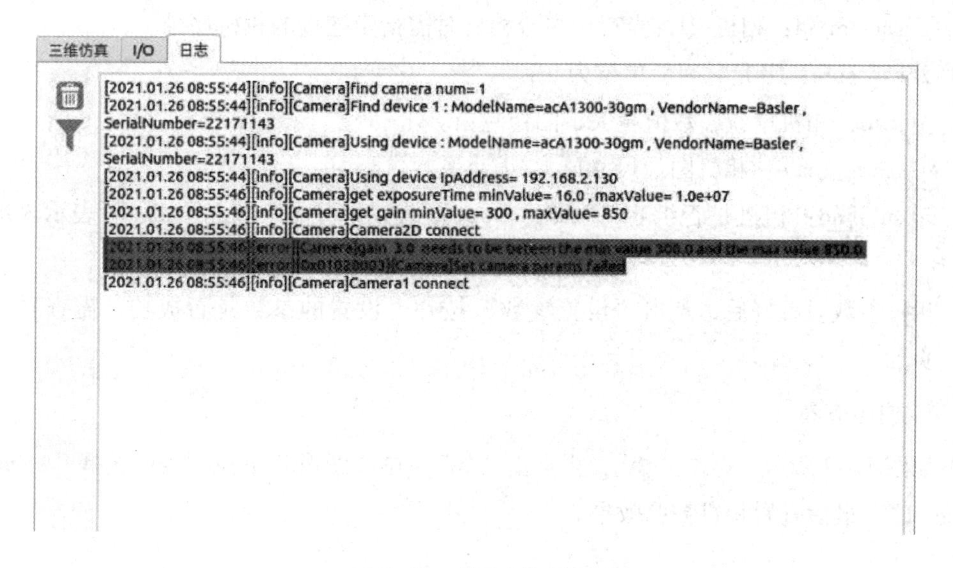

图 8.47　“日志”页面

4. 设置相机参数

在图 8.48 所示页面进行以下相机参数的设置。

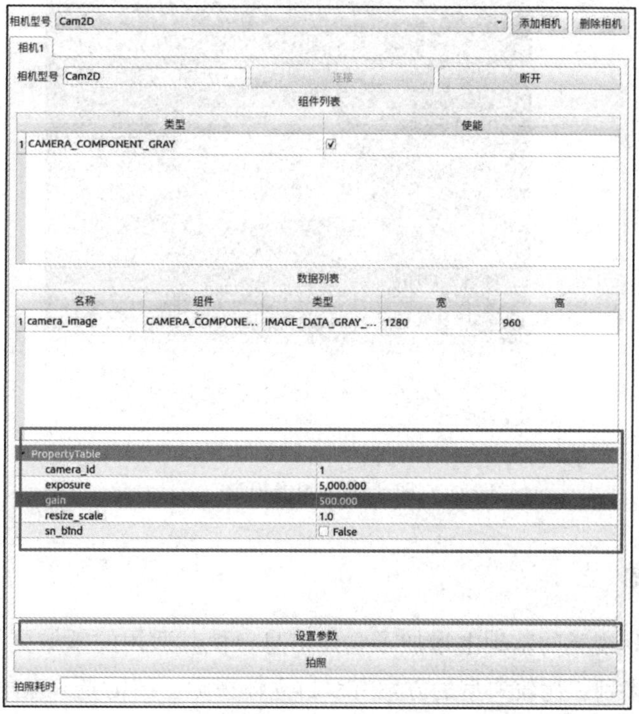

图 8.48　相机参数设置

① camera_id：相机 ID，当存在多台相机时需指定连接的相机序号。

② exposure：曝光时间，单位为 ms。

③ gain：相机增益，数值越大，图像越白。

④ resize_scale：相机图像尺寸放大/缩小系数。

⑤ sn_bind：相机是否绑定 SN 号，“true”表示绑定 SN 号，“false”表示未绑定 SN 号。

相机参数设置好后，点击“设置参数”按钮。设置的参数是否成功，需查看“日志”页面。

5. 拍照查看

如图 8.49 所示，点击“”，再点击“”，在“图像”下拉列表中选择“camera_image_1”，最后查看相机拍照效果。

图 8.49　图像视窗

8.4.3　3D 视觉

3D 视觉在 2D 视觉的基础上增加了立体信息，使其适用的领域更加广泛。实现 3D 视觉的方案有很多种，比较典型的方案有双目立体视觉、结构光、三角激光、飞行时间（TOF）等。

1. 双目立体视觉

双目立体视觉和人的两只眼睛一样，通过两个摄像头来获得深度信息，从而得到三维图像，但其深度受到两个摄像头之间距离的限制。人类的双目立体视觉融合两只眼睛获得的图像并观察它们之间的差别，使其可以获得明显的深度感，建立特征间的对应关系，将同一空间物理点与不同图像中的映像点对应起来，这个差别称作视差。双目视觉模型如图 8.50 所示。

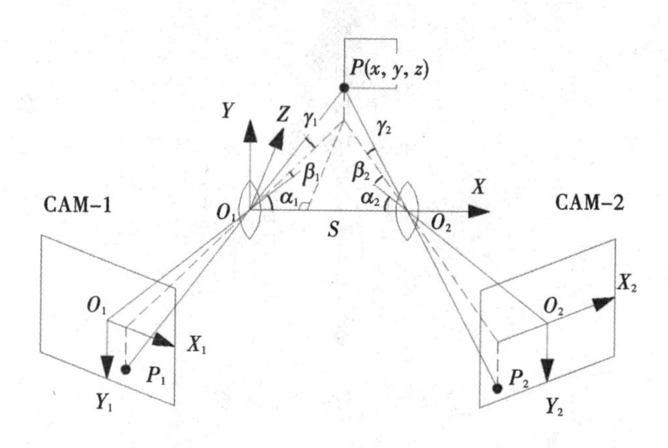

图 8.50 双目视觉模型

其中，点 P（x，y，z）的坐标值为

$$\begin{cases} x=\dfrac{S\cot(\alpha_1+\beta_1)}{\cot(\alpha_1+\beta_1)+\cot(\alpha_2+\beta_2)} \\ y=\dfrac{z\tan(\gamma_1)}{\sin(\alpha_1+\beta_1)}=\dfrac{z\tan(\gamma_2)}{\sin(\alpha_2+\beta_2)} \\ z=\dfrac{S}{\cot(\alpha_1+\beta_1)+\cot(\alpha_2+\beta_2)} \end{cases} \tag{8.14}$$

已知 CAM-1 焦距 f_1 和 CAM-2 焦距 f_2、CAM-1 光轴与基线 S 夹角 α_1 和 CAM-2 光轴与基线 S 夹角 α_2、点 P_1（X_1，Y_1）和点 P_2（X_2，Y_2），则有

$$\begin{cases} \beta_1=\arctan\dfrac{X_1}{f_1} \\ \beta_2=\arctan\dfrac{X_2}{f_2} \\ \tan\gamma_1=\dfrac{Y_1}{\cos\beta_1} \\ \tan\gamma_2=\dfrac{Y_2}{\cos\beta_2} \end{cases} \tag{8.15}$$

将式（8.15）带入式（8.14），便能求出角点 P 的坐标。

双目视觉系统如图 8.51 所示。

图 8.51　双目视觉系统

2. 结构光

上述基于双目视觉的方案对环境光照强度比较敏感，且比较依赖图像本身的特征，因此，在光照不足、缺乏纹理等情况下很难提取到有效鲁棒的特征，从而导致匹配误差增大甚至匹配失败。而基于结构光法的深度相机就是为了解决上述双目匹配算法的复杂度和鲁棒性问题而提出的。结构光法不依赖于物体本身的颜色和纹理，采用了主动投影已知图案的方法来实现快速鲁棒的匹配特征点，能够达到较高的精度，也大大扩展了适用范围。结构光系统如图 8.52 所示。

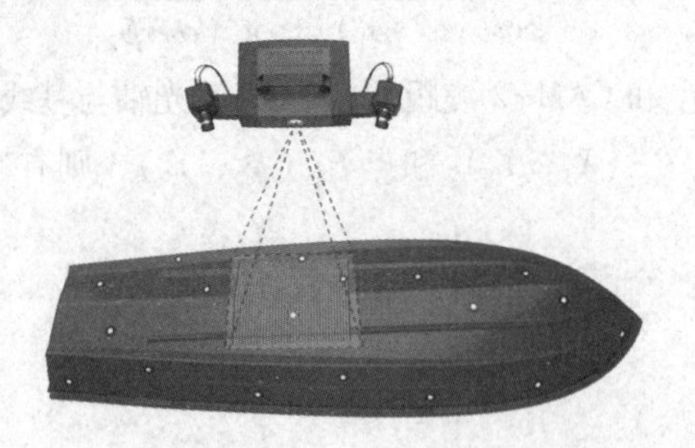

图 8.52　结构光系统

结构光三维成像的硬件主要由相机和投射器组成，结构光首先通过投射器投射到被测物体表面的主动结构信息，如激光条纹、格雷码、正弦条纹等；然后，通过单个或多个相机拍摄被测表面即可得到结构光图像；最后，基于三角测量原理经过图像三维解析计算从而实现三维重建。

3. 三角激光

三角激光又称激光三角测距，激光三角测距法主要是通过一束激光以一定的入射角度照射被测目标，激光在目标表面发生反射和散射，在另一角度利用透镜对反射激光汇聚成像，光斑成像在 CCD 传感器上。当被测物体沿激光方向发生移动时，CCD 传感器上的光斑将产生移动，其位移大小对应被测物体的移动距离，因此，可通过算法设计，由光斑位移距离计算出被测物体与基线的距离值。由于入射光和反射光构成一个三角形，对光斑位移的计算运用了几何三角定理，故该测量法被称为激光三角测距法。按照入射光束与被测物体表面法线的角度关系，激光三角测距法可分为斜射式和直射式两种，其中斜射式更为主流，如图 8. 53 所示。三角激光相机如图 8. 54 所示。

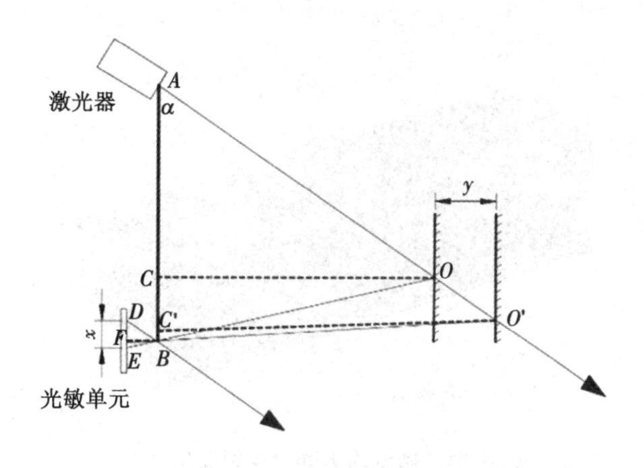

图 8. 53　斜射式三角激光系统

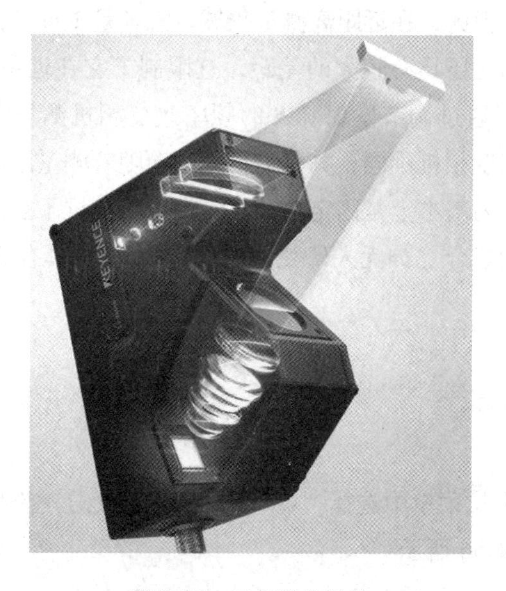

图 8. 54　三角激光相机

4. 飞行时间（TOF）

飞行时间是从“time of flight”直译过来的，简称 TOF。其基本原理是通过连续发射光脉冲（一般为不可见光）到被观测物体上，然后用传感器接收从物体返回的光，通过探测光脉冲的飞行（往返）时间来得到目标物距离。TOF 根据调制方法的不同，一般可以分为两种：脉冲调制和连续波调制。脉冲调制直接根据脉冲发射和接收的时间差来测算距离。连续波调制通常采用的是正弦波调制，由于接收端和发射端正弦波的相位偏移与物体距离摄像头的距离成正比，因此，可以利用相位偏移来测量距离。

目前的消费级 TOF 深度相机主要有微软的 Kinect 2、MESA 的 SR4000、Google Project Tango 中使用的 PMD Tech 的 TOF 深度相机等。这些产品已经在体感识别、手势识别、环境建模等方面取得了较多应用，其中最典型的是微软的 Kinect 2 深度相机，如图 8.55 所示。

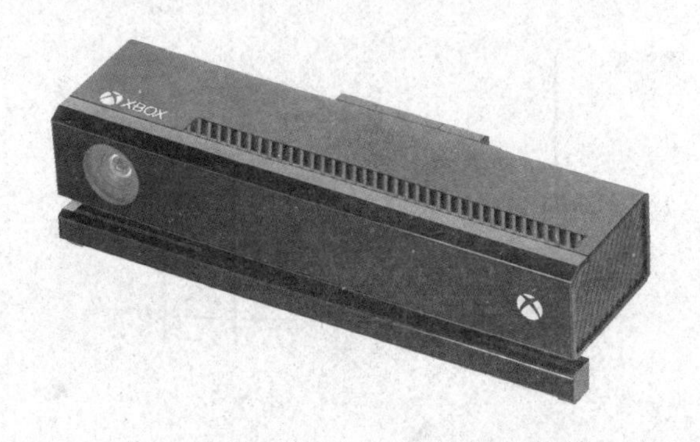

图 8.55　微软的 Kinect 2 深度相机

TOF 深度相机对时间测量的精度要求较高，即使采用最高精度的电子元器件，也很难达到毫米级的精度。因此，在近距离测量领域，尤其是 1 m 范围内，TOF 深度相机的精度与其他深度相机相比还具有较大的差距，这限制了它在近距离高精度领域的应用。但是 TOF 深度相机可以通过调节发射脉冲的频率改变相机测量距离；TOF 深度相机与基于特征匹配原理的深度相机不同，其测量精度不会随着测量距离的增大而降低，其测量误差在整个测量范围内基本上是固定的；TOF 深度相机抗干扰能力也较强。因此，在测量距离要求比较远的场合（如无人驾驶），TOF 深度相机具有非常明显的优势。

8.4.4　3D 相机设置

1. 知微 A 系列相机设置

(1) 添加相机。

在“相机型号”下拉菜单中选择“Cam3D-ZW”，点击“添加相机”按钮，使用知微 A 系列相机，如图 8.56 所示。

图 8.56　添加“Cam3D-ZW”相机

“Cam3D-ZW”相机添加成功如图 8.57 所示。

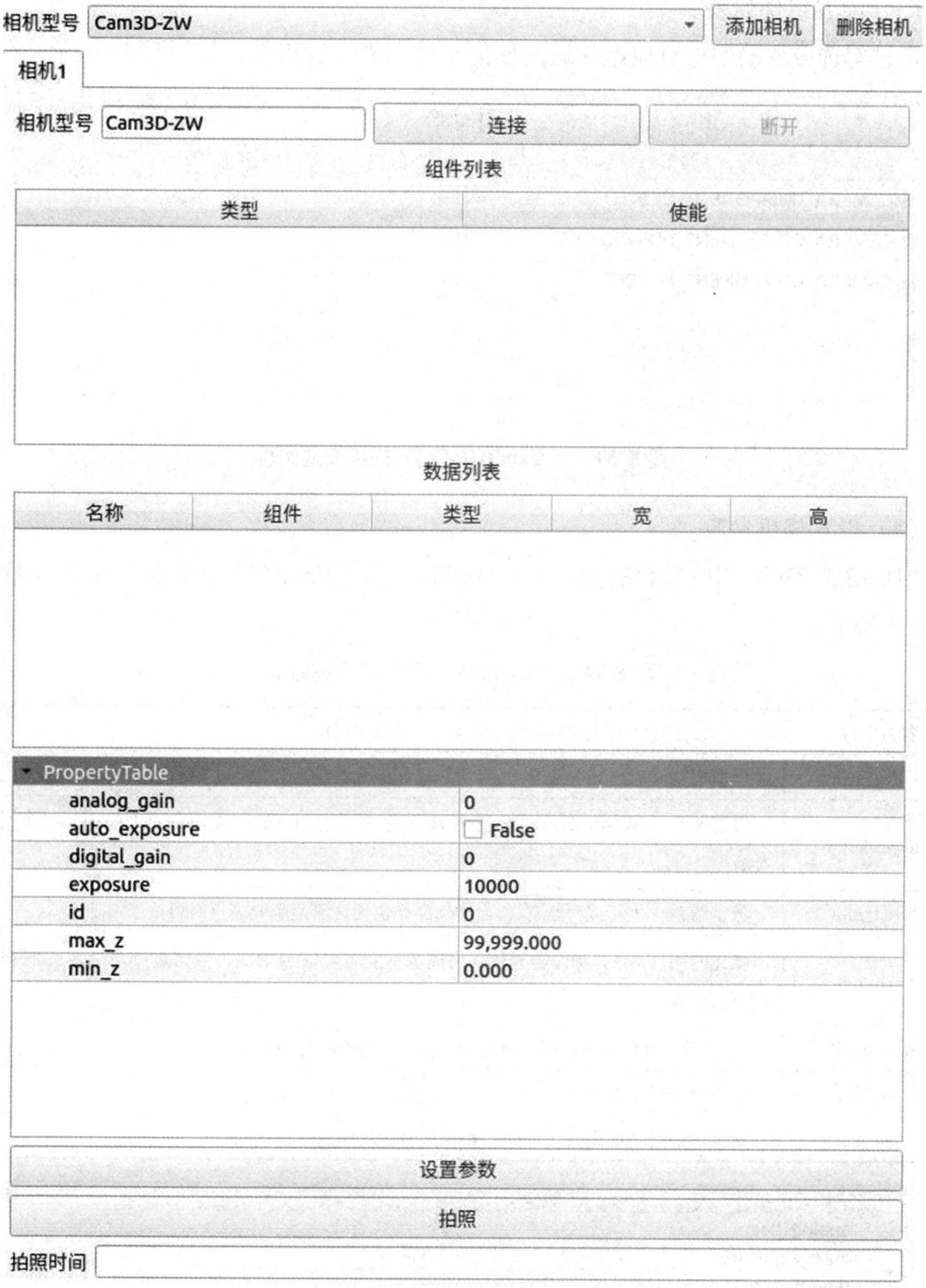

相机型号 Cam3D-ZW 添加相机 删除相机

相机1

相机型号 Cam3D-ZW 连接 断开

组件列表

类型	使能

数据列表

名称	组件	类型	宽	高

PropertyTable

analog_gain	0
auto_exposure	False
digital_gain	0
exposure	10000
id	0
max_z	99,999.000
min_z	0.000

设置参数

拍照

拍照时间

图 8.57　“Cam3D-ZW”相机添加成功

（2）连接相机。

点击“连接”按钮，“Cam3D-ZW”相机连接成功如图 8.58 所示。

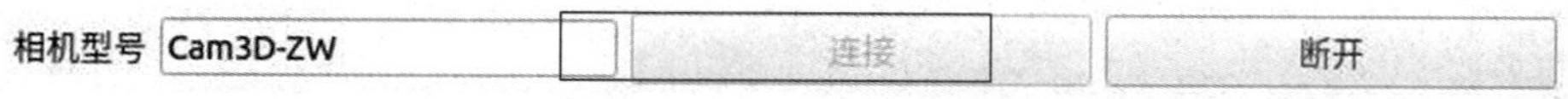

相机型号 Cam3D-ZW 连接 断开

图 8.58　“Cam3D-ZW”相机连接成功

（3）配置组件列表。

通过勾选或取消勾选对应组件后的使能复选框来设置组件，如图 8.59 所示。

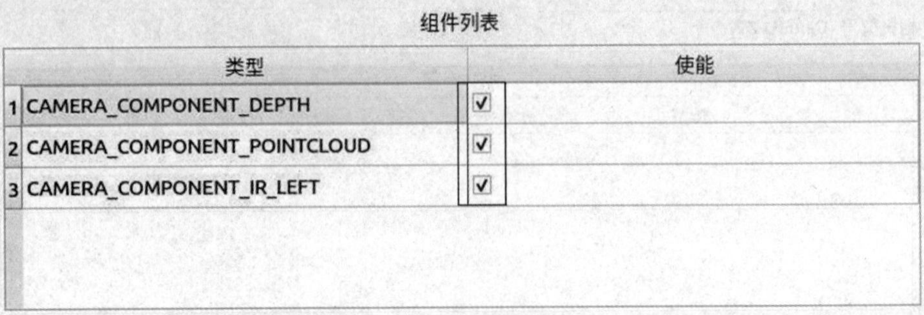

组件列表

	类型	使能
1	CAMERA_COMPONENT_DEPTH	☑
2	CAMERA_COMPONENT_POINTCLOUD	☑
3	CAMERA_COMPONENT_IR_LEFT	☑

图 8.59 “Cam3D-ZW”相机设置组件

（4）设置相机参数。

“Dam3D-ZW”相机参数表如表 8.14 所列。“Cam3D-ZW”相机设置好的参数表如图 8.60 所示。

表 8.14 “Cam3D-ZW”相机参数表

参数名称	参数说明
analog_gain	模拟增益（大于或等于 0），当增加曝光值无法满足曝光需求时可适当增加
auto_exposure	自动曝光（True/False），激活后其他曝光参数（exposure，analog_gain，digital_gain）失效
digital_gain	数字增益（大于或等于 0），当增加曝光值无法满足曝光需求时可适当增加
exposure	曝光时间（ms），当因曝光较弱而成像不全时可适当增加，当因过曝而造成孔洞和缺失时可适当减少
camera_id	相机 ID，当存在多台相机时需指定连接的相机序号（默认为 1）
max_z	深度图最远平面距离（mm），用于调整深度图的成像区间
min_z	深度图最近平面距离（mm），用于调整深度图的成像区间

PropertyTable

analog_gain	0
auto_exposure	☐ False
digital_gain	0
exposure	10000
id	0
max_z	99,999.000
min_z	0.000

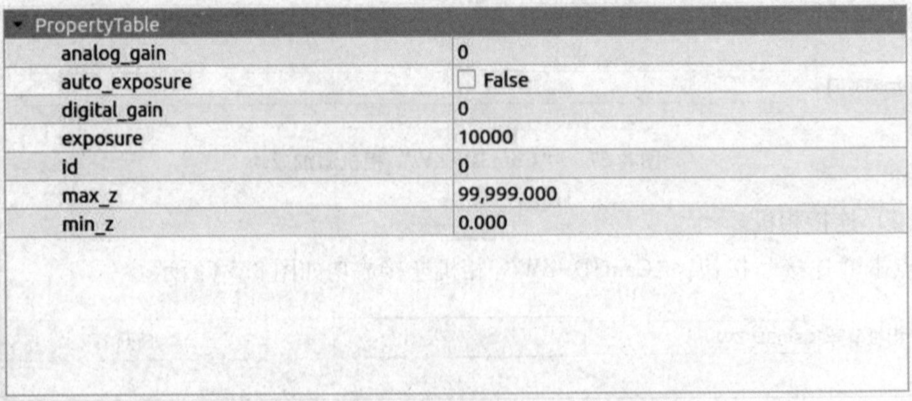

图 8.60 “Cam3D-ZW”相机设置好的参数表

点击“设置参数”按钮以生效，如图 8.61 所示。

图 8.61　点击“设置参数”按钮以生效

2. 知微 D 系列相机设置

（1）添加相机。

在“相机型号”下拉菜单中选择“Cam3D-ZWD”，点击“添加相机”按钮，使用知微 D 系列相机，如图 8.62 所示。

图 8.62　添加“Cam3D-ZWD”相机

“Cam3D-ZWD”相机添加成功如图 8.63 所示。

相机型号 Cam3D-ZWD　添加相机　删除相机

相机1

相机型号 Cam3D-ZWD　备注　连接　断开

组件列表

类型	使能

数据列表

名称	组件	类型	宽	高

PropertyTable

IR模拟增益	0
IR自动曝光	False
相机ID号	1
IR数字增益	0
IR曝光	10000
滤波	1.000
最大Z值	99,999.000
最小Z值	0.000

设置参数

图 8.63　“Cam3D-ZWD”相机添加成功

（2）连接相机。

点击“连接”按钮，“Cam3D-ZWD”相机连接成功如图 8.64 所示。

相机型号 Cam3D-ZWD 备注 连接 断开

图 8.64 “Cam3D-ZWD”相机连接成功

（3）配置组件列表。

通过勾选或取消勾选对应组件后的使能复选框来设置组件，如图 8.65 所示。

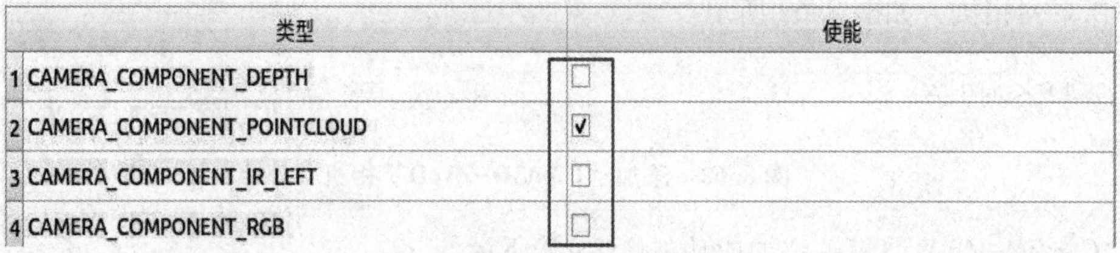

	类型	使能
1	CAMERA_COMPONENT_DEPTH	☐
2	CAMERA_COMPONENT_POINTCLOUD	☑
3	CAMERA_COMPONENT_IR_LEFT	☐
4	CAMERA_COMPONENT_RGB	☐

图 8.65 “Cam3D-ZWD”相机设置组件

（4）设置相机参数。

“Cam3D-ZWD”相机参数表见表 8.15。

表 8.15 “Cam3D-ZWD”相机参数表

参数名称	参数说明
IR 模拟增益	模拟增益（大于或等于 0），当增加曝光值无法满足曝光需求时可适当增加
IR 自动曝光	自动曝光（True/False），激活后其他曝光参数（“IR 曝光”“IR 模拟增益”“IR 数字增益”）失效
RGB 自动曝光	自动曝光（True/False），激活后其他曝光参数（“RGB 曝光”“RGB 模拟增益”）失效
IR 数字增益	数字增益（大于或等于 0），当增加曝光值无法满足曝光需求时可适当增加
IR 曝光	曝光时间（ms），当因曝光较弱而成像不全时可适当增加，当因过曝而造成孔洞和缺失时可适当减少
RGB 曝光	曝光时间（ms），当因曝光较弱而成像不全时可适当增加，当因过曝而造成孔洞和缺失时可适当减少
滤波	点云过滤，数值越小过滤程度越大，输入 0 时，输出空点云
最大 Z 值	深度图最远平面距离（mm），用于调整深度图的成像区间
最小 Z 值	深度图最近平面距离（mm），用于调整深度图的成像区间
多曝光模式	多曝光次数大于 1 时，该参数生效。 等比：多曝光时间间隔按照等比增长； 等步长：多曝光时间间隔按照等步长增长
绑定 SN 号	相机型号和相机 ID 是否绑定
多曝光最大值	多曝光次数大于 1 时，该参数生效。用于设定多曝光的最大值

表8.15(续)

参数名称	参数说明
多曝光最小值	多曝光次数大于 1 时，该参数生效。用于设定多曝光的最小值
多曝光次数	控制曝光的次数，可提升点云质量，但曝光次数越多耗时越长

点击“设置参数”按钮以生效。

3. 图漾相机设置

（1）添加相机。

在“相机型号”下拉菜单中选择“Cam3D-TY”，点击“添加相机”按钮，如图 8.66 所示。

图 8.66　添加“Cam3D-TY”相机

“Cam3D-TY”相机添加成功如图 8.67 所示。

图 8.67　“Cam3D-TY”相机添加成功

（2）连接相机。

点击“连接”按钮，“Cam3D-TY”相机连接成功如图 8.68 所示。

图 8.68 “Cam3D-TY”相机连接成功

（3）配置组件列表。

通过勾选或取消勾选对应组件后的使能复选框设置组件，如图 8.69 所示。

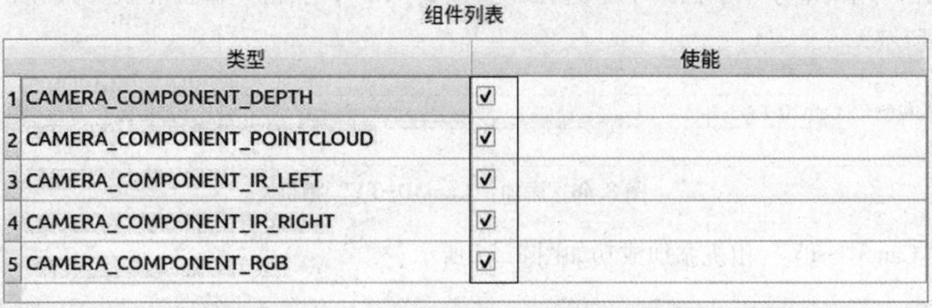

组件列表

	类型	使能
1	CAMERA_COMPONENT_DEPTH	☑
2	CAMERA_COMPONENT_POINTCLOUD	☑
3	CAMERA_COMPONENT_IR_LEFT	☑
4	CAMERA_COMPONENT_IR_RIGHT	☑
5	CAMERA_COMPONENT_RGB	☑

图 8.69 “Cam3D-TY”相机设置组件

（4）设置相机参数。

“Cam3D-TY”相机参数表见表 8.16。“Cam3D-TY”相机设置好的参数表如图 8.70 所示。

表 8.16 “Cam3D-TY”相机参数表

参数名称	参数说明
LaserPower	激光器强度（0~100），当因投影特征较弱而成像不全时可适当增加，当因投影特征过强而造成孔洞和缺失时可适当减少

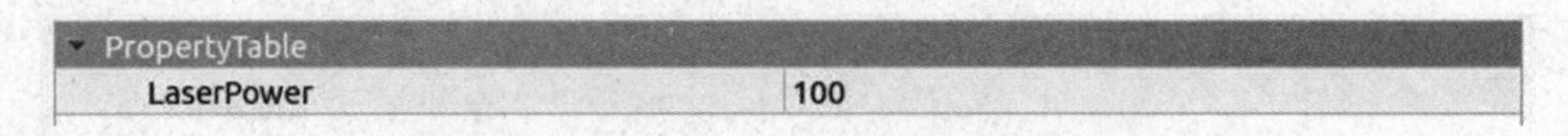

图 8.70 “Cam3D-TY”相机设置好的参数表

点击“设置参数”按钮以生效。

4. 盛相相机设置

（1）添加相机。

在“相机型号”下拉菜单中选择“Cam3D-SXS”，点击“添加相机”按钮，如图 8.71 所示。

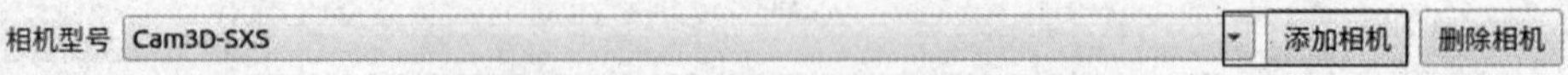

相机型号 Cam3D-SXS 添加相机 删除相机

图 8.71 添加“Cam3D-SXS”相机

"Cam3D-SXS"相机添加成功如图 8.72 所示。

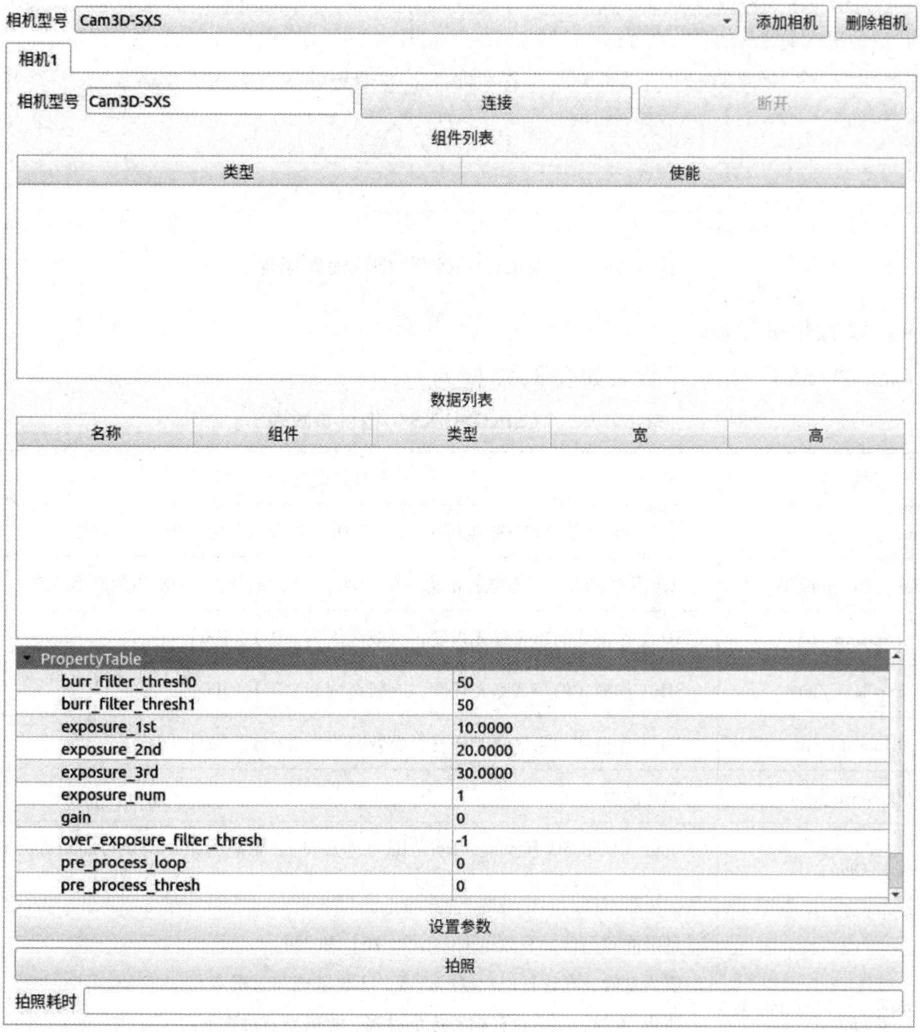

图 8.72　"Cam3D-SXS"相机添加成功

（2）连接相机。

点击"连接"按钮，"Cam3D-SXS"相机连接成功如图 8.73 所示。

图 8.73　"Cam3D-SXS"相机连接成功

（3）配置组件列表。

通过勾选或取消勾选对应组件后的使能复选框设置组件，如图 8.74 所示。

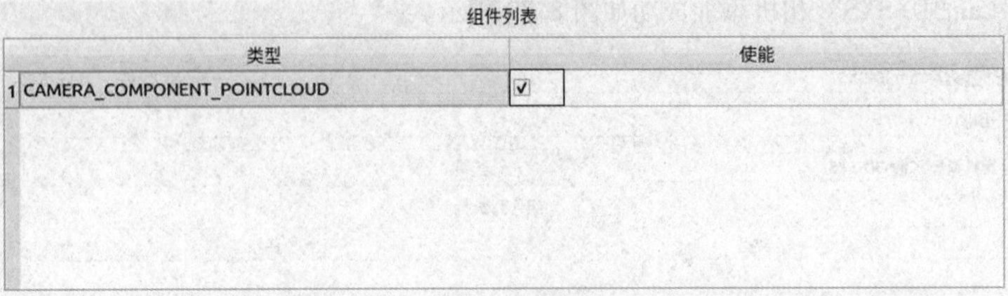

组件列表

	类型	使能
1	CAMERA_COMPONENT_POINTCLOUD	☑

图 8.74 “Cam3D-SXS”相机设置组件

（4）设置相机参数。

“Cam3D-SXS”相机参数表如表 8.17 所列。

表 8.17 “Cam3D-SXS”相机参数表

参数名称	参数说明
Burr_filter_thresh0	飞点剔除阈值 0。有效范围为［0，100］。0 为最宽松，100 为最严格
Burr_filter_thresh1	飞点剔除阈值 1。有效范围为［0，100］。0 为最宽松，100 为最严格
Exposure_1st	3D 工作模式的第 1 曝光强度，有效范围为［0.1，100］
Exposure_2nd	3D 工作模式的第 2 曝光强度，有效范围为［0.1，100］
Exposure_3rd	3D 工作模式的第 3 曝光强度，有效范围为［0.1，100］
Exposure_num	曝光次数
Gain	增益（仅对 3D 有效）。有效范围为［0，3］。更高的用户增益将缩短曝光时间，但降低重复精度
Over_exposure_filter_thresh	过曝滤除阈值，有效范围为［0，16］和 254。 值为 0 时，允许任何程度的过曝，不剔除任何过曝点。 值为 16 时，不允许任何程度的过曝，剔除所有过曝点。 值为 254 时，设备根据不同的 3D 工作模式，自动设置过曝滤除阈值
Pre_process_loop	预处理迭代次数，有效范围为［0，5］。设置为 0 时，预处理功能关闭。更高的迭代次数将带来更平滑的表面，但损失更多图像细节
Pre_process_thresh	预处理阈值，有效范围为［0，100］。更大的值将更大程度地减少预处理对台阶边缘的变形
Valid_point_thresh0	有效点阈值 0，有效范围为［0，100］。0 为最宽松，100 为最严格
Valid_point_thresh1	有效点阈值 1，有效范围为［0，100］。0 为最宽松，100 为最严格

“Cam3D-SXS”相机设置好的参数表如图 8.75 所示。

点击“设置参数”按钮以生效。

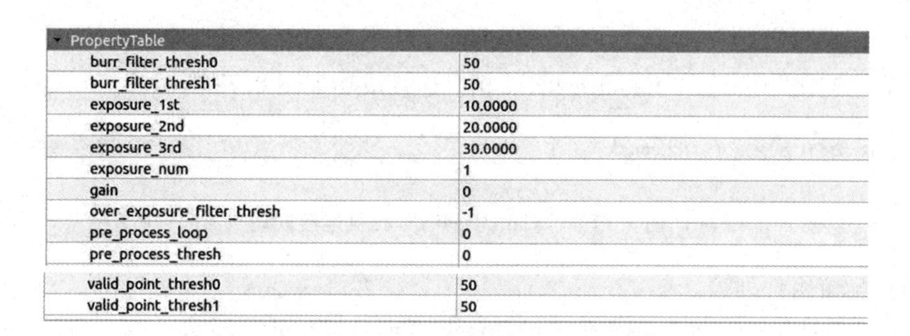

图 8.75　“Cam3D-SXS”相机设置好的参数表

5. photoneo 相机设置

（1）添加相机。

在“相机型号”下拉菜单中选择“Cam3D-PN”，点击“添加相机”按钮。“Cam3D-PN”相机添加成功如图 8.76 所示。

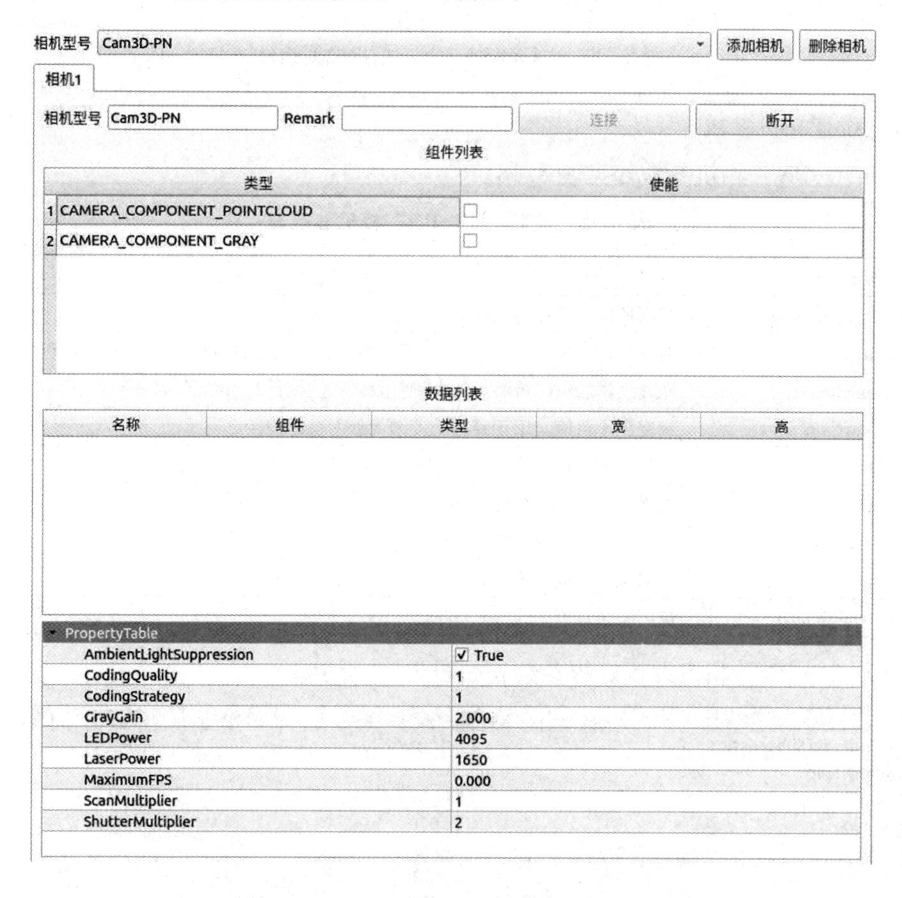

图 8.76　“Cam3D-PN”相机添加成功

（2）连接相机。

点击“连接”按钮，“Cam3D-PN”相机连接成功如图 8.77 所示。

相机型号 Cam3D-PN　Remark　连接　断开

图 8.77　“Cam3D-PN”相机连接成功

（3）配置组件列表。

通过勾选或取消勾选对应组件后的使能复选框设置组件，如图 8.78 所示。

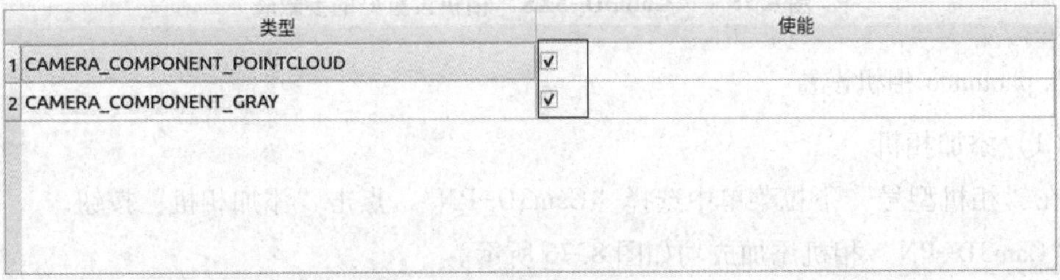

	类型	使能
1	CAMERA_COMPONENT_POINTCLOUD	☑
2	CAMERA_COMPONENT_GRAY	☑

图 8.78　“Cam3D-PN”相机设置组件

（4）设置相机参数。

“Cam3D-PN”相机参数表见表 8.18。

表 8.18　“Cam3D-PN”相机参数表

参数名称	参数说明
AmbientLightSuppression	抑制环境光干扰的选项开关
CodingQuality	编码质量。范围为［0，3］，数字越大，点云质量越好，成像速度越慢
CodingStrategy	光线投影的编码策略。0：不使用；1：法线；2：相互反射
GrayGain	灰度图增益值。用于控制灰度图像素的亮暗程度
LEDPower	LED 功率。范围为［0，4095］，推荐值为 4095
LaserPower	激光功率。范围为［0，4095］，推荐范围为［800，4095］
MaximumFPS	最大帧率。范围为［0，60］
ScanMultiplier	扫描次数。范围为［1，60］
ShutterMultiplier	快门次数。范围为［1，60］

“Cam3D-PN”相机设置好的参数表如图 8.79 所示。

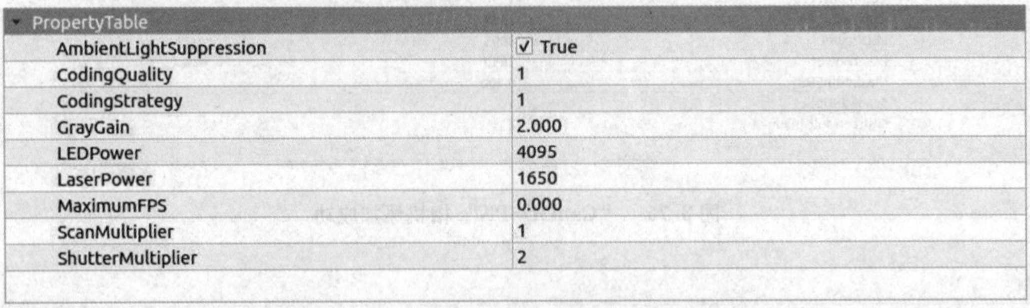

PropertyTable	
AmbientLightSuppression	☑ True
CodingQuality	1
CodingStrategy	1
GrayGain	2.000
LEDPower	4095
LaserPower	1650
MaximumFPS	0.000
ScanMultiplier	1
ShutterMultiplier	2

图 8.79　“Cam3D-PN”相机设置好的参数表

点击“设置参数”按钮以生效。

8.5　视觉应用场景

8.5.1　视觉分拣应用

视觉分拣系统是先进配送和生产制造所必需的设施条件之一，它可以代替人工进行货物的分类、搬运和装卸工作，或者代替人工搬运危险物品，提高生产和工作效率，保障操作人员的人身安全，实现自动化、智能化、无人化。自动分拣系统已成为现代生产、物流的重要组成部分，随着工业4.0的改革发展，无人化生产模式将逐步实现，生产及物流等对货物的分拣要求也将越来越高。协作机器人自动分拣系统具有分拣速度快、精度高的特点。该分拣系统依据物品不同的类别（如尺寸、形状、颜色等）、批次、流向等信息，快捷、准确地将物品拣取出来，并按照下发的指令自动完成分类、集中、配装等作业。新松多可协作机器人系统运用先进的机器视觉技术实现自动化分拣，满足工业生产的多种分拣需求，如图8.80所示。

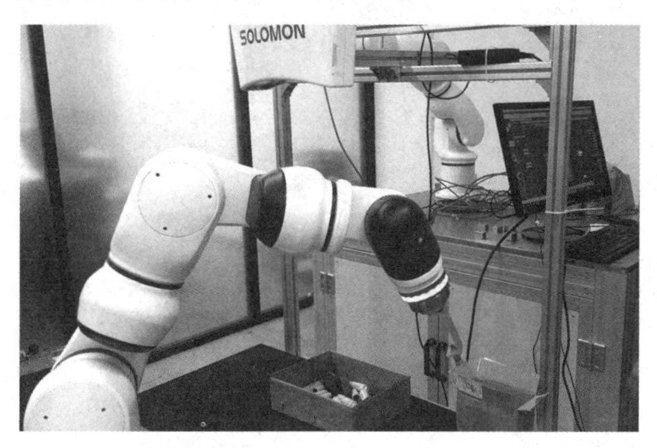

图8.80　新松多可协作机器人视觉分拣系统

8.5.2　视觉质量检测应用

新松多可协作机器人末端集成视觉系统，可以对零部件进行质量缺陷检测，确保产品的质量稳定和一致性，防止人工检测出现漏检或误检情况发生；用机器视觉检测数据能够将数据保存下来，方便后期产品问题追溯和分析问题。图8.81所示为新松多可协作机器人PCB检测。

图 8.81　新松多可协作机器人 PCB 检测

第 9 章　力控应用

机器人在完成一些与环境存在力作用的任务（如打磨、装配）时，单纯的位置控制会由于位置误差而引起过大的作用力，从而会伤害零件或机器人。机器人在这类运动受限的环境中运动时，往往需要配合力控制来使用。

位置控制下，机器人会严格按照预先设定的位置轨迹进行运动。若机器人运动过程中遭遇障碍物的阻拦，将导致机器人的位置追踪误差变大，此时机器人会努力地追踪预设轨迹，最终导致机器人与障碍物之间产生巨大的内力。而在力控制下，以控制机器人与障碍物间的作用力为目标，当机器人遭遇障碍物时，会智能地调整预设位置轨迹，从而消除内力。

机器人力控制的作用越来越大，已被广泛地应用在康复训练、人机协作和柔顺生产领域。

9.1　机器人现场应用出现的问题

试想如下场景：精密仪表制造企业为了对某零部件进行抛光，使用了多台机器人，但是抛光效果总是达不到产品标准要求；电子产品企业使用机器人进行装配工件，但装配过程不够顺畅；机械产品企业使用机器人紧固螺丝，但总是达不到合格标准。

在这些应用场景中，仅存在机器人应用位置控制来进行作业，缺少了对力的控制，所以无法达到工作标准要求，因此，需要力觉控制技术。

9.1.1　力觉控制功能概述

机器人在装备力觉传感器后，根据接收到的各轴向所承受的作用力和力矩等信息，执行压力控制、力矩控制、刚度控制、作用力检测、力觉控制数据采集等功能，称为力觉控制。

力觉控制的应用内容如下：

① 能够对机器人进行柔性控制，根据工件形状做出形状配合动作；

② 在任意方向上以一定压力推压工件，同时进行移动；

③ 在动作过程中，可以改变机器人的刚度及接触检测条件；

④ 能够检测接触状态并以此作为条件，执行中断插入处理；

⑤ 能够采集接触对象物体时的位置信息及作用力信息。

9.1.2 力觉控制技术规格及功能

力觉控制技术规格及功能见表 9.1。

表 9.1 力觉控制技术规格及功能

项目		功能
对应机器人		协作机器人
机器人编程语言		支持插入力觉控制指令
力觉控制	刚度控制	机器人柔性控制功能
	作用力控制	恒定力输出功能
	改变控制特性	在机器人运动过程中改变控制特性
力觉检查	中断插入运行	检测实际作业时的作用力，插入处理
	负载识别	对负载的质量和质心进行估计
	数据显示	实时显示力的检测结果
	同步数据采集	实时采集机器人的位置信息与作用力信息

9.2 力控传感器介绍

9.2.1 力控制策略

如果需要控制接触力，最简单的，可以仿照位置控制中的 PID 控制器，设计一个力控制的 PID 控制器。这里面可细分为 P，I，PI，PD 等控制器。这类控制器也可称为显性力控制，它们以直接实现对目标力指令的跟踪为目标。然而，单纯地使用这种控制器在实际生产中效果一般，所以往往要向其中加入滤波环节及一些前馈环节。在与刚性较大的环境作用时，这类控制器稳定性很低。在打磨装配等应用中，并不是所有方向都需要控制接触力。比如图 9.1 所示的打磨应用，需要控制的是 Z 方向的压力为恒定，而对于 X，Y 方向以位置控制为主。

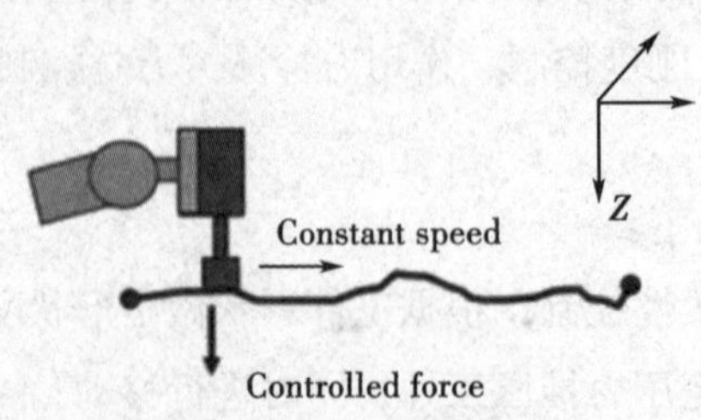

图 9.1 打磨应用简图

基于此，人们引入了力位混合控制策略。该策略就是要区分在哪些方向应进行力控制，在哪些方向应进行位置控制。它通过设计一个S空间，将任务空间一分为二，分别运用不同的控制策略。

当前研究最多的力控制策略为阻抗/导纳控制，也称为间接力控制或隐性力控制。它以控制两者交互间的阻抗为目标，具体的原理是阻抗控制和导纳控制。

阻抗控制是基于位置控制的外环与力控制的内环，这种方式需要对系统的动力学进行建模。导纳控制是基于位置控制的内环与力控制的外环。其基本思想是：检测系统与外界的接触力F，通过一个二阶导纳模型（M_d，B_d，$K_d>0$），生成一个附加的位置，此附加位置再去修改预先设定的位置轨迹，将结果送去位置控制内环，完成最终的位置控制。这种方式也可以使系统表现出的阻抗是$M_ds^2+B_ds+K_d$，且这种方式不需要动力学建模，特别适合于位置控制效果好的伺服系统。

阻抗与导纳相互对偶，但在实际应用中有本质的区别。阻抗控制计算的结果是关节指令力矩，它需要机器人关节输出的力矩（注意：关节力矩是减速器输出端的力矩，而不是电机的输出力矩）是可控制的，这对于大多数机器人来说是很难做到的。因为电机的输出力矩可以精确控制，然而经过减速器后的损失，由于关节缺乏力矩传感器而无法精确获取；只有具备关节力矩传感器的机器人才有能力去使用阻抗控制。需要注意的是，以上介绍的几种力控制方法都是计算得到指令关节力矩值，适用于带有减速器端力矩传感器和无减速器的DD直驱机器人。而导纳控制计算的结果是关节指令位置，这对于机器人来说是很容易实现的。所以目前力控制中的应用是以导纳控制为主的。值得注意的是，阻抗/导纳控制通过合适的参数选择，也可以达到控制接触力的效果。

9.2.2 力反馈途径

对于机器人力控制，除了控制策略，另一个重要的环节是如何检测机器人与环境间的交互力信息。对于位置控制来说，最常用的检测方式是在电机尾部加编码器；而在力控制的发展历史中，检测方式也经历了一些变更。

1. 关节电流反馈

如前所述，关节电流反馈方式仅适用于直驱情况或减速比很小的情况。在这些情况下，关节摩擦力很小，可以保证辨识和标定的精度，进而保证获取交互力信息的精度。目前，这类单纯使用电流环的机器人比较少，主要还是因为摩擦力模型的复杂性无法解决。

2. 末端/腕部多轴力矩传感器

人们很早就开始使用末端/腕部多轴力矩传感器这种方式，现在依然广泛将其应用在机器人打磨、装配等领域。这种检测方式很直接，即传感器直接检测到与外界环境的作用力信息。表面上看，这种检测方式很完美，然而它在原理上存在着重大缺陷，即

noncolocated modes。这个词表达的意思是检测元件的检测量与实施元件不在一起，即力检测是在末端实现的，然而实际实施元件（即电机）却远离末端，这两者之间隔着机器人的机械本体。这种 noncolocated modes 会限制机器人力控的动态性能，并且机械本体惯性大、带宽低。所以基于末端检测力方式的力控制响应慢、带宽低，现在一些机器人的打磨中不是光靠末端力矩传感器就能完美实现的，其原因也大概在此。这种力控方式在刚性较大的环境下稳定性也较低。另外，末端加载力矩传感器只能检测很小一部分区域（力矩传感器安装处后面）的交互力信息，也需要进行标定。末端式配合导纳控制，在机器人装配、多机器人协作等领域还有很多应用。

3. 底座多轴力矩传感器

底座多轴力矩传感器是把放在末端的力矩传感器移到机器人的底座，这样就可以检测全臂的交互力信息。这种方式在学术研究上一闪而过，它无法避免 noncolocated modes 的问题，且标定和辨识的过程更复杂。

4. 关节扭矩传感器

在机器人的各个关节上安装单轴扭矩传感器的方式可以避开 noncolocated modes，因为传感器与电机距离很近，避免了机器人机械本体动态特性的干扰。这种力控方式的带宽要更高，动态响应更快。但它检测到的力矩信息包含有更多的重力矩、惯性力矩等信息，需要通过系统辨识和标定的方法从中提取出交互力信息。关节扭矩传感器的另一个优点是可以检测全臂的交互力信息，且它可以控制关节力矩输出，与以上几种方式有着本质的不同。此外，关节力矩反馈对位置控制也有着很大的帮助。这种方式的力控制动态特性更好，理论研究也较成熟，然而实际应用中，各大家族传统工业机器人中很少有用这种方式进行力控的，它们主要还是采取末端式。

5. 谐波减速器式

关节力矩传感器本质上是一个扭簧，通过检测扭簧的变形，进而获取力矩。而谐波减速器本质上是一个弹性体，所以在原理上，也可以通过谐波两侧的角度差乘上谐波的刚度来进行判断，其效果与关节扭矩传感器相当。

6. 串联弹性驱动式

以上这些方式，都是以控制力为目标来实现机器人力控制。力矩检测的原理中存在着机械变形，那么是否可以通过控制机械变形来控制力矩呢？答案是肯定的。这种思路就将机器人力控制问题转换为扭角的位置控制问题。这类机器人关节可称为串联弹性驱动（serial elastic actuator，SEA），它包括两个编码器和一个关节力矩传感器，结构上是最复杂的，代表性产品是 iiwa。SEA 在 1995 年被提出，其相关研究是目前机器人力控制最热的方向，应用领域包括机械臂、康复机器人、足式机器人等。

9.3　坐标系的定义

力觉坐标系用于标定作用在机器人上的作用力大小和方向，其形式为笛卡儿坐标系。力觉坐标系与一般描述位置数据的坐标系相同，只是其标定的内容为作用力和力矩。力觉坐标系与机器人使用的坐标系有关。

9.3.1　力觉坐标系（直交）

力觉坐标系（直交）又称为力觉直交坐标系。如图 9.2 所示，力觉坐标系（直交）以机器人的直交坐标系为基准，力觉坐标系（直交）的原点与机器人的直交坐标系的原点重合，但作用力和力矩的方向（正向）与直交坐标系相反。力矩的方向按照右手法则来确定正方向。以 F_X，F_Y，F_Z表示作用力，以 M_X，M_Y，M_Z表示力矩。

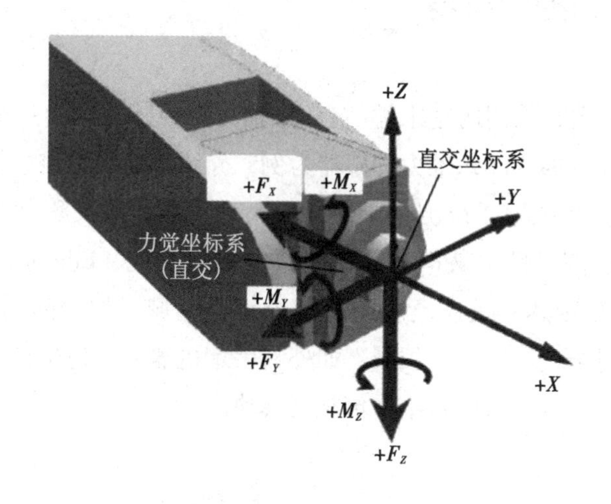

图 9.2　力觉坐标系（直交）

9.3.2　力觉传感器坐标系

力觉传感器坐标系是以传感器固定方位和位置点为基准建立的。如图 9.3 所示，力觉传感器坐标系的原点位置在传感器的圆心位置（其高度方向根据不同型号而定），作用力和力矩的方向（正向）如图 9.3 所示。力矩的方向按照右手法则来确定正方向。以 F_{Xs}，F_{Ys}，F_{Zs}表示作用力，以 M_{Xs}，M_{Ys}，M_{Zs}表示力矩。

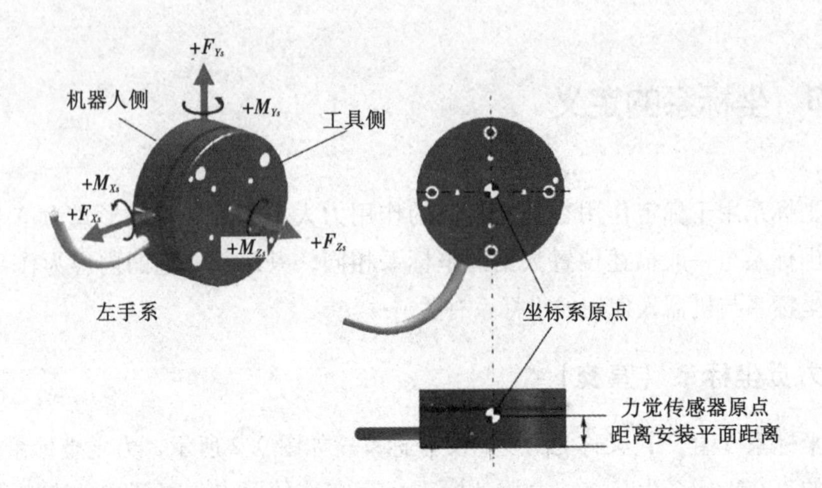

图 9.3　力觉传感器坐标系

9.4　典型力控传感器

新松多可协作机器人采用的是末端/腕部多轴力矩传感器的力反馈途径，下面以新松多可协作机器人配置的 ATI 六维力传感器为例，介绍工业级力控模块是如何应用的。

ATI 多轴力/力矩传感器系统测量全部六个力和力矩，故又称六维力传感器。该系统包括一个传感器、高柔性屏蔽电缆、智能数据采集系统、Ethernet/DeviceNet 连接或 F/T 控制器。力/力矩传感器被广泛应用于各个工业领域，如产品测试、机器人装配、打磨和抛光等；同时被应用于研究领域，如外科手术机器人、仿生机器人、康复机器人及神经学等。图 9.4 所示为 ATI 六维力传感器模块。

图 9.4　ATI 六维力传感器模块

ATI 六维力传感器内部是一个类似汽车轮毂的结构，有三辐条结构，每一个辐条上面贴有四个硅应变片，它们之间互相成对工作，构成半桥电路，如图 9.5 所示。ATI 六维力传感器在检测到应力引起的应变之后，将其转化为六路电压值，并经过数模转换之后，输出力和力矩值，然后转化为可被识读的数据值，并被力控系统读取。ATI 六维力传感器使用非常敏感的硅应变片以使增益最大化，极大地减轻信号噪声。应变片内的高增益使得辐条强度非常高，能提供极高的过载保护。再按照应变片使用的专有结合方法，极大减少磁滞（磁滞可能会给力传感器造成问题）。

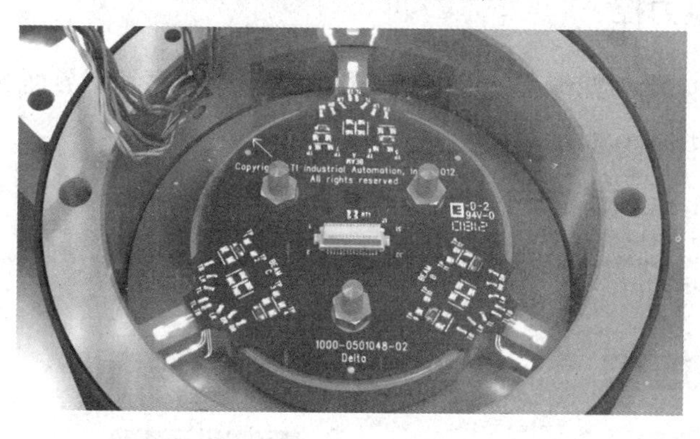

(a)

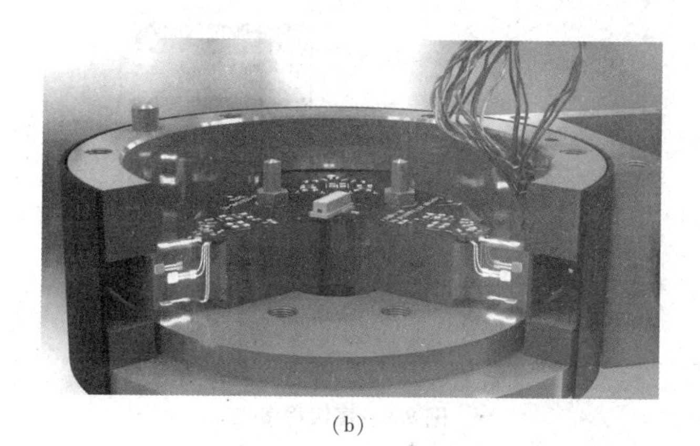

(b)

图 9.5　ATI 六维力传感器内部结构

相较于使用单轴的压力传感器，使用多轴力/力矩传感器的优势在于用户能够掌握传感器所受的全部力和力矩状态，而非只有一维数据，同时提供额定值的 5~20 倍的负载能力。

9.5　力控模块 UI 介绍

用户选择使用末端力控编程功能，可以实现机器人在程序运行过程中加入力控功能，实现在机器人运动过程中使机器人根据与外界交互力的信息进行调整，从而使得用户可以控制机器人在指定笛卡儿空间方向上与外界保持特定的交互力。

用户使用末端力控编程功能时，需要注意以下功能限制：

① 使用该功能需要正确配置并启用力传感器；

② 仅机器人末端及安装在末端上的传感器、工具及负载与外界产生交互力会被感知，机器人其他部分与外界发生接触时不会产生任何效果；

③ 该功能不支持在线编程使用。

9.5.1　启用末端力控

用户选择使用末端力控编程功能时，可以在机器人程序编程界面的高级程序中添加末端力控程序，如图 9.6 所示。

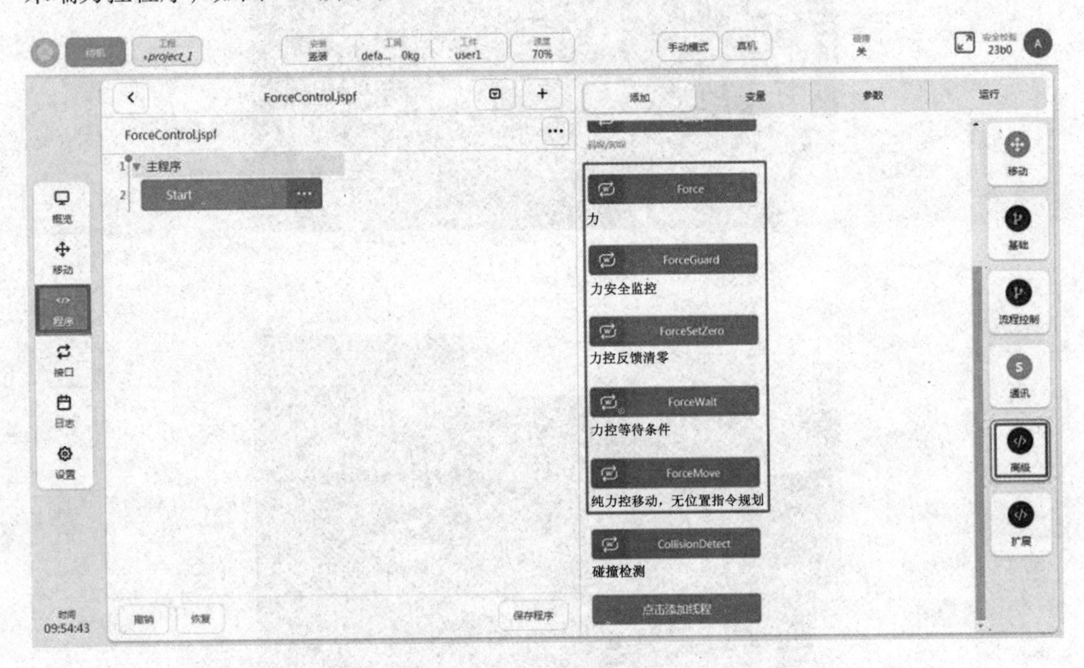

图 9.6　高级程序

末端力控程序包括 Force，ForceGuard，ForceSetZero，ForceWait，ForceMove。

9.5.2　Force 程序

用户可以选择使用 Force 程序，控制机器人在运动过程中在笛卡儿空间沿着坐标系指定方向与外界进行力交互。

用户使用 Force 程序，需要对力控参数进行配置。Force 程序力控参数配置界面如图 9.7 所示。

1. 力控方向开关

用户通过勾选力控方向开关可以启用或禁用对应笛卡儿空间坐标系中指定方向的力控。

以上力控方向都是基于力控参考坐标系所对应的方向。当用户选择力控参考坐标系

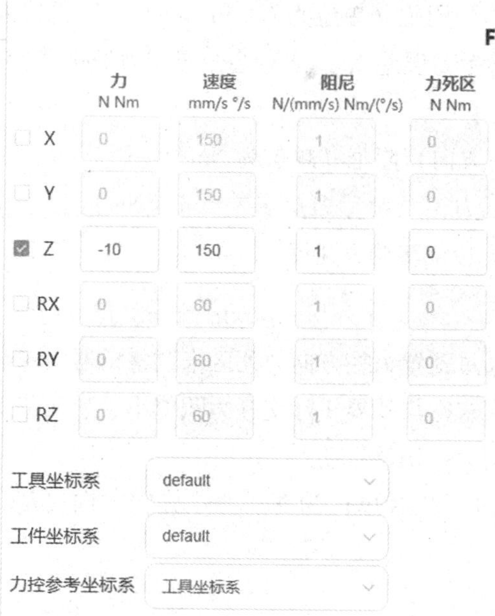

Force

	力 N Nm	速度 mm/s °/s	阻尼 N/(mm/s) Nm/(°/s)	力死区 N Nm
☐ X	0	150	1	0
☐ Y	0	150	1	0
☑ Z	-10	150	1	0
☐ RX	0	60	1	0
☐ RY	0	60	1	0
☐ RZ	0	60	1	0

工具坐标系　default

工件坐标系　default

力控参考坐标系　工具坐标系

图 9.7　Force 程序力控参数配置界面

为工具坐标系时，力控方向则会沿着 Force 程序中所配置的工具坐标系进行力控制；当用户选择力控参考坐标系为工件坐标系时，力控方向则会沿着 Force 程序中所配置的工件坐标系进行控制。

2. 力控方向参考力

用户启用力控方向后，通过配置参考力参数控制机器人末端在指定方向上与外界产生并保持目标力，单位为 N 与 Nm。当用户配置了非 0 目标力且机器人末端与外界未达到目标交互力时，机器人末端会沿着对应的力控方向持续产生移动，直到交互力达到用户所配置的参考力大小。

该参考力是作用在机器人末端的力在用户所配置的力控参考坐标系中的描述，因此，用户需要根据实际情况调整目标力参数的大小及符号。当目标力方向在力控参考坐标系中沿着坐标系平移/旋转方向为正时，参考力值为正。当目标力方向在力控参考坐标系中沿着坐标系平移/旋转方向为负时，参考力值为负。

3. 力控方向最大速度

用户启用力控方向后，机器人末端会基于用户设置的参考力与阻尼参数产生位移。用户可以通过配置力控方向最大速度来限制力控方向上由于力控产生的位移最大速度，其单位为 mm/s 与（°）/s。

4. 力控方向阻尼

用户启用力控方向后，可以通过配置力控方向阻尼调整机器人末端与外界实际交互力和参考交互力的误差及对应力控方向调整速度的关系。

力控平移方向（X，Y，Z 方向）阻尼 d 单位为 N/（mm · s^{-1}）。机器人末端力控平移方向上与环境的实际交互力与参考力误差 ΔF（N）会令对应力控平移方向产生 $\Delta F/d$（mm/s）的力控平移调整速度。

力控旋转方向（RX，RY，RZ 方向）阻尼 d 单位为 Nm/［（°）· s^{-1}］，机器人末端力控旋转方向上与环境的实际交互力矩及参考力矩误差 ΔM（Nm）会令对应力控旋转方向产生 $\Delta M/d$［（°）· s^{-1}］的力控旋转调整速度。

5. 力控方向力死区

用户启用力控方向后，可以通过配置力控方向力死区来调整机器人末端与外界实际交互力的检测死区大小。当机器人末端与外界实际交互力赋值小于死区范围时，机器人末端将不会对该交互力产生对应的力控调整运动。

力控平移方向（X，Y，Z 方向）死区单位为 N，力控旋转方向（RX，RY，RZ 方向）死区单位为 Nm。

6. 力控工具坐标系

用户配置力控工具坐标系，机器人末端力控会将力控工具坐标系原点作为机器人末端与外界实际交互力的作用点，且由于力控方向产生的力控调整平移/旋转都将以力控工具坐标系原点为参考点。

当用户选择力控参考坐标系为工具坐标系时，用户所配置启用的力控方向都将沿着开启力控时的工具坐标系所在方向进行平移/旋转调整，且对应的力控参考力都是在开启力控时的工具坐标系中进行描述。

7. 力控工件坐标系

用户配置力控工具坐标系且选择力控参考坐标系为工件坐标系时，用户所配置启用的力控方向都将沿着工件坐标系所在方向进行平移/旋转调整，且对应的力控参考力都是在工件坐标系中进行描述。

8. 力控参考坐标系

用户选择使用末端力控功能时，需要确定最终力控生效坐标系。用户可以选择末端力控沿着工具坐标系或工件坐标系进行力控调整。

9. 运动程序末端力控集成

用户正确配置 Force 程序后，可以在 Force 程序下添加 Move 类运动程序，所有在 Force 程序节点下的 Move 程序都会在运动过程中基于 Force 程序配置参数进行末端力控。未添加在 Force 程序节点下的 Move 程序不具备末端力控调整功能。

9.5.3　ForceGuard 程序

用户选择使用 ForceGuard 程序可以用来激活/禁用基于末端交互力大小。力安全监控界面如图 9.8 所示。

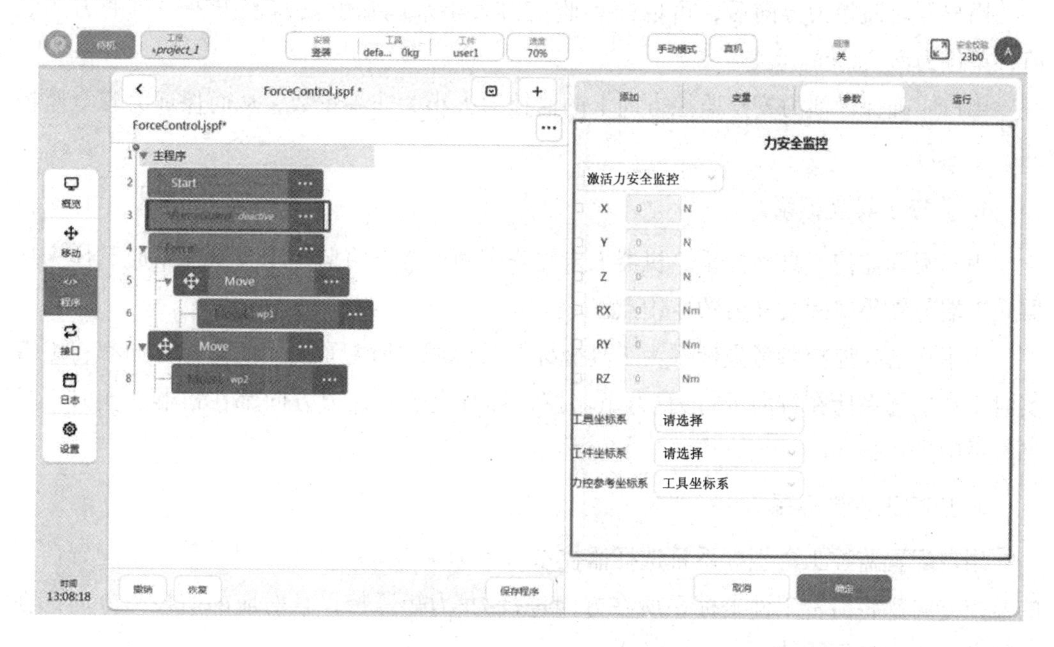

图 9.8　力安全监控界面

用户使用 ForceGuard 程序，需要配置激活/关闭状态、监控力方向、监控力大小、监控工具坐标系、监控工件坐标系及监控参考坐标系。

1. 激活/关闭状态

在 ForceGuard 程序运行后且用户选择激活力安全监控，当机器人运行含末端力控的程序时，若作用在机器人末端的交互力大小在监控坐标系指定方向上超过了监控力大小，则会触发安全停止 1 类。

在 ForceGuard 程序运行后且用户选择关闭力安全监控时，则监控失效。

安全力监控激活后，仅会在机器人运行含末端力控的程序时生效。

当用户使用 ForceGuard 程序激活力安全监控且未通过 ForceGuard 程序禁用力安全监控时，力安全监控功能将以生效参数持续监控，直到用户使用 ForceGuard 程序禁用或修改力安全监控配置。

2. 监控力方向

用户通过勾选监控力方向开关可以启用或禁用对应笛卡儿空间监控坐标系中指定方向的力监控。

以上监控力方向都是基于监控参考坐标系所对应的方向，当用户选择监控参考坐标系为工具坐标系时，监控方向则会参考 ForceGuard 程序中所配置的工具坐标系进行力监控；当用户选择监控参考坐标系为工件坐标系时，监控方向则会沿着 ForceGuard 程序中所配置的工件坐标系进行监控。

3. 监控力大小

用户开启监控力方向后，可以配置监控力大小来调整触发监控报警停机的力的赋值，单位为 N 与 Nm。

用户应确保激活力安全监控方向上的监控力大小为非零正数，从而保证力安全监控的正常运行。

4. 监控工具坐标系

用户配置监控工具坐标系，机器人末端安全力监控会将监控工具坐标系原点作为机器人末端与外界实际交互力的作用点。

当用户选择监控参考坐标系为工具坐标系时，用户所配置启用的监控方向都将沿着实时工具坐标系所在方向进行力/力矩监控，且对应的监控力方向都在机器人实时工具坐标系中进行描述。

5. 监控工件坐标系

用户配置监控工具坐标系且选择监控参考坐标系为工件坐标系时，用户所配置启用的监控方向都将沿着工件坐标系所在方向进行力/力矩监控，且对应的监控力方向都在工件坐标系中进行描述。

6. 监控参考坐标系

用户选择使用末端力安全监控功能时，需要确定最终监控生效坐标系。用户可以选择末端力安全监控沿着工具坐标系或工件坐标系进行监控。

9.5.4 ForceSetZero 程序

用户可以选择使用 ForceSetZero 程序对当前传感器读数进行清零操作。ForceSetZero 程序界面如图 9.9 所示。

用户使用且执行 ForceSetZero 程序后，当前所有作用在机器人末端力上的负载，包括安装在机器人末端上的工具负载重量及所有作用在末端工具负载上的外力，都会被清空。此后修改安装在机器人末端的工具负载或与外界交互工况则会产生对应的误差力。

9.5.5 ForceWait 程序

用户选择使用 ForceWait 程序，可以实现在满足机器人末端力控等待条件后自动跳出当前 Force 程序段的运动程序，直到在当前 Force 程序段中执行新的 ForceWait 程序或当前 Force 程序运行结束。

用户选择使用 ForceWait 程序时，需要配置相关力控等待条件。如图 9.10 所示，当前用户可配置力控等待条件参数包括位置等待条件、速度等待条件、力等待条件、力控

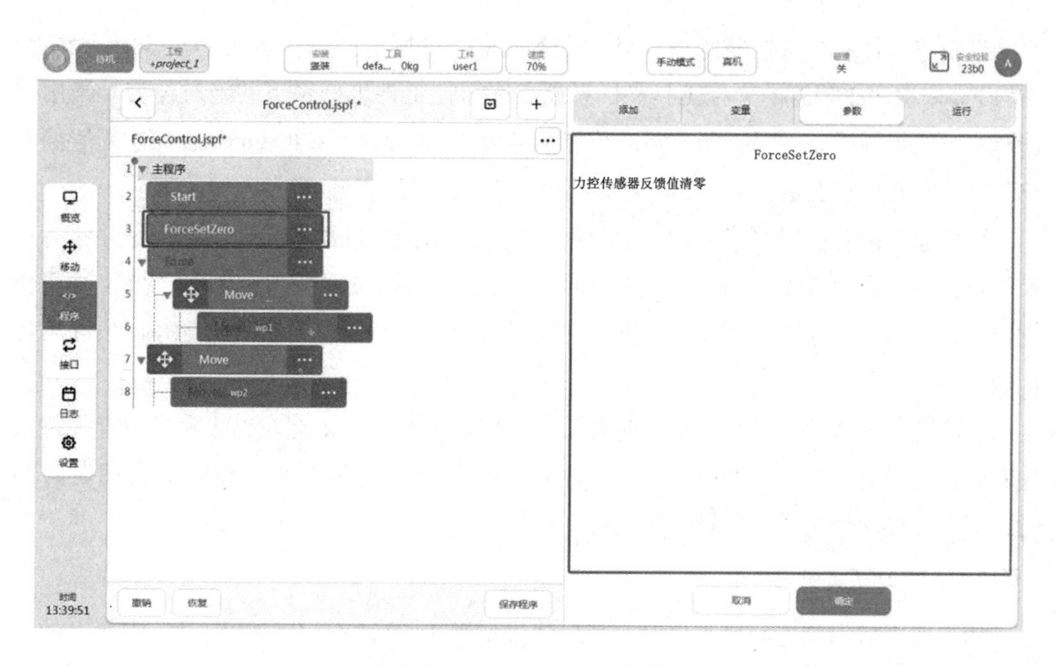

图 9.9　ForceSetZero 程序界面

等待条件激活逻辑及全局力控条件激活。

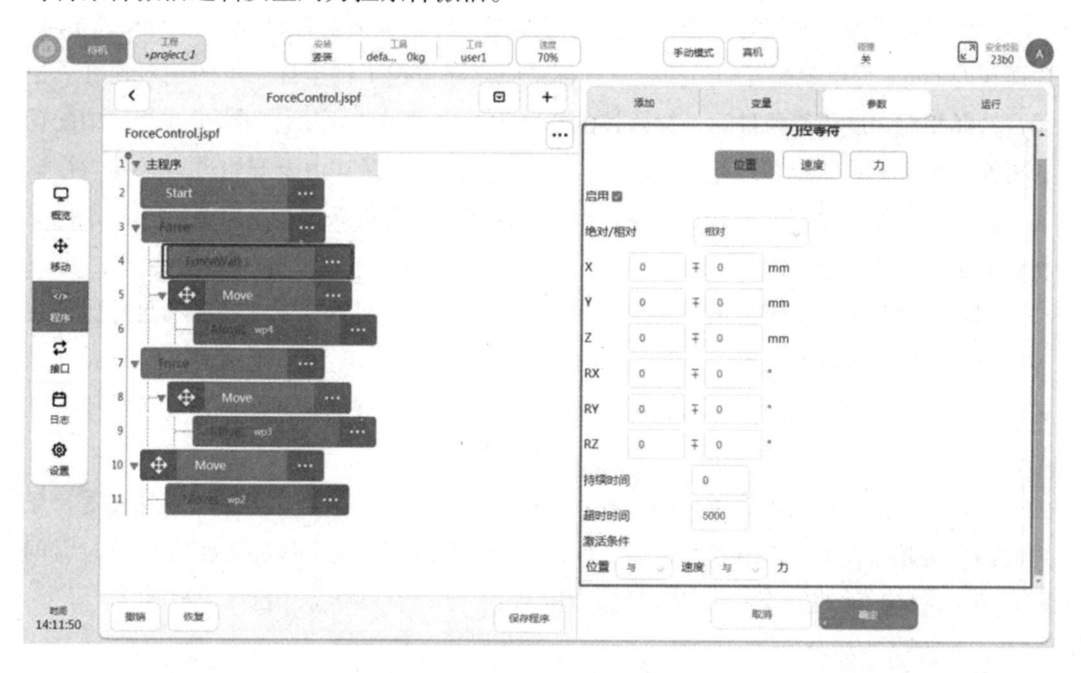

图 9.10　ForceWait 参数设置

1. 位置等待条件

用户选择启用位置等待条件时，可以通过配置 X，Y，Z，RX，RY，RZ 方向上的绝对位置及相较于绝对位置的偏移范围来设定位置等待条件参数。当绝对位置参数与偏移位置参数同时为零时，代表不对该方向进行位置等待条件监控。

当用户选择绝对位置等待条件时，位置等待条件所监控的位置为 ForceWait 程序所在的 Force 程序中配置的力控工具坐标系原点在力控工件坐标系下的绝对位姿。当用户选择相对位置等待条件时，所监控的位置为 ForceWait 程序所在的 Force 程序中配置的力控工具坐标系原点在运行 ForceWait 程序后走过的相对位姿偏移。

用户通过配置位置等待条件持续时间参数，可以调整机器人末端位置满足并保持在等待条件范围内的持续时间，单位为 ms。当机器人末端位置超出范围时，持续时间会重新计时。当持续时间设为零时，则会在满足位置等待条件瞬间激活位置等待条件满足标志位。

用户通过配置位置等待条件超时参数，可以调整机器人末端在无法满足位置等待条件时的等待超时时间，单位为 ms，当 ForceWait 程序执行后并超过位置等待超时时间时，则会直接激活位置等待条件满足标志位。

2. 速度等待条件

用户选择启用位置等待条件时，可以通过配置 *X*，*Y*，*Z*，*RX*，*RY*，*RZ* 方向上的绝对速度及相较于绝对速度的偏移范围来设定速度等待条件参数。当绝对速度参数与偏移速度参数同时为零时，代表不对该方向进行速度等待条件监控。

当用户选择绝对速度等待条件时，此时速度等待条件所监控的速度为 ForceWait 程序所在的 Force 程序中配置的力控工具坐标系原点在力控工件坐标系下的绝对速度。当用户选择相对速度等待条件时，锁监控的速度为 ForceWait 程序所在的 Force 程序中配置的力控工具坐标系原点在运行 ForceWait 程序后的速度增量。由于开始进行末端力控运动功能时，机器人总是处于静止状态，因此，对于速度等待条件，绝对速度等待条件与相对速度等待条件等价。

用户通过配置速度等待条件持续时间参数，可以调整机器人末端速度满足并保持在等待条件范围内的持续时间，单位为 ms。当机器人末端速度超出范围时，持续时间会重新计时。当持续时间设为零时，则会在满足速度等待条件的瞬间激活速度等待条件满足标志位。

用户通过配置速度等待条件超时参数，可以调整机器人末端在无法满足速度等待条件时的等待超时时间，单位为 ms。当 ForceWait 程序执行后并超过速度等待超时时间时，则会直接激活速度等待条件满足标志位。

3. 力等待条件

用户选择启用力等待条件时，可以通过配置 *X*，*Y*，*Z*，*RX*，*RY*，*RZ* 方向上的绝对力大小及相较于绝对力的偏移范围来设定力等待条件参数。当绝对力大小参数与偏移力范围参数同时为零时，代表不对该方向进行力等待条件监控。

力等待条件所参考的坐标系与 ForceWait 程序所在的 Force 程序中配置的力控参考坐标系相同，即当 Force 程序中配置力控参考坐标系为工具坐标系时，力等待条件所监控的力大小及方向是在力控工具坐标系中被描述的；当 Force 程序中配置力控参考坐标系为工件坐标系时，力等待条件所监控的力大小及方向是在力控工件坐标系中被描述的。

在进行力等待条件参数的设置时，应参考 ForceWait 程序所在 Force 程序中的实际坐标系配置进行设置，注意符号及大小是否能够被 Force 程序所引起的末端力控功能所满足。

当用户选择绝对力等待条件时，力等待条件监控的是对应监控力的绝对赋值大小；当用户选择相对力等待条件时，力等待条件监控的是运行完 ForceWait 程序后监控力的增量大小。

用户通过配置力等待条件持续时间参数，可以调整机器人末端力满足并保持在等待条件范围内的持续时间，单位为 ms。当机器人末端力超出范围时，持续时间会重新计时。当持续时间设为零时，则会在满足力等待条件的瞬间激活力等待条件满足标志位。

用户通过配置力等待条件超时参数，可以调整机器人末端在无法满足力等待条件时的等待超时时间，单位为 ms。当 ForceWait 程序执行后并超过力等待超时时间时，则会直接激活力等待条件满足标志位。

4. 力控等待条件激活逻辑

当启用多个力控等待条件监控时，用户可以通过设置力控等待条件激活逻辑配置多个等待条件的逻辑关系。

当力控等待条件激活逻辑中存在与逻辑时，所有启用的力控等待条件都需要激活才认为全局力控等待条件被激活。

当力控等待条件激活逻辑中存在或逻辑时，任意启用的力控等待条件激活即认为全局力控等待条件被激活。

当力控等待条件激活逻辑中同时存在与逻辑及或逻辑时，任意或逻辑的力控等待条件激活或所有与逻辑的力控等待条件激活都会认为全局力控等待条件被激活。

5. 全局力控条件激活

当全局力控条件满足条件并被激活后，对应 Force 程序下的所有 Move 类运动程序都将被停止并调过。全局力控条件激活如图 9.11 所示。

9.5.6 ForceMove 程序

用户选择使用 ForceMove 程序，可以使机器人末端仅产生末端力控调整，而不会产生任何 Move 类运动。ForceMove 程序界面如图 9.12 所示。

ForceMove 程序仅可被添加在 Force 程序下，用以实现纯末端力控移动。

当用户选择使用 ForceMove 程序时，末端力控会持续保持机器人末端位置/姿态基于力/力矩的调整，直到满足 ForceWait 程序条件后退出或用户手动停止/暂停。因此，当用户选择使用 ForceMove 程序时，应在 ForceMove 程序前添加 ForceWait 程序并正确配

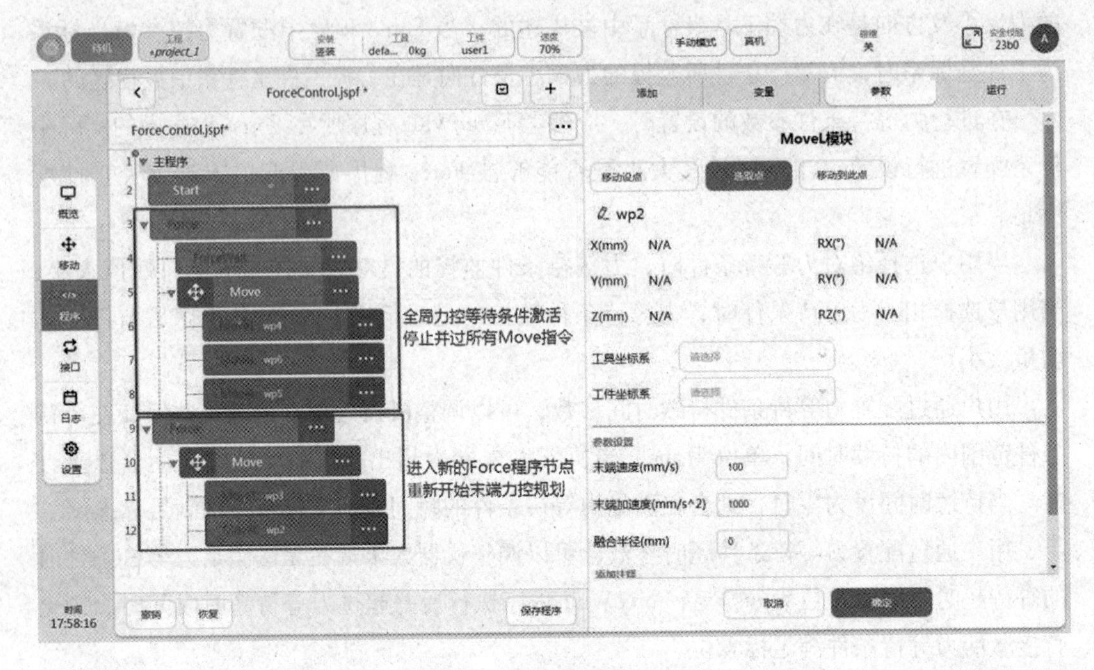

图 9.11　全局力控条件激活

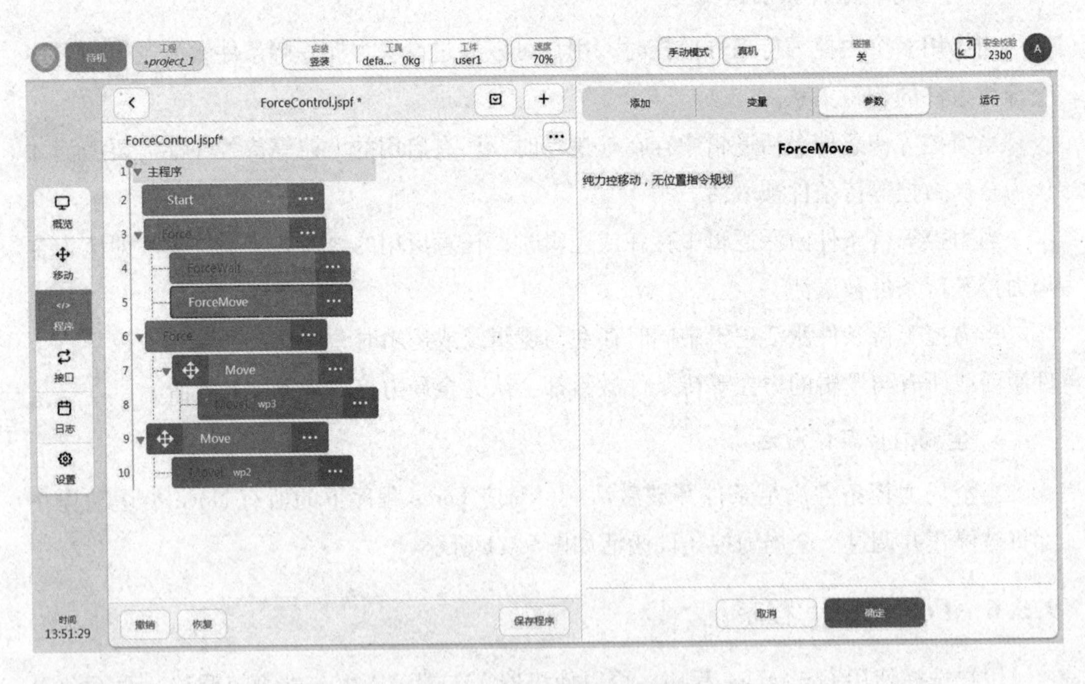

图 9.12　ForceMove 程序界面

置条件参数，从而保证 ForceMove 程序运行过程中能够满足力控等待条件并正常退出 ForceMove 程序运行接下来的程序。

9.5.7　末端力控编程示例

下面以末端力控抛光打磨案例为例，对末端力控编程进行讲解。设计机器人末端对某一曲面进行打磨的程序，需要机器人末端在打磨开始时已与曲面产生 10 N 的打磨力并持续维持 1 s。在打磨力满足要求后，机器人末端沿着曲面进行打磨。打磨路径采用从点 A 至点 B 再至点 C 的两段支线路径。打磨过程中持机器人末端工具且需要始终保持垂直于曲面切线方向。

对应上述工况，设计末端力控编程程序示例如下。

（1）需要机器人末端朝打磨曲面方向进行探索，直到保持 10 N 大小的接触力，采用 Force 程序进行力控并配合 ForceMove 程序使用。

（2）接触力在机器人工具坐标系中的方向为负，设定目标力为-10 N，设定力控调整最大速度为默认值 150 mm/s，期望机器人以 10 mm/s 的速度朝曲面运动，设置阻尼参数为 1；实际工况中，若机器人末端始终无法与外界达到平衡，应调大阻尼参数。

（3）选取力控工具坐标系与工件坐标系为默认坐标系，并选取力控参考坐标系为工具坐标系，与设定目标力相对应。

（4）由于采用 ForceMove 程序进行力控探寻，所以配合使用 ForceWait 程序监控力等待条件激活情况。

（5）仅对力方向有等待条件需求，仅启用力等待条件。

（6）需要对 Z 方向上的力是否达到并保持-10 N 进行监控，选取相对偏移范围为-2~2 N，偏移范围的选取需要考虑实际工况中工具与打磨表面的接触刚度。

（7）需要力保持 1 s，即 1000 ms，超时时间设定为默认值 5000 ms。

（8）执行 ForceMove 程序，机器人末端力控调整机器人末端朝曲面方向移动，无其他方向运动规划。当机器人接触到曲面，产生 10 N 力并保持超过 1 s 时，跳出当前 ForceMove 程序，执行后续程序。

（9）再次开启末端力控功能，使后续机器人 Move 类运动同时具有末端力控调整。

（10）机器人打磨过程中继续保持与打磨曲面产生 10 N 大小的接触力，在工具坐标系中方向为-Z。同时为了保证机器人末端始终垂直于曲面切向，因此，开启 RX 与 RY 旋转方向力控调整，且参考力矩设为 0，设置选装方向最大调整速度为 60（°）/s，阻尼参数则需要根据实际工况中的曲面曲率及打磨工具与曲面接触刚度进行调整。

（11）Force 程序下的两行 Move 程序控制机器人以直线路径从点 A 运动至点 B 再运动至点 C。由于工具坐标系 Z 向上通过力控进行调整，因此，推荐点 A、点 B、点 C 的示教点位为曲面正上方在 XY 平面中的点位，使得力控调整方向与运动控制方向解耦，尽可能同时保证两者的精度。

基于上述编程示例，协作机器人力控程序实际运动工况示意图如图 9.13 所示。

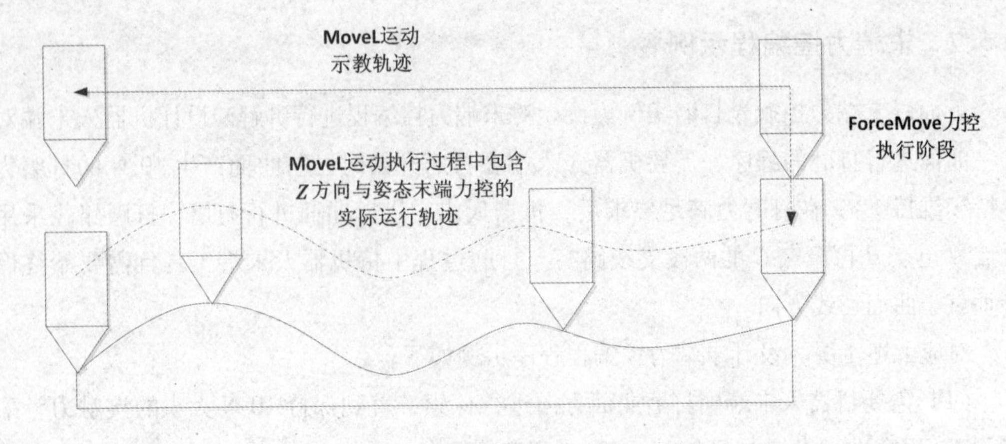

图 9.13　协作机器人力控程序实际运动工况示意图

9.6　力控应用场景

9.6.1　力控打磨

打磨是一种表面改性的工艺技术，其应用非常广泛。人工去毛刺是传统的打磨方法之一，也是对于外形结构比较复杂、小批量的产品生产上常用的去毛刺方法。但这种方法不仅劳动强度大、对操作人员技术要求高，而且浪费工时，生产效率低，打磨质量不稳定。

随着机器人技术的发展，越来越多的企业开始将该技术运用到去毛刺的工作中。用它去毛刺，能够保证零件质量的一致性，与手工打磨相比，效率提高了很多倍，且减少废品的产生。去毛刺打磨抛光工况相对都是比较恶劣的，打磨产生的火花、粉尘及噪声严重地影响操作人员的身心健康；操作人员无法长时间集中精力从事紧张、重复的劳动，容易发生工伤事故；人工打磨质量要依照操作人员经验去判断好坏，使得打磨质量无法得到保证；熟练工的缺失，导致工效低下且招工困难。这些问题使得机器人代替人工成为必然趋势且迫在眉睫。和人工打磨相比，机器人打磨抛光去毛刺的优势不言而喻。基于力控的打磨抛光机器人能够实现高效率、高质量的自动化打磨，是替代人工打磨的行之有效的解决方案。

如图 9.14 所示，新松多可协作机器人末端安装带有力控技术并且可伸缩的智能浮动打磨头，通过气动装置使其保持恒力进行曲面打磨。该应用可以用于打磨制造业中的各类毛坯件。

图 9.14　新松多可协作机器人恒力曲面打磨

9.6.2　力控装配

在工业中，手工装配的工作总是重复且枯燥的，协作机器人拥有每个制造和装配设置中必不可少的恒定速度和准确的重复性，可以完美地解决这一问题。同时，协作机器人占地面积非常小，其配套装置也较为轻盈精巧，可以很轻松地在装配线上找到合适的配置点。而且协作机器人本身设计成靠近人类时也能够安全操作，具有各种安全检测功能，能够限制所施加的装配力度，使其不会因为碰撞或干涉造成人员和设备的损伤。相对于其他自动化装配设备或生产线，协作机器人最大的优势就是简单的使用学习成本，用户可以通过简单的拖拽和牵引实现装配工艺的示教。图 9.15 所示为新松多可协作机器人恒装配行星减速器。图 9.16 所示为新松多可协作机器人装配内存条。

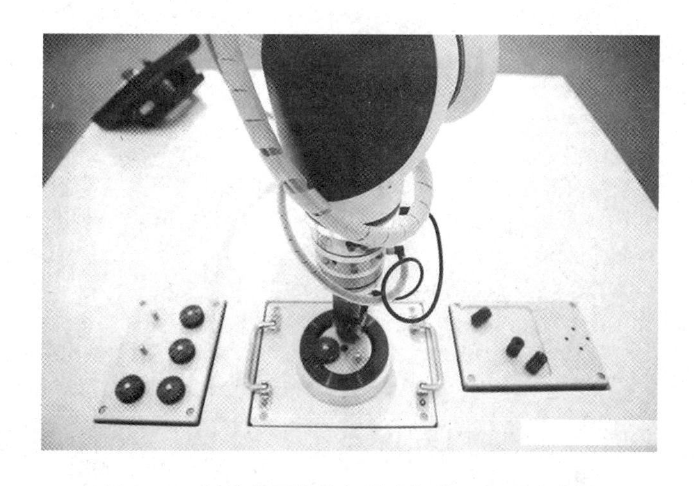

图 9.15　新松多可协作机器人恒装配行星减速器

图 9.16　新松多可协作机器人装配内存条

参考文献

[1] 付乐，武睿，赵杰. 协作机器人安全规范：ISO/TS 15066 的演变与启示 [J]. 机器人，2017，39 (4)：532-540.

[2] 刘亚威. 美国国防部推进人机协作机器人发展 [J]. 国际航空，2017 (5)：74-76.

[3] 周文博. 智能协作机器人与柔性产线技术 [J]. 电子技术与软件工程，2017 (20)：94.

[4] 王斐，齐欢，周星群，等. 基于多源信息融合的协作机器人演示编程及优化方法 [J]. 机器人，2018 (4)：551-559.

[5] 庞党锋，崔世钢，熊浪. 基于协作机器人的计算机装配工作站设计与仿真分析 [J]. 国外电子测量技术，2022，41 (2)：100-104.

[6] 陶岳，赵飞，曹巨江. 协作机器人关节摩擦特性辨识与补偿技术 [J]. 组合机床与自动化加工技术，2019，(4)：28-31.

[7] 吴丹，赵安安，陈恳，等. 协作机器人及其在航空制造中的应用综述 [J]. 航空制造技术，2019，62 (10)：24-34.

[8] 魏洪兴，宋仲康. 延伸“人”的属性：谈协作机器人如何应对生产模式转变 [J]. 前沿科学，2020，14 (3)：77-81.

[9] 李秀刚. 一种协作机器人正逆运动学分析 [J]. 机械工程与自动化，2020 (3)：61-63.

[10] 欧鹏程. 人机协作机器人的痛点及其关键技术解析 [J]. 低碳世界，2017 (24)：267-268.

[11] 马国庆，刘丽，于正林，等. 模块化协作机器人运动特性分析及动力学仿真研究 [J]. 长春理工大学学报（自然科学版），2017，40 (2)：64-69.

[12] 朱弟发，张恩阳，韩康，等. 基于协作机器人关节集成扭矩传感器的研究 [J].

仪表技术与传感器，2021（10）：6-9.

[13] 李君禹，金昭，刘忠军，等. 脊柱微创外科协作机器人技术的临床应用及展望[J]. 中国微创外科杂志，2020，20（8）：734-738.